第一行代码

C语言

视频讲解版

翁惠玉 ◎ 编著

人民邮电出版社

北京

图书在版编目（CIP）数据

第一行代码：C语言：视频讲解版 / 翁惠玉 编
著. -- 北京：人民邮电出版社，2018.5（2023.8重印）
ISBN 978-7-115-47593-0

Ⅰ.①第… Ⅱ.①翁… Ⅲ.①C语言—程序设计
Ⅳ.①TP312.8

中国版本图书馆CIP数据核字(2017)第322159号

内 容 提 要

本书以 C 语言为编程环境，由浅入深地介绍了 C 语言的完整内容以及过程化程序设计的思想和方法。全书共有 13 章。第 1 章介绍了什么是程序设计。第 2 章给出了一个完整的 C 语言程序，并介绍了如何在 VS2010 中输入、编译链接及调试程序。第 3~5 章分别介绍了 C 语言中支持结构化程序设计的3 种结构：顺序、分支和循环所必需的工具。第 6 章介绍了如何编写及应用函数；第 7 章介绍了处理批量数据的工具，即数组。上述章节的内容都是 C 语言的核心知识，请务必掌握。第 8~11 章分别讲解了结构体、共用体、链表、位运算和文件等高级编程技术。第 12 章讲解了如何用结构化程序设计思想指导一个大程序的开发，以及软件开发的基本过程。该章中用"猜硬币"游戏介绍了自顶向下分解的过程，用"石头、剪刀、布"游戏介绍了模块划分，用"龟兔赛跑模拟"的例子介绍了如何建立一个自己的库以及如何应用自己创建的库，用学生管理系统和书店管理系统讲述了软件开发的过程。第 13章介绍了通用算法设计技术，旨在让读者了解，当遇到一个问题时应该如何设计解决问题的算法。

本书内容翔实、讲解深入，每个知识点都提供了示例，全书共有 171 道例题和 228 个程序样例，所有程序样例都在 VS2010 中调试通过。为了方便读者自学，本书还提供了 118 道自测题和 141 道编程题，以及所有习题的答案，且配套了讲解主要知识点的视频。

本书适合 C 语言初学者，也适合有一定基础的读者。可作为各高等院校计算机专业的教材，也可供从事计算机软件开发的人员参考。

◆ 编　著　翁惠玉
　　责任编辑　税梦玲
　　责任印制　焦志炜

◆ 人民邮电出版社出版发行　　北京市丰台区成寿寺路 11 号
　　邮编 100164　　电子邮件 315@ptpress.com.cn
　　网址 http://www.ptpress.com.cn
　　固安县铭成印刷有限公司印刷

◆ 开本：800×1000　1/16
　　印张：30.5　　　　　　　　2018 年 5 月第 1 版
　　字数：742 千字　　　　　　2023 年 8 月河北第 14 次印刷

定价：69.80 元（附光盘）

读者服务热线：(010)81055256　印装质量热线：(010)81055316
反盗版热线：(010)81055315
广告经营许可证：京东市监广登字20170147号

前言

翻开这本书，你将开启对计算机科学的探索之旅。计算机科学这门学科已成为当今最具生气和活力的学科之一，它使很多领域中看似不可能的事情成为可能。互联网、无人机、人工智能、电子支付等曾经在科幻电影中出现的技术，现在已经融入了人们的日常生活，然而这些技术都离不开计算机程序设计。

要想了解计算机是如何工作的，并且学会如何编写计算机程序（以下简称"编程"），不可能一蹴而就，必须循序渐进和不断实践。对大多数人来说，迈出第一步可能是较难的。多数人能够熟练地应用许多现成的软件，但一开始并不相信自己也能开发软件。其实，编程并不需要高深的数学和电子学知识，核心在于能找到解决问题的思路。要想做到这一点，必须以逻辑方式考虑问题，训练自己以计算机能够理解的方式去表达自己的逻辑，即"计算思维"。本书的编写目的之一，也是希望能培养初学者的计算思维。

初学者遇到的问题

学习程序设计，初学者经常会遇到"一个问题"和"两个错误"。"一个问题"就是"书读懂了，但不会编程"，遇到的编程题不知道如何下手；"两个错误"就是犯了"只学不做"和"死抠语法"的毛病。

1. 不会编程

不会编程可能存在以下两种情况。

第一种情况：知道如何解决问题，但不会通过计算机来解决问题，即不会编写解决问题的程序。

第二种情况：虽然掌握了程序设计的基本语法，但编程者不具备解决某个特定问题的能力。

第一种情况是因为缺乏计算思维，而学习程序设计就是训练和培养计算思维。通过编程可以解决很多问题，但计算机能够提供的基本功能只有算术运算和逻辑运算。因此，要编写出解决某个问题的程序，必须将解决问题的过程分解成一系列的算术运算和逻辑运算，然后把这一系列的运算表示成程序设计语言的语句。如果需要解决的是数学问题，则分解过程比较容易；如果需要解决的问题是非数学问题，则分解过程就比较困难了。要形成计算思维，只有勤学多练。勤学就是多阅读别人的程序；多练就是多编程，初学者可以先编写解决数学计算的程序，从这些程序中熟悉程序设计语言，熟悉编写计算机程序的过程。本书中提供了大量的解决计算问题的程序。在熟悉了编程语言和编程过程后，再开始着手编写一些简单的非数值计算的程序，如字符串处理等。俗话说，熟读唐诗三百首，不会写诗也会凑。编程也是如此，大家可以多阅读书中提供的程序，也可多读一些标准程序，学习他人解决问题的方法和编程技巧。

第二种情况与有没有学好程序设计是没有关系的。要编写解决某个问题的程序，自己必须能解决这个问题，然后才能把解决问题的过程分解成计算机能够完成的基本动作，设计出解决问题的算法。计算机科学是一门需要终生学习的学科，要想编写解决某个问题的程序，需要先学习如何解决这个问题。

2. 只学不做

有些人在学习程序设计时，把书读了一遍又一遍，视频也看了一遍又一遍，书上都是密密麻麻的笔记，但就是不动手编程。这种学习方法是不可取的。

程序设计是知识，更是技能。学习程序设计一定要动手编程。编程的过程就是思维训练的过程，语言的很多奥妙之处也只有在编程的过程中才能深刻体会。程序编写好之后，不是自己感觉正确就可以了，一定要经过调试（debug）。如果编译器显示成功生成了目标代码，就说明程序设计的语法是正确的，接下来，当程序运行出预期的结果时，才能说明程序的逻辑是正确的。调试需要多年的经验积累。刚开始学习调试时，即使是简单的语法错误，即使编译器已经明确告诉你错误在哪儿、错误是什么，你可能还是完全搞不懂为什么错了，应该如何修改。当程序输出的结果没有达到你的预期，或是程序执行异常终止时，你也许都不知道为什么会出现这种情况。因此，学习编程就必须动手，当成功地编写了一个又一个的程序时，你离高手也就越来越近了。

3. 死抠语法

程序设计的目的是让计算机去解决某个问题，所以学习程序设计的重点在于设计出解决问题的方法。程序设计语言只是描述问题解决过程的一种工具，因此，你可以使用 C 语言、Python 语言、Java 语言等。每种程序设计语言都有自己的语法，但它们提供的功能是大同小异的。所以，在学习编程时，不要死抠语言的语法，而是要训练解决问题的思维方法，还要尽量使用简单明了的语句。例如，经常会有学生问到"printf("%d　%d", ++x, x++);"语句的输出结果，或者"x+++y"的值是什么？语句是你给计算机输入的一个命令，你完全可以给计算机一个清晰明了的命令，为什么要用"x+++y"这种命令呢？

如何使用本书进行学习

本书以介绍基本的程序设计思想、概念和方法为基础，强调了算法、抽象等重要的程序设计思想，并选择 C 语言作为编程语言。C 语言是业界非常流行的语言，它使用灵活、功能强大，可以很好地体现程序设计的思想和方法。同时，C 语言既具有低级语言的特性，又具有高级语言的特性，常用来编写系统软件或应用软件。笔者根据多年来在上海交通大学计算机系讲授"程序设计"课程的经验，并在参考了近年来国内外主要的程序设计图书的基础上，编写了本书，希望能对初学者有所帮助，下面介绍如何使用本书进行学习。

1. 内容安排模块化，可先易后难

本书内容分为 5 个部分。

■ 第 1 部分：包含第 1～2 章，讲解程序设计所需要的基础知识及所用的开发环境。

■ 第 2 部分：包含第 3～6 章，讲解 C 语言中支持结构化程序设计的 3 种结构——顺序结构、分支结构和循环结构所需要的工具。

■ 第 3 部分：包含第 7～11 章，讲解 C 语言的一些高级工具，如数组、指针、结构体、链表、共用

体、位运算与位段、文件等。

- 第 4 部分：包含第 12 章，讲解软件开发过程及相关技术。
- 第 5 部分：包含第 13 章，讲解通用算法设计，即遇到一个问题时应该如何设计解决问题的算法。

书中内容覆盖面较广，虽然存在一定难度，但是某些难度较大的内容可以先略过（较难的、可以忽略的章节前面都用"*"标注），且不会影响整个知识的连贯性。如果你是一位初学者，可以先学习第 1～3 部分，并略过其中带*号的章节，这三部分内容可以帮助你熟悉程序设计语言和培养计算思维，等到能够较熟练地掌握程序设计及 C 语言后，再回过头来学习其中带*号的部分，以进一步加深对程序设计的理解，从而编写质量更高的程序。学完前三部分内容后，再根据自己的实际情况来选择学习后面两个部分的内容。如果想做一些工程性的项目，可以继续学习第四部分；如果重点在做研究，设计解决某个问题的算法，可以继续学习第五部分。

2．理解计算机运行机制、掌握算法

书中在讲解知识点时，先讲解其基本用法，然后通过一系列的示例来加深对知识点的理解，最后介绍一些计算机内部的处理过程（如各类数据在计算机中的表示、函数的调用过程、变量的作用域、递归的处理等）。大家在学习时，既要掌握基础知识，还要尽可能地去理解计算机的运行机制，这对训练计算思维，编写高质量的程序，理解程序中的某些错误的出现原因很有帮助。

编写程序的基础是算法设计。当遇到一个问题时，如何着手设计算法呢？书中介绍了常用的算法设计方法，包括枚举法、贪婪法、分治法、动态规划和回溯法等，请大家务必掌握。工作中遇到的很多问题都可以通过这些常用算法来解决。另外，本书也引用了计算学科中的"汉诺塔问题""八皇后问题"等经典问题，这对解决实际工作中出现的问题也有很大帮助。

3．程序编写要规范，培养良好的编程习惯

要想编写解决简单问题的程序并不难，但要想编写出工程化的、较复杂的程序，就必须掌握软件工程。书中介绍了结构化程序设计思想、软件的开发过程及如何保证程序正确和提高可维护性的一些方法，并通过 5 个示例讲解了结构化程序设计思想的应用及软件开发的完整过程。

在进行实际项目开发时，代码量一般都比较大，且程序也需要不断地进行更新和维护。因此，在编写程序时，应该要培养工程化的意识，编写的代码要具有可维护性。书中对程序为什么要加注释，为什么要定义符号常量，为什么要用函数，以及如何提取函数等都做了解释，还给出了变量/函数的命名、程序的排版、常用语句的组合等规范，就是为了让读者能够养成良好的程序编写习惯。同时，在每一章都设置了"编程规范和常见问题"小节，请读者用心学习。

4．纸上得来终觉浅，绝知此事要躬行

没有谁天生就会编程，每个程序设计的高手都会与代码"共度"无数个不眠之夜，痛并快乐着。要想成为程序设计高手，还有漫长的路需要走。第一步，可以先阅读他人的程序，学习他人解决问题的思想，

然后想想自己可以怎么去解决问题；反之也可，先自己思考，再去查看他人的思路。为此，书中给出了大量的例题和程序样例（171 道例题和 228 个程序样例，所有程序样例都在 VS2010 中调试通过），以帮助读者进行第一步练习。第二步，自己动手编写程序，可以动手编写例题程序，也可以完成书中每章预留的编程题（共 141 道，编程题的代码都在随书配套的光盘中，建议读者先独立解决，实在想不出解决办法时再去查看代码），同时，本书还设置了 118 道自测题，用以检查对知识点的掌握程度，请大家认真对待，自测题答案可在本书附录中查看。

5．利用好微视频、光盘资源以及在线学习平台

如果你是初学者，那么在自学的过程中，肯定会遇到无数个想不明白的问题；如果你有一定基础，也会存在对知识点理解不够透彻的问题；如果你是程序设计的高手，那就请帮助身边的"菜鸟"吧！我作为一名高校教师，希望能够帮助到选用本书进行学习的读者，为此，我用心录制了微视频，挑选了一些知识点进行讲解。因时间精力有限，这个版本完成了 94 个微视频的录制，后续我会继续录制，并在图书重印或再版时补充。大家可以扫描书中的二维码进行在线查看，也可以通过光盘本地查看。光盘中还提供了书中所有程序样例的源代码、实战训练的答案，以及试卷、实验指导、教学大纲、PPT 等资源，以便于教师教学。

致谢

本书得以顺利地编写完成和出版，首先需要感谢上海交通大学电信学院程序设计课程组的各位老师，我们经常在一起讨论，使我能不断加深对程序设计的理解；我还要感谢那些可爱的学生们，他们与我在课上和课后的互动，使我知道了他们的困惑和学习难点。

若读者在学习过程中遇到困惑，也可以通过邮件 hyweng@sjtu.edu.cn 与我联系。

作者

2018 年 1 月

目 录

第 1 章

程序设计概述

自从第一台计算机问世以来，计算机技术发展得非常迅速，特别是微型计算机的出现，使得计算机的应用从早期单纯的数学计算发展到处理各种媒体的信息。计算机本身也从象牙塔进入了千家万户。编写程序也不再是象牙塔中的工作，而是各个专业的技术人员都需要具备的技能。

本章将介绍一些计算机和程序设计的背景知识，具体包括：

■ 什么是程序设计；
■ 计算机的基本组成；
■ 程序设计语言；
■ 程序设计过程。

1.1 什么是程序设计

程序设计就是教会计算机如何去完成某一特定的任务，即编写出完成某个任务的正确的程序。学习程序设计就是学习当老师，你的学生就是计算机。老师上课前先要备课，然后再去上课，最后检查学生的学习情况是否达到了预期效果。对应于这三个阶段，程序设计也包括三步：第一步是算法设计，第二步是编码，第三步是编译与调试。

什么是程序设计

上课前首先要知道学生的知识背景，然后才能有的放矢地去教，学习程序设计首先也要了解计算机能做什么。备课就是把所要教授的知识用学生能够理解的方式表达出来。算法设计也就是把解决问题的过程分解成一系列计算机能够完成的基本动作。上课是把备课的内容用某种学生能够理解的语言描述出来。如果给中国学生讲课，就把备课的内容用中文讲出来。如果给美国学生讲课，就把备课的内容用英文讲出来。编码阶段也是如此，如果你的计算机支持 C 语言，就把算法用 C 语言表示出来；如果支持 Pascal 语言，就用 Pascal 语言描述。算法中的每一步都能与程序设计语言的某个语句相对应。上完课后要检查教学的效果，如果没有达到预期的结果，需要检查备课或上课中哪个环节出了问题，修改这些问题，重新再试。同样，编码后要运行程序，检查程序的结果是否符合预期的效果，如果没有，则需要检查算法和程序代码，找出问题所在，修改程序，然后重新运行。

为此，在学习程序设计之前，需要先了解一下我们的学生——计算机的基本功能，然后研究如何教会它各种新的技能。

1.2　计算机的基本组成

计算机系统由硬件和软件两部分组成。硬件是计算机的物理构成，是计算机的物质基础，是看得见摸得着的，相当于人的躯体。计算机软件是计算机程序及相关文档，是计算机的灵魂，相当于人们具备的知识与技能。

1.2.1　计算机硬件

我们常用的计算机称为个人计算机，它通常有一个键盘、一个显示器和一个主机，如图 1-1所示。

打开主机，可以发现里面有主板、CPU、内存条等。通常计算机的硬件由 5 大部分组成：运算器、控制器、存储器、输入设备和输出设备，这些部分通过总线或其他设备互相连接，如图 1-2 所示。这 5 大部分协同完成计算任务。在现代计算机系统中，运算器和控制器通常集成在一块称为CPU（中央处理器）的芯片上。这个硬件的结构是由计算机的鼻祖冯•诺依曼（图 1-3）提出的，因此被称为冯•诺依曼体系结构。

图 1-1　个人计算机

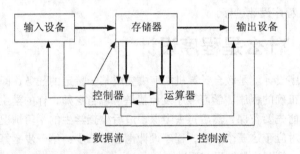

图 1-2　计算机硬件系统的组成

图 1-3　冯•诺依曼

1. 运算器

运算器是真正执行计算的组件。它能完成算术运算、逻辑运算和移位运算等。每个运算被表示成一个比特串，称为一条指令。不同厂商生产的机器，由于运算器的设计不同，能够完成的任务也不同，所以能执行的指令也不完全一样。每台计算机能完成的指令集合称为这台计算机的**指令系统**或**机器语言**。

运算器由算术逻辑单元（ALU）和寄存器组成。ALU 完成相应的运算，寄存器用来暂存参加运算的数据和中间结果。

2. 存储器

存储器用来存储数据和程序。存储器可分为主存储器和外存储器。主存储器又称为**内存**，用来存放正在运行的程序和数据，具有存取速度快，可直接与运算器、控制器交换信息等特点，但其容量一般不大，而且一旦断电，信息将会全部丢失。外存储器（包括硬盘、光盘、U 盘等）用来存放长期保存的数据，其特点是存储容量大、成本低，但它不能直接与运算器、控制器交换信息，需要时可成批地与内存交换信息。

存储器内最小的存储单元是比特（bit）。它可以存放二进制数的一位，即一个 0 或一个 1。bit 是一个组合词，它是英语的 <u>b</u>inary <u>dig</u>it 中划线部分的字母组合。通常 8 个比特组成一个字节（byte，常缩写为 B）。字节是大部分计算机分配存储器时的最小单位。存储器的容量也是用字节来表示的，如某台计算机的内存为 1GB，则表明这台计算机的内存是 1G 字节。

3. 控制器

控制器用于协调机器其余部分的工作，是计算机的"神经中枢"。控制器依次读入程序的每条指令，并分析指令，然后指挥其他各部分共同完成指令要求的任务。

控制器由程序计数器（PC）、指令寄存器（IR）、指令译码器（ID）、时序控制电路及微操作控制电路等组成。程序计数器用于记录下一条需要执行的指令在内存中的存储地址，使控制器能依次读取指令；指令寄存器用于暂存正在执行的指令；指令译码器用来识别指令的功能，分析指令的操作要求；时序控制电路用来生成时序信号，以协调在指令执行周期中各部件的工作；微操作控制电路用来实现各种操作命令。

当运行一个程序时，程序代码被存入内存，并将程序第一条指令的地址存入程序计数器，然后将该地址中的指令读入指令寄存器，更新程序计数器的值为下一条指令的地址。分析指令寄存器中的指令，指挥其他各部分合作完成指令要求的工作。接着读入下一条指令，重复上述过程，直到程序结束。

4. 输入/输出设备

输入/输出设备又称外围设备，它是外部和计算机交换信息的渠道。输入设备用于输入程序、数据、操作命令、图形、图像和声音等信息。常用的输入设备有键盘、鼠标、扫描仪、光笔及语音输入装置等。输出设备用于显示或打印程序、运算结果、文字、图形、图像等，也可以播放声音和视频等信息。常用的输出设备有显示器、打印机、绘图仪及声音播放装置等。

事实上，计算机的工作过程与人们日常生活中的工作或学习过程类似。例如，当学生被要求做一道四则运算题时，通常会先把这道题目抄到自己的本子上，那么本子就是主存储器，笔就是输入装置。计算这道题目时，会根据先乘除、后加减的原则找出里面的乘除部分，在草稿纸上计算，把结果写到本子上，再通过加减运算得到最后结果。在此过程中，大脑就是 CPU，先做乘除、后做加减的过程就是程序，草稿纸就是运算器中的寄存器，把答案交给老师的过程就是输出过程。

1.2.2　计算机软件

计算机硬件是有形的实体，可以从商店里买到。硬件相当于计算机的"躯体"，但它的能力非常有限，只能做些简单的算术运算和逻辑运算。计算机之所以有魅力，是因为它可以根据我们的要求变换不同的角色。一会儿是计算器，一会儿是字典，一会儿是 CD 播放机。要做到这些，必须有各种软件的支持。而软件相当于计算机的"思想"和处理问题的能力。一个人可能面临各种要处理的问题，他必须学习相关的知识；计算机需要解决各种问题，它需要安装各种软件。

软件可以分为系统软件和应用软件。系统软件居于计算机系统中最靠近硬件的部分，它将计算机的用户与硬件隔离，让用户可以通过软件指挥硬件工作，并为应用软件的开发提供所需的工具。系统软件与具体的应用无关，但其他软件都要通过系统软件才能发挥作用。操作系统就是最基本、最典型的系统软件，它是整个计算机系统的管家，管理计算机的所有资源。在操作系统的基础上，进一步提供了程序设计语言、数据库、网络等支持软件。为了更方便开发软件，通常还会提供一些开发工具。应用软件是为了支持某一应用而开发的软件，如字处理软件、财务软件等。

1.3　程序设计语言

程序设计语言是程序员和计算机进行交流时采用的语言。程序员用程序设计语言编写解决各种问题的软件。随着计算机的发展，人类与计算机交互的语言也在进步，程序设计语言的发展经过了4个阶段：

- 第一代　机器语言
- 第二代　汇编语言
- 第三代　高级语言
- 第四代　智能语言

1.3.1　机器语言

每台计算机硬件都会完成一些基本的操作，如将内存信息输送到运算器的寄存器中或将寄存器中的信息存入内存的某个单元。每个基本的操作都被表示成一个二进制比特串，这些比特串被称为**机器语言**。所有合法操作的集合被称为这台机器的**指令系统**。每台计算机都有自己的机器语言。

机器语言是由计算机硬件识别并直接执行的语言。机器语言能够提供的功能由计算机硬件设计所决定，因而能提供的功能非常简单，否则会导致计算机的硬件设计和制造过于复杂。**不同的计算机由于硬件设计的不同，它们的机器语言也是不一样的**。机器语言之所以必须由 0 和 1 组成，是因为计算机内部的电路都是逻辑电路，0 和 1 正好对应于两种逻辑状态。

每条机器语言的指令一般都包括操作码和操作数两个部分。操作码指出了操作的类别，如加、减、移位等。操作数指出参加运算的数据值或数据值的存储地址，如内存地址或寄存器的编号。例如某台机器的指令系统中有一条指令 10001100，它的前 2 位 10 表示加法，后面每 3 位表示运算数所在的寄存器编号，该指令表示将寄存器 001 和寄存器 100 的内容相加，结果存入寄存器 001。

机器指令根据其功能一般可以分成算术运算指令、逻辑运算指令、数据传送指令和输入/输出指令、控制指令。算术运算指令执行算术运算，逻辑运算指令执行逻辑运算；数据传送指令用于内存和运算器之间的数据传输；输入/输出指令用于内存和输入/输出设备之间的数据交换；控制指令用于改变指令的执行次序。

由于机器语言是由硬件实现的，提供的功能相当简单。用机器语言编写程序相当困难，就如教一个刚出生的婴儿做微积分一样困难。机器语言使用二进制比特串表示，因此用机器语言书写的程序就是一个二进制比特串，很难阅读和理解，又容易出错。而且程序员在用机器语言编程时还必须了解机器的很多硬件细节。例如有几类寄存器，每类寄存器有多少个，每个寄存器长度是多少，内存大小是多少等。由于不同的计算机有不同的机器语言，一台计算机上的程序无法在另外一台不同类型的计算机上运行，这将会引起大量的重复劳动。

1.3.2　汇编语言

为了克服机器语言可读性差的缺点，人们采用了与机器指令意义相近的英文缩写作为助记符，于是在 20 世纪 50 年代出现了**汇编语言**。汇编语言是符号化的机器语言，即将机器语言的每条指令符号化，采用一些带有启发性的文字串，如 ADD（加）、SUB（减）、MOV（传送）、LOAD（取）。常数和地址也可以用一些符号写在程序中，如可以将指令 10001100 表示为

```
ADD (001) (100)
```
这种表示方法比机器指令更容易理解。

与机器语言相比，汇编语言的含义比较直观，使程序的阅读和理解更加容易。但计算机硬件只"认识" 0、1 组成的机器语言，并不"认识"由字符组成的汇编语言，不能直接理解和执行汇编语言写的程序。必须将每一条汇编语言的指令翻译成机器语言的指令后计算机才能执行。为此，人们创造了一种称为**汇编程序**的程序，让它充当汇编语言程序到机器语言程序的翻译，将汇编语言写的程序翻译成机器语言写的程序，如图 1-4 所示。

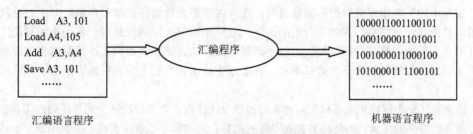

图 1-4　汇编过程

汇编语言解决了机器语言可读性的问题，但没有解决机器语言可移植性的问题。而且汇编语言的指令与机器语言的指令基本上是一一对应的，提供的基本功能与机器语言是一致的，都是一些非常基本的功能，所以用汇编语言编写程序还是很困难的。

1.3.3　高级语言

高级语言的出现是计算机程序设计语言的一大飞跃，FORTRAN、COBOL、BASIC、C、Java等都是高级语言。

高级语言是一种与机器的指令系统无关、表达形式更接近于科学计算的程序设计语言。计算机专业人员事先写好了许多实用的程序，使程序员可以在程序中直接使用 3*5-6 或 a<7 之类的表达式，从而更容易被科技工作者掌握。程序员只要熟悉简单的几个英文单词，熟悉代数表达式以及规定的几个语句格式就可以方便地编写高级语言的程序，而且不需要知道机器的硬件环境。

有了高级语言，计算机就相当于有了一定的基础知识。在此基础上教它其他知识就更加容易了。

由于高级语言是独立于计算机硬件环境的一种语言，因而有较好的可移植性。在一台计算机上编写的程序可以在另外一台不同类型的计算机上运行，从而减少了程序员的重复劳动。高级语言提供的功能也比机器语言强得多。比如，可以处理各种类型数据的运算以及处理复杂的表达式，使编写程序更加容易。

尽管每种高级语言都有自己的语法规则，但提供的功能基本类似。每种程序设计语言都允许在程序中直接写一些数字或字符串，这些被称为**常量**。对于在写程序时没有确定的值，可以给它们一个代号，称为**变量**。高级语言事先做好了很多处理不同类型数据的工具，称为**数据类型**，如整型、实型和字符型等。每个工具实现了一种类型的数据处理，如整型解决了整数在计算机内如何保存、如何实现整数的各种运算问题。当程序需要处理整数时，可以直接用整型这个工具。程序设计语言提供的类型越多，功能也越强。如果程序设计语言没有提供某种类型，则当程序要处理这种类型的信息时，程序员必须自己编程解决。例如，通常的程序设计语言都没有复数这个类型，如果某个程序要处理复数，程序员必须在程序中解决复数的存储和计算问题。高级语言提供了**算术运算**和**逻辑运算**的功能，使程序员可以用类似于数学中的表达式表示算术运算和逻辑运算。它还提供了将一个常量或表达式的计算结果与一个变量关联起来的功能，这称为**变量赋值**。也可以根据程序执行过程中的某些中间值执行不同的语句，这称为程序设计语言的**控制结构**。对于一些复杂的大问题，直接设计出完整的算法有一定的困难，通常采用将大问题分解成一系列小问题的方法。在设计解决大问题的算法时可以假设这些小问题已经解决，直接调用解决小问题的程序即可。每个解决小问题的程序被称为一个**过程单元**。在程序设计语言中过程单元被称为函数、过程或子程序等。

高级语言又分为过程化语言和面向对象的程序设计语言。如果解决某个问题用到的工具都是程序设计语言所提供的工具，如处理整数或实数的运算，这些程序很容易实现。如果用到了一些程序设计语言不提供的工具，则非常困难，如要处理一首歌曲、一张图片或一些复数的数据。程序员希望能有这样一个工具，可以播放一首歌曲或编辑一首歌曲。这时可以自己创建一个工具，即创建一个新的数据类型，如歌曲类型、图片类型和复数类型。这就是**面向对象程序设计**。面向对象程序设计语言提供了创建工具的功能。而过程化程序设计语言不提供创建新类型的功能。C、Pascal 等是过程化的程序设计语言。而 C++、Java 等是面向对象的程序设计语言。

1.3.4　智能语言

智能语言也称为非过程化语言。顾名思义，用智能语言写程序时，只需要告诉计算机想做什么事，而不需要告诉它如何去做，这将大大简化程序员的工作。

非过程化语言通常是为某个应用量身定做的语言。最经典的非过程化语言是数据库操作语言SQL。用 SQL 语言操作数据库时无须写出如何实现操作的详细过程。例如，程序员只需要表达需要在哪一个表中查找满足什么条件的数据或向数据库的哪一个表中插入一条数据而不必详细说明如何查找、如何插入等。

1.3.5　C 语言

C 语言是本书选用的程序设计语言。C 语言是贝尔实验室的 Dennis Ritchie 在 B 语言的基础上开发的，1972 年在 DEC PDP-11 计算机上得到了实现。C 语言作为 UNIX 操作系统的开发语言而广为人知。1989 年，美国国家标准协会制定了 C 语言的标准（ANCI C）。

在所有的程序设计语言中，C 语言有它独特的地位。如果读者学过一些其他的程序设计语言，如 Java、Python 等，会发现它们与 C 语言非常类似。C 语言非常简洁灵活，这些语言都采纳了 C 语言的优点。掌握了 C 语言后，再学这些语言就会非常容易。

作为高级语言，C 语言支持结构化程序设计，支持 3 种结构化程序设计要求的基本程序结构，有丰富的数据类型，提供了 30 多个运算符，可以完成算术运算和逻辑运算，使用方便、简洁、灵活。同时 C 语言又具有低级语言的功能，可以完成位运算，非常适合开发系统软件。很多操作系统、编译器都是用 C 语言开发的。UNIX 系统、手机的安卓等系统的底层代码都是用 C 语言开发的。苹果公司的 iOS 系统中的软件是用 C 语言的一个变种语言 Objective-C 开发的。C 语言的优点是"灵活"，缺点也是"灵活"。因为太灵活、太自由，所以一不小心就会出错。

但 C 语言不支持面向对象，所以本书仅限于介绍过程化程序设计。

1.4　程序设计过程

要使计算机能够完成某个任务，必须有相应的软件，而软件中最主要的部分就是程序。**程序**是计算机完成某个任务所需要的指令集合，通常程序设计都是基于高级语言。

程序设计就是教会计算机去完成某一特定的任务，即设计出完成某个任务的程序。它包括以下四个过程。

- **算法设计：** 设想计算机如何一步一步地完成这个任务，即将解决问题的过程分解成程序设计语言提供的一个个基本功能。
- **编码：** 将算法用某种高级语言描述出来。
- **编译与链接：** 高级语言写的程序必须被翻译成硬件认识的机器语言，这个阶段称为**编译**。机器语言表示的程序称为目标程序。一个大的程序可能由很多部分组成，把这些部分的目标程序组合在一起称为**链接**。
- **调试与维护：** 编好的程序不一定能正确完成给定的任务，或许是因为算法设计有问题，也可能是有一些特殊的情况没有处理。纠正这些问题的过程称为**调试**，经过调试的程序基本上认为是一个正确的程序，但仍可能有错误。在使用的过程中发现错误并改正错误以及增加、删除或修改功能的过程称为程序的维护。

1.4.1　算法设计

1．什么是算法

算法设计是设计一个使用计算机（更确切地讲是某种程序设计语言）提供的基本动作来解决某一问题的方案，是程序设计的灵魂。算法设计的难点在于计算机提供的基本功能非常简单，而人们要它完成的任务是非常复杂的。算法设计必须将复杂的工作分解成一个个简单的、计算机能够完成的基本动作。

算法设计

解决问题的方案要成为一个算法，必须用清楚的、明确的形式来表达，以使人们能够理解其中的每一个步骤，无二义性。算法中的每一个步骤必须有效，是计算机可以执行的操作。例如，若某一算法包含"用π的确切值与 r 相乘"这样的操作，则这个方案就不是有效的，因为计算机无法算出π的确切值。而且，算法不能无休止地运行下去，必须在有限的时间内给出一个答案。综上所述，算法必须具有以下几个特点。

（1）表述清楚、准确，无二义性。

（2）可行性，即每一个步骤都是程序设计语言可以完成的基本动作。

（3）有限性，即可在有限步骤后得到结果，例如，无法设计一个计算 $\sum_{i=1}^{\infty}\frac{1}{2^i}$ 的算法，因为没有办法让 i 达到无穷大，这个程序将永远运行，无法结束。一个合理的做法是为它提供一个上限值。

（4）有零个或多个输入，它们是算法运行时需要从外界获得的信息。如计算 $\sum_{i=1}^{n}\frac{1}{2^i}$ ，则必须输入 n 的值。而对于打印九九乘法表的算法，则不需要输入值。

（5）有一个或多个输出，即算法运行的结果。

有些问题非常简单，一下子就可以想到相应的算法，没有多大的麻烦就可写一个解决该问题的程序；而当问题变得复杂时，就需要更多思考才能想出解决它的算法。与所要解决的问题一样，各种算法的复杂性也千差万别。大多数情况下，一个特定的问题可以有多个不同的解决方案（即算法），在编写程序之前需要考虑许多潜在的解决方案，最终选择一个合适的方案。

2．算法的表示

算法可以用不同的方法表示，常用的有自然语言、传统的流程图、结构化流程图、伪代码等方法。

流程图是早期提出的一种算法表示方法，由美国国家标准化协会 ANSI 规定。流程图用不同的图形表示程序中的各种不同的标准操作。流程图用到的图形及含义如图 1-5 所示。

例 1.1　设计一个算法，求两个整数相除的商。

求两个数相除算法的流程图表示如图 1-6 所示。

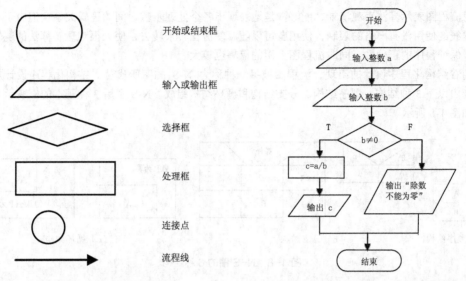

图 1-5　流程图符号　　　　　　　　　图 1-6　两个数相除算法的流程图表示

例 1.2　设计一个算法，判断输入的整数是否为素数。

素数是只能被 1 和自身整除的数。按照定义，1 不是素数，2 是素数。判断 n 是否为素数的最简单的方法是，首先判断 1～n 所有的整数是否能整除 n，统计能整除 n 的整数个数 r，其次检查 r 的值是否为 2，r 的值为 2 是素数，否则不是素数。该算法的流程图表示如图 1-7 所示。

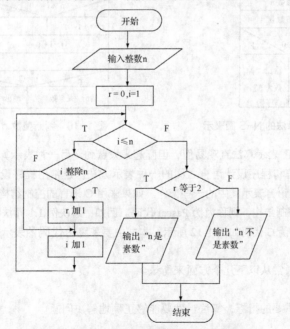

图 1-7　检查 n 是否为素数算法的流程图表示

　　用流程图表示算法直观清晰，能够清楚地表现出各个处理步骤之间的逻辑关系。但由于流程图对流程线的使用没有严格的限制，使用者可以随意使流程转来转去，使人很难理解算法的逻辑，而且难以保证程序的正确性，同时流程图占用的篇幅也较大。

　　随着结构化程序设计的出现，流程图被另一种称为 N-S 的图所代替。结构化程序设计规定程序只能由以下 3 种结构：顺序结构、分支结构和循环结构组成。N-S 图用 3 种基本的框表示 3 种结构，如图 1-8 所示。

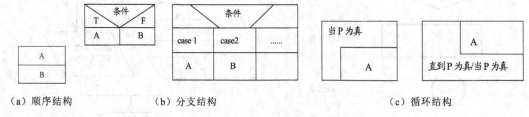

　　　（a）顺序结构　　　　　（b）分支结构　　　　　　　　　　（c）循环结构

图 1-8　N-S 图的 3 种结构

　　既然程序可以由这些基本结构顺序组合而成，那么基本结构之间的流程线就不再需要了，全部的算法可以写在一个矩形框内。例如，解决例 1.1 的算法的 N-S 图如图 1-9 所示，解决例 1.2 的算法的 N-S 图如图 1-10 所示。

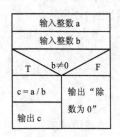

图 1-9　整数除法的 N-S 图表示

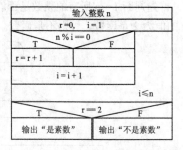

图 1-10　判断整数 n 是否为素数

　　用流程图和 N-S 图表示算法直观易懂，但画起来太费劲。另一种表示算法的工具称为伪代码。伪代码是介于自然语言和程序设计语言之间的一种表示方法。通常用程序设计语言中的控制结构表示算法的流程，用自然语言表示其中的一些操作。如果采用 C 语言的控制结构，则称为伪 C 代码。如果采用 Pascal 语言的控制结构，则称为伪 Pascal 代码。例如，解决例 1.1 算法的伪 C 代码如图 1-11 所示，解决例 1.2 算法的伪 C 代码如图 1-12 所示。本书主要采用伪代码的表示方法。

3．算法的优劣

　　一个算法的好坏通常从以下几个方面来衡量。

　　（1）正确性

　　这无疑是一个最重要的指标，算法当然要能够正确地解决问题。

```
输入整数 a
输入整数 b
if  (b≠0) {
    c = a/b;
    输出 c;
}
else 输出 "除数为 0";
```

图 1-11　整数除法的伪 C 表示

```
输入 n
设 r = 0
for (i = 1; i <= n; ++i)
    if (n % i == 0)   ++r
if (r == 2)
    输出 "n 是素数"
else 输出 "n 不是素数"
```

图 1-12　判断 n 是否为素数的伪 C 表示

（2）可读性

算法的可读性指的是算法是否容易理解。在计算机刚出现时，程序的可读性并不重要。因为当时的程序一般很短，而且是量身定做的，运行了一次后可能就不用了。而现在的软件都是产品化，可能会运行很多年。在产品工作期间，可能会发现程序的某些错误或者程序的某些功能需要修改。如果程序写得晦涩难懂，将会给修改程序带来很大的麻烦。所以算法的逻辑尽量简明易懂。

（3）健壮性

健壮性是指当输入的数据非法时，算法必须有相应的处理。因为软件的用户不一定是专业人员，也不一定会认真阅读软件使用指南。不管用户输入的是什么数据，都要保证程序不会瘫痪。

（4）时间复杂度和空间复杂度

时间复杂度是算法的计算量与处理的问题规模之间的关系。空间复杂度是算法运行时占用的空间与处理的问题规模之间的关系。在不牺牲可读性的前提下，尽量保证好的时间复杂度和空间复杂度。

1.4.2　编码

编码是将算法用具体的程序设计语言的语句表达出来，所以学习程序设计必须学习一种程序设计语言。本书采用的是 C 语言。

用程序设计语言描述的算法称为**程序**，存储在计算机中的程序通常称为**源文件**。C 语言程序的源文件名的后缀必须是 ".c"。输入程序或修改程序内容的过程称为程序的**编辑**。各个计算机系统的编辑过程差异很大，不可能用一种统一的方式来描述，因此在编辑源文件之前，必须先熟悉所用的机器上的编辑方法。很多操作系统也提供一些集成开发环境，如 VS2010 就是 Windows 系统提供的一个集成开发环境。集成开发环境为程序员提供了从程序编辑到程序运行过程中的所有环节的工作支持。

1.4.3　编译与链接

计算机的硬件并不认识高级语言写的程序。为了让用高级语言编写的程序能够在不同的计算机系统上运行，必须将程序翻译成该计算机特有的机器语言。在高级语言和机器语言之间执行这种翻译任务的程序叫作**编译器**。

编译器将源文件翻译成中间文件，这种中间文件称为**目标文件**。目标文件由特定的计算机系统的机器语言组成。但目标文件不能直接运行，这是因为在现代程序设计中，程序员在编程序时往往会用到系统提供的工具或其他程序员提供的工具。程序运行时必然会用到这些工具的代码。于是需要将目标文件和这些工具的目标文件捆绑在一起，这个过程称为**链接**。链接以后的代码称为一个**可执行文件**。这是能直接在某台计算机上运行的程序。系统提供的工具或用户自己写的一些工具程序通常被组织成一个**库**。一个源文件到一个可执行文件的转换过程如图 1-13 所示。

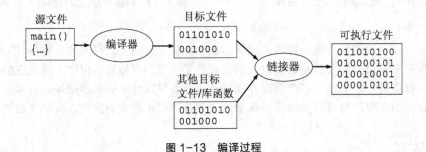

图 1-13 编译过程

在编译过程中，编译器会找出源文件中的语法错误和词法错误，即不符合程序设计语言规范的地方。程序员可根据编译器输出的出错信息来修改源文件，直到编译器生成了正确的目标代码。

1.4.4 调试与维护

语法错误还不是最令人沮丧的。往往程序失败不是因为编写的程序包含语法错误，而是程序合乎语法却给出了不正确的答案或者根本没给出答案。检查程序便会发现程序中存在一些逻辑错误，程序员称这种错误为 bug。找出并改正这种逻辑错误的过程称为**调试**（debug），它是程序设计过程中一个重要的环节。调试一般需要运行程序，通过观察程序的阶段性结果来找出错误的位置和原因，并作相应的修改。

逻辑错误非常难以察觉。有时程序员非常确信程序的算法是正确的，但随后却发现它不能正确处理以前忽略了的一些情况；或者也许在程序的某个地方做了一个特殊的假定，但随后却忘记了；又或者可能犯了一个意想不到的错误。

程序的调试及测试只能发现程序中的错误，而不能证明程序是正确的。因此，在程序的使用过程中可能会不断发现程序中的错误，或者发现程序的某些功能不尽如人意，需要修改。在使用时发现问题并改正的过程称为程序的**维护**。

程序的维护需要修改源程序。但修改者可能并不是原来的开发者，或者离程序的开发已经经过了很长的时间了，此时需要相应的开发文档和良好的程序风格来帮助修改者迅速定位到程序中需要修改的部分。

1.5　编程规范及常见问题

1.5.1　真的需要算法设计阶段吗

编程序前需要先设计算法。但很多初学者觉得编程就是编程，一看到书上的题目就直接把程序写出来了，似乎没有算法设计阶段。

这是因为学习程序设计时的练习题都很简单，解决问题的过程都已经深深印在大家的脑子里了，也就是算法已经有了，所以可以直接写代码。如果不知道如何解决问题，那么就必须先设计解决问题的方法，即设计算法。

1.5.2　为什么不用自然语言编程

学习程序设计首先需要学习一种程序设计语言。为什么不能用自然语言与计算机交互？如果能用自然语言与计算机交互，程序员就不必学习专门的语言了。

这是因为自然语言较复杂，而计算机本身（机器语言）能做的事又非常简单，如果要将自然语言作为人机交互的工具，编译器的设计与实现必将非常复杂。另外，自然语言太灵活，理解自然语言需要一些背景知识，否则会产生二义性，这也给计算机实现带来了很大的麻烦。

1.5.3　寄存器、主存储器和外存储器有什么不同

寄存器、主存储器和外存储器都用于存储信息，但级别不同。

从功能来讲，寄存器相当于草稿纸，存储的是运算器当前正在运算的数据或当前正在执行的那条指令。主存储器保存的是正在运行的程序代码和程序中的数据。当程序执行结束时，这些信息就退出了内存。外存储器保存的是需要长期保存的数据。

从容量角度来看，寄存器容量最小，主存储器次之，外存储器最大。从访问速度来看，寄存器最快，主存储器次之，外存储器最慢。

1.5.4　所有的计算机能够执行的指令都是相同的吗

计算机能够执行的指令是直接由硬件完成的，与硬件设计有关。不同的硬件设计产生不同的指令系统，因此不同类型的计算机所能执行的指令是不同的。

1.5.5　为什么需要编译和链接

计算机硬件能"认识"的只有机器指令，它并不认识程序设计语言，如 C 语言。要使计算机能够执行 C 语言写的程序，必须把 C 语言的程序翻译成计算机认识的机器语言，机器语言版的程序称为目标程序。C 语言程序到目标程序的翻译称为**编译**，由编译器完成。在编译过程中，编译器会一一找出程序中不符合语言规范的地方，这些被称为语法错误。如果程序没有语法错误，编译后将会生成目标代码。

程序员编写的程序通常会用到其他程序员或 C 语言系统已经编好的一些工具，程序运行时会

用到这些工具的代码，需要将这些工具的目标文件和程序的目标文件放在一起，这个过程称为**链接**。链接器就是完成这个链接工作。链接以后的代码称为一个**可执行文件**。这是能直接在某台计算机上运行的程序。

1.5.6　为什么在不同类型的计算机上运行 C 语言程序需要使用不同的编译器

因为不同的生产厂商生产的计算机有不同的机器语言，所以需要不同的编译器将同样的 C 语言程序翻译成不同的机器语言。就如同一份中文的文件，给美国人看时需要有人翻译成英文，给法国人看时需要有人翻译成法文。

1.5.7　为什么不同类型的计算机不能运行同一个汇编程序

不同类型的计算机能运行同一个 C 语言程序是因为不同类型的计算机上有不同的 C 语言编译器。每个编译器可以将同一个 C 语言程序编译成自己机器上的机器语言表示的目标程序，所以不同类型的计算机可以执行同一个 C 语言程序。

而汇编程序仅是机器语言的另一种表现形式。不同类型的计算机有不同的机器语言，也就有不同的汇编语言。一台计算机完全不能理解另一台不同类型计算机的机器语言，所以一台机器上的汇编语言的程序不能在另一台不同类型的计算机上运行。

1.6　小结

本章主要介绍了下列程序设计所需的基础知识和基本概念。
- 计算机系统包括软件和硬件：硬件是计算机的躯壳，软件是计算机的灵魂。
- 计算机硬件主要由 5 大部分组成：运算器、控制器、存储器、输入设备和输出设备。
- 程序设计语言的发展经过了机器语言、汇编语言，高级语言和智能语言 4 个阶段。
- 程序设计是编写出一个完成某个任务的程序。程序设计包括算法设计、编码、编译与链接、调试及运行维护等阶段。
- 算法通常可用流程图、N-S 图和伪代码表示。

1.7　自测题

1. 简述冯·诺依曼计算机的组成及工作过程。
2. 投入正式运行的程序就是完全正确的程序吗？
3. 什么是高级语言？为什么高级语言具有较好的可移植性？
4. 什么是源文件？什么是目标文件？什么是可执行文件？
5. 编译器的任务是什么？
6. 链接器的任务是什么？
7. 什么是语法错误？什么是逻辑错误？
8. 什么是 debug？
9. 什么是算法？

10. 试列举常用的高级语言。

11. 算法有哪些常见的表示方法？

1.8　实战训练

1. 设计一个计算 $\sum_{i=1}^{100} \frac{1}{i}$ 的算法，用 N-S 图和流程图两种方式表示。

2. 设计一个算法，输入一个矩形的两条边长，判断该矩形是不是正方形。用 N-S 图和流程图两种方式表示。

3. 设计一个算法，输入圆的半径，输出它的面积与周长。用 N-S 图和流程图两种方式表示。

4. 设计一个算法，计算下面函数的值。用 N-S 图和流程图两种方式表示。

$$y = \begin{cases} x & (x < 1) \\ 2x - 1 & (1 \leqslant x < 10) \\ 3x - 11 & (x \geqslant 10) \end{cases}$$

5. 设计一个求解一元二次方程的算法。用 N-S 图和流程图两种方式表示。

6. 设计一个算法，判断输入的年份是否为闰年，用 N-S 图和流程图两种方式表示。

7. 设计一个算法计算出租车的车费。出租车收费标准为：3 公里内收费 14 元；3 公里到 10 公里之间，每公里收费 2.4 元；10 公里以上，每公里收费 3 元。用 N-S 图和流程图两种方式表示。

第 2 章

初识 C 语言

写一个程序就像是写一本实验指导书，计算机可按实验指导书一步步往下做，最终完成任务。实验指导书有实验指导书的格式，程序也有程序的格式。本章将从一个简单的程序出发，介绍 C 语言程序的基本框架以及如何编译运行一个 C 语言的程序。

本章将给读者介绍一个完整的 C 语言程序的基本组成部分，以及如何在 VS2010 中输入、编译、链接和运行以及调试程序。具体包括：

■ 一个完整的 C 语言程序的解读；

■ C 语言的开发环境 VS2010 的安装及使用。

2.1 一个完整的 C 语言程序

考虑一下如何设计一个求解一元二次方程的程序。如第 1 章所述，设计一个程序先要设计算法。如何教会计算机解一元二次方程呢？我们自己会有很多解一元二次方程的方法，例如凑一个完全平方公式、平方差公式或用十字相乘法分解因式等。但这些方法较灵活，教计算机学习这些方法略显复杂。最简单的是用标准的公式 $x = \dfrac{-b \pm \sqrt{b^2 - 4ac}}{2a}$ 解一元二次方程。在众多解一元二次方程的方法中，先确定教计算机用标准公式求解，然后可以开始设计教学过程，即算法。这个算法很简单，它的 N-S 图描述如图 2-1 所示。根据这个算法得到的 C 语言程序如代码清单 2-1 所示。

一个完整的 C 语言程序

输入方程的 3 个系数 a、b、c
计算 $\quad x1 = \dfrac{-b + \sqrt{b^2 - 4ac}}{2a}$ $\quad\quad\quad x2 = \dfrac{-b - \sqrt{b^2 - 4ac}}{2a}$
输出 $x1$ 和 $x2$

图 2-1　求解一元二次方程算法的 N-S 图

代码清单 2-1　求解一元二次方程

```
/* 文件名：2-1.c
   用标准公式求解一元二次方程*/                        }注释


#include <stdio.h> }
#include <math.h> } 预编译指令


int main()
{
    double a, b, c, x1, x2, dlt; } 变量定义

    printf("请输入方程的 3 个系数：");
    scanf("%lf %lf %lf", &a, &b, &c);      } 输入阶段

    dlt = b * b - 4 * a * c;
    x1 = (-b + sqrt(dlt)) / 2 / a;         } 计算阶段
    x2 = (-b - sqrt(dlt)) / 2 / a;

    printf("x1=%f    x2=%f\n", x1, x2);    } 输出阶段

    return 0;
}
```

主程序

一个完整的 C 语言程序由注释、预编译指令和主程序组成。主程序由一组函数组成，每个程序至少有一个名字为 main 的函数。程序运行时，从 main 函数的第一个语句执行到最后一个语句。

2.1.1　注释

代码清单 2-1 中的第一部分为一段**注释**。在 C 语言中，注释是从/*开始到*/结束，其间所有的文字都是注释，可以是连续的几行。

注释是写给读者看的，而不是写给计算机的指令。它是开发此程序的程序员用人类习惯的语言向其他程序员传递该程序的有关信息。在 C 语言编译器将源程序转换为目标程序时，注释被完全忽略。

一般来说，每个程序都以一个专门的、从整体描述程序工作过程的注释开头，称为**程序注释**。它包括源程序文件的名称和一些与程序实现有关的信息。如程序的实现思想、程序的开发者、修改记录、可能的使用者、给出如何改变程序行为的一些建议等。注释也可以出现在主程序中间，解释主程序中一些比较难理解的部分。

因为注释并不是真正可执行的语句，对程序的运行结果无任何影响，所以很多程序员往往不愿意写。但注释对将来程序的维护非常重要，给程序添加注释是良好的编程风格。

2.1.2　预编译

C 语言的编译分成两个阶段：预编译和编译。先执行预编译，再执行编译。预编译处理程序中

的预编译命令，即那些以#开头的指令。如代码清单 2-1 中的 #include <stdio.h>。预编译命令有很多，常用的预编译命令主要有**库包含**。

库包含表示程序使用了某个库。**库**是由程序员自己或其他程序员编写的一组能够完成特定功能的工具程序。在程序中需要用到这些功能时，程序员不需要自己编写这些程序，可以直接调用库中的程序。

代码清单 2-1 包含了库 stdio 和 math，stdio 是 C 语言提供的标准输入/输出库。程序中所有数据的输入/输出都由该库提供的功能完成。本书的每个程序几乎都会用到这个库，math 是数学函数库，包含了一些常用的科学计算函数。由于求解一元二次方程时要用到求平方根，该函数包含在 math 库中。

使用一个库必须在程序中给出足够的信息，以便使编译器知道这个库里有哪些工具可用，这些工具又是如何使用的。大多数情况下，这些信息以**头文件**的形式提供。头文件的后缀名为 ".h"。每个库都要提供一个头文件，这种文件为编译器提供了对库所提供的工具描述，以便在程序中用到这些库的功能时，编译器可以检查程序中的用法是否正确。stdio.h 就是 stdio 库的头文件。math.h 是 math 库的头文件。

将库如何使用的信息传递给使用库的程序需采用预编译命令 include。#include 命令的意思就是把头文件 stdio.h 的内容插入到现在正在编写的程序中。

#include 命令有以下两种格式

```
#include <文件名>
#include "文件名"
```

用尖括号标记的是 C 语言提供的标准库。C 语言程序用尖括号通知预编译器到系统的标准库目录中去寻找尖括号中的文件，并将它插入到当前的源文件。可以通过以下语句包含标准库 stdio

```
#include <stdio.h>
```

个人编写的库用双引号标记。例如，某个程序员自己写了一个库 user，于是#include 行被写为

```
#include "user.h"
```

当用双引号标注时，预编译器先到用户的目录中去寻找相应的文件。如果找不到，再到系统的标准库目录中去寻找。

2.1.3　主程序

代码清单 2-1 所示程序的最后一部分是主程序，是算法的描述。C 语言的主程序由一组函数组成，每个程序必须有一个名字叫 main 的函数，它是程序运行的入口。运行程序就是从 main 函数的第一个语句执行到最后一个语句。

每个函数由函数头和函数体两部分组成。代码清单 2-1 中，int main()是函数头，后面花括号括起来的部分是函数体。我们可以把函数理解成数学中的函数，函数头是数学函数中等号的左边部分，函数体是等号的右边部分。函数头中的 int 表示函数的执行结果是一个整数，main 是函数名字，()中是函数的参数，相当于数学函数中的自变量，()中为空表示没有参数。函数体是如何从自变量得到函数值的计算过程，即算法的描述，相当于数学函数中等号右边的表达式。

函数体可进一步细分为变量定义部分和语句部分。语句部分一般又可分为输入阶段、计算阶段

和输出阶段。一般各部分之间用一个空行隔开，以便于阅读。

1．变量定义

变量是一些编写程序时，值尚未确定的数据代号。例如，在编写求解一元二次方程的程序时，该方程的三个系数值尚未确定，可以用 a、b、c 三个代号来表示。在编写程序时，两个根的值也未确定，于是也给它们取了个代号 x1 和 x2。在计算 x1、x2 时，$b^2 - 4ac$ 要用到两次。为了节省计算时间，可以让它只计算一次，把计算结果用代号 dlt 表示。在计算 x1 和 x2 时，凡需用到 $b^2 - 4ac$ 时均用 dlt 表示。

在程序执行过程中，变量的值会被确定。我们如何保存这些值的呢？C 语言用变量定义来为这些值准备存储空间。代码清单 2-1 中的

```
double a, b, c, x1, x2, dlt;
```

就是变量定义。它告诉编译器要为 6 个变量准备存储空间。变量前面的 double 说明变量代表的数值类型是实数。编译器根据类型为变量在内存中预留一定量的空间。

2．输入阶段

输入阶段在程序运行时从键盘获取用户输入的信息。如代码清单 2-1 的输入阶段要求用户输入一元二次方程的 3 个系数。

每个数据的输入过程一般包括两个步骤。首先，程序应在屏幕上显示一个信息以使用户了解程序需要什么，这类信息通常称为**提示信息**，然后输入所需的信息。在屏幕上显示信息是用函数 printf 来完成。如代码清单 2-1 中的

```
printf("请输入方程的 3 个系数：");
```

可将"请输入方程的 3 个系数："显示在显示器上。被括号括在一对双引号中的信息称为一个字符串。从键盘读取数据可以用函数 scanf 实现。如代码清单 2-1 中的

```
scanf("%lf %lf %lf", &a, &b, &c);
```

表示读入 3 个实型数，存入变量 a、b 和 c。

3．计算阶段

计算阶段反映了如何从输入数据计算得到输出数据的过程。代码清单 2-1 的计算阶段包括计算 $b^2 - 4ac$ 及 x1 和 x2。

在程序设计中，计算是通过**算术表达式**来实现的，算术表达式与代数中的代数式类似。表达式的计算结果可以用赋值操作存储于一个变量中，以备在程序的后面部分使用。

4．输出阶段

程序的输出阶段是显示计算结果。结果的显示也是通过 printf 函数完成的。如

```
printf("x1=%f   x2=%f\n", x1, x2);
```

该语句输出双引号中的字符串，用变量 x1 的值替代字符串中第一个%f，用变量 x2 的值替代字符串中第二个%f。如果输入的 a、b、c 分别是 1、0、-1，则输出的结果为

```
x1=1 x2=-1
```

函数最后一个语句是 return 0，表示把 0 作为函数的执行结果值。一般情况下，main 函数的执行结果都直接显示在显示器上，没有其他执行结果。但 C 语言的程序员习惯上将 main 函数设计成返回一个整型值。当执行正常结束时返回 0，非正常时返回其他值。

2.2　C 语言的开发环境

编写一个程序后，如何运行该程序？如第 1 章所述，一个 C 语言的程序必须经过编译链接后才能运行。如何输入、编译以及链接一个程序？任何文本编辑器都可以用来编辑 C 语言的程序，编译是由编译器完成的，链接是由链接器完成的。每个步骤都可以通过一个命令完成。但通常有一些软件可以将这些步骤组合在一起，在这个软件中完成从程序编写到程序运行的所有过程。这种软件被称为集成开发环境。

在 Windows 平台上的主流开发环境是微软的 Visual Studio。Visual Studio 意为"可视化工作室"，简称为 VS。它包括 VB、VC、VF、数据库 ODBC 等开发工具，其中的 VC 是 C 语言和 C++ 语言的开发工具。本书采用 VS2010 作为开发环境，所有的程序都在 VS2010 中调试通过，其他的开发环境的使用也都是大同小异。

2.2.1　VS2010 的安装

选定了一个 VS 版本后，就可以进行安装了。VS 系列的安装过程与微软的其他软件类似，插入安装盘后一般会自动进入安装界面。如果没有进入，可在安装盘上双击 autorun.exe 或 setup.exe。安装界面如图 2-2 所示。选择"安装 Microsoft Visual Studio 2010"，剩下的过程就是连续单击"下一步"按钮直到操作完成。

图 2-2　VS2010 安装界面

在安装过程中有一个选项：全部安装或选择安装。如果只是作为学习 C 语言的工具，可以选择只安装 VC++。

2.2.2　程序输入

VS2010 中被开发的软件称为一个"解决方案"，每个解决方案包含若干个"项目"。每个项目最终会形成一个可执行文件，每个项目又可以包含若干个源程序。因此要输入程序必须先创建一个"解决方案"，在此解决方案下再创建一个项目，将源文件添加

程序输入

到这个项目下面。

VS2010 可以同时建立一个解决方案和方案中的第一个项目，也可以先建立方案再添加项目。

1. 创建解决方案和项目

进入 VS2010，首先出现如图 2-3 所示的界面。VS2010 的界面与微软的其他软件界面一致。最上面的是菜单条，每个菜单项都可通过下拉显示子菜单。菜单条下面是工具栏，包括常用的工具，最下面是信息交互界面。

图 2-3　VS2010 开始页

创建解决方案、项目可以直接在起始页上选择新建项目，也可以通过选择菜单项"文件→新建→项目"。选择新建项目后，屏幕上出现如图 2-4 所示的界面。

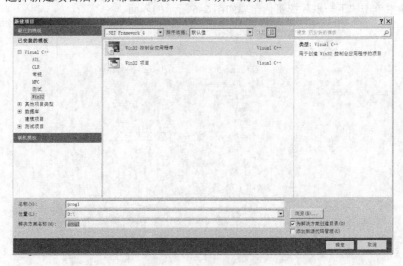

图 2-4　新建项目界面

图 2-4 的屏幕中间显示了已安装的模板，选择"Win32"项目。在屏幕的下方出现了 3 个输入框：名称、位置、解决方案名称。输入项目名称和解决方案名称，如 prog1。位置是该项目的信息在磁盘上的存放目录，可以用默认值，也可以修改。该项目的所有文件都会存储在这个目录下，屏幕右下方有两个复选框，将第一个复选框"为解决方案创建目录"打钩。项目创建成功后，会自动生成相应的目录。输入结束后单击"确定"按钮，显示如图 2-5 所示的界面。

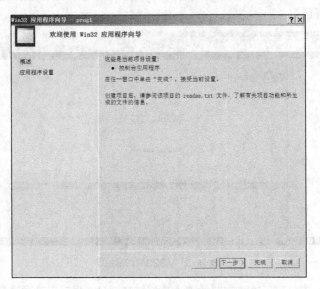

图 2-5　创建项目时的提示信息

在图 2-5 中单击"下一步"按钮，出现如图 2-6 所示的界面。

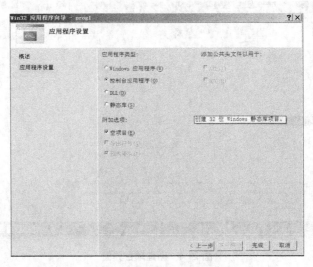

图 2-6　应用程序设置界面

　　在图 2-6 的界面中选择"空项目"复选框，应用程序类型选择"控制台应用程序"，单击"完成"按钮，项目被成功创建。在 D 盘的根目录下将会出现一个名称为"prog1"的目录。项目创建成功后，出现如图 2-7 所示的界面。

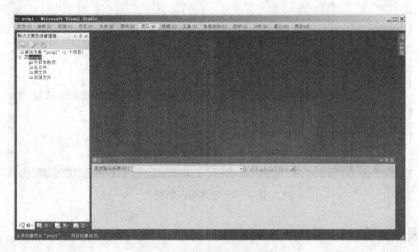

图 2-7　项目创建成功界面

2．添加源文件

　　项目创建成功后，图 2-7 的左边会显示当前项目"prog1"，此时可以添加该项目中的源文件。选择菜单中的"项目-添加新项"，会出现如图 2-8 所示的界面。在中间的选项中选择"C++文件"，在屏幕底部的输入框中输入源文件名，如 prog1.c。注意，文件名的后缀必须是".c"。单击"添加"按钮，进入程序输入界面，如图 2-9 所示。此时在目录 D:\prog1\prog1 生成了一个 prog1.c 的文件。在图 2-9 右上方可输入需要的源程序。

图 2-8　创建源文件界面

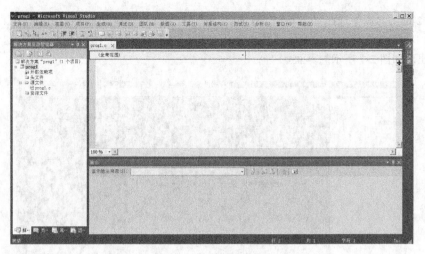

图 2-9　程序输入界面

2.2.3　编译链接

　　编译链接是由菜单项"生成"完成。该菜单项下面有很多子菜单项目，常用的有"生成解决方案"、"生成 xx"和"编译"。其中 xx 是当前正在工作的项目名称。"生成解决方案"是编译链接该解决方案下的所有项目，生成可执行文件。"生成 xx"只对当前正在工作的项目中的文件进行编译链接，生成可执行文件。"编译"只对代码进行编译而不执行链接，不生成可执行文件。

　　选择了"生成解决方案"或"生成 xx"后，会出现如图 2-10 所示的界面。界面的下方是编译链接信息。如果编译链接中发现错误，会在此显示相应的错误信息，程序员可以根据提示信息修改程序中的错误。

图 2-10　编译链接界面

图 2-10 的屏幕下方出现了一系列出错信息。用鼠标单击出错信息，会在显示源程序部分左边的灰色竖条上出现一个小小的横杠。横杠对应的行就是该错误所在的行。单击如图 2-10 所示中第一个出错信息，横杠出现在 "scanf("%lf %lf %lf", &a, &b, &c);" 这一行。根据出错信息得知，其中有一个变量没有定义。检查变量定义部分，发现没有变量 b 的定义。此时可以修改程序。加上了变量 b 的定义后，再次编译链接，得到如图 2-11 所示的界面，表示编译链接成功。

图 2-11　编译链接成功界面

编译链接成功后，将会在项目对应目录下的 debug 子目录下看到一个可执行文件。对应于前面的过程，该文件名为 prog1.exe，这就是项目的可执行文件名。

在学习程序设计时，程序都比较简单。一般一个解决方案只有一个项目，一个项目只有一个源文件，因此可直接选择"生成解决方案"。

2.2.4　程序的运行

如果编译链接过程没有出现错误，则会生成可执行文件。可以在 VS2010 中运行该程序，也可以在 Windows 或 DOS 环境中运行。

1. 在 VS2010 中运行

运行这个程序可以选择菜单项"调试"，然后选择"开始执行（不调试）"。屏幕上会出现一个窗口，显示执行的过程，如图 2-12 所示。

运行时，首先显示一个提示信息

请输入方程的 3 个系数：

在本次运行时，用户输入了

1 -3 2

然后程序输出了该方程的两个根

x1 = 2.000000　　x2 = 1.000000

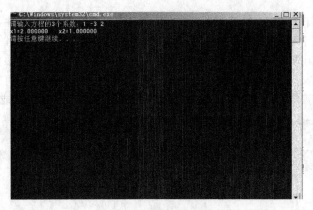

图 2-12　程序运行过程

2. 在 Windows 下运行

在 Windows 中，首先打开可执行文件所在的文件夹，双击生成的可执行文件名。运行界面与图 2-12 完全相同。但是运行结束后，窗口自动消失，以致用户无法看到计算结果。有多种方法可以解决这个问题，第一种解决方法是在输出了方程的根后再接收一个输入，如输入一个数字。那么在输出了方程的根后，程序在等待输入，运行窗口还在，用户可以看到计算结果。当用户随便输入了一个数字后，程序结束，窗口消失。这个程序如代码清单 2-2 所示。

代码清单 2-2　求解一元二次方程（避免自动退出方案一）

```c
/* 文件名：2-2.c
   用标准公式求解一元二次方程 （避免自动退出） */
#include <stdio.h>
#include <math.h>

int main()
{
    double a, b, c, x1, x2, dlt;

    printf("请输入方程的 3 个系数：");
    scanf("%lf %lf %lf", &a, &b, &c);

    dlt = b * b - 4 * a * c;
    x1 = (-b + sqrt(dlt)) / 2 / a;
    x2 = (-b - sqrt(dlt)) / 2 / a;

    printf("x1=%f   x2=%f\n", x1, x2);
    scanf("%lf ", &a);

    return 0;
}
```

第二种解决方法是用操作系统的命令 pause 使运行暂停。在 C 语言程序中调用操作系统的命令可使用

```
system("命令名");
```

用这种方法实现的程序见代码清单 2-3。

代码清单 2-3　求解一元二次方程（避免自动退出方案二）

```c
/* 文件名：2-3.c
   用标准公式求解一元二次方程 （避免自动退出） */
#include <stdio.h>
#include <math.h>

int main()
{
    double a, b, c, x1, x2, dlt;

    printf("请输入方程的 3 个系数：");
    scanf("%lf %lf %lf", &a, &b, &c);

    dlt = b * b - 4 * a * c;
    x1 = (-b + sqrt(dlt)) / 2 / a;
    x2 = (-b - sqrt(dlt)) / 2 / a;

    printf("x1=%f   x2=%f\n", x1, x2);
    system("pause ");

    return 0;
}
```

运行过程与图 2-12 完全相同。显示了 x1 和 x2 后，程序暂停，再按任意键，程序继续执行，窗口消失。

3. 在 DOS 环境中运行

在 DOS 界面中执行程序可以直接输入可执行文件名，代码清单 2-3 的执行过程如图 2-13 所示。

图 2-13　DOS 界面下的程序运行过程

进入 DOS 界面后，首先切换到可执行文件所在的目录 D:\prog1\Debug\prog1。在此目录下有一个名为 prog1.exe 的文件，这就是代码清单 2-3 生成的可执行文件。输入文件名 prog1 进入执行状态，运行过程与图 2-12 完全相同。运行结束后，界面上又出现了命令输入的提示符。

2.2.5　程序的调试

如果程序运行结果不是正确的结果或者程序运行异常终止，则表明程序没有正确完成任务。可能是算法设计有问题，也有可能是有一些特殊的情况没有考虑。在程序设计中，这种情况被称为程序有 bug，即逻辑错误。纠正这些错误的过程称为程序调试，英文为 debug。

程序的调试

如何找出这些错误并改正？最简单的方法是单步执行。单步执行就是每执行一个语句后都会暂停，程序员可以检查程序中的某些变量是否符合预期的结果。如果变量值正确，则继续往下执行一个语句。否则分析刚执行的那条语句为什么没有得到正确的结果，对此语句进行改正。例如对代码清单 2-3 的程序进行单步跟踪，每一步及变量的值如图 2-14 所示。

代码	执行左边语句后的变量情况					
`int main()`						
`{`	a	b	c	x1	x2	dlt
`    double a, b, c, x1, x2, dlt;`	随机值	随机值	随机值	随机值	随机值	随机值
`    printf("请输入方程的 3 个系数：");`						
`    scanf("%lf %lf %lf", &a, &b, &c);`	1	-3	2	随机值	随机值	随机值
`    dlt = b * b - 4 * a * c;`	1	-3	2	随机值	随机值	1
`    x1 = (-b + sqrt(dlt)) / 2 / a;`	1	-3	2	随机值	2	1
`    x2 = (-b - sqrt(dlt)) / 2 / a;`	1	-3	2	2	1	1
`    printf("x1=%f   x2=%f\n", x1, x2);`						
`    system("pause ");`						
`    return 0;`						
`}`						

图 2-14　代码清单 2-3 中执行了每一个语句后变量的情况

如果程序很短，单步执行足以胜任。但如果程序很长，则会花费太多的时间，此时可以用设置断点的方法。将程序按逻辑分成若干段，每段后设置一个断点。运行到断点时程序会暂停，程序员可以检查程序中的某些变量是否符合预期的结果。如果与预期结果一致，则继续运行到下一断点。否则对上一段程序进行单步调试或设置更密集的断点。例如对代码清单 2-3，可以在计算 dlt 的这一行设置一个断点。程序运行到这一行时，先检查变量 a、b、c 的值是否与输入的值一致。如果不是，则需要检查 scanf 语句是否有问题。如果正确，可以选择单步执行，继续执行下一个语句，然后检查变量 dlt 的值。如果 dlt 的值正确，再继续单步执行，检查变量 x1 的值。就这样一直持续到程序结束。

　　集成环境一般都支持这类调试。VS2010 中的调试是由菜单项"调试"实现。该菜单项的下拉菜单中提供了单步测试、设置断点等功能。如果需要单步调试，可以选择"逐语句"或"逐过程"，也可以通过快捷键 F11 来实现。按一下 F11 键执行一个语句。如果需要设置断点，可以单击代码区中需要暂停代码左边的灰色竖条。在竖条中会出现一个红点，如图 2-15 所示。

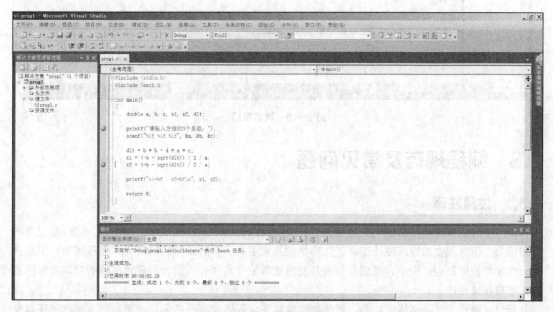

图 2-15　断点设置

　　图 2-15 中设置了两个断点。此时可以在菜单项"调试"中选择开始"开始调试"，也可以通过按快捷键 F5 开始调试。选择了开始调试后，程序执行到第一个断点暂停。暂停后可以选择单步调试（按快捷键 F11），也可以选择继续运行（按快捷键 F5）。如果选择继续运行，则会在下一个断点暂停。如果后面没有断点，则将会执行到程序结束，每次暂停时都会显示程序中的变量值，如图 2-16 所示。

　　图 2-16 中屏幕的右上方是正在运行的程序。下方右边是系统运行程序时做了哪些工作。读者暂且可以忽略它们。程序的左下方是关注的重点，在下方选择"局部变量"，左下方就会显示程序中的变量值。图 2-16 是执行到第一个断点时的情况，这时所有变量的值都是随机数。

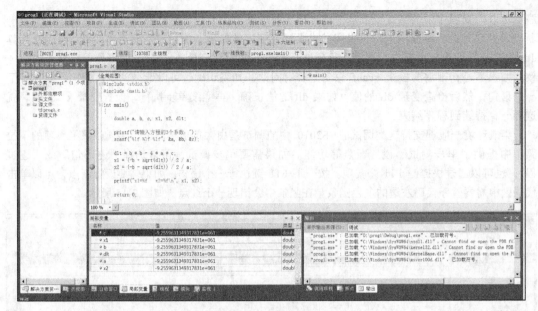

图 2-16　调试窗口

2.3　编程规范及常见问题

2.3.1　注意注释

　　程序中的注释与程序功能完全无关，因此很多程序员都不愿意在程序中加注释，觉得是浪费时间和精力。但对现在的程序设计而言，注释是相当重要的。有的软件规模较大，而且可能会用很多年，在软件被应用的过程中，可能会发现开发时遗留的一些 bug，或者用户对软件的功能有新的要求，需要修改程序。

　　无论是修改 bug 还是修改功能，都需要修改程序。要修改程序必须先读懂程序，而读程序本身比较困难。为了使修改者更容易理解程序，可以采用人与人之间交换信息的语言对程序进行注释。当程序在将来的某一天需要修改时，程序员可以通过这些注释而不是程序本身来了解程序是如何工作的。这给程序的维护提供了相当大的便利。

　　注释可以出现在程序开始部分，也可以出现在程序中间。程序开头的注释是对程序整体的介绍。一般包括源文件的名称、程序的功能、作者、创建日期、修改者、修改日期、修改内容等。程序注释可以描述程序中特别复杂的部分的实现方法和过程，给出如何改变程序行为的一些建议等。程序中间的注释可以解释程序中某些变量的意义或特别复杂的程序段。

2.3.2　良好的排版习惯

　　写程序就如写一篇文章。写文章时，不仅内容要有吸引力、结构要合理、文笔要优美，排版也很重要。一篇好文章如果没有分段、缩进，全挤在一起，想必读者是没有兴趣阅读的。程序也是如此，程序不仅要正确完成既定功能，效率要高，还需要有优美的排版。如代码清单 2-1 中，函数体中的语句都比函数头缩进若干个空格，使读者一看就明白哪些语句是属于这个函数的。函数中的语句按功能分成若干部分，每个部分之间用空格分开，这样使读者更容易理解函数的功能。

2.3.3　为什么要选 C 语言

　　C 语言是 20 世纪 70 年代出现的一种程序设计语言。此后又出现了很多应用广泛的程序设计语言，如 Python、Java 等。为什么本书选择一个这么"古老"的语言？在技术飞速发展的今天，学习 C 语言还有意义吗？

　　在所有的程序设计语言中，C 语言有它独特的地位。如果读者学过一些其他的程序设计语言，会发现它们与 C 语言非常类似。C 语言非常简洁灵活，这些语言都吸收了 C 语言的优点。掌握了 C 语言后，再学这些语言就非常容易。

　　作为高级语言，C 语言支持结构化程序设计。同时 C 语言又具有低级语言的功能，非常适合开发系统软件。很多操作系统、编译器都是用 C 语言开发的。UNIX 系统、手机上的安卓等系统的底层代码都是用 C 语言开发的。苹果公司的 iOS 系统及上面的软件是用 C 语言的一个变种语言 Objective-C 开发的。

　　所以说，C 语言不仅是软件开发的基石，而且有强大的生命力。

2.3.4　如何学习程序设计

　　写程序就如写一篇文章。俗话说，熟读唐诗 300 首，不会写诗也会凑。学习程序设计也是如此。

　　首先，要多读别人写过的代码。注意别人代码中解决问题的算法和数据结构，从而拓展自己解决问题的思路，起到举一反三的作用。同时，也要关注别人程序设计的风格。如变量命名、函数的划分及库函数的用法等。

　　其次，要多练。学习程序设计不能只说不练，一定要经常编写程序。很多细节问题只有在编写程序的过程中才会发现，特别是 debug 的过程，即使是简单的语法错误，编译器已经告诉大家错在哪一行、是什么错误，但开始时可能还是完全搞不懂错在哪里、怎么修改。这些经验需要不断积累，而且多练也有助于提高兴趣。当成功地编写出了一个程序，我们就会很有成感。

2.3.5　什么是库

　　库是一些常用工具的集合，这些工具是由其他程序员编写的，能够完成特定的功能。当程序员在编程时需要用到这些功能时，不需要再自己编程解决这些问题，只需要调用库中的工具。这样可以减少重复编程。例如，输入/输出是每个程序都要用到的功能，C 语言设计了一个库 stdio。程序员编程时需要输入/输出信息时，可以调用其中的函数，而不再需要自己编程实现输入/输出。同理，很多程序都要用到一些数学函数，C 语言提供了一个 math 库。当程序需要用到指数函数、对数函数、三角函数时，不需要研究如何计算这些函数值，而只需要调用 math 库中的函数。

　　除了系统的库以外，程序员也可以把自己常用的一些功能设计成不同的库。本书将在第 12 章介绍如何设计和实现自己的库。

2.4　小结

本章介绍了 C 语言程序的一个完整示例，以使读者了解 C 语言程序的总体结构。主要内容包括一个完整 C 程序的组成以及一个完整函数的组成。除此之外，还介绍了一个集成开发环境 VS2010 的安装及如何在 VS2010 中输入、编译、链接及调试程序。

2.5　自测题

1. 如果程序中需要用到三角函数，必须在预编译部分增加什么指令？
2. 每个 C 语言程序都必须包含的函数是什么？
3. 简述程序调试的思想。
4. 什么是断点？在 VS2010 中如何设置断点？

2.6　实战训练

1. 模仿代码清单 2-1，编写一个计算圆的面积和周长的程序。
2. 模仿代码清单 2-1，设计一个程序完成下述功能：输入两个实数，输出这两个实数+、−、*、/的结果。
3. 模仿代码清单 2-1，设计一个计算二维平面上两个点的中点坐标的程序。如果两个点为(x_1, y_1)和(x_2, y_2)，则中点坐标为$\left(\dfrac{x_1 + x_2}{2}, \dfrac{y_1 + y_2}{2}\right)$。

第 3 章

顺序程序设计

最简单的程序结构是顺序结构，即从第一个语句开始一步步往下执行直到结束，如代码清单2-1。写一个顺序结构的程序必须掌握变量定义、输入/输出和计算。本章将介绍组成一个程序最基本的部分，具体包括：

- 常量与变量；
- 数据的输入/输出；
- 算术运算；
- 赋值运算；
- 信息表示。

3.1 常量与变量

编写程序时已经确定且在程序运行过程中不会修改的值，称为**常量**。编写程序时尚未确定且在程序运行过程中可以改变的值，称为**变量**。

3.1.1 变量定义

C 语言规定，每个变量在使用前必须先定义。从程序员角度来看，变量定义是说明程序中有哪些值尚未确定，这些值是什么类型的，可以对它们执行哪些操作。变量就是这些没有确定的值的代号，从计算机的角度来看，由于程序中有某些值尚未确定，在程序运行的过程中，这些值会被确定。当这些值被确定时必须有一个地方保存它们，变量定义就是为这些变量准备好存储空间。那么必须为每个变量准备多少空间呢？这取决于变量的类型。因此，C 语言的变量定义有如下格式

```
类型名  变量名 1，变量名 2，……，变量名 n；
```
该语句定义了 n 个指定类型的变量。例如

```
int num1,num2;
```
定义了两个整型变量 num1 和 num2，而

```
double area;
```
定义了一个实型变量 area。其中，int 和 double 就是类型名。

变量有 3 个重要属性：**名称**、**值**和**类型**。为了理解三者之间的关系，可以将变量想象成一个外面贴有标签的盒子。变量的名字写在标签上，以区分不同的盒子。若有 3 个盒子（即变量），可通过名字来指定其中之一。变量的值对应于盒子内装的东西，盒子标签上的名称从不改变，但盒子中的内容是可变的。一旦把新的内容放入盒子，原来的内容就不见了。变量类型表明该盒子中可存

放什么类型的东西。

定义变量时的一项重要工作是为变量取一个名字。变量名，以及后面提到的常量名和函数名，统称为**标识符**。标识符由一组字符组成，C语言中标识符的构成遵循以下规则。

（1）标识符必须以字母或下划线开头。

（2）标识符中的其他字符必须是字母、数字或下划线，不得使用空格和其他特殊符号。

（3）标识符不可以是系统的保留字，如 int、double、for、return 等，保留字在 C 语言中有特殊用途。

（4）C 语言中，标识符是区分大小写的，即变量名中出现的大写和小写字母被看作是不同的字符，因此 ABC、Abc 和 abc 是 3 个不同的标识符。

（5）C 语言没有规定标识符的长度，但各个编译器都有自己的规定。

（6）标识符应使读者易于明白其作用，做到"**见名知意**"，一目了然。

例 3.1　指出下列哪些是 C 语言中合法的变量名。

（1）x	（7）total output
（2）formulal	（8）aReasonablyLongVariableName
（3）average_rainfall	（9）12MonthTotal
（4）%correct	（10）marginal-cost
（5）short	（11）b4hand
（6）tiny	（12）_stk_depth

这些符号的情况如表 3-1 所示。

表 3-1　例 3.1 答案

变量名	性质	描述
x	合法	
formulal	合法	
average_rainfall	合法	
%correct	不合法	变量名中不能包含%
short	不合法	系统保留字
tiny	合法	
total output	不合法	变量名中不能包含空格
aReasonablyLongVariableName	合法	
12MonthTotal	不合法	变量名不能以数字开头
marginal-cost	不合法	变量名中不能包含减号
b4hand	合法	
_stk_depth	合法	

在 C 语言中，要求所有的变量在使用前都要先定义。变量定义一方面能保证有地方保存变量值，另一方面能保证变量的正确使用。例如，C 语言中的取模运算（%）只能用于整型数，如果对非整型变量进行取模运算就是一个错误。有了变量定义，编译器能检查出这个错误。

　　变量定义可以放在函数体的开始处，或放在一个程序块（即复合语句）的开始处。所谓的程序块就是用花括号括起来的一组语句。

　　在 C 语言中，变量定义只是给变量分配相应的存储空间。我们有时还需要在定义变量时对一些变量设置初值。C 语言允许在定义变量的同时给变量赋初值，给变量赋初值可以在变量名后用 '=' 指定初值

```
类型名 变量名 = 初值;
```

例如

```
int count = 0;
```

定义了一个整型变量 count，并赋初值 0，即为变量 count 分配内存空间，并将 0 存储在这个空间中

```
float value = 3.4;
```

定义了一个单精度变量 value，并赋初值 3.4。

　　可以给被定义的变量中的一部分变量赋初值。例如

```
int sum = 0, count = 0, num;
```

定义了 3 个整型变量，前两个赋了初值，最后一个没有赋初值。

　　若定义一个变量时没有为其赋初值，然后就直接引用这个变量是很危险的，因为此时变量的值为一个随机值。**给变量赋初值是良好的程序设计风格。**

3.1.2　数据类型

　　C 语言处理的每一个数据都必须指明类型，一个数据类型就是编译器事先做好的一个工具。数据类型有两个特征：该类型的数据在内存中是如何表示的，对于这类数据允许执行哪些运算。在定义变量时，C 语言根据变量类型在内存中分配所需要的空间。在应用变量时，C 语言根据变量类型解释内存中比特串的含义，确定所执行的运算的合法性，并按照事先设计好的程序完成相应的操作。如程序中出现了表达式 3 + 5，编译器首先确定 3 和 5 是 C 语言支持的整型数，加法是整型数合法的运算，于是编译器就调用事先写好的实现整数加法的程序完成运算 3+5。

数据类型

　　每种程序设计语言都有自己预先定义好的一些类型，这些类型称为**基本类型**或**内置类型**。C 语言可以处理的基本数据类型如图 3-1 所示。

1. 整型

　　整型是处理整数的工具，一个整型变量中可以存放一个整数。整型数是一个整数，但整型数和整数并不完全相同。数学中的整数可以有无穷个，但计算机中的整型数是有穷的。整型数的范围取决于整型数占用的内存空间的大小。

　　整型数可以执行算术运算和比较运算，C 语言编译器已经包含了如何实现这些运算的代码。这些运算的含义与数学中完全相同。整型数还可以通过 scanf 和 printf 函数输入/输出。

整型

　　根据占用空间的长度，C 语言中将整型分为标准整型、长整型和短整型，它们都可用于处理正整数或负整数，只是占用空间大小不同，可表示的数值范围不同。顾名思义，长整型表示范围最大，标准整型次之，短整型最小。在有些应用中，整数的范围通常都是正整数（如年龄、考试分数

和一些计数器）。为了充分利用变量的空间，可以将这些变量定义为"无符号"的，即不考虑负数，把所有的整数都看成是正整数。这样就不需要存储整数的符号，将所有位都用于存储数据。C语言一共有 6 种整型类型。

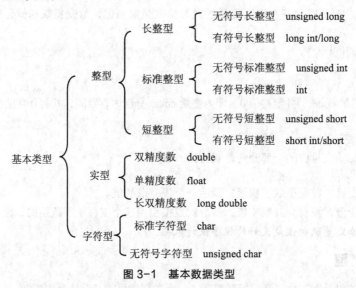

图 3-1　基本数据类型

　　C 语言没有规定各类整型数所占的内存字节数，每种类型的数值占多少字节是由编译器决定的。在 VS2010 中各类型所占的字节数和表示范围如表 3-2 所示。

表 3-2　标准的整型类型

类型	类型名	在 Visual C++中占用的空间	表示范围
标准整型	int	4 字节	$-2^{31}\sim2^{31}-1$
短整型	short [int]	2 字节	$-2^{15}\sim2^{15}-1$
长整型	long [int]	4 字节	$-2^{31}\sim2^{31}-1$
无符号标准整型	unsigned [int]	4 字节	$0\sim2^{32}-1$
无符号短整型	unsigned short [int]	2 字节	$0\sim2^{16}-1$
无符号长整型	unsigned long [int]	4 字节	$0\sim2^{32}-1$

　　类型名中的方括号内的部分是可以省略的。例如，short int 与 short 是等价的。
要定义一个短整型数 shortnum，可用

```
short int  shortnum;
```
或
```
short  shortnum;
```
要定义一个计数器，可用
```
unsigned  int  counter;
```
或
```
unsigned  counter;
```

因为计数器的值一定是一个正整数。要定义一个普通的整型变量 num，可用

```
int  num;
```

编程时，遇到一个值未确定的整数时可以定义一个整型变量。根据可能的数值范围选择 short、int、long 或 unsigned。

2．实型

实型是处理实数的工具，一个实型变量中可以存放一个实数。实型数是一个实数，但实型数和实数并不完全相同。数学中实数的大小是无限制的，但计算机中的实型数大小和精度都是有限制的。实型数大小和精度取决于实型数占用的内存空间的大小。

实型

实型数可以执行算术运算和比较运算，这些运算的含义与数学中完全相同。实型数还可以直接通过 scanf 和 printf 函数输入/输出。

根据占用空间的长度，C 语言将实型数分为单精度（float）、双精度（double）和长精度（long double）。长精度一般很少使用。顾名思义，双精度比单精度表示范围大且精度高。与整型类似，C 语言并没有规定实型数应该用多少位表示，这些都是由编译器决定的。在 VS2010 中，float 类型占 4 个字节，double 类型占 8 个字节。float 类型可保证十进制 7 到 8 位的精度，表示范围是 10^{-38} 到 10^{38}。double 类型的精度是十进制的 15 到 16 位，表示范围是 10^{-308} 到 10^{308}。

要定义两个单精度的实型变量 x、y，可用

```
float x, y;
```

要定义一个双精度的实型变量 z，可用

```
double z;
```

由于实型数是用有限的存储单元组成的，所以能提供的有效数字的位数是有限的。如果一个实数的位数超过有效数字的范围，有效位以外的数字将被舍去，这样就会产生一些误差。例如，将 123.456789 存放在 float 类型的变量 x 中，那么 x 中的值为 123.456787，因为 float 只能保证 7 位的精度。而如果 x 是 double 型的变量，则它的值为 123.456789，因为 double 型可保证 15～16 位的精度。**计算机不能精确表示实型数**。

3．字符型

计算机除了能处理数字之外，还能处理文本信息，所有文本信息的基础是字符。字符型是处理字符的工具。

字符在机器内部用一个编号表示。可以把所有可处理的字符写在一个表中，然后对它们顺序编号。例如，可以用整数 1 代表字母 A，整数 2 代表字母 B，以此类推，在用 26 表示字母 Z 后，可以继续用整数 27、28、29 等来表示小写字母、数字、标点符号和其他字符。

字符型

尽管每一台计算机可以自己规定每个字符的编码，但这样做会出现一些问题。当今，信息通常在不同的计算机之间共享：你可以用 U 盘将程序从一台计算机复制到另一台计算机，也可以让你的计算机直接与国内或国际网上的其他计算机通信。为了使这种通信成为可能，计算机必须能够以某种公共的语言"互相交谈"，而这种公共语言最基本的要求是各类计算机有同样的字符编码，以免一台机器上的字母 A 在另一台机器上变成字母 Z。

在早期，不同的计算机确实用不同的字符编码。字母 A 在一台计算机上有一种特定的表示，但在由另一个生产厂商生产的计算机上却有完全不同的表示，甚至可用字符集也会不同。例如，一台计算机键盘上可能有字符 ¢，而另一台计算机则完全不能表示这个字符。

然而，随着时间的推移，许多计算机生产厂商认识到计算机之间相互通信会带来许多好处，于是开始采用统一的字符编码标准。最常用的字符编码标准是 ASCII（American Standard Code for Information Interchange）字符编码系统。ASCII 编码用 8 位二进制数表示一个字符。即每个字符对应一个 0~255 之间的整数。本书假设所用的计算机系统采用的是 ASCII 编码，ASCII 表请见附录 13。

在大多数情况下，虽然知道字符在内部用什么编码标准是很重要的，但是知道哪个数值对应于哪一特定字符并不是很有用。这个编码对计算机用户是透明的。当在键盘输入字母 A 时，键盘中的硬件自动将此字符翻译成它的 ASCII 值，即 65，然后把它发送给计算机。同样，当计算机把 ASCII 值 65 发送给显示器时，屏幕上会出现字母 A。这些工作并不需要用户程序的介入。

尽管不需要记住每个字符的具体编码，但 ASCII 编码的以下两个结构特性是值得牢记的，它们在编程中有很重要的用途。事实上，几乎所有的编码都符合这两个结构特性。

- 表示数字 0~9 的字符的编码是连续的。尽管不需要知道哪个编码对应于数字字符'0'，但要知道数字'1'的编码是比'0'的编码大 1 的整数。同样，如果'0'的编码加 9，就是字符'9'的编码。
- 字母按字母序分成两段：一段是大写字母（A~Z），一段是小写字母（a~z）。在每一段中，ASCII 值是连续的。

在 C 语言中，单个字符是用数据类型 char 来表示的。按非正规的说法，数据类型 char 的值域是一组能在屏幕上显示或能在键盘上输入的符号。这些符号（包括字母、数字、标点符号、空格、回车键等）是所有文本数据的基本构件。要定义字符类型的变量 ch，可用以下语句

```
char ch;
```

变量 ch 在内存中占一个字节的空间，该字节中存放的是对应字符的 ASCII 值。

字符型的变量可以执行算术运算和比较运算，也可以调用 scanf 和 printf 函数输入/输出。

由于字符在内部用 ASCII 码表示，即一个整型数，因此字符能像整数一样参与计算，不需要特别的转换，结果是按其 ASCII 值计算的。例如，字符'A'，它在内部是用 ASCII 值 65 表示的，在运算时被当作整数 65 处理。

尽管对 char 类型的值应用任何算术运算都是合法的，但在它的值域内，不是所有运算都是有意义的。例如，在程序中将'A'乘以'B'是合法的，为了得到结果，计算机取它们的内部编码，即 65 和 66，将它们相乘，得到 4290。而这个整数作为字符毫无意义，事实上，它超出了 ASCII 字符的范围。当对字符进行运算时，仅有少量的算术运算是有意义的。下面列举了几种有意义的运算。

- **对一个字符加上一个整数**。如果 c 是一个字符，n 是一个整数，表达式 c+n 表示编码序列中 c 后面的第 n 个字符。例如，如果 n 在 0~9 之间，表达式'0'+n 得到的是第 n 个数字的字符编码，如'0'+5 是字符'5'的编码。同样，如果 n 在 1~26 之间，'A'+n-1 表示字母表中第 n 个大写字母的字符编码。'A'+1 是字母 B 的编码，'A'+2 是字母 C 的编码。
- **从一个字符中减去一个整数**。表达式 c-n 表示编码序列中 c 前面的第 n 个字符。例如，表达式'Z'-2 的结果是字符'X'的编码。
- **从一个字符中减去另一个字符**。如果 c_1 和 c_2 都是字符，那么表达式 $c_1 - c_2$ 表示两个字符在

编码序列中的距离。例如，'g'-'f'的值为 1。

比较两个字符的值是常用的运算。比较字符是比较它们的 ASCII 值，经常用来确定字母的次序。例如，如果在 ASCII 编码表中 c_1 在 c_2 前面，表达式 $c_1 < c_2$ 的值为"真"。

由于字符型变量中存储的是字符的内码，是一个整数，所以早期的 C 语言程序员经常把字符型当作整型来用以节省内存空间。如果看成有符号数，则用 char 定义。如果看成无符号数，则用 unsigned char 定义。但现在的计算机系统已不在乎多用几个字节，所以**不要用 char 类型的变量保存整型数，以免影响程序的可读性。**

4. 类型或变量占用的空间量

在 C 语言中，每种类型的变量在内存中占用的内存量随编译器的不同而有所不同。占用的空间量决定了变量的取值范围。需要知道某种类型的变量占用多少字节，可以使用 sizeof 运算符。例如，需要了解 int 型的变量占用了多少字节，可用 sizeof(int)；需要了解 float 类型的变量占用多少空间，可以用 sizeof(float)。sizeof 还可用于表达式。例如，需要知道表达式'a'+15 的结果值占多少空间，可以用 sizeof('a'+ 15)；需要知道变量 x 占多少空间，可用 sizeof(x)。代码清单 3-1 输出了各种类型占用的内存字节数。

代码清单 3-1　　了解各种类型的数值占用的内存量

```
/* 文件名：3-1.c
   了解各种类型数据的内存占用量    */
#include <stdio.h>

int main()
{
    printf("%d  %d  %d\n", sizeof(long double), sizeof(double), sizeof(float));
    printf("%d  %d  %d\n", sizeof(long int), sizeof(int), sizeof(short));
    printf("%d\n", sizeof(char));

    return 0;
}
```

在 VS2010 中执行这个程序，得到的输出结果为

```
8    8    4
4    4    2
1
```

3.1.3 常量与符号常量

常量通常分为整型常量、实型常量、字符常量、字符串常量和符号常量。

1. 整型常量

整型常量有 3 种表示方法：十进制、十六进制和八进制。

十进制数与平时采用的十进制表示是一样的，如 123、756、-18 等，系统按照数值的大小自动将其表示成 int 或 long int。在 int 表示范围内的整数常量被作为 int 类型，超出 int 类型的整数常量被作为 long 类型。如果需要计算机把一个整数强制看成是长整型时，可以在这个整数后面加一个

"l"或"L"，如 100L 表示把这个 100 看成是长整型。在 VS2010 中，int 和 long 类型占用的字节数是相同的，所以所有的整型常量都被看成是 int 类型。

八进制数的每一位可以是 0 到 7 之间的一个数值，所以很难判断一个数是八进制还是十进制。如 123 既是一个合法的十进制数也是一个合法的八进制数。为了区分一个数到底是八进制还是十进制，C 语言规定八进制常量必须以 0 开头。在数学中，0123 通常就被写为 123。但在 C 语言中，0123 和 123 是不同的，0123 表示八进制数 123，它对应的十进制值为

$$1×8^2+2×8^1+3×8^0=83$$

十六进制的每一位的值是 0~9 和 A~F 之间的一个值，A 代表十进制的 10，B 代表十进制的 11，……，F 代表十进制的 15。如果一个十六进制数中没有字母，则很难判断这个数是十进制还是十六进制，如 123 既是一个合法的十进制数也是一个合法的十六进制数。为了区分一个数到底是十六进制还是十进制，C 语言规定十六进制数必须以 0x 开头。如 0x123 表示十六进制的 123，它对应的十进制值为

$$1×16^2+2×16^1+3×16^0=291$$

例 3.2 下列哪些常量为 C 语言中合法的整型常量：①42；②1,000,000；③-17；④ 123456789；⑤20；⑥23L；⑦5.6；⑧1A23；⑨018。

这些值的情况如表 3-3 所示。

表 3-3　例 3.2 答案

值	特性	表示方法
42	整型	整数的十进制表示
1,000,000	不合法	十进制整型常量中不能有逗号，只能由数字构成
-17	整型	整数的十进制表示
123456789	整型	整数的十进制表示
20	整型	整数的十进制表示
23L	长整型	整数的十进制表示
5.6	不合法	不是整数，是实数
1A23	不合法	由于包含字母 A，这个数应该是一个十六进制数。但十六进制数必须以 0x 开头
018	不合法	这个数字以 0 开头，说明是一个八进制数，但八进制数中不能包含字符 8

2．实型常量

实型常量有两种表示方法：十进制小数形式和科学计数法。十进制小数与日常表示相同，由数字和小数点组成，如：123.4，0.0，0.123。科学计数法把实型常量用"尾数×10^{指数}"的方式表示，但程序设计语言中不能表示上标。因此，用了一种替代的方法："尾数 e 指数"，或"尾数 E 指数"，如 123×10^3 可写成 123e3 或 123E3。

字母 e 或 E 之前必须有数字，而 e 后面必须是整数，不能有小数。例如，e3、1e3.3、e 等都是非法的科学计数法表示。即使实型数是 10 的幂，如 10^5，也不能表示成 e5，而要表示成 1e5。因为表示成 e5 就产生了二义性，编译器无法确定它是一个实型数还是一个变量名。

　　C 语言程序中的实型常量都被作为 double 型处理。如果要将一个实型常量作为 float 类型的数据,可在数值后面加上字母 F 或 f。例如,1.23f 或 1.2e3F。

　　例 3.3　下列哪些常量为 C 语言中合法实型常量:①-2.3;②1,000,000;③0.000001;④1.1E+11;⑤3.1415926;⑥1.1X+11;⑦5.6;⑧2.4e-2;⑨2.2E2.2。

　　这些值的情况如表 3-4 所示。

表 3-4　例 3.3 答案

值	特性	表示方法
-2.3	合法	十进制表示
1,000,000	不合法	实数的十进制表示中,除了数字以外只能包括一个小数点,不能有逗号
0.000001	合法	十进制表示
1.1E+11	合法	科学计数法表示
3.1415926	合法	十进制表示
1.1X+11	不合法	十进制表示时不能有 X 和+,科学计数法表示时不能有 X
5.6	合法	十进制表示
2.4e-2	合法	科学计数法表示
2.2E2.2	不合法	浮点数的科学计数法表示中,指数不能为小数

3. 字符常量

　　C 语言的字符常量是用单引号括起来的一个字符。例如,'a'、'D'、'1'、'?'等都是字符常量,这些字符被称为**可打印字符**,因为它们都出现在键盘上,也可以显示在显示器上或用打印机打印出来。例如,在定义了变量 ch 后,可用

```
ch = 'A';
```

将字符'A'存放在变量 ch 中。此时 ch 对应的这个字节中存储了十进制值 65,这是大写字母 A 的 ASCII 值。

　　由于字符类型变量对应的内存中存放的是字符的编码,C 语言允许直接将编码赋给字符类型的变量。如要将'A'赋给变量 ch,可以直接用 ch = 65。

　　尽管 C 语言允许将一个字符的内码赋给一个字符型的变量,但尽量不要这样使用,这将会影响程序的可移植性。如果你的计算机采用 ASCII 编码,则程序中的 ch = 'A'和 ch = 65 是等价的。但如果要将此程序移植到另外一台计算机上运行,则 ch = 65 可能导致不正确的执行结果。因为程序的本意是将字符'A'存于变量 ch,而在这台计算机上 65 不一定是字符"A"的内码。

　　ASCII 编码的长度为 8 个比特,可以编码 256 个字符。但可打印字符通常只有 100 个左右。多余的编码通常被计算机用作控制字符,代表某一动作。例如,让光标移到下一行的行首。这些字符无法通过键盘输入,因此也被称为"非打印字符"。为了输入和表示这些字符,C 语言采用了一个称为**转义序列**(escape sequence)的方式,用一系列可打印的字符来表示一个非打印字符。每个转义序列以字符"\"开头。字符"\"被称为转义字符。表 3-5 列出了一些预定义的转

义序列。

表 3-5　常用特殊字符的转义序列

转义序列	功能
\a	报警声（嘟一声或响铃）
\b	后退一格
\f	换页（开始一新页）
\n	换行（移到下一行的开始）
\r	回车（回到当前行的开始）
\t	Tab（水平移到下一个 tab 区）
\v	垂直移动（垂直移到下一个 tab 区）
\0	空字符（ASCII 代码为 0 的字符）
\\	字符\本身
\'	字符'（仅在字符常量中需要反斜杠）
\"	字符"（仅在字符串常量中需要反斜杠）
\ddd	ASCII 代码为八进制值 ddd 的字符

　　在编译时，每个序列被转换为一个 ASCII 编码。这些特殊字符的编码可见 ASCII 编码表。例如，换行符的 ASCII 编码为 10。虽然每个转义序列由几个字符组成，但它表示的是一个字符，可以括在一对单引号中，也可以存放在一个字符类型的变量中。如 ch 是字符类型的变量

```
ch = '\n';
```

它是合法的。执行了这个语句后，变量 ch 中保存的是换行符的内码。如果计算机采用 ASCII 编码，ch 保存的值是 10。

　　转义序列也可以直接用 printf 函数输出，如

```
printf( "\n");
```

将显示器上的光标移到下一行的第一列。

　　当编译器看见反斜杠字符时，会认为是转义序列开始了。如果要表示反斜杠本身，必须在一对单引号中用两个连续的反斜杠，如'\\'。同样，当单引号被用作字符常量时，必须在前面加上一个反斜杠'\''。转义序列也可以出现在字符串常量中。例如

```
printf( "hello, world\n hello, everyone\n");
```

输出两行

```
hello, world
hello, everyone
```

　　ASCII 编码表中的许多特殊字符没有明确的转义序列，在程序中可以直接使用它们的内部编码。在使用时，可用转义字符'\'后接该字符内码的八进制表示。例如，字符常量'\177'表示 ASCII 值为八进制数 177 对应的字符，这个字符对应于 Delete 键的编码。在数值上，八进制值 177 对应于十进制整数 127（即 1×64+7×8+7=127）。

　　实际上，ASCII 编码系统中的许多特殊字符在编程时很少使用。对大多数程序设计应用而言，

只需要知道换行（'\n'）、tab（'\t'）等有限的几个就够了。

　　例 3.4　以下哪些是合法的字符常量：'a'、"ab"、'ab'、'\n'、'0123'、'\0123'、"m"

　　合法的字符常量必须是用单引号括起来的一个字符，所以"ab"和"m"是错的，因为它们是用双引号括起来的。合法的字符常量只能是一个字符，所以'ab'和'0123'是错的。'\n'和'\0123'虽然也有多个字符，但它们是一个转义序列。'\n'表示的是换行字符，'\0123'表示的是编码的八进制值为 123 的字符，所以也是正确的。正确的字符常量有'a'、'\n'、和'\0123'。

4．字符串常量

由一系列字符组成的序列称为字符串。如

```
printf( "hello, world\nhello, everyone\n");
```

中的"hello, world\nhello, everyone\n"就是一个字符串常量。C 语言的字符串常量是用一对双引号括起来的。C 语言没有专门的字符串类型，如何保存字符串变量将在第 7 章讨论。

　　由于双引号是作为字符串开始和结束标记的，因此，当双引号作为字符串的一部分时，必须写成转义序列。例如，语句

```
printf("\"Bother,\" said Pooh.\n");
```

中的第二、三个双引号是字符串的一部分，不是字符串开始或结束标记。该语句的输出为

```
"Bother," said Pooh.
```

　　　　请注意区分字符常量和字符串常量。字符常量用单引号引起来，单引号内只能放一个字符。字符串常量是用双引号引起来的，双引号内可以放一串字符。**特别要注意转义序列，尽管由多个字符组成，但它表示的是一个字符，所以也是用单引号引起来的。字**符常量可以存放在一个字符类型的变量中，但字符类型的变量不能存放字符串。

5．符号常量

对于程序中一些有特殊意义的常量，可以给它们取一个有意义的名字，便于读程序的程序员知道该常量的意义。有名字的常量称为**符号常量**，定义符号常量采用预编译指令#define。定义的格式为

```
#define  符号常量名  字符串
```

　　如在程序中要为 π 取一个名字，可用以下定义

```
#define  PI  3.14159
```

符号常量

　　一旦定义了符号常量，就可以在程序中使用它。例如程序中需要计算圆的面积，则可用表达式

```
S = PI * r * r;
```

　　C 语言定义的符号常量也称为"宏"。C 语言的预编译器执行 define 指令时用指令中的"字符串"替换程序中所有的符号常量名。例如，对于上述定义，经过预编译后程序中的

```
S = PI * r * r;
```

被转换成

```
S = 3.14159 * r * r;
```

　　由于预编译器处理 define 指令时采用简单的替换，因此可能出现一些与程序员预期不符的结果，使用时必须注意。例如

```
#define  RADIUS  3+5
```

程序中有语句

```
area = PI * RADIUS * RADIUS;
```

　　程序员期望的是计算一个半径为 8 的圆的面积，即结果是 201.06。但很遗憾，结果是 29.42。为什么会这样？因为 C 语言对"宏"的处理只是简单的替换。对上述语句，经过替换后的结果是

```
area = 3.14159 *3+5 * 3+5;
```

　　符号常量名的命名规范与变量相同，但通常变量名是用小写字母或大小写字母组成，而**符号常量名通常全用大写字母**。

　　把有意义的常量定义成符号常量是一种良好的程序设计习惯。毕竟对我们而言，有意义的符号比抽象的数字更容易理解。例如，看到 PI 比 3.1416 更容易联想到 π。另外，定义符号常量也有利于将来程序的修改，如有一个专门处理圆的程序，其中一定会有多处用到 π，如果编程时 π 的值是用 3.14，但后来发现 3 位精度太低，希望用 3.1415926。如果 π 的值在程序中出现 10 次，就需要修改 10 个地方。但如果把 π 定义成一个符号常量 PI，程序中的 π 值都用符号常量 PI 代替，则修改时只需要修改一个地方，即符号常量定义处。

3.2　数据的输入/输出

　　数据的输入是指在程序运行过程中从键盘接收数据存入变量。数据的输出是指将程序执行过程中的某些变量或表达式的计算结果显示在显示器上。

　　C 语言中，键盘在内存有一块对应的空间，称为缓冲区。键盘输入的信息在按 enter 键后被送到了缓冲区。当程序中遇到输入时，从缓冲区读数据。如果缓冲区中无数据，则程序暂停，等待用户通过键盘进行输入，该过程如图 3-2 所示。

图 3-2　数据的输入

　　C 语言没有专门的输入/输出语句。输入/输出是由 C 语言标准库中的函数提供的，如代码清单 2-1 中的 scanf 和 printf。除了 scanf 和 printf 函数外，C 语言还提供了 getchar、putchar、gets 和 puts 函数，这些函数被定义在库 stdio 中。本节将介绍 scanf、printf、getchar 和 putchar 函数的使用，gets 和 puts 函数将在第 7 章介绍。

3.2.1　字符的输入/输出

　　输出一个字符可使用函数 putchar。如

```
putchar(ch);
putchar('a');
```

前者输出字符型变量 ch 的值，后者输出字符 a。

　　读入一个字符可使用函数 getchar。如

```
c = getchar();
putchar(getchar());
```

字符的输入/输出

前者将从键盘读入一个字符存入字符类型的变量 c 中；后者将从键盘接收到的字符显示在显示器上。

 在输入时，当在键盘上输入完所有输入信息后，必须按 enter 键才能将输入信息传送到内存中的缓冲区，C 语言的程序才能读到这些信息。**enter 本身也是一个字符，也可以被 getchar 读取。**

例 3.5　编写一个程序，从键盘读入两个字符并将输入字符回显在显示器上。

读者可能编写了一个如代码清单 3-2 的程序，用 getchar 函数读入字符，用 putchar 函数显示字符。

代码清单 3-2　利用 getchar 和 putchar 实现字符的输入/输出

```
/* 文件名：3-2.c
   利用 getchar 和 putchar 实现字符的输入/输出      */

#include <stdio.h>

int main()
{
    char c1, c2;

    c1 =getchar();
    c2 =getchar();
    putchar(c1);
    putchar(c2);

    return 0;
}
```

如果用户希望 c1 的值为'a'，c2 的值为'b'，当程序执行到第一个 getchar 时，由于键盘对应的缓冲区中没有数据，于是程序暂停等待输入。用户输入了

```
a enter
```

但此时程序运行结束，输出

```
a
```

程序运行时并没有让用户输入第二个字符！为什么？因为执行到第二个 getchar 时，缓冲区中的 a 已被读取，但 enter 仍在缓冲区中。于是第二个 getchar 读入了字符 enter 。第一个 putchar 输出了 a，第二个 putchar 输出了 enter，程序结束。如果要正确读入'a'和'b'，可以在程序暂停等待输入时直接输入两个字符

```
ab enter
```

此时，第一个 getchar 读入了 a。执行到第二个 getchar 时，由于缓冲区中还有 b 和 enter，于是就读入了 b。

如果希望运行时字符一个个输入，则必须跳过 enter 字符，这个过程如代码清单 3-3 所示。

代码清单 3-3　利用 getchar 跳过输入的 enter

```
/* 文件名：3-3.c
   利用 getchar 跳过输入的 enter      */
```

```
#include <stdio.h>

int main()
{
    char c1, c2;

    c1 =getchar();
                        /*跳过回车*/
    getchar();
    c2 =getchar();
    putchar(c1);
    putchar(c2)


    return 0;
}
```

运行此程序时，输入

a enter
b enter

则输出为

ab

　　代码清单 3-3 运行时，运行到第一个 getchar 时，由于缓冲区为空，程序暂停，此时用户输入了

a enter

第一个 getchar 读入了字符'a'，第二个 getchar 读取了字符 enter。当遇到第三个 getchar 时，因为缓冲区中的数据已被读完，没有数据可读，于是程序停下来等用户输入。在用户输入了

b enter

后，第三个 getchar 读入了 b。

3.2.2　格式化输入/输出

1. 格式化的输出

　　格式化的输出是采用 printf 函数，它可以同时输出各种类型的数据，包括常量和变量。printf 函数的格式为

printf(格式控制字符串，输出列表);

　　如代码清单 3-1 中的

printf("%d %d %d\n", sizeof(long int), sizeof(int),
        sizeof (short));

格式化的输出

其中，"%d %d %d\n"是格式控制字符串，sizeof(long int), sizeof(int), sizeof(short)是输出列表。printf 函数的作用是将输出列表中的数据按格式控制字符串指定的格式输出。

　　格式控制字符串规定了此次输出的格式，它包括 2 部分内容。

　　● 格式说明：由%和格式控制字符组成，如%d、%f 等。它表示将输出列表中的数据按指定格式输出。

- 普通字符：需要原式原样输出的字符，如上述格式控制字符串中的空格和'\n'。

　　输出列表是一组需要输出的数据，列表中的数据之间用逗号分开。列表中的第一个数据对应格式控制字符串中的第一个格式说明，第二个数据对应格式控制字符串中的第二个格式说明，以此类推。即

```
printf("%d   %d   %d\n", sizeof(long int), sizeof(int), sizeof(short));
```

　　上述语句表示输出 long int 占用的内存字节数，输出 1 个空格；输出 int 占用的内存字节数，输出 1 个空格；输出 short 占用的内存字节数，最后输出换行。在 VS2010 中的输出结果为

```
4 4 2
```

　　再如，语句

```
printf("long int 占%d 个字节, int 占%d 个字节, short 占%d 个字节\n", sizeof(long int),
sizeof(int), sizeof(short));
```

的输出结果是

```
long int 占 4 个字节, int 占 4 个字节, short 占 2 个字节
```

　　这个语句执行时，将格式控制字符串中的普通字符原式原样输出，格式控制字符用输出列表中的数据替代。

　　格式控制字符定义了输出数据的类型及格式，常用的格式控制字符如表 3-6 所示。

表 3-6　printf 的格式控制字符

格式控制字符	功能说明
d, i	以带符号的十进制形式输出整数（正数不输出符号）
o	以八进制无符号形式输出整数
X, x	以十六进制无符号形式输出整数。X 表示以大写字母输出十六进制中 A~Z，x 表示以小写字母输出 a~z
u	以无符号十进制输出整数
c	输出一个字符
s	输出字符串
f	以十进制小数形式输出实数
E, e	以科学计数法输出实数。E 表示科学计数法中的 e 用大写表示，e 表示科学计数法中的 e 用小写表示
G, g	选用%f 和%e 中输出宽度较短的形式输出，不输出无意义的 0

　　利用 printf 可以灵活输出各种类型的数据，也可以实现各种表示形式间的转换。

　　例 3.6　编写一个程序，以各种数制输出十进制数 12380，以十进制和科学计数法输出 123.4567891。

　　程序的实现如代码清单 3-4 所示。以十进制输出整数可用格式控制字符"%d"，八进制用"%o"，十六进制用"%x"。以十进制及科学计数法输出实型数分别用格式控制字符"%f"和"%e"。

代码清单 3-4　用 printf 输出整型数和实型数

```
/* 文件名：3-4.c
   用 printf 输出整型数和实型数   */
```

```
#include <stdio.h>

int main()
{
    int iint = 12380;
    double  ddouble = 123.4567891;

    printf("12380 的十进制为：%d, 八进制为：%o, 十六进制为：%x\n", iint, iint, iint);
    printf("123.4567891 的十进制为：%f, 科学计数法为：%e\n", ddouble, ddouble);

    return 0;
}
```

该程序的输出为

12380 的十进制为：12380，八进制为：30134，十六进制为：305c
123.4567891 的十进制为：123.456789，科学计数法为：1.234568e+002

程序的第 2 行输出，输出的数值并不精确，首先浮点数在计算机内不是精确表示的。当数值的长度超过精度时，后面的数字被自动删去。其次，以%f 输出实数时，整数部分全部输出，并输出 6 位小数，所以 123.4567891 以十进制输出时是 123.456789，以科学计数法输出时也是如此。但要注意，并非所有的输出数值都是正确的。单精度数的有效位数一般是 7 位，双精度数的有效位数一般是 16 位。

如果把代码清单 3-4 中 ddouble 的类型改为 float，则第 2 行的输出为

123.4567891 的十进制为：123.456787，科学计数法为：1.234568e+002

其中只有 7 位是精确的。

格式控制字符前还可以插入附加控制字符使输出格式更加多样化，附加控制字符如表 3-7 所示。

表 3-7 printf 的附加控制字符

格式控制字符	功能说明
l	用于输出长整型，可加在格式控制字符 d、o、x、u 前面，形成 ld、lo、lx、lu
m	指定输出数据的宽度，即在屏幕上占据的空间
.n	指定实数输出时的小数部分的位数
−	指定输出宽度时，输出的数据向左对齐

指定输出宽度时，如果输出的数据长度超过指定的宽度，按实际长度输出。如果实际长度小于输出宽度，前面部分用空格填充。如把代码清单 3-4 中的第 2 个 printf 语句改为

```
printf("123.4567891 的十进制为：%10.7f, 科学计数法为：%10.9e\n",
    ddouble, ddouble);
```

则输出为

123.4567891 的十进制为：123.4567891，科学计数法为：1.234567891e+002

因为第 1 个格式控制字符指定了输出宽度为 10 位数，小数点后面 7 位。第 2 个格式控制字符指定了宽度为 10，小数点后面 9 位。

如果将第一个 printf 语句改为

```
printf("12380 的十进制为：%10d, 八进制为：%10o, 十六进制为：%10x\n",
iint, iint, iint);
```

表示每个数值在输出时占用屏幕上 10 个字符的位置。如果数字的位数超过 10 位，按实际长度输出。如果小于 10 位，前面填空格。这种填空方式称为右对齐。该语句对应的输出是

```
12380 的十进制为：     12380, 八进制为：     30134, 十六进制为：      305c
```

如果将第一个 printf 语句改为

```
printf("12380 的十进制为：%-10d, 八进制为：%-10o, 十六进制为：%-10x\n",
       iint, iint, iint);
```

表示输出时左对齐，即当输出的数字位数小于指定长度时，后面填空格。该语句对应的输出是

```
12380 的十进制为：12380     , 八进制为：30134     , 十六进制为：305c
```

2. 格式化的输入

格式化输入采用函数 scanf，scanf 接收键盘输入的各种类型的数据存入指定的变量。scanf 函数的格式与 printf 函数类似

```
scanf (格式控制字符串，地址列表);
```

其中的格式控制字符串与 printf 函数中相同，如输入十进制整数用%d，输入一个字符用%c，输入 float 类型的数用%f。地址列表对应输入数据需要存入的变量在内存中的地址，变量在内存中的地址可用 "&变量名" 表示。例如输入一个十进制整型数存入变量 iint，可用

格式化的输入

```
scanf("%d", &iint);
```

例 3.7　利用格式化输入/输出实现八进制到十进制和十六进制的转换。

解决该问题可以用 scanf 输入一个八进制数，然后在 printf 中用十进制及十六进制输出。具体实现见代码清单 3-5。

代码清单 3-5　八进制到十进制及十六进制的转换

```
/* 文件名：3-5.c
   八进制整数到十进制及十六进制的转换      */
#include <stdio.h>

int main()
{
    int iint;

    printf("请输入一个八进制数：");
    scanf("%o", &iint);
    printf("八进制 %o 的十进制为：%d, 十六进制为：%x\n", iint, iint, iint);

    return 0;
}
```

程序运行时，首先输出一个提示信息，提示用户输入一个八进制数。然后在 scanf 中用 "%o" 表示把输入数据解释成八进制，如输入 177，程序把它解释成八进制的 177，即十进制的 127。程

序的输出为

八进制 177 的十进制为：127，十六进制为：7F

　　程序运行到 scanf 函数调用时，由于键盘对应的缓冲区中没有数据，程序会停下来等待用户的输入，用户按照格式控制字符串中指定的格式输入数据。如果有多个输入数据，输入的数值之间可以用空格、Tab 键或回车键分开，如对应于

```
scanf("%d%d", &a, &b);
```

则相应的输入可以是

3　5 enter

则 a 的值是 3，b 的值是 5，也可以输入

3 Tab 5 enter

或者是

3 enter
5 enter

　　输入时，如果读到一个不合法的字符，输入也会结束。如对应于语句

```
scanf("%o", &iint);
```

如果用户输入

1790 enter

因为'9'不是八进制数的合法字符，所以变量 iint 的值为八进制的 17。如果接下去有一个

```
scanf("%d", &n);
```

则 n 的值为 90。

　　除了格式控制字符外，格式控制字符串中还可以有其他字符。如果格式控制字符串中有其他字符，这些字符必须原式原样输入。如对应的输入语句为

```
scanf("%d, %d",&a, &b);
```

则相应的输入为

3,5 enter

执行此语句后，a 的值是 3，b 的值是 5。

　　如果要以 hh:mm:ss 的格式输入时间，则可用

```
scanf("%d: %d:%d", &hh, &mm, &ss);
```

如果要输入 8 点 05 分 23 秒，则可输入

8:5:23 enter

　　执行此语句后，变量 hh 的值为 8，变量 mm 的值为 5，变量 ss 的值为 23。

　　例 3.8　编一个程序，以格式"hh:mm:ss"输入时间，以"hh 时 mm 分 ss 秒"的格式输出，实现该功能的程序，如代码清单 3-6 所示。

代码清单 3-6　时间格式转换

```
/*  文件名：3-6.c
    时间格式转换    */
#include <stdio.h>

int main()
```

```
{
    int hh, mm, ss;

    printf("input time: hh:mm:ss:");
    scanf("%d:%d:%d", &hh, &mm, &ss);

    printf("%d时%d分%d秒\n", hh, mm, ss);

    return 0;
}
```

在函数 printf 的格式控制字符串中，除了格式控制字符外还有辅助格式控制字符，scanf 函数也是如此。表 3-8 给出了 scanf 函数中的辅助格式控制字符。代码清单 3-7～代码清单 3-9 给出了附加控制字符的几个应用示例。

表 3-8　scanf 函数中的附加控制字符

格式控制字符	功能说明
l	用于输入长整型及 double 型的数据，如 %ld、%lo、%lx、%lu、%lf、%le
h	用于输入短整型，如%hd、%ho、%hx
n（常数）	指定输入数据所占的宽度
*	指定的输入项在读入后不赋给对应的变量

代码清单 3-7　附加控制字符的应用—指定输入宽度

```
/* 文件名：3-7.c
   scanf 中附加控制字符的应用–指定输入宽度  */
#include <stdio.h>

int main()
{
    int int1;

    scanf("%3d", &int1);
    printf("%d \n", int1);

    return 0;
}
```

代码清单 3-7 中，scanf 的格式控制字符是%3d，表示输入一个十进制整数。其中的 3 表示不管用户在键盘上输入的数字是多少位，都只读取 3 位。如果运行此程序时输入的值是

```
123456
```

尽管输入的值有 6 位，但只读取 3 位。程序的输出是

```
123
```

在使用格式化输入时，特别要注意的是双精度数的输入。单精度数输入是采用格式控制字符%f，而双精度数输入必须用格式控制字符%lf。代码清单 3-8 演示了双精度数的输入。

代码清单 3-8　附加控制字符的应用—双精度数的输入

```
/* 文件名：3-8.c
   scanf 中附加控制字符的应用–双精度数的输入  */
#include <stdio.h>

int main()
{
    double d;

    scanf("%lf", &d);
    printf("%f  \n", d);

    return 0;
}
```

运行此程序时，如果输入的是

```
123.456
```

则输出为

```
123.456000
```

对双精度数，特别要注意的是输入的格式控制字符是%lf，而输出的格式控制字符是%f。

代码清单 3-9　附加控制字符*的应用

```
/* 文件名：3-9.c
   scanf 中附加控制字符*的应用  */
#include <stdio.h>

int main()
{
    int iint = 9;
    long lint = 10;

    printf("请输入一个整型数、一个短整型和一个长整型数：");
    scanf("%d %*hd %ld", &iint, &lint);
    printf("输入的整型数为：%d，输入的长整型数为：%ld\n", iint, lint);

    return 0;
}
```

在 scanf 中有 3 个格式控制字符，但只有 2 个地址列表。第二个格式控制字符中包含了一个附加控制字符*，表示第二个输入值被忽略。第一个输入值给变量 iint，第三个输入值给变量 lint。如果程序运行时输入的 3 个整型数是

```
10  20  30✓
```

程序将第一个整数解释成整型存入变量 iint。第二个数据 20 被忽略了，因为第二个格式控制字符串中有个附加控制字符‘*’。第三个整数被解释成长整型数存入变量 lint。程序输出为

```
输入的整型数为：10，输入的长整型数为：30
```

例 3.9　例 3.5 要求输入两个字符并回显在显示器上，代码清单 3-2 给出了一个实现程序，但程序运行时不能用输入

```
a enter
b enter
```

的方式运行，因为 enter 也是一个字符，可以被 getchar 函数读入，所以第二个 getchar 读入了 enter。为了解决这个问题，代码清单 3-3 在用 getchar 读入一个有用的字符后再调用一次 getchar 跳过 enter，这个程序看起来有点啰唆。

　　另一个解决方案是改用 scanf 函数，scanf 函数的格式控制字符串中的字符常量必须原式原样输入，可以将 enter 字符放在格式控制字符串中，这样就不需要另外一个 getchar 去跳过 enter 了。该函数的实现见代码清单 3-10。

代码清单 3-10　利用 scanf 和 putchar 实现字符的输入/输出

```c
/* 文件名：3-10.c
   利用 scanf 和 putchar 实现字符的输入/输出     */

#include <stdio.h>

int main()
{
    char c1, c2;

    scanf("%c\n", &c1);
    scanf("%c", &c2);
    putchar(c1);
    putchar(c2);

    return 0;
}
```

　　想一想并试一试，如果将代码清单 3-10 的程序改为代码清单 3-11，程序的执行过程是

```
a
a
b
b
```

还是

```
a
b
ab
```

本书将在第 11 章解答这个问题。

代码清单 3-11　利用 scanf 和 putchar 实现字符的输入/输出

```c
/* 文件名：3-11.c
   利用 scanf 和 putchar 实现字符的输入/输出     */

#include <stdio.h>
```

```
int main()
{
    char c1, c2;

    scanf("%c\n", &c1);
    putchar(c1);
    scanf("%c", &c2);
    putchar(c2);

    return 0;
}
```

3.3　算术运算

　　程序中最重要的阶段是计算阶段。计算阶段的主体是算术运算，如代码清单 2-1 中计算 x1 和 x2。在程序设计语言中，计算是通过算术表达式实现的。

3.3.1　算术表达式

　　程序设计语言中的算术表达式和数学中的代数表达式非常类似，一个算术表达式由算术运算符和运算数组成。C 语言中的算术运算符有+（加法）、–（减法）（若左边无值则为负号）、*（乘法）、/（除法）和%（取模）。其中+、–、*、/的含义与数学中完全相同。%运算是取两个整数相除后的余数，如 7%3 的值是 1。算术表达式计算时采用先乘除后加减的原则，即乘除运算的优先级高于加减运算。优先级相同时，从左计算到右，即左结合。%运算的优先级与*和

算术表达式

/相同。算术表达式中还允许用圆括号改变优先级，例如，在表达式(2+x)*(3+y)中，先计算表达式 2+x 和 3+y，然后把这两个表达式的结果相乘。但要注意，代数式中改变优先级可以用圆括号、方括号和花括号，但 C 语言程序只允许用圆括号。花括号和方括号在 C 语言中另有用处。

　　算术表达式的运算结果与运算数类型相同，如 3+5 的结果是一个整型数，5.7*69.6 的结果是一个 double 型的值。有了算术表达式就可以编写基于计算的程序了。

　　例 3.10　设计一个程序，输入二维平面上的两个点，计算它们中点的坐标。

　　程序的输入阶段以格式(x, y)输入两个点(x1, y1)和(x2, y2)。计算阶段计算中点的坐标。二维平面上的两个点的中点坐标为 $\left(\dfrac{x1+x2}{2}, \dfrac{y1+y2}{2}\right)$。输出阶段以格式(x, y)输出中点坐标。程序的实现见代码清单 3-12。

代码清单 3-12　计算二维平面上两个点的中点坐标

```
/*  文件名：3-12.c
    计算二维平面上两个点的中点坐标        */
#include <stdio.h>

int main()
{
```

```
    double x1, x2, xm, y1, y2, ym;

    printf("input 1st point: x,y:");
    scanf("%lf,%lf", &x1, &y1);
    printf("input 2nd point: x,y:");
    scanf("%lf,%lf", &x2, &y2);

    xm = (x1 + x2) / 2;
    ym = (y1 + y2) / 2;

    printf("mid point:(%f, %f)\n", xm, ym);

    return 0;
}
```

程序某次执行的过程为

```
input 1st point: x,y: 1,2
input 2nd point: x,y: 3,4
mid point:(2.000000, 3.000000)
```

注意

x1、y1 和 x2、y2 都是 double 类型，所以输入时的格式控制字符是"%lf"。

例 3.11　编写一个程序，输入两个整型变量 a 和 b 的值，输出 a 除以 b 的商和余数。

计算整数 a 除以 b 的商可以直接用表达式 a/b，因为整数除以整数的结果是整数。如 7/3 的结果是 2，即 7/2 的商。求两个数相除的余数可以用取模运算，据此可得代码清单 3-13 的程序。

代码清单 3-13　计算两个整型数相除的商和余数

```
/*  文件名: 3-13.c
    计算两个整型数相除的商和余数        */
#include <stdio.h>

int main()
{
    int a, b;

    printf("请输入 2 个整数: ");
    scanf("%d %d", &a, &b);

    printf("%d/%d 的商是%d, 余数是%d \n", a, b, a/b, a%b);

    return 0;
}
```

程序的某次执行过程为

```
请输入 2 个整数: 15   4
15/4 的商是 3, 余数是 3
```

想一想，如果 C 语言没有提供取模运算，如何求 a 除以 b 的余数？

3.3.2 不同类型数据间的混合运算

不同类型数据间的
混合运算

在 C 语言中，算术表达式的两个运算数类型必须相同，运算结果类型与运算数的类型相同。但 C 语言又允许整型、实型和字符型的数据出现在同一个算术表达式中，如 3 + 4.5 –'a'是一个合法的算术表达式。那么 C 语言是如何计算这个表达式，计算结果该是什么类型的？事实上，虽然不同类型的数值可以出现在同一个表达式中，但 C 语言只会执行同类型的数据的运算，例如，int 与 int 型数据进行运算，double 与 double 型的数据进行运算，运算结果的类型与运算数类型相同。在执行不同类型的数据运算之前，编译器会自动将运算数转换成同一类型，然后再进行运算，这种转换称为自动类型转换。转换的总原则是非标准类型转换成标准类型，占用空间少的向占用空间多的靠拢，数值范围小的向数值范围大的靠拢。下面给出具体规则。

- 整型常量如无特殊说明都作为 int 类型，实型常量如无特殊说明都是 double 类型。
- char 和 short 这些非标准的整数在运算前都会被转换为 int。
- int 和 float 运算时，将 int 转换成 float。
- int 和 long 运算时，将 int 转换成 long。
- int 和 double 运算时，将 int 转换成 double。
- long 和 float 运算时，将 long 转换成 float。
- long 和 double 运算时，将 long 转换成 double。
- float 和 double 运算时，将 float 转换成 double。

可以编写一个小程序检验自动类型转换，如代码清单 3-14 所示。

代码清单 3-14　检验自动类型转换

```
/* 文件名: 3-14.c
   检验自动类型转换     */
#include <stdio.h>

int main()
{
    short sint = 5;
    int iint = 10;
    double ddouble = 12.3;

    printf("%d %d %d %d \n", sizeof(sint+sint), sizeof(sint+iint),
           sizeof(iint+ ddouble), sizeof(3.7+sint));

    return 0;
}
```

执行代码清单 3-14 的程序，输出的结果是

```
4   4 8 8
```

从上述结果可以看出，两个短整型相加的结果是整型的，因为计算结果占了 4 个字节，而短整

型只占 2 个字节,说明短整型运算时会被转换成整型。短整型和整型运算结果是整型,占 4 个字节。int 和 double 的值运算时会转换成 double,结果是 double 的,占 8 个字节。表达式中的实数都被作为 double 型的,所以 3.7+iint 的结果是 double 的。

各种类型之间的数据又是如何转换的? C 语言制定了如下的转换规则:

- 实型转换成整型时,舍弃小数部分;
- 整型转换成实型时,数值不变,但表示成实数形式。如 1 被转换为 1.0;
- 字符型转换成整型时,不同的编译器有不同的处理方法;有些编译器是将字符的内码看成无符号数,即 0~255 之间的一个值。另一些编译器是将字符的内码看成有符号的数,即-128~127 的一个值;
- 整型转换成字符型时,直接取整型数据的最低 8 位。

例 3.12　已知华氏温度到摄氏温度的转换公式为 $C = \dfrac{5}{9}(F - 32)$,某同学编写了一个将华氏温度转换成摄氏温度的程序

```
int main()
{
    int c, f;

    printf("请输入华氏温度: " );
    scanf("%d", &f) ;
    c = 5 / 9 * ( f - 32) ;
    printf("对应的摄氏温度为: %d\n", c);

    return 0;
}
```

但无论输入什么值,程序的输出都是 0。请你帮他找一找哪里出问题了。

执行算述表达式 5/9*（f-32）时,首先计算 5/9。由于 5 和 9 都是整型数,C 语言执行整型运算。5/9 的结果值为 0,0 乘任何数都为 0,所以 c 的值永远为 0。只要将 5 改成 5.0 或将 9 改成 9.0,程序就能得到正确的结果。因为在执行 5.0/9 或 5/9.0 时,由于自动类型转换会将另一个运算数转换成 double 类型,执行两个 double 类型数值的除法,结果是 double 类型的。在将这个值与 (f-32)相乘时,又发生了一次自动类型转换,将(f-32)的结果转换成 double 类型,执行两个 double 类型数值相乘,结果是 double 类型。

3.3.3　强制类型转换

按照自动类型转换规则,若一个二元运算符的左右两边均为整型数,则其结果为整型数,但是当该运算符为除法运算符时,情况就变得有趣了。如果写一个像 9/4 这样的表达式,按 C 语言的规则,此运算的结果必须为整型数,因为两个运算数都为 int 型数。当程序计算此表达式时,它用 4 去除 9,将余数丢弃,因此表达式的值为 2,而非 2.25。若想要计算出从数学意义上来讲的正确结果,应当至少有一个运算数为浮点数。此时会发生自动类型转换,将整型运算数转换为 double。例如,下列 3 个表达式

```
9.0 / 4
9 / 4.0
```

```
9.0 / 4.0
```

每个表达式都可以得到浮点型数值 2.25。只有当两个运算数均为 int 型数时才会将余数丢弃。

但是，如果 9 和 4 分别存储于两个整型变量 x 和 y 时，如何使 x/y 的结果为 2.25 呢？此时不能把这个表达式写为 x.0/y，也不能写成 x/y.0。

解决这一问题的方法是使用强制类型转换。强制类型转换可将某一表达式的结果强制转换成指定的类型。C 语言的强制类型转换有两种形式

(类型名) (表达式)

类型名 (表达式)

因此，想使 x/y 的结果为 2.25，可用表达式 double(x)/y 或 x/(double)y。执行表达式 double(x)/y 时，首先将 x 强制转换成 double 类型，然后执行除法运算。在执行除法运算时，发现第一个运算数是 double 类型，第二个运算数是 int 类型，于是自动将第二个运算数转换成 double 类型，执行 double 与 double 的相除，结果是一个 double 类型的数值。

强制类型转换实际上就是告诉编译器："不必检查类型，把它看成是其他类型"。也就是说，在 C 语言系统中引入了一个漏洞，并阻止编译器报告那些类型方面出错的问题。更糟糕的是，编译器会相信它，而不执行任何其他的检查来捕获错误。事实上，无论什么原因，任何一个程序如果使用很多强制类型转换都是值得怀疑的。**一般情况下，尽可能避免使用强制类型转换，它只是用于解决非常特殊的问题的手段。**

例 3.13 编写一个计算两个整型数相除的程序，要求保留结果中的小数部分。

要使两个整型数的结果是实型，必须将其中的一个运算数强制转换成 double 型。这个程序如代码清单 3-15 所示。

代码清单 3-15 整数除法程序

```c
/* 文件名: 3-15.c
   整数除法程序    */
#include <stdio.h>

int main()
{
    int x, y;

    printf("请输入两个整型数:");
    scanf("%d%d", &x, &y);

    printf("x/y = %f\n", (double)x/y);

    return 0;
}
```

程序某次执行过程为

```
请输入两个整型数:10 3
x/y = 3.333333
```

例 3.14 编写一个程序，输出两个整数相除后的小数部分。

要获得两个整数相除后的小数部分，首先必须保证相除后的结果中包含小数部分。如果只想获

得小数部分可以减去两个整数相除后的商的整数部分。这个程序的实现见代码清单 3-16。

代码清单 3-16   输出两个整数相除后的小数部分

```
/* 文件名： 3-16.c
   输出两个整数相除后的小数部分      */
#include <stdio.h>

int main()
{
    int x, y;

    printf("请输入两个整型数:");
    scanf("%d%d", &x, &y);

    printf("%f\n", (double)x/y - x/y);

    return 0;
}
```

程序的某次运行过程是

```
请输入两个整型数:15    4
0.75000
```

3.3.4   数学函数库

数学函数库

在 C 语言中，除了+、-、*、/、%运算以外，其他的数学运算都是通过函数的形式来实现的。这些数学运算函数都在数学函数库 math 中。math 包括的主要函数如表 3-9 所示。当程序中需要使用这些数学函数时，必须在程序开始处写上编译预处理命令：

```
#include <math.h>
```

表 3-9   math 中的主要函数

函数类型	math 中对应的函数
绝对值函数	int abs(int x) double fabs(double x)
e^x	double exp(double x)
x^y	double pow(double x, double y)
$\sqrt{x}$	double sqrt(double x)
$\ln x$	double log(double x)
$\lg x$	double log10(double x)
三角函数	double sin(double x) double cos(double x) double tan(double x)
反三角函数	double asin(double x) double acos(double x) double atan(double x)

例 3.15 编写一个程序，输入 x 的值，利用 math 库的函数计算 e^x、lgx 和 $\sqrt{x}$ 的值。

实现该功能的程序见代码清单 3-17。math 库中计算 e^x 的函数是 exp，计算 lgx 的函数是 log10，计算 $\sqrt{x}$ 的函数是 sqrt。为了使用 math 库中的函数，程序开始处包含了 math 库的头文件。

代码清单 3-17 计算 e^x、lgx 和 $\sqrt{x}$ 的程序。

```c
/* 文件名：3-17.c
   计算 eˣ、lgx 和 √x 的程序    */
#include <stdio.h>
#include <math.h>

int main()
{
    double x;

    printf("请输入 x:");
    scanf("%lf", &x);

    printf("e 的%f 次方 = %f\n", x, exp(x));
    printf("log%f = %f\n", x, log10(x));
    printf("%f 的平方根= %f\n", x, sqrt(x));

    return 0;
}
```

程序某次运行过程为

```
请输入 x: 10
e 的 10.000000 次方 =22026.465795
log10.000000 = 1.000000
10.000000 的平方根 = 3.162278
```

3.4 赋值运算

3.4.1 赋值表达式

在程序中，一个重要的操作是将计算的结果暂存起来，以备后用。计算的结果可以暂存在一个变量中，因此，任何程序设计语言都必须提供一个基本的功能就是将数据存放到某一个变量中。大多数程序设计语言都提供一个赋值语句实现这一功能。

在 C 语言中，赋值被作为一种运算，用运算符 "=" 表示。赋值运算符=有两个运算数，左右各一个。目前可以认为左边的运算数一定是一个变量，右边是一个表达式。整个由赋值运算符连起来的表达式称为**赋值表达式**。执行赋值表达式时，首先计算右边表达式的值，然后将结果存储在赋值运算符左边的变量中。整个赋值表达式的运算结果是左边的变量。因此

```
total = 0
```

的确是一个表达式，该表达式将 0 存放在变量 total 中，整个表达式的结果值是变量 total，它的值为 0。执行

```
printf("%d", total = 0);
```

将会显示 0，即 total 的值。一个表达式后面加上一个分号形成了 C 语言中最简单的语句——**表达式语句**。赋值表达式后面加上一个分号形成赋值语句。例如

```
total = 0;
```

是一个赋值语句，而

```
total = num1 + num2;
```

也是一个赋值语句。这个语句将变量 num1 和 num2 的值相加，结果存于变量 total 中，整个表达式的结果值是变量 total，其值为 num1 + num2 的结果。

　　赋值表达式非常像代数中的等式，但要注意两者的含义完全不同。代数中的等式表示等号两边的值是相同的，如 x=y 表示 x 和 y 的值相同。而 C 语言的等号是一个动作，表示把右边的值存储在左边的变量中。如 x=y 表示把变量 y 的值存放到变量 x 中。同理，x=x+1 在代数中是不成立的，但在 C 语言中是一个合法的赋值表达式，表示把变量 x 的值加 1 以后重新存放到变量 x 中。

　　在 C 语言中，能出现在赋值号左边的表达式称为左值（lvalue），出现在赋值号右边且不是左值的值称为右值（rvalue）。变量就是最简单的左值，而 x+y 就不是左值，只能作为右值。左值是 C 语言中一个重要的概念，左值必须有一块可以保存信息的内存空间。而右值是用完即扔的信息。对应于手工计算，右值是草稿纸上的中间结果，左值是作业本上需要永久保留的信息。如计算 z = x + y，x、y、z 在作业本上有记录它们值的一席之地。在获得 x 和 y 值之后，就在草稿纸上计算 x + y，把结果写到作业本上 z 的地方，然后草稿纸就被扔了。

　　赋值运算是将右边的表达式的值赋给左边的变量，那么很自然地要求右边表达式计算结果的类型和左边的变量类型应该是一致的。当表达式的结果类型和变量类型不一致时，同其他的运算一样会发生自动类型转换，将右边的表达式的结果转换成左边的变量的类型，再赋给左边的变量。

　　例 3.16　编写一个程序，验证 int 到 double 和 double 到 int 的自动类型转换规则。

　　验证 int 到 double 和 double 到 int 的自动类型转换规则，可以将一个实型常量赋给一个整型变量以及把一个整型常量赋给一个 double 型的变量，观察这两个变量值。这个过程可见代码清单 3-18。

代码清单 3-18　验证 int 到 double 和 double 到 int 的自动类型转换

```
/* 文件名：3-18.c
   验证 int 到 double 和 double 到 int 的自动类型转换      */
#include <stdio.h>

int main()
{
    double x = 5;
    int y = 6.7;

    printf("执行 double x = 5后 x 的值为 %f\n", x);
    printf("执行 int y = 6.7后 y 的值为%d\n", y);

    return 0;
}
```

　　程序的执行结果为

```
执行 double x = 5 后 x 的值为 5.000000
执行 int y = 6.7 后 y 的值为 6
```

3.4.2　赋值的嵌套

赋值的嵌套

　　C 语言将赋值作为运算，得到了一些有趣且有用的结果。如果赋值是一个表达式，那么该表达式本身应该有值。进而言之，如果一个赋值表达式产生一个值，那么也一定能将这个赋值表达式嵌入到一些更复杂的表达式中去。例如，可以将表达式 x = 6 作为另一个运算符的运算数，该赋值表达式的值就是变量 x，x 的值就是 6。因此，表达式(x = 6) + (y = 7)等价于分别将 x 和 y 的值设为 6 和 7，并将 x 和 y 相加，整个表达式的值为 13。在 C 语言中，=的优先级比+低，所以这里的圆括号是必需的。将赋值表达式作为更大的表达式的一部分称为**赋值嵌套**。

　　虽然赋值嵌套有时显得非常方便而且很重要，但经常会使程序难以阅读。因为在较复杂的表达式中的赋值嵌套使变量的值发生的改变很容易被程序员忽略，所以要谨慎使用。

　　赋值嵌套的最重要的应用就是将同一个值赋给多个变量。C 语言对赋值的定义允许用以下一条语句代替单独的几条赋值语句

```
n1 = n2 = n3 = 0;
```

它将 3 个变量的值均赋为 0。它之所以能达到预期效果，是因为 C 语言的赋值运算是一个表达式，而且赋值运算符是右结合的。整条语句等价于

```
n1 = (n2 = (n3 = 0));
```

表达式 n3 = 0 先被计算，它将 n3 设为 0，赋值表达式的结果值是变量 n3。随后执行 n2 = n3，将 n3 的值又赋给 n2，结果再赋给 n1。这种语句被称为**多重赋值语句**。

　　当用到多重赋值时，要保证所有的变量都是同类型的，以避免由于自动类型转换而出现的与预期不相符的结果。例如，假设变量 d 定义为 double，变量 i 定义为 int，那么下面这条语句会有什么效果

```
d = i = 1.5;
```

这条语句很可能使读者产生混淆，以为 i 的值是 1，而 d 的值是 1.5。事实上，这个表达式在计算时，先将 1.5 截去小数部分赋给 i，因此 i 得到值 1。表达式 i=1.5 的结果是变量 i，也就是将整型变量 i 的值赋给 d，即将整数 1 赋给了 d，而不是浮点数 1.5，该值赋给 d 时再引发第二次类型转换，所以最终赋给 d 的值是 1.0。

3.4.3　复合赋值运算

复合赋值运算

　　假设变量 balance 保存某人银行账户的余额，他想往里存一笔钱，数额存在变量 deposit 中。新的余额由表达式 balance + deposit 给出。于是有以下赋值语句

```
newbalance = balance + deposit;
```

然而在大多数情况下，人们不愿用一个新变量来存储结果。存钱的效果就是改变银行账户中的余额，因而就是要改变变量 balance 的值，使其加上新存入的数额。与上面的把表达式的结果存入一个新的变量 newbalance 的方法相比，把 balance 和 deposit 的值相加，并将结果重新存入到变量

balance 中更可行，即用下面的赋值语句

```
balance = balance + deposit;
```

要了解这个赋值语句做些什么，不能将赋值运算符 "=" 看作数学中的 "等于" 号。在数学中，表达式，$x = x + y$ 只有当 y 取 0 时成立，除此之外，x 不可能等于 $x + y$。而赋值操作是一个主动的操作，它将右边表达式的值存入左边的变量中。因此，赋值语句 "balance = balance + deposit;" 不是断言 "balance 等于 balance + deposit;" 它是一个命令，使得 balance 的值改变为它之前的值与 deposit 的值之和。

尽管语句 "balance = balance + deposit;" 能够达到将 deposit 和 balance 相加并将结果存入 balance 的效果，但它并不是 C 程序员常写的形式。像这样对一个变量执行一些操作并将结果重新存入该变量的语句，在程序设计中使用十分频繁，因此 C 语言的设计者特意加入了它的缩略形式。对任意的二元运算符 op，"变量 = 变量 op 表达式" 形式的语句都可以写成 "变量 op= 表达式"。二元运算符与=结合的运算符称为**复合赋值运算符**。

正因为有了复合赋值运算符，像

```
balance = balance + deposit;
```

这种常常出现的语句便可用

```
balance += deposit;
```

来代替。用自然语言表述即是：把 deposit 加到 balance 中去。

由于这种缩略形式适用于 C 语言中所有的二元运算符，所以可以通过下面的语句从 balance 中减去 surcharge 的值

```
balance -= surcharge;
```

用 10 除 x 的值可写作

```
x /= 10;
```

将 salary 加倍可写作

```
salary *= 2;
```

在 C 语言中，赋值运算符（包括复合赋值运算符如+=、*=等）的优先级比算术运算符低。如果两个赋值竞争一个运算数，赋值是从右至左进行的。这条规则与算术运算符正好相反，算术运算符都是从左到右计算的，因此是**左结合**的。赋值运算符是从右到左计算的，因此是**右结合**的。

3.4.4　自增和自减运算符

除复合赋值运算符外，C 语言还为另外两种常见的操作，即将一个变量加 1 或减 1，提供了更进一步的缩略形式。将一个变量加 1 称为**自增**该变量，减 1 称为**自减**该变量。为了用最简便的形式表示这样的操作，C 语言引入了++和--运算符。例如，C 语言中语句

自增和自减运算符

```
x++;
```

等效于

```
x += 1;
```

这条语句本身又是

```
x = x + 1
```

的缩略形式。同样地有

```
y--;
```

等效于

```
y -= 1;
```

或

```
y = y - 1;
```

自增和自减运算符可以作为前缀，也可以作为后缀。也就是说，++x 和 x++都是 C 语言中正确的表达式，它们的作用都是将变量 x 中的值增加 1。但当这两个表达式作为其他表达式的子表达式时，它们的作用略有不同。当++作为前缀时，表示先将对应的变量值增加 1，该表达式的执行结果是加 1 以后的变量，即参加整个表达式计算的是加 1 以后的变量。当++作为后缀时，将此变量值加 1，表达式的执行结果是加 1 以前的变量值，即参加整个表达式运算的是变量原先的值。例如，若 x 的值为 1，执行下面两条语句的结果是不同的：

```
y = ++x;
y = x++;
```

执行前一语句后，y 的值为 2，x 的值也为 2；而执行后一语句后，x 的值为 2，y 的值为 1。

当仅要将一个变量值加 1 或减 1 时，可以使用前缀的++或--，也可以使用后缀的++或--。但一般程序员习惯使用前缀的++或--。道理很简单，因为前缀操作所需的工作更少，只需加 1 或减 1，并返回运算的结果即可，而后缀的++或--需要先保存变量原先的值，以便让它参加整个表达式的运算，然后变量值再加 1。

*3.5　信息表示

3.5.1　数制间的转换

计算机内部，信息是以二进制形式保存的，了解各种数制与二进制的转换是很有必要的。

1．八进制整数与二进制数之间的转换

八进制数的每一位用 8 个符号 '0' 到 '7' 表示。8 个符号用二进制编码正好需要 3 位。0 表示成 000，1 表示成 001，……，7 表示成 111。

八进制数转二进制数只要把每一位变成 3 位二进制值，如八进制数 153 的二进制表示为 1101011，1 转换成 1，5 转换成 101，3 转换成 011。

二进制数转八进制数需要将二进制数由最低位开始每 3 位为一组，将每组数值转换成一个八进制数。二进制数 11101101010010 转换成八进制数时先按 3 位一组分组，即 11 101 101 010 010，然后将每组变成一个八进制数，结果为 35522。

2．十六进制整数与二进制数之间的转换

十六进制数的每一位用符号 '0' 到 '9' 和 'A' 到 'F' 表示。'A' 表示十进制的 10，'B' 表示十进制的 11，……，'F' 表示十进制的 15。16 个符号用二进制编码正好需要 4 位。0 到 9 的二进制编码为 0000 到 1001，'A' 编码为 1010，'B' 编码为 1011，……，'F' 编码为 1111。

十六进制转二进制只要把每一位变成 4 位二进制值。如十六进制数 1A5C 的二进制表示为

1101001011100。1 转换成 1，A 转换成 1010，5 转换成 0101，C 转换成 1100。

二进制转十六进制需要将二进制由最低位开始每 4 位为一组，将每组数值转换成一个十六进制数。二进制数 11101101010010 转换成十六进制时先按 4 位一组分组，即 11 1011 0101 0010，然后将每组编成一个十六进制数，结果为 3B52。

3．十进制整数与非十进制整数之间的转换

十进制整数转换成非十进制整数采用"除基取余法"，即将十进制数逐次除以需转换的数制的基数，直到商为 0 为止，然后将所得到的余数自下而上排列即可。如将十进制数 55 转换为二进制数就是不断除 2，然后收集余数，得到的二进制值为 110111。

```
                      余数
              2 │ 55      1
              2 │ 27      1
              2 │ 13      1
              2 │ 6       0
              2 │ 3       1
              2 │ 1       1
                │ 0
```

将 55 转换成八进制的过程如下所示，55 的八进制表示为 67。

```
              余数
      8 │ 55      7
      8 │ 6       6
        │ 0
```

55 转成十六进制的过程如下，得到的十六进制数是 37。

```
              余数
     16 │ 55      7
     16 │ 3       3
        │ 0
```

非十进制数转换十进制数可以从最低位开始，依次将每一位看成是基数的 0 次方、1 次方、2 次方等的系数，计算它们的和，即为十进制数。如八进制数 123 的十进制表示为

$$1×8^2+2×8^1+3×8^0=83$$

二进制数 10110 的十进制表示是

$$1×2^4+0×2^3+1×2^2+1×2^1+0×2^0=22$$

4．十进制小数与二进制小数的转换

二进制小数转换十进制小数的过程与整数相同，将小数点后的每一位依次看成 2^{-1}、2^{-2} 等的系数。如二进制小数 0.011 的十进制表示为

$$2^{-2} + 2^{-3} = 0.375$$

十进制小数转换成二进制小数采用"乘基取整法"，即将十进制小数逐次乘以基数 2，取出整数部分，直到小数部分的当前值等于 0 为止，然后将所得到的整数自上而下排列即可。如将 0.375 转换成二进制小数的过程如下所示。

$$
\begin{array}{rl}
0.375 & \text{整数} \\
\times\quad 2 & \\
\hline
0.75 & 0 \\
\times\quad 2 & \\
\hline
1.5 & 1 \\
0.5 & \\
\times\quad 2 & \\
\hline
1 & 1 \\
0 &
\end{array}
$$

最后得到 0.011。

 　　　很多十进制的小数转成二进制会变成无限循环小数，如 0.6 的二进制表示是一个无限循环小数 0.100110011001……

　　例 3.17　写出下列十进制数的二进制数表示：159、511、32700、585、982、1022、12.25、7.5、4.375。

　　各个十进制数对应的二进制值见表 3-10。

表 3-10　例 3.17 的解

159	511	32700	585	982	1022	12.25	7.5	4.375
10011111	111111111	111111110111100	1001001001	1111010110	1111111110	1100.01	111.1	100.011

3.5.2　整数的表示

　　整数在计算机中被表示为整型，整型数在内存中占据一定的内存量。如在 VS2010 中，整型数占据 4 个字节，因此计算机能够表示的整数个数是有限的。整数在计算机内部使用二进制表示，但整数又分成正整数和负整数，本节将讨论如何表示整数的符号。

整数的表示

　　1. 原码

　　最简单的表示方法是在存储整数的空间中保留 1 位存储符号。通常将最高位作为符号位，0 表示正号，1 表示负号。假如计算机用一个字节保存整数，那么十进制数 100 的内部表示为 01100100。最高位的 0 表示正数，1100100 是十进制数 100 的二进制表示。-100 的内部表示为 11100100，其中最高位的 1 表示负数。这种表示方法称为**原码**。

　　原码表示法非常简洁、直观，但有一个问题，即 0 有两种表示方法。一种是 +0，即 00000000。一种是 -0，即 10000000。这将会使计算机处理整数时带来一些麻烦。

　　2. 补码

　　整型数的另外一种表示方法是补码。补码也是把可表示范围内的数值分成两半，一半是正数，一半是负数。正数的最高位为 0，负数的最高位为 1。假如整型数用 1 个字节表示，则整数和对应的二进制编码之间的关系如下所示。正整数的编码是它的二进制表示，表示范围是 0~127，最高位均为 0。负数的表示范围是 -1~-128，最高位均为 1。即最高位是符号位。-128 对应编码是

128，即 10000000。-1 对应的编码是 255，即 11111111。

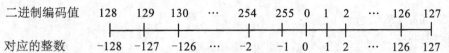

补码表示方法有 3 个好处。其一，0 只有唯一的一种编码；其二，加法只需要对两个数相加，舍弃进位即可，而不用管两个加数是正数还是负数。如 2+（-1）= 2+255 = 257。257 需要用 9 位表示，保留低 8 位，即 1。（-1）+（-1）= 255 + 255 = 510，即二进制的 111111110。舍去溢出的高位则为 11111110，对应的值是-2；其三，减法只要加上减数的补码。如 2-1 = 2+（-1）= 1。

如何计算负数的补码？观察上面的对应关系可知，负数 x 的补码是 $2^k + x$，其中 k 是整型数所占的二进制位数。如用 1 个字节保存整数，1 个字节有 8 位，2^8 正好是 256。则-1 的补码是 256-1=255，-2 的补码是 256-2 = 254。更简单的计算方法是将 x 绝对值二进制表示的每一位取反以后再加 1。如求-1 的补码，先得到 1 的二进制表示 00000001，再将每一位取反得 11111110，最后加 1 得 11111111，即 255。

例 3.18　假如计算机用 1 个字节存储整型数，整型数采用补码表示。写出下列十进制数的内码（用十六进制表示）：122　　-122　　-70　　25。

122 的二进制表示是 1111010，因为用 1 个字节存储整数且 122 是正整数，高位为 0，所以 122 的内码是 01111010，对应于十六进制的值是 7A。

负数的补码是它的绝对值的二进制值取反加 1，因为用 1 个字节存储整数，122 的二进制表示是 01111010，取反后的值为 10000101，加 1 后为 10000110，所以-122 内码的十六进制表示是 86。

要求-70 的补码先要计算 70 的二进制表示，70 的二进制表示是 01000110。取反加 1 以后的值是 10111010，即十六进制的 BA。

25 是正整数，它的内码就是它的二进制表示，即 00011001，对应的十六进制表示为 19。

例 3.19　假如整型数用两个字节表示，写出它们的补码值，用八进制和十六进制表示：122　-122　-70　25。

与例 3.18 类似，但注意每个整数占 2 个字节。这些数的内码如表 3-11 所示。

表 3-11　例 3.19 答案

	内存中的表示	八进制	十六进制
122	0000000001111010	172	7A
-122	1111111110000110	177606	FF86
-70	1111111110111010	177672	FFBA
25	0000000000011001	31	19

大多数计算机系统中的整数都是采用补码表示，C 语言也不例外。

例 3.20　编写一个程序，验证 C 语言中的整数是用补码表示。

验证整数是用补码表示可以抽查若干个数值，将它们用十六进制输出，检查该十六进制值是否是对应负数的补码。如代码清单 3-19 输出了整数-10、10 和 0 的补码。

代码清单 3-19　验证整数是否用补码表示

```
/* 文件名：3-19.c
    验证整数是否用补码表示   */
#include <stdio.h>
int main()
{
    printf("-10 的补码是：%x\n", -10);
    printf("10 的补码是：%x\n", 10);
    printf("0 的补码是：%x\n", 0);

    return 0;
}
```

　　程序的输出是

```
-10 的补码是：fffffff6
10 的补码是：a
0 的补码是：0
```

　　了解了 C 语言中整型数是采用补码表示，就可以理解为什么 VS2010 中 int 的表示范围是-2^{31}到 $2^{31}-1$，short int 的表示范围是$-2^{15}\sim 2^{15}-1$。VS2010 中，short int 占两个字节，共 16 位。高位为 0 是正数，所以最大的正整数是 01111111 11111111，即 32767，也就是 $2^{15}-1$。高位为 1 代表负整数，所以负整数的范围是 10000000 00000000 到 11111111 11111111。11111111 11111111 是-1 的补码，10000000 00000000 是-32768 的补码。所以最小的负数是-32768，即-2^{15}。int 类型的范围也是这样计算的。

　　3．数字溢出

　　计算机系统中的整型数占据的内存单元是有限的，能够表示的整型数个数也是有限的。在整数运算中运算结果超出整数的表示范围称为**数字溢出**。C 语言不检查数字溢出，直接将溢出的高位截去。程序员在编程过程中必须注意数字溢出问题，否则会出现错误的结果。

　　假设整型数用 1 个字节表示，执行 127+127 的结果不是 254，而是-2。这是因为整型数采用补码表示，二进制编码 254 代表的是-2。同理如果执行（-128）+（-127），结果不是-255，而是 1。因为-128 对应的补码是 128，-127 对应的补码是 129，128+129=257，舍弃进位得到结果 1。

　　当程序运行时产生这种奇怪的结果时，应该检查是否有数字溢出。

　　例 3.21　编一个程序验证整数溢出。

　　VS2010 中的 short int 占 2 个字节，能表示的最大正整数是 32767，即 01111111 11111111。32767+2 的结果是二进制 10000000 00000001。因为高位为 1，C 语言将这个数字解释成一个负数，即-32767。代码清单 3-20 实现了这个过程。程序的输出是

```
32767    7fff
-32767   8001
```

代码清单 3-20　验证整数的溢出

```
/* 文件名：3-20.c
    验证整数的溢出   */
#include <stdio.h>
```

```
int main()
{
    short x = 32767;

    printf("%hd\t%hx\n", x, x);
    x += 2;
    printf("%hd\t%hx\n", x, x);

    return 0;
}
```

3.5.3　实数的表示

计算机中的实数是以浮点形式表示的，即"尾数×2^{指数}"。保存一个实型数就是分别保存尾数和指数。如 VS2010 中的 float 类型的 4 个字节是这样分配的：3 个字节存放尾数，1 个字节存放指数。因此 float 类型数据的有效位数（即精度）是 2^{24}，约等于十进制的 7 到 8 位，数值的范围是 2^{-128} 到 2^{127}，约为 10^{-38} 到 10^{38}。

由于尾数的长度是有限的，如果处理的实型数的位数超过尾数长度，后面的数字被截断。如将实数 123.4567891 存放在 float 类型的变量中，由于数字长度超过了二进制的 24 位，后面的数字被截断，输出这个变量将会得到 123.456787，只有前面 8 位是正确的，所以计算机中的实型数不是精确值。

特别要注意的是某些数字长度并不长的十进制数，如 0.3，它在计算机中保存的不是精确值。因为 0.3 转成二进制是无限循环小数。当把 0.3 存放在一个 float 类型的变量中时，只保留前面的 24 位，后面无限循环部分都被舍弃了。

3.6　顺序程序设计示例

例 3.22　编写一个程序，输入一个三角形的 3 条边长，计算三角形的周长和面积。

要编写一个计算三角形周长和面积的程序，程序员自己必须会计算三角形的面积和周长。计算三角形的周长可以把三角形的 3 条边的边长相加。计算三角形面积最常用的方法是底乘高除以 2。但当只知道 3 条边的长度时，这种方法就不可用了。于是我们选用海伦公式计算面积，即 $area = \sqrt{s(s-a)(s-b)(s-c)}$。其中，$a$、$b$、$c$ 是 3 条边长，$s = (a+b+c)/2$。根据上述讨论可知，程序的输入阶段输入 3 条边长，计算阶段首先计算周长，然后计算 s，最后计算面积。输出阶段输出周长和面积。程序需要 6 个变量，三角形的 3 条边需要 3 个变量，保存周长和面积需要 2 个变量。在计算面积时 s 的值要用到 4 次，所以也用一个变量暂存。程序的实现如代码清单 3-21 所示。

代码清单 3-21　计算三角形的面积和周长

```
/* 文件名：3-21.c
   计算三角形的面积和周长   */
#include <stdio.h>
#include <math.h>

int main()
```

```
{
    double a, b, c, cir, area, s;

    printf("请输入三角形的 3 条边长: ");
    scanf("%lf%lf%lf",&a, &b, &c);

    cir = a + b + c;
    s = cir / 2;
    area = sqrt(s * (s - a) * (s - b) * (s - c));

    printf("周长为: %f  ", cir);
    printf("面积为: %f", area);

    return 0;
}
```

 因为程序中用到了计算平方根，所以要包含 math.h。由于三角形的 3 条边被定义为 double 类型，在 scanf 的格式控制字符串中必须用格式控制字符"%lf"。

程序的某次运行过程是

请输入三角形的 3 条边长: 3　4　5
周长为: 12.000000　面积为: 6.000000

例 3.23 编写一个程序，输入一个小写字母，输出对应的大写字母。

要编写这个程序，首先必须了解如何将小写字母变成大写字母。计算机中所有的字符编码都满足大写字母是连续编码的，小写字母也是连续编码的。要将一个小写字母变成大写字母，首先需要找出这个小写字母是字母表中的第几个字母，这可以由表达式 ch-'a'获得。其中 ch 中保存着需要转换的字母。接着找出第 ch-'a'个大写字母，这可以由表达式 ch-'a'+'A'得到。据此可得到代码清单 3-22 的程序。

代码清单 3-22　将输入的小写字母转换成大写字母

```
/* 文件名: 3-22.c
   将输入的小写字母转换成大写字母    */
#include <stdio.h>

int main()
{
    char ch;

    printf("请输入一个小写字母: ");
    ch = getchar();

    printf("%c 对应的大写字母是: %c\n", ch, ch-'a'+'A');

    return 0;
}
```

运行此程序，如果输入 h，则输出为

h 对应的大写字母是：H

代码清单 3-22 中的 ch=getchar() 也可以改为 scanf("%c", &ch)。

3.7 程序规范及常见问题

3.7.1 变量命名

在给变量或常量取名字时尽量选择有意义的名字。例如，在支票结算的程序中，变量名 balance 清楚地表明该变量中包含的值是什么。假如使用一个简单字母 b，可能会使程序更短更容易输入，但这样却降低了这个程序的可读性。

变量名通常是一个名词或名词短语，反映变量在程序中的作用。变量名一般用小写字母表示，如果变量名是一个名词短语，则每一个单词的首字母用大写。

3.7.2 运算符的优先级

C 语言有大量的运算符，本章已经介绍了算术运算符、赋值运算符、复合的赋值运算符以及自增自减运算符。以后还将介绍关系运算符、逻辑运算符、位运算符等。C 语言允许各种运算符可以出现在同一个表达式中，C 语言编译器根据运算符的优先级和结合性确定运算次序。

学习 C 语言时，记住这些运算符的优先级是一件困难的事。这时可以使用括号保证运算次序的正确，将需要先执行的运算放在一个圆括号中。如 x = (y +=3) *(z = 5)。就算有的时候不是必需的，但也要使用。虽然可能带来一些额外的输入，但它能节约大量的修改错误的时间，这些错误往往是由对优先级或结合性的误解引起的。

3.7.3 数据运算时的注意事项

在操作字符型的数据时，不要直接使用字符的内码。直接使用字符的内码会影响程序的可移植性，例如，需要将字符'A'存放在变量 ch 中，建议使用 ch ='A'，而不要使用 ch = 65。如果使用后者，当程序在一个不是 ASCII 编码的机器上运行时将会出错。因为在那台机器上，65 可能是字符'&'的内码，于是会将 ch 解释成字符'&'。而采用前者时，编译器会将当前机器上的'A'的内码存储在 ch 中。

整型数在内存中占用的空间是有限的。某个运算结果为整型的表达式的计算结果超出了整型数的表示范围称为"溢出"。当运算发生溢出时，C 语言并不提醒，只是简单地将溢出的高位舍弃，这将会造成运算结果不正确。程序员必须保证整型数运算过程中不会溢出。

实型数在 C 语言中采用浮点表示，即用"尾数×2指数"表示。存储浮点数时将存储单元分成两部分，一部分存储指数，一部分存储尾数。由于存储尾数的内存单元是有限的，当尾数长度超出内存容量时，后面的尾数将被截去。所以实型数在内存的表示不一定是精确的，在程序中尽量不要对两个实型数进行相等比较。如在 C 语言程序中判断 0.3 是否等于 0.1+0.2，结果居然是不等于！在程序中判断两个实数是否相等，通常采用检查两个数相减以后的绝对值是否小于一个很小的数，如

0.0000001。求一个实数的绝对值可以用 math 库中的函数 fabs。当需要判断 0.3 是否等于 0.1+0.2，可以检查 fabs(0.3-0.1-0.2)是否小于一个很小的数。

特别要注意一些看起来很正常的十进制实数，如 0.3。它的二进制表示是一个无限循环小数，所以 0.3 在机器中的表示肯定是不精确的。

3.7.4 为什么要定义符号常量

定义符号常量似乎是一件多余的事情。经过了预编译，程序中的符号常量又还原成了对应的数值。但定义符号常量是一个很好的程序设计习惯。在编程时建议将一些有特定意义的常量定义成符号常量，即给它们一个有意义的名字。采用符号常量主要有两个好处：提高程序可读性和可维护性。

采用符号常量可以为常量取一个符合其含义的名字，使其他程序员或若干年以后读到此符号常量时能知道该常量的作用，从而提高了程序的可读性。

采用符号常量的另一个好处是便于将来程序的维护，通常一个常量会在程序中出现多次。如果维护时需要修改此常量，则需要修改程序的多个地方。如果漏了一个地方，就可能导致程序出错。如果将此常量定义成符号常量，程序中都用符号常量名，则将来程序修改时只需要修改符号常量定义，然后重新编译这个程序，预编译器会修改程序中所有该符号常量对应的值。这样就做到了"一处修改，多处修改"，提高了程序的可维护性。

3.7.5 变量定义后且对它赋值前的值是什么

在 C 语言中，定义变量仅仅是为变量分配空间，不做其他任何工作。分配给变量的这块空间可能以前被其他程序用过。在定义一个变量并尚未对它赋值之前，这块空间中的值可能是任何可能出现的值。因此可以假设它的值是一个随机值。

3.7.6 不要在表达式中插入有副作用的子表达式

C 语言表达式的功能非常强，特别是 C 语言将赋值也看成是一个操作，赋值表达式可以作为其他表达式的一个子表达式。在这种情况下，特别要注意这些表达式是否会有歧义。如算术表达式

```
(y = ++ x) + (z = x)
```

的计算结果是多少？这取决于编译器如何计算这个表达式。如果 x 的初值为 1，编译器先计算子表达式 y = ++x，那么执行了这个表达式后，x 的值是 2，y 和 z 的值也是 2，表达式的值是 4。如果编译器先计算 z = x，那么执行了这个表达式后，x 的值是 2，y 的值也是 2，而 z 的值是 1，表达式的计算结果是 3。

所以写程序时尽量避免写这样的表达式。

3.8 小结

本章介绍了组成一个 C 语言程序必要的组成部分。包括变量定义、C 语言的内置数据类型以及算术运算、赋值运算和输入/输出的实现，还给读者介绍了内置类型的数据在内存中是如何存放的。通过本章的学习，读者应能编写一些简单的程序。

3.9　自测题

1. 什么是常量？什么是变量？

2. C 语言如何定义符号常量？

3. 一个字符型的值和一个短整型值相加后的结果是什么类型的？

4. 二维平面上的点采用(x, y)表示。如果在程序执行时要以(2.3, 5.7)的形式输入一个点，其中 x 和 y 都是 double 类型的，如何设计 scanf 中的格式控制字符串？

5. 如果要以(x, y)的形式输出二维平面上的点，如何设计 printf 中的格式控制字符串？

6. 如何定义两个名为 num1 和 num2 的整型变量？如何定义 3 个名为 x、y、z 的实型双精度变量？

7. 定义一个字符类型的变量 ch，并将回车符作为它的初值。

8. 说明下列语句的效果，执行下面语句后 i、j、k 的值是多少？假设 i、j 和 k 定义为整型变量

```
i = (j = 4) * (k = 16);
```

9. 怎样用一个简单语句将 x 和 y 的值设置为 1.0（假设它们都被定义为 double 型）？

10. 如果 ch 是字符类型的变量，执行表达式 ch = ch +1 时发生了几次自动类型转换？

11. 如果 x 的值为 5，y 的值为 10，则执行表达式

```
z = (++x) + (y--)
```

后，x、y、z 的值是多少？

12. 如果变量 x、y 和 z 都是 int 类型的，x 的值为 5，y 的值为 10，则执行表达式

```
z = (x += 5) + (y /= 3)
```

后，x、y、z 的值是多少？

13. 如果变量 x、y 和 z 都是 int 类型的，x 的值为 5，y 的值为 11，则执行表达式

```
z = x / 2.0 + y / 3.0
```

后，x、y、z 的值是多少？

14. 如果变量 x、y 和 z 都是 int 类型的，x 的值为 5，y 的值为 11，则执行表达式

```
z = x / 2 + y / 3
```

后，x、y、z 的值是多少？

15. 若变量 k 为 int 类型，x 为 double 类型，执行了

```
k = 3.1415;
x = k;
```

后，x 和 k 的值分别是多少？

16. 如果 x 是整型数，它的值是 32767，且所用的系统中整型用两个字节表示。在执行了

```
x += 3
```

后，x 的值是多少？

17. 如果 x 是整型数，它的值是-1，则语句

```
printf("%d  %o  %x\n", x, x, x)
```

在 VS2010 中的输出结果是什么？

18. 某程序需要计算 $x = \dfrac{a+3}{b \times c}$，某程序员在程序中用表达式 x = a + 3 / b * c 实现。试问有什么

问题？

19. 分别编写一个完成下列任务的语句。

① 将变量 x 的值加 10。

② 将变量 x 的值加 1，并将该值赋给变量 y。

③ 将 a、b 之和的 2 倍赋给变量 c。

④ 将 a + 5 除以 b − 7 的商赋给变量 c。

⑤ 将 a 除以 b 的余数赋给变量 c。

20. 如有定义

```
int a;
double x;
char ch;
```

试设计满足下列要求的语句。

① 在屏幕上显示变量 ch 中字符的内码。如 ch 的值是'A'，则输出为

```
字符 A 的 ASCII 编码是 65
```

② 在屏幕上显示 a + x 的结果值，要求结果为实数。如 a 的值是 5，x 的值是 3.7，则输出为

```
5 + 3.7 = 8.7
```

③ 在屏幕上显示 a + x 的结果值，要求结果为整数。如 a 的值是 5，x 的值是 3.7，则输出为

```
5 + 3.7 = 8
```

④ 在屏幕上显示变量 ch 中的字符后面第 a 个字符的值。如 ch 的值是'A'，a 的值等于 3，则输出为

```
字符 A 后面第 3 个字符是 D
```

⑤ 如果 a 等于 5，x 等于 3.7，ch 等于'A'，输出为

```
a = 5
x = 3.7
ch = 'A'
```

21. 某程序中有如下程序段

```
double x;
scanf ("%f", &x);
printf("%f", x);
```

该程序段输入 x 的值并将它回显在显示器上。但程序执行的结果并不正确。请帮忙找找问题。

3.10　实战训练

1. 如果 C 语言不支持取模操作，设计一个程序：输入两个整型数，输出这两个整型数相除后的余数。

2. 编写一个程序，输出下列的三角形

```
  *
 ***
*****
```

3. 输入 9 个小于 8 位的整型数，然后按 3 行打印，每一列都要对齐。例如输入是：1、2、3、

11、22、33、111、222、333，输出为

```
 1        2        3
11       22       33
111      222      333
```

4. 设计一个程序，输入一个整数，输出它的平方和立方值。如输入值为 2，则输出为

```
n           n平方           n立方
2            4               8
```

5. 设计一个程序，输入一个表示 ASCII 值的整数，输出该 ASCII 值对应的字符。如输入为 66，输出为 B。

6. 设计一个程序，输入秒数，输出该秒数对应的时、分、秒。如果输入为 30，输出为：0 小时 0 分 30 秒。如果输入为 4000，输出为：1 小时 6 分 40 秒。

7. 某工种按小时计算工资，每月劳动时间（小时）乘以每小时工资等于应发工资。总工资扣除 10%的公积金，剩余的为实发工资。编写一个程序从键盘输入劳动时间和每小时工资，输出应发工资和实发工资。

8. 编写一个程序，用于水果店售货员结账。已知苹果每斤 2.50 元，鸭梨每斤 1.80 元，香蕉每斤 2 元，橘子每斤 1.60 元。要求输入各种水果的重量，输出应付金额。应付金额以元为单位，按四舍五入转成一个整数。再输入顾客付款数，输出应找的钱数。

9. 编写一个程序完成下述功能：输入一个字符，输出它的 ASCII 值。

10. 编写一个程序，输入一个字符，输出紧接在它后面的字符，如输入为 a，则输出为 b。

11. 假设校园电费是 0.6 元/千瓦·时，输入这个月使用了多少千瓦·时的电，算出你要交的电费。假如你只有 1 元、5 角和 1 角的硬币，输出各需要多少 1 元、5 角和 1 角的硬币。例如这个月使用的电量是 11，那么输出为

```
电费：6.6
共需 6 张 1 元、1 张 5 角的和 1 张 1 角的
```

12. 设计并实现一个银行计算利息的程序。输入为存款金额和存款年限，输出为存款的本利之和。假设年利率为 1.2%，计算存款本利之和公式为 本金 + 本金 * 年利率 * 存款年限。

13. 编写一个程序读入用户输入的 4 个整数，输出它们的平均值。程序的执行结果的示例如下

```
请输入 4 个整型数：5 7 9 6✓
5 7 9 6 的平均值是 6.75
```

14. 编写一个程序，输入一个 double 类型的数，输出它的科学计数法表示。

15. 对于一个二维平面上的两个点（x1，y1）和（x2，y2），编一程序计算两点之间的距离。

16. 编写一个程序，输入矩形的长度和宽度，输出它的面积和周长。如输入为 1 2，输出

```
长度为 1、宽度为 2 的矩形面积是 2，周长是 6。
```

第 4 章

分支程序设计

第 2 章中设计了一个解一元二次方程的程序，如代码清单 2-1 所示。但这个程序的运行有时不能给出正确的结果。例如输入 1 1 1，有些计算机上程序会异常终止，有些计算机上会输出两个根是负无穷大，而不是告诉用户该方程没有根。究其原因，是因为设计的算法不够完善。手工解一元二次方程时，首先会检查 a 是否为 0。如果 a 为 0，则不是一元二次方程，不能用标准公式求解。如果 a 不为 0，还需检查 $b^2 - 4ac$ 的值。如果这个值小于 0，则方程无解，也不能用标准公式。要使得解一元二次方程的程序能与我们一样处理各种各样的情况，必须有一套处理各种情况的机制。这个机制就是**分支程序设计**。

分支程序设计必须具备两个功能：一是如何区分各种情况，二是如何根据不同的情况执行不同的语句。前者用关系表达式和逻辑表达式来实现，后者用两个控制语句来实现。本章将介绍实现分支程序设计所需的工具，具体包括：

■ 关系表达式；

■ 逻辑表达式；

■ if 语句；

■ 条件表达式；

■ switch 语句及其应用。

4.1 关系表达式

关系表达式用于比较两个值的大小。C 语言提供了 6 个关系运算符：<（小于）、<=（小于等于）、>（大于）、>=（大于等于）、==（等于）、!=（不等于）。前 4 个运算符的优先级相同，后 2 个运算符的优先级相同。前 4 个的优先级高于后 2 个。

关系表达式

注意　　由于标准键盘上没有符号≤、≥和≠，这 3 个操作是通过两个符号组合起来的。判断相等的等号已被用作赋值运算符，所以判断相等采用两个等号表示，即"=="。

用关系运算符可以将两个表达式连接起来形成一个关系表达式，关系表达式的格式如下

表达式　关系运算符　表达式

参加关系运算的表达式可以是 C 语言的各类合法的表达式，包括算术表达式、赋值表达式以及关系表达式本身。因此，下列表达式都是合法的关系表达式

a > b　　a + b > c - 3　　(a = b) < 5　　(a > b) == (c < d)　　-2 < -1 < 0

关系运算符的优先级低于算术运算，但高于赋值运算。也就是说，当关系运算符和算术运算符一起出现时，先执行算术运算。例如，a + b > c - 3 表示将 a + b 的结果和 c - 3 的结果进行比较，而不是 a 加上 b > c 的结果，再减去 3。当关系运算符和赋值运算符一起出现时，先执行关系运算，再执行赋值运算。如果想要先执行赋值运算，可以用括号改变优先级。例如，(a = b) < 5 表示先把变量 b 的值赋给 a，然后再将变量 a 中的值和 5 进行比较。如果去掉这个表达式中的括号，那么表达式 a = b < 5 表示将关系表达式 b < 5 的运算结果存放在变量 a 中。关系运算符本身是左结合的。表达式 -2 <-1 < 0 相当于 (-2 < -1) < 0。

计算关系表达式与计算算术表达式和赋值表达式一样都会进行自动类型转换。将关系运算符两边的运算数转换成相同类型。

关系表达式的计算结果是一个逻辑值"真"和"假"。如 5>3 的结果是"真"，5==3 的结果是"假"。C 语言没有逻辑值类型，逻辑值用整数表示。1 代表"真"，0 代表"假"。如 3>5 的结果值是 0，而 5>3 的结果值是 1。当需要保存一个逻辑值时，可以定义一个整型变量。

例 4.1　如果 a、b、c、d 的值分别为 1、2、3、4，写出下列关系表达式的值。

```
a > b
a + b > c - 3
(a > b) == (c < d)
-2 < -1 < 0
(a>b) + (c<d)
(a = b) < 5
```

因为 a 的值是 1，b 的值是 2，1>2 为"假"，所以 a>b 的值为 0。

C 语言中，算术运算符的优先级高于关系运算符。对于表达式 a + b > c - 3，应该先计算 a+b 和 c-3。a+b 的值是 3，c-3 的值是 0，3 > 0 的结果为"真"。所以 a + b > c - 3 的值是 1。

圆括号可以改变计算次序。对于表达式 (a > b) == (c < d)，先计算圆括号中的子表达式。a > b 的值是 0，c < d 的值是 1。0 不等于 1，所以表达式 (a > b) == (c < d) 的值为 0。

表达式 -2 < -1 < 0 看上去是一个正确的表达式，但在 C 语言中，它的值是"假"。关系运算是左结合的，先计算 -2 < -1，这个子表达式的结果为"真"，即结果值是 1。于是整个表达式变成 1 < 0，结果当然为"假"，即值为 0。

圆括号可以改变计算次序。对于表达式 (a>b) + (c<d)，先计算 a>b 和 c<d。a>b 的值是 0，c<d 的值是 1。最终的结果是 0 + 1 等于 1。

计算表达式 (a = b) < 5 时，先计算 a=b，这是一个赋值表达式。执行此表达式后，a 的值为 2，表达式的计算结果是左边的变量 a。整个表达式变成 a<5，即 2 < 5，结果为 1。

可以用一个简单的程序验证例 4.1 中这些表达式的值。这个程序如代码清单 4-1 所示。

代码清单 4-1　计算关系表达式的值

```
/* 文件名：4-1.c
   计算关系表达式的值     */
#include <stdio.h>

int main()
{
```

```
int a = 1, b = 2, c = 3, d = 4;

printf("%d > %d 的值是:%d\n", a, b, a > b);
printf("%d + %d > %d - 3 的值是:%d\n", a, b, c, a + b > c - 3);
printf("(%d > %d) == (%d < %d) 的值是:%d\n", a, b, c, d, (a > b) == (c < d));
printf("-2 < -1 < 0 的值是:%d\n", -2 < -1 < 0 );
printf("(%d > %d) + (%d < %d) 的值是:%d\n", a, b, c, d, (a>b) + (c<d));
printf("(a = %d) < 5 的值是:%d\n" b, (a = b) < 5);

return 0;
}
```

程序执行的结果是

```
1 > 2 的值是: 0
1 + 2 > 3 - 3 的值是: 1
(1 > 2) == (3 < 4) 的值是: 0
-2 < -1 < 0 的值是: 0
(1 > 2) + (3 < 4) 的值是: 1
(a = 2) < 5 的值是: 1
```

在使用关系表达式时，特别要注意的是"等于"比较。"等于"运算符是由两个等号（==）组成的。编程时常见的错误是在比较相等时用一个等号，这样编译器会将这个等号解释为赋值运算。

有了关系表达式，就可以区分解一元二次方程程序中的不同情况。例如，判断方程是不是一元二次方程，可以用关系表达式 a==0，判断方程有没有根可以用 $b^2 - 4ac < 0$。

例 4.2　写出测试下列情况的关系表达式：

（1）测试整型变量 a 的值是整型变量 b 的值的一个因子；

（2）测试整型变量 a 的值是奇数；

（3）测试整型变量 a 的值为 5；

（4）测试整型变量 a 的值为 7 的倍数。

a 是 b 的因子意味着 a 能整除 b，即 b 除以 a 的余数为 0，所以可表示为 b % a == 0。如果变量 a 的值是奇数，那么 a 除以 2 的余数为 1.所以测试 a 的值是奇数可以用表达式 a % 2 == 1，测试 a 的值为 5 可以直接用相等比较 a == 5。a 的值为 7 的倍数意味着 a 能被 7 整除，即 a % 7 == 0。

4.2　逻辑表达式

逻辑表达式

4.2.1　逻辑运算

关系表达式只能表示简单的情况，当要表示更复杂的情况时需要用到逻辑表达式。C 语言定义了 3 个逻辑运算符，即!（逻辑非）、&&（逻辑与）和||（逻辑或），与、或、非的定义与数学中完全一样。"非"是一个一元运算符，非"真"即"假"，非"假"即"真"。"与"和"或"都是二元运算。在"与"运算中，当且仅当两个运算对象都为"真"时，运算结果为"真"，否则为"假"。在"或"运算时，当且仅当两个运算对象都为"假"时，运算结果为

"假"，否则为"真"。它们的准确意义可以用**真值表**来表示。给定布尔值 p 和 q，!、&&和||运算符的真值表如表 4-1 所示。

表 4-1　p&&q、p||q 和!p 的真值表

p	q	p && q	p || q	!p
0	0	0	0	1
0	1	0	1	
1	0	0	1	0
1	1	1	1	

由逻辑运算符连接而成的表达式称为**逻辑表达式**。逻辑表达式的计算顺序是根据运算符的优先级来确定。这三个运算符之间的优先级为：!最高，&&次之，||最低。事实上，!运算是所有 C 语言运算符中优先级最高的。&&和||的优先级低于关系运算而高于赋值运算。如果想知道一个很复杂的逻辑表达式是如何计算的，可以先将它分解成这 3 种最基本的运算，然后再为每一个基本表达式建立真值表，结果就一目了然。如计算 3 < 5 ||8 > 7 && 1 < 2 需要先计算其中的关系表达式。计算了关系表达式后，这个表达式就变成了 1 || 1 && 1。由于&&优先级高于||，所以先计算 1&&1，结果为 1。最后表达式变成了 1 || 1，结果为 1。

一个常见的错误是连接几个关系测试时忘记正确地使用逻辑连接。在数学中常可以看到如下表达式

```
0 < x < 10
```

虽然它在数学中有意义，表示 x 的值介于 0～10 之间。但对 C 语言来说却有不同的含义。C 语言中的关系运算符是左结合的，所以上述表达式先测试 0<x。如果 x 大于 0，结果为 1，反之为 0。0 或 1 都小于 10，所以不管 x 值为多少，上述表达式的值都为 1。为了测试 x 既大于 0 又小于 10，C 语言需要用逻辑表达式

```
0 < x && x < 10
```

C 语言的逻辑表达式中允许运算对象可以是任何类型。C 语言将 0 解释为"假"，将非 0 解释为"真"。例如下面的逻辑表达式的计算结果是

```
5 % 2 && p                 p
5 > 3 && 2 || 8 < 4 - !0    1
```

算术运算符的优先级高于逻辑运算符，所以先执行 5 % 2。5 % 2 的结果是 1,1 被解释为"真"。对"与"运算而言，1 与任何数进行"与"运算的结果都是另一个数。所以第一个表达式的结果是 p。

对于第二个表达式，优先级最高的是"非"运算。!0 的值为 1。然后执行算术运算 4-1，结果为 3。接下去优先级最高的是关系运算。5 > 3 的结果为"真"，即值为 1。8 < 3 的结果是"假"。最终表达式变成 1 && 2 || 0。在"与"和"或"之间，"与"优先级高于"或"运算，所以先执行 1 && 2，结果为 1。最后执行 1 || 1，结果是 1。也就是说，整个表达式的计算结果是 1。

例 4.3　写出测试下列情况的逻辑表达式：

（1）测试整型变量 n 的值在 0～9 之间，包含 0 和 9；

（2）测试字符变量 ch 的值是一个字母；

（3）测试字符变量 ch 中存储的是一个数字字符；

（4）检验某一年 year 是闰年。

测试整型变量 n 的值在 0～9 之间，包含 0 和 9，可以用一个用"与"运算符连接起来的逻辑表达式。变量 n 的值在 0～9 之间意味着它的值是大于等于 0 并且小于等于 9。这个表达式是：n >= 0 && n <= 9。

字符分为大写字母和小写字母。不管 ch 是大写字母或小写字母，表达式的值都应该为"真"。即该表达式可写为

```
ch 是大写字母 || ch 是小写字母
```

如何判断 ch 中存储的是大写字母？因为大写字母的编码是连续的，如果 ch 中存储的是大写字母，那么它的值一定是大于等于'A'并且小于等于'Z'。于是可得到如下的逻辑表达式

```
ch >= 'a' && ch <= 'z' || ch >= 'A' && ch <= 'Z'
```

测试字符类型的变量 ch 的值是否是数字字符同样是利用数字的内码是连续的。如果 ch 中存储的是数字，那么它的值一定大于等于'0'并且小于等于'9'。这个表达式是

```
ch >= '0' && ch <= '9'
```

某个年份是闰年必须符合两种情况之一：一种情况是年份能被 4 整除但不能被 100 整除；第二种情况是年份能被 400 整除。检验某一年 year 是否为闰年，可用逻辑表达式

```
(year % 4 = = 0 && year % 100 != 0) || year % 400 ==0
```

4.2.2　短路求值

有些 C 语言程序员经常喜欢写一些紧凑的表达式，如(x = a) && (y = b)。这个表达式希望完成 3 项工作：把 a 的值赋给了 x，把 b 的值赋给了 y，然后将 x 与 y 的值进行"与"运算。但这样的表达式很危险。因为在计算逻辑表达式时，有时只需要计算一半就能得到整个表达式的结果。例如，对于 && 运算，只要有一个运算对象为"假"，则整个表达式就为"假"；对于 || 运算，只要有一个运算对象为"真"，结果就为"真"。为了提高计算效率，C 语言提出了一种短路求值的计算方法。

C 语言程序在计算逻辑表达式时并不是严格按照优先级高低依次计算，先执行算术运算，再执行关系运算，最后执行逻辑运算，而是采用了一种优化方案。把一个逻辑表达式分解成 exp1 && exp2 或 exp1 || exp2 形式。C 语言总是从左到右计算子表达式。一旦能确定整个表达式的值时，就终止计算。例如，若&&表达式中的 exp1 为"假"，则不需要计算 exp2，因为结果能确定为"假"。同理，在 || 表达式的例子中，如果 exp1 值为"真"，就不需要计算 exp2 的值了。在表达式(x = a) && (y = b)中，如果 a 的值为 0，则 y=b 并没有执行。而这种错误是相当难发现的。

短路求值的一个好处是减少计算量，有时只需要计算一个子表达式，另一个表达式并没有计算。另一个好处是第一个条件能控制第二个条件的执行。在很多情况下，逻辑表达式的右运算数只有在第一部分满足某个条件时才有意义。比如，要表达以下两个条件：①整型变量 x 的值非零；②x 能整除 y。由于表达式 y % x 只有在 x 不为 0 时才计算，用 C 语言可表达这个条件测试为

```
(x != 0) && (y % x == 0)
```

只有在 x 不等于 0 时才会执行 y%x==0。相应的表达式在某些语言中将得不到预期的结果，因为无论何时它都要求计算出&&的两个运算对象的值。如果 x 为 0，尽管看起来对 x 有非零测试，

但还是会因为除零错误而中止。

例 4.4   如果 a = 2, b = 1, c = 3, m = 1, n = 0，执行表达式（m += a）||（n = b < c）后，m 和 n 的值各为多少？

看到这个表达式，读者的第一感觉可能是 m 的值为 m += a 的结果 3，n 的值为表达式 b < c 的结果，即 1。但事实上执行此表达式后 m 的值为 3，而 n 的值依然是 0 而不是 1。

m += a || n = b < c 是一个由 || 运算组成的逻辑表达式。先计算 || 左边的子表达式 m+=a。执行此表达式后 m 的值为 3，即"真"。此时已经能确定整个表达式的结果是"真"，所以 || 右边的子表达式就不用计算了，n 的值没有变化。也就是说，执行了表达式 m +=a || n = b < c 后，m 和 n 的值分别为 3 和 0。

注意　这种错误在检查程序时很难发现。当你读程序时，你可能认为 n 的值被修改了。但 n 的值在某种情况下（m += a 的结果为 0 时）被修改，而在其他情况下没有被修改。

例 4.5   设 a=3，b=4，c=5，写出下列各表达式的值及执行表达式后变量 a、b、c 的值。

（1）a+b > c && b == c

（2）a || b+c && b-c

（3）!(a>b) && !c

（4）(a!=b) || (b<c)

（5）(a==3) + (b == 4) + (c = 2)

（6）a || (b += c)

（7）b + c && a

（8）c = (a == b)

（9）a -= 5 || b++ || --c

（10）b < a <= c

各表达式的执行结果及执行了表达式后 a、b、c 的值见表 4-2。

表 4-2　例 4.5 的解

执行前			表达式	表达式的值	执行后			备注
a	b	c			a	b	c	
3	4	5	a+b > c && b == c	0	3	4	5	
			a || b+c && b-c	1	3	4	5	b+c && b-c 没有被计算
			!(a>b) && !c	0	3	4	5	
			(a!=b) || (b < c)	1	3	4	5	(b < c)没有被计算
			(a == 3) + (b == 4) + (c = 2)	4	3	4	2	
			a || （b += c）	1	3	4	5	b += c 没有被计算
			b + c && a	1	3	4	5	
			c = (a == b)	0	3	4	0	
			a -= 5 || b++ || --c	2	2	4	5	b++ || --c 没有被计算
			b < a <= c	1	3	4	5	

第 9 个表达式 a -= 5 || b++ || --c，读者有没有觉得执行了这个表达式后 a 的值应该是-2，表达式的结果是 1？因为 a -= 5 的结果是-2。注意赋值运算比逻辑运算的优先级低，所以这个表达式可以看成是 a -= （5 || b++ || --c）。在执行 5 || b++ || --c 时，5 代表"真"，整个表达式结果为"真"，而 b++ || --c 并没有执行，所以 b 和 c 的值没有变化。因为 5 || b++ || --c 是结果为"真"的逻辑表达式，在参加算术运算时，"真"转换成1。所以表达式最终变成 a -= 1，结果为 2。

4.3 if 语句

4.3.1 if 语句的形式

C 语言中表示按不同情况进行不同处理的最简单办法是使用 if 语句。if 语句有以下两种形式

```
if （条件） 语句
if （条件） 语句 1 else  语句 2
```

if 语句

第一种形式表示如果条件测试为"真"，执行条件后的语句，否则什么也不做。第二种形式表示条件测试为"真"时执行语句 1，否则执行语句 2。这两个语句的执行过程如图 4-1 所示。

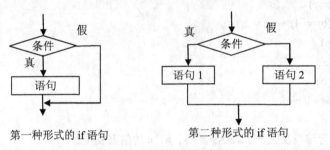

图 4-1 if 语句的执行流程

条件部分原则上应该是一个计算结果为逻辑值的关系表达式或逻辑表达式，语句部分是对应于某种情况所需要的处理语句。如果处理很简单，只需要一条语句就能完成，则可放入此语句。如果处理相当复杂，需要许多语句才能完成，可以用一个语句块。所谓的语句块就是一组用花括号{}括起来的语句，在语法上相当于一条语句。语句块也称为复合语句。

当某个解决方案需要在满足特定条件的情况下执行一系列语句时，就可以用 if 语句的第一种形式。如果条件不满足，构成 if 语句主体的那些语句将被跳过。例如

```
if (grade >= 60) printf("passed");
```
当 grade 的值大于等于 60 时，输出 passed；否则什么也不做。

当程序必须根据测试的结果在两组独立的动作中选择其一时，就可以用 if 语句的第二种形式。例如

```
if (grade >= 60) printf("passed");
else printf("failed");
```

当 grade 大于等于 60 时，输出 passed，否则输出 failed。

if 语句中，条件为"真"时所执行的语句称为 if 语句的 then 子句，条件为"假"时执行的语句称为 else **子句**。

原则上讲，if 语句中的条件应该是关系表达式或逻辑表达式。但事实上，C 语言的 if 语句中的条件可为任意类型的表达式。可以是算术表达式，也可以是赋值表达式，甚至是一个变量。不管是什么类型的表达式，C 语言都认为当表达式值为 0 时表示"假"，否则为"真"。

也正因为如此，若要判断 x 是否等于 3，初学者可能会错误地使用

```
if (x = 3) ...
```

而编译器又认为语法是正确的，并不指出错误。程序员会发现当 x 的值不是 3，而是 2 或 5 时，照样执行 then 子句，而 else 子句永远不会被执行。

有了 if 语句，语句就有了"档次"。某些语句是其他语句的一个部分，如 then 子句和 else 子句。为了体现这个"档次"，如果 then 子句或 else 子句与 if 语句不在同一行中，则应该比 if 语句缩进若干个空格。

例 4.6　设计一个程序，输入一个字符。如果该字符是小写字母，则将它转换成大写字母并输出，否则直接输出该字符。

在设计这个程序时，有一个值尚未确定，即输入的字符。因此必须为此值定义一个变量，如 ch。输入阶段输入字符 ch，这可以调用 getchar 或 scanf 函数完成。计算阶段检查该字符是否为小写字母。如果是小写字母，则把它转换成大写字母，否则不需要做任何处理。这可以用第一种格式的 if 语句完成。将小写字母转成大写字母可用表达式 ch = ch –'a'+'A'。输出阶段输出 ch，这可以调用 putchar 或 printf 函数完成。根据上述讨论，可得到代码清单 4-2 的程序。

代码清单 4-2　转换输入的小写字母为大写字母

```
/* 文件名：4-2.c
   转换输入的小写字母为大写字母      */
#include <stdio.h>

int main()
{
    char ch;

    printf("请输入一个字符：");
    scanf("%c", &ch);                          /* 也可以用 ch = getchar()    */

    if (ch >='a' && ch <='z')
        ch = ch –'a' + 'A';

    printf( "%c\n", ch);                       /* 也可以用 putchar(ch)    */

    return 0;
}
```

运行代码清单 4-2 的程序，如果输入的是 g，则程序执行过程为

请输入一个字符：g
G

如果输入的是 5，则程序执行过程为

请输入一个字符：5
5

例 4.7　设计一个程序，输入一个字母，输出该字母在字母表中的序号。输入的字母可以是大写也可以是小写的。例如，输入 b，输出为 2；输入 D，输出为 4。

假设输入的字母存放在变量 ch 中。输入的字母可能是大写字母，也可能是小写字母。如果是大写字母，找出字母的序号可以用表达式 ch –'A' + 1。如果是小写字母，则需要用表达式 ch – 'a' + 1。所以需要根据输入字母的大小写分情况处理。大写字母需要处理，小写字母也需要处理，因此可以用第二种形式的 if 语句实现。完整的程序见代码清单 4-3。

代码清单 4-3　找出输入字母在字母表中的序号

```
/* 文件名：4-3.c
   找出输入字母在字母表中的序号    */
#include <stdio.h>

int main()
{
    char ch;

    printf("请输入一个字符：");
    ch = getchar();

    if (ch >= 'a' && ch <= 'z')
        printf("%d\n", ch - 'a'+ 1);
    else printf("%d\n", ch - 'A' + 1);

    return 0;
}
```

注意代码清单 4-3 中的 printf("%d\n", ch-'a'+1) 语句比 if 语句缩进了若干个空格。这样可让读者一看就明白它是 if 语句的一个部分。程序的某次运行过程是

请输入一个字符：B
2

例 4.8　银行有一年期账户和两年期账户。一年期的年利率是 2.5%，两年期的年利率是 2.8%。设计一个银行利息计算程序，输入账户类型、存款年份、取款年份、存款金额，输出本利和。

要设计此程序，程序员自己必须知道如何计算利息。如果利率为 r，存款年限为 s，存款金额为 m，则本利和为 $m*(1+r)^s$。由于一年期账户和两年期账户利率不同，公式中的 r 是不同的，程序必须根据用户输入的账户类型确定 r 的值。根据上述思想得到的程序如代码清单 4-4 所示。

代码清单 4-4　计算本利和的程序

```
/* 文件名：4-4.c
   计算本利和    */
```

```
#include <stdio.h>
#include <math.h>
#define ONEYEAR  0.025
#define TWOYEAR  0.028

int main()
{
    double balance;
    int type, startDate, endDate;;

    printf( "请输入存款类型（1：一年期，2：两年期）: ");
    scanf("%d", &type);
    printf( "请输入存款金额: ");
    scanf("%lf", &balance);
    printf( "请输入起始年份: ");
    scanf("%d", &startDate);
    printf( "请输入终止年份: ");
    scanf("%d", &endDate);

    if  ( type == 1)
        balance *= pow( 1 + ONEYEAR, endDate - startDate);
    else
        balance *= pow( 1 + TWOYEAR, endDate - startDate);

    printf("本利和为%f 元", balance );

    return 0;
}
```

　　由于利率是相对不变的，可以把存款利率设计成符号常量。将来利率修改时，只需要修改符号常量的值，主程序可以不变。在设计程序时，账户类型、存款金额、起始年份和终止年份都是未知数，必须有对应保存这些值的变量，所以程序定义了 4 个变量。存款金额是实数，被定义成 double类型。年份是整数，因而被定义成 int 型。存款类型既不是整数也不是实数，应该是什么类型的变量？可以用一个代码或一个符号来表示。代码清单 4-4 中用一个整型变量表示类型。一年期账户用整数 1 表示，两年期账户用整数 2 表示。在输入阶段，程序请求用户输入账户类型、存款金额、起始年份和终止年份。在计算阶段，用 if 语句区分两种账户，用不同的利率计算利息。输出阶段输出计算得到的本利和。

　　运行代码清单 4-4，如计算一年期账户，存款 100 元，存款日期为 2000 年到 2002 年，则运行结果如下

```
请输入存款类型（1：一年期，2：两年期）: 1
请输入存款金额: 100
请输入起始日期: 2000
```

请输入终止日期：2002
本利和为 105.062500 元

例 4.9 设计一个程序，判断某一年是否为闰年。

要设计这个程序，程序员必须知道如何判断闰年。年份如果能整除 400，是闰年。或者年份能整除 4 但不能被 100 整除，是闰年。于是我们可以写出如代码清单 4-5 所示的程序。这个程序的输入阶段要求输入一个年份，计算阶段判断这一年是否为闰年，输出阶段根据判断结果输出是或不是闰年。

代码清单 4-5　判断闰年的程序

```
/* 文件名：4-5.c
   判断闰年            */
#include <stdio.h>

int main()
{
    int year, result;

    printf("请输入所要验证的年份：");
    scanf("%d", &year);

    result = (year % 4 == 0 && year % 100 !=0)|| year % 400 == 0;

    if (result)  printf("%d 是闰年\n", year);
    else  printf("%d不是闰年\n", year);

    return 0;
}
```

注意　程序中判断 result 是否为"真"用的是 if (result)而不是 if (result == 1)，想一想为什么能这样写？相比于 result == 1，这样写有什么优势？

运行代码清单 4-5 的程序，若输入年份为 2000，程序的运行结果如下

请输入所要验证的年份：2000
2000 是闰年

若输入年份为 1000，程序的运行结果如下

请输入所要验证的年份：1000
1000 不是闰年

例 4.10 实型数在内存是不能精确表示的。例如对大家公认的 0.3 等于 0.1+0.2 的事实，在 C 语言程序中有不同的结果。编一程序检验 0.3 是否等于 0.1+0.2。

这个程序很简单，用一个 if 语句判断 0.3==0.1+0.2。如果结果为真，输出"0.3 等于 0.1+0.2"，否则输出"0.3 不等于 0.1+0.2"。完整的程序见代码清单 4-6。

代码清单 4-6　检验 0.3 是否等于 0.1+0.2 的程序（一个有问题的程序）

```
/* 文件名：4-6.c
   检验 0.3 是否等于 0.1+0.2       */
#include <stdio.h>

int main()
{
    if (0.3 == 0.1 + 0.2)
        printf("0.3 等于 0.1+0.2\n");
    else printf("0.3 不等于 0.1+0.2\n");

    return 0;
}
```

程序运行时输出的是"0.3 不等于 0.1+0.2"，0.3 居然不等于 0.1+0.2！这就是因为实数在计算机内不是精确保存的。在程序中需要检验实型数是否相等时，一般是检验这两个数相减以后的绝对值是否小于一个很小的、可容忍的误差值，如 10^{-8}。求一个实型数的绝对值可以用 math 库中的函数 fabs。正确的实现方法见代码清单 4-7。

代码清单 4-7　检验 0.3 是否等于 0.1+0.2 的程序（正确的程序）

```
/* 文件名：4-7.c
   检验 0.3 是否等于 0.1+0.2           */
#include <stdio.h>
#include <math.h>

int main()
{
    if (fabs(0.3 - 0.1 - 0.2) < 1e-8)
        printf("0.3 等于 0.1+0.2\n");
    else printf("0.3 不等于 0.1+0.2\n");

    return 0;
}
```

这个程序的运行时输出的是"0.3 等于 0.1+0.2"。

4.3.2　if 语句的嵌套

if 语句的嵌套

if 语句的 then 子句和 else 子句可以是任意语句，当然也可以是 if 语句。这种情况称为 if 语句的嵌套。由于 if 语句中的 else 子句是可有可无的，有时会造成歧义。假设写了几个逐层嵌套的 if 语句，其中有些 if 语句有 else 子句而有些没有，便很难判断某个 else 子句是属于哪个 if 语句的。例如

`if (x < 100) if (x < 90) 语句 1 else if (x<80) 语句 2 else 语句 3;`

这个语句中有 3 个 if，但只有两个 else。这两个 else 到底是哪个 if 的 else 呢？

当遇到这个问题时，C语言编译器采取一个简单的规则，即每个else子句是与在它之前最近的一个没有else子句的if语句配对的。按照这个规则，上述语句中的第一个else对应于第二个if，第二个else对应于第三个if，最外层的if语句没有else子句。尽管这条规则对编译器来说处理很方便，但对人来说要快速识别else子句属于哪个if语句还是比较难。这就要求我们通过良好的程序设计风格来解决。例如，通过缩进对齐，清晰地表示出层次关系。上述语句较好的表示方式为

```
if (x < 100)
    if (x < 90) 语句1
    else if (x < 80) 语句2
        else 语句3
```

例 4.11　例4.7要求编一个程序，输出某个字母在字母表中的序号，代码清单4-3实现了这个功能。但这个程序有一个特殊情况没有考虑，即输入的字母既不是大写字母也不是小写字母。程序把所有非小写字母都归结为大写字母，一个更完善方案的实现应该处理这种情况。现在程序有3种情况需要处理：大写字母、小写字母和非字母，这可以用嵌套的if实现。完整代码见代码清单4-8。

代码清单 4-8　找出输入字母在字母表中的序号

```
/* 文件名：4-8.c
   找出输入字母在字母表中的序号   */
#include <stdio.h>

int main()
{
    char ch;

    printf("请输入一个字符：");
    ch = getchar();
    if (ch >= 'a' && ch <= 'z')
        printf("%d\n", ch - 'a'+ 1);
    else if (ch >= 'A' && ch <= 'Z') printf("%d\n", ch - 'A' + 1);
        else printf("不是字母\n")

    return 0;
}
```

代码清单4-8中第一个if语句的else子句又是一个if语句。

使用嵌套的if语句时，有一种情况需要注意，那就是一个既有then子句又有else子句的if语句的then子句，是一个没有else子句的if语句。例如，要判断字符类型的变量ch中包含的是一个数字字符且该数字不能整除3，某程序员写了一个语句

```
    else printf("不是数字");
if (ch >= '0' && ch <= '9')
    if ((ch - '0') % 3) printf("是数字且不能被3整除");
```

但程序执行的结果与程序员期望的结果不同。当ch包含的是数字且不能被3整除时，程序确实输出了"是数字且不能被3整除"。但当ch包含的是数字但能被3整除时，程序输出的却是"不是数

字"。而当 ch 的内容不是数字时，什么输出都没有。为什么？这是因为 else 子句总是与最近一个没有 else 子句的 if 语句配对。虽然形式上 else 似乎与最外面的 if 对齐，但 C 语言把这个 else 看成是第二个 if 语句的 else。要达到预期的目的，必须明确告诉 C 语言编译器第二个 if 是没有 else 的，这可以通过花括号解决。把第二个 if 语句括在一对花括号中

```
if (ch >= '0' && ch <= '9')
    { if ((ch - '0') % 3) printf("是数字且不能被 3 整除");   }
else printf("不是数字");
```

这时编译器知道了 then 子句中的 if 语句是没有 else 子句的。

例 4.12　设计一个程序，求一元二次方程 $ax^2+bx+c=0$ 的解。

解一个一元二次方程可能遇到下列几种情况：

（1）$a=0$，退化成一元一次方程。当 b 也为 0 时，是一个非法的方程，否则根为 $-c/b$。

（2）$b^2-4ac=0$，有两个相等的实根。

（3）$b^2-4ac>0$，有两个不等的实根。

（4）$b^2-4ac<0$，无根。

据此，可以写出解一元二次方程的程序，见代码清单 4-9。在这个程序中，if 语句根据 a 的值分成两种情况。当 a 为 0 时，根据一元一次方程的解法求解。当 a 不等于 0 时，继续采用 if 语句根据 b^2-4ac 的值采用不同的解法。

代码清单 4-9　求一元二次方程解的程序

```
/*  文件名：4-9.c
    求一元二次方程解       */
#include <stdio.h>
#include <math.h>
int main()
{
    double a, b, c, x1, x2, dlt;

    printf( "请输入 3 个参数： " );
    scanf("%lf%lf%lf", &a, &b, &c)

    if (a == 0)
        if (b == 0) printf( "非法方程\n");
        else  printf( "是一元一次方程, x = %f\n",  -c/b );
    else {
        dlt = b * b - 4 * a * c;
        if (dlt > 0) {                                /*有两个实根*/
            x1 = (-b + sqrt(dlt)) / 2 / a;
            x2 = (-b - sqrt(dlt)) / 2 / a;
            printf( "x1= %f   x2=%f \n" , x1 , x2);
        }
        else if (dlt == 0)                    /*  有两个等根*/
            printf( "x1=x2=%f\n", -b/a/2 );
```

```
            else printf( "无根\n");                    /*无实根*/
    }

    return 0;
}
```

在代码清单 4-9 中，if (a==0)的 then 子句和 else 子句又包含了一个 if 语句，即一个 if 语句又嵌套了一个 if 语句。当满足 dlt>0 时，程序需要计算 x1 和 x2 并输出这两个值。所以该 if 语句的 then 子句是一个复合语句。

若输入 0、1、2，程序的运行结果如下

```
请输入 3 个参数: 0  1  2
是一元一次方程，x=-2
```

若输入 1、2、3，程序的运行结果如下

```
请输入 3 个参数: 1  2  3
无根
```

若输入 1、-3、2，程序的运行结果如下

```
请输入 3 个参数: 1  -3  2
x1=2  x2=1
```

若输入 1、2、1，程序的运行结果如下

```
请输入 3 个参数: 1  2  1
x1=x2=-1
```

4.3.3　条件表达式

在代码清单 4-4 中，为了计算本利和，程序用一个 if 语句

```
if ( type == 1)
    balance *= pow( 1 + ONEYEAR, endDate - startDate);
else
    balance *= pow( 1 + TWOYEAR, endDate - startDate);
```

条件表达式

对于这些非常简单的分支情况，C 语言提供了另一个更加简练的用来表达条件执行的机制：?:运算符。这个运算符被称为**问号冒号**，但这两个符号并不紧挨着出现。由? : 连接的表达式称为**条件表达式**。与 C 语言中的其他运算符不同，?:在运用时分成两部分且带 3 个运算数。它的形式如下

```
(条件) ? 表达式 1 : 表达式 2
```

加在条件两边的括号从语法上讲是不需要的，但有很多 C 语言程序员用它们来强调测试条件的边界。

当 C 语言程序遇到 ?: 运算符时，首先测试条件。如果条件测试结果为"真"，计算表达式 1 的值，并将它作为整个表达式的值。如果条件结果为"假"，整个表达式的值为表达式 2 的值。因而上述语句可改为

```
balance *= ( type == 1)? pow( 1 + ONEYEAR, endDate - startDate):
pow( 1 + TWOYEAR, endDate - startDate);
```

或

```
balance *=pow( 1 +  ( type == 1)? ONEYEAR : TWOYEAR,  endDate - startDate);
```

条件表达式的第一个用途是代替简单的 if 语句。例如将变量 x 和 y 中较大的值赋值给 max，可以用下列语句

```
max = (x > y) ? x : y;
```

条件表达式的第二个用途是输出时，输出结果可能因为某个条件而略有不同。例如，如果采用

```
printf("%d", a > b);
```

当 a>b 为"真"时，输出为 1；当 a>b 为"假"时，输出为 0。如果想让 a>b 为"真"时输出 true，为"假"时输出 false，可以用 if 语句

```
if (a>b)  printf( "true");
else printf( "false");
```

这样一个简单的转换需要一个既有 then 子句又有 else 子句的 if 语句来解决！但如果用 ?: 运算符只需要一条语句

```
printf("%s", (a>b ? "true" : "false"));
```

例 4.13 用条件表达式实现下列操作：

（1）当 x 等于 0 时，输出"x = 0"，否则输出"x!=0"；

（2）当 x 大于 0 时，x 的值加 1，否则 x 的值不变；

（3）当 x 大于 y 时，执行 x=x-y，否则执行 x = x+y。

当 x 等于 0 时，输出"x = 0"，否则输出"x!=0"的语句是

```
printf("x %s 0", (x)?"!=":"=");
```

当 x 不等于 0 时，条件表达式的结果是表达式 1 的值，即字符串"! ="。将字符串"! ="代入格式控制字符串中的%s 处，得到的输出是

```
x != 0
```

否则将表达式 2 的结果当成整个关系表达式的结果，即关系表达式的结果是字符串"="。将字符串"="代入格式控制字符串中的%s 处，得到输出

```
x = 0
```

实现当 x 大于 0 时，x 的值加 1，否则 x 的值不变的语句是

```
x = (x > 0)? x+1 : x;
```

或者是

```
x += (x>0)? 1 : 0;
```

也可以写成

```
x += (x > 0)。
```

实现当 x 大于 y 时，执行 x=x-y，否则执行 x = x+y 的语句是

```
x = (x > y)? x-y : x+y;
```

例 4.14 设计一个程序，输入一个圆的半径 r 及二维平面上的一个点(x, y)，判断点(x, y)是否落在以原点为圆心，r 为半径的圆内。

以原点为圆心，r 为半径的圆的方程为 $x^2+y^2=r^2$。一个点(x, y)是否落在该圆内只需检查 x^2+y^2 的值。如果小于等于 r^2，则在圆内，否则在圆外。该过程如代码清单 4-10 所示。

代码清单 4-10　判断点（x, y）是否落在以原点为圆心，r 为半径的圆内的程序

```
/*  文件名：4-10.c
    判断点(x, y)是否落在以原点为圆心，r 为半径的圆内    */
```

```
#include <stdio.h>

int main()
{
    double radius, x, y;

    printf( "请输入圆的半径：");
    scanf("%lf", &radius);
    printf( "请输入点的坐标：");
    scanf("%lf%lf", &x, &y);

    printf("点(%f, %f)%s落在圆内\n", x, y,
           (x*x + y*y <= radius * radius ?"" : "没有"));

    return 0;
}
```

当点(x, y)落在圆内时，x*x + y*y <= radius * radius 为"真"，条件表达的值是空字符串""，否则值为字符串"没有"。

程序某次执行过程为

```
请输入圆的半径：1
请输入点的坐标：0.5 0.5
点(0.5, 0.5)落在圆内
```

程序另一次执行过程为

```
请输入圆的半径：1
请输入点的坐标：0.85 0.7
点(0.5, 0.5)没有落在圆内
```

想一想，如果要判断点（x, y）是否落在圆心在（$x0, y0$），半径为 r 的园内，该如何修改这个程序？

4.4　switch 语句及其应用

当一个程序逻辑上要求根据特定条件做出真假判断并执行相应动作时，if 语句是理想的解决方案。然而，还有一些程序需要更复杂的判断结构，它有两个以上的不同情况。虽然可以用嵌套的 if 语句区分多种情况，但更适合这种多分支情况的是 switch 语句，它的语法如下所示

switch 语句

```
switch (控制表达式) {
    case  常量表达式 1：语句 1；
    case  常量表达式 2：语句 2；
    ...
    case  常量表达式 n：语句 n；
    default:        语句 n+1；
}
```

switch 语句的主体分成许多独立的由关键字 case 或 default 引入的语句组。一个 case 关键字和

紧随其后的下一个 case 或 default 之间所有语句合称为 case 子句。default 关键字及其相应语句合称为 default 子句。

　　switch 语句的执行过程如下：先计算控制表达式的值，当控制表达式的值等于常量表达式 1 时，执行语句 1 到语句 n+1；当控制表达式的值等于常量表达式 2 时，执行语句 2 到语句 n+1；以此类推，当控制表达式的值等于常量表达式 n 时，执行语句 n 到语句 n+1；当控制表达式的值与任何常量表达式都不匹配时，执行语句 n+1。switch 语句的执行过程如图 4-2 所示。

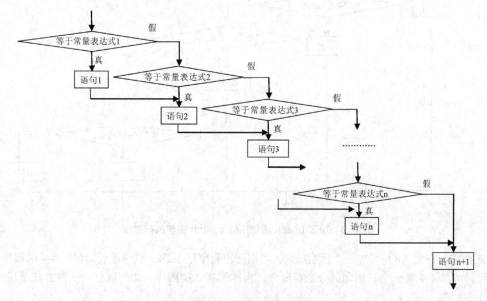

图 4-2　switch 语句的执行过程

　　default 子句可以省略，当 default 子句被省略时，如果控制表达式找不到任何可匹配的 case 子句时，直接退出 switch 语句。

　　对多分支的情况，通常对每个分支的情况都有不同的处理，因此希望执行完相应的 case 子句后就退出 switch 语句，这可以通过 break 语句实现。break 语句的作用就是跳出 switch 语句，将 break 语句作为每个 case 子句的最后一个语句，可以使各个分支互不干扰。这样，switch 语句就可写成

```
switch (控制表达式) {
    case  常量表达式 1: 语句 1;   break;
    case  常量表达式 2: 语句 2;   break;
    ...
    case  常量表达式 n: 语句 n;   break;
    default:           语句 n+1;
}
```

但如果有多个分支执行的语句是相同的，则可以把这些分支写在一起，相同的操作只需写一遍。加了 break 语句后的 switch 语句的执行过程见图 4-3。

　　由于 switch 语句通常可能会很长，如果 case 子句本身较短，程序会较容易阅读。如果有足够的空间将 case 关键字、子句的语句和 break 语句放在同一行会更好。

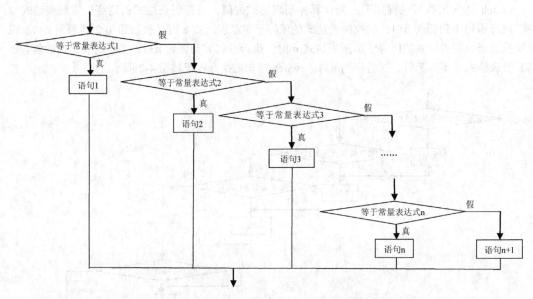

图 4-3　加了 break 语句后的 switch 语句执行过程

　　例 4.15　在例 4.8 中增加一个活期账户，活期账户利率是 1.2%，试修改代码清单 4-4 的程序。

　　代码清单 4-4 用一个 if 语句区分两类账户，但本例有 3 类账户，如何区分？一种方法是用嵌套的 if 语句，如

```
if (type == 0) ……
else if (type == 1) ……
    else ……
```

　　这种结构不太清晰，更好的方法是用 switch 语句。具体程序见代码清单 4-11。

代码清单 4-11　计算本利和程序

```
/*  文件名：4-11.c
    计算本利和              */

#include <stdio.h>
#include <math.h>
#define RATE1YEAR 0.025
#define RATE2YEAR 0.028
#define CURRENTRATE 0.012

int main()
{
    double balance;
```

```
    int startDate, endDate, type;

    printf("请输入存款类型（1 一年期, 2: 两年期, 0: 活期): ");
    scanf("%d",  &type);
    printf("请输入存款金额: ");
    scanf("%lf", &balance);
    printf("请输入起始日期: ");
    scanf("%d", &startDate);
    printf("请输入终止日期: ");
    scanf("%d", &endDate);

    switch (type) {
        case 0: balance *= pow( 1 + CURRENTRATE, endDate - startDate); break;
        case 1: balance *= pow( 1 + RATE1YEAR, endDate - startDate); break;
        case 2: balance *= pow( 1 + RATE2YEAR, endDate - startDate);
    }

    printf("本利和为%f 元\n " ,balance );

    return 0;
}
```

在这个程序中，可以很清晰地看到根据账户类型 type 的值分成了 3 种情况进行处理。

如果 switch 语句中某些情况的处理过程是相同的，可以将这些情况排列在一起，处理语句只需要在最后一个 case 中写一遍。按照 switch 语句的执行规则，当匹配了某个 case 后面的常量表达式时，从此 case 后面的语句开始一直执行到 switch 语句结束或遇到 break 语句。这样，这些情况就执行了相同的语句。例 4.16 给出了一个示例。

例 4.16　编写一个程序，输入一个字符，如果输入的是 '(' 或 ')'，输出"小括号"。如果输入的是 '[' 或 ']'，输出"中括号"。如果输入的是 '{' 或 '}'，输出"大括号"。如果输入的是其他字符，统一输出"其他字符"。

显然这个程序需要处理多种情况，可以用多分支语句实现。'(' 或 ')' 是第一种情况；'[' 或 ']' 是第二种情况；'{' 或 '}' 是第三种情况；"其他字符"作为 default 处理。于是可得到代码清单 4-12 的程序。

代码清单 4-12　区分不同的括号

```
/*  文件名：4-12.c
    区分不同的括号            */
#include <stdio.h>

int main()
{
    char ch;

    printf("请输入一个字符");
    ch = getchar();
```

```
switch (ch) {
    case '(':
    case ')': printf("小括号\n");break;
    case '[':
    case ']': printf("中括号\n");;break;
    case '{':
    case '}': printf("大括号\n");break;
    default: printf("其他字符\n");
}

return 0;
}
```

在使用 switch 语句时必须注意，每个 case 后面的表达式必须是常量表达式，不能包含任何变量。

例 4.17 设计一个程序，将百分制的考试分数转换为 A、B、C、D、E 5 级计分。转换规则如下

```
score >= 90        A
90 > score >= 80 B
80 > score >= 70 C
70 > score >= 60 D
score < 60         E
```

解决这个问题的关键也是多分支，它有 5 个分支。问题是如何设计这个 switch 语句的控制表达式和常量表达式。初学者首先会想到按照分数分成 5 个分支，于是把这个 switch 语句写成以下形式

```
switch ( score) {
    case score >= 90: cout << "A"; break;
    case score >= 80: cout << "B"; break;
    case score >= 70: cout << "C"; break;
    case score >= 60: cout << "D"; break;
    default: cout << "E";
}
```

这个 switch 语句有个严重的错误。case 后面应该是常量表达式，而在上述语句的常量表达式中却包含了一个变量 score。要解决这个问题，可以修改控制表达式，使之消除 case 后面的表达式中的变量，将每种情况用一个常量表示。观察问题中的转换规则，我们发现分数的档次是和分数的十位数和百位数有关，与个位数无关。去除个位数以后的结果为 9 或 10 是 A，8 是 B。7 是 C，6 是 D，小于 6 是 E。因此，只要控制表达式能去除分数的个位数，就能把 case 后的常量表达式变为 10，9，8，7，6，小于 6 就作为 default。去掉一个整型数的个位数只需要通过整数的除法，让分数除以 10，这样就可以得到代码清单 4-13 中的程序。

代码清单 4-13 分数转换程序

```
/*  文件名:4-13.c
    将百分制转换成 5 个等级(A、B、C、D、E)         */
#include <stdio.h>
```

```
int main()
{
    int score;

    printf("请输入分数:");
    scanf("%d", &score);

    switch(score / 10) {
        case 10:
        case 9: printf( "A\n");   break;
        case 8: printf( "B\n");   break;
        case 7: printf( "C\n");   break;
        case 6: printf( "D\n");   break;
        default: printf( "E\n");
    }

    return 0;
}
```

注意在代码清单 4-13 所示的程序中，case 10 后面没有语句，而直接就是 case 9，这表示 10 和 9 两种情况执行的语句是一样的，就是 case 9 后面的语句。

若输入 100，程序的运行结果如下

```
请输入分数:100
A
```

若输入 92，程序的运行结果如下

```
请输入分数:92
A
```

若输入 66，程序的运行结果如下

```
请输入分数:66
D
```

若输入 10，程序的运行结果如下

```
请输入分数:10
E
```

在上述例子中，除了 break 语句外，每个 case 子句都只有一个语句。但 switch 语句的每个 case 子句可以由很多语句组成。例 4.18 给出了一个示例。

例 4.18　计算机自动出四则运算计算题。

计算机的一个很重要的应用是在教学上。目前，市场上有很多计算机辅助教学软件，应用我们已学到的知识，也可以编一个简单的学习软件。

例 4.18

假如想给正在上小学一、二年级的小朋友编一个程序，练习 10 以内的四则运算。应该怎样解决这个问题呢？首先，程序每次运行时应该能出不同类型的题目，这次出加法，下次可能出乘法；其次，每次出的题目的运算数应该不一样；再次，计算机出好题目后应该把题目显示在屏幕上，然后等待小朋友输入答案；最后，计算机要能批改作业，告诉小朋友答案是正确的还是错误的。

上面 4 项工作中关键的是前面两项，只要这两项工作解决了，应用现有的知识就可以编写出这个程序。第三项工作用一个输出语句就能实现。第四项工作需要根据题目的类型执行不同的批改方式，这只需要一个 switch 语句。因此，整个程序的逻辑如下

```
生成题目
switch (题目类型)
{    case 加法：显示题目
                输入和的值
                判断正确与否
                break
     case 减法：显示题目
                输入差的值
                判断正确与否
                break
     case 乘法：显示题目
                输入积的值
                判断正确与否
                break
     case 除法：显示题目
                输入商和余数的值
                判断正确与否
}
```

问题是如何让程序每次执行的时候都出不同的题目？ C 语言提供了一个称为随机数生成器的工具。随机数生成器能随机生成 0～RAND_MAX 之间的整型数，包括 0 和 RAND_MAX。RAND_MAX 是一个符号常量，定义在头文件 stdlib.h 中，它的值与编译器相关。在 VS2010 中，它的值是 32 767。生成随机数的标准函数是 rand()。每次调用 rand() 都会得到一个 0～RAND_MAX 的整数，而且这些值的出现是等概率的。

利用随机数生成器，就可以完成题目的生成。运算数可以直接通过调用 rand() 函数生成，但问题是我们要的整数是 10 以内，而不是 0 到 RAND_MAX 之间。这个问题可以通过一个简单的变换实现。可以用两种方法实现这个变换。第一种是取随机数除 10 的余数，即 rand() % 10，结果正好是 0 到 9 之间的一个数。第二种方法是将 0～RAND_MAX 之间的整数等分成 10 份。如果生成的随机数落在第一份，则映射成 0；如落在第二份，则映射成 1；……；落在第 10 份，则映射成 9。这可以用一个简单的算术表达式实现 rand() *10/(RAND_MAX+1)。同理可生成运算符。可以把 4 个运算符用 0～3 编码。0 表示加法，1 表示减法，2 表示乘法，3 表示除法。这样，生成运算符就可以用算术表达式 rand() % 4 或 rand()*4/(RAND_MAX+1) 实现。根据上述思想，可以得到代码清单 4-14 所示的程序。

代码清单 4-14　自动出题程序（一个有问题的程序）

```
/*  文件名：4-14.c
    自动出题程序      */
#include <stdio.h>
```

```
#include <stdlib.h>

int main()
{
    int num1, num2, op, result1, result2;
    /* num1,num2:操作数，op:运算符, esult1, result2:结果  */

    num1 = rand() * 10 / (RAND_MAX + 1);/*   生成运算数   */
    num2 = rand() * 10 / (RAND_MAX + 1); /*   生成运算数   */
    op = rand() * 4 / (RAND_MAX + 1);     /* 生成运算符 0--+, 1-- -, 2--*, 3-- /   */

    switch (op) {
        case 0: printf("%d + %d =? ", num1, num2 );
                scanf("%d", &result1);
                if (num1 + num2 == result1)
                    printf("you are right\n");
                else  printf( "you are wrong\n");
                break;
        case 1: printf("%d - %d =? ", num1, num2 );
                scanf("%d", &result1);
                if (num1 - num2 == result1)
                    printf("you are right\n");
                else  printf( "you are wrong\n");
                break;
        case 2:  printf("%d * %d =? ", num1, num2 );
                scanf("%d", &result1);
                if (num1 * num2 == result1)
                    printf("you are right\n");
                else  printf( "you are wrong\n");
                break;
        case 3:  printf("%d / %d =? ", num1, num2 );
                scanf("%d", &result1);
                printf("余数为?");
                scanf("%d", &result2);
                if ((num1 / num2 == result1) && (num1 % num2 == result2))
                    printf("you are right\n");
                else  printf( "you are wrong\n");
    }

    return 0;
}
```

　　在代码清单 4-14 所示的程序头上，包含了库 stdlib 的头文件。这个库中有随机数生成函数。注意，在处理除法题时需要输入两个答案：商和余数。因为一年级小朋友没有学过小数，当遇到 5/2 这类题目时，小朋友不会回答 2.5，而是说商是 2，余数为 1。

　　执行代码清单 4-14 的程序，读者会发现每次运行时输出的题目都是一样的！今天执行该程序出的题目是 3+5，下一次执行出的题目还是 3+5，不是说题目是随机生成的吗？

　　什么是随机事件？抛一个硬币，结果是正面还是反面是一个随机事件，掷一个骰子结果是几点是随机的，明天是否下雨也是一个随机事件。随机事件的结果是不确定的，而计算机产生的数据都是运行某个程序的结果，这个过程是确定的，结果也一定是一个确定值。所以计算机根本不会产生随机数，计算机生成的随机数称为**伪随机数**，它是通过一个算法计算得到的一个数值。这个算法保证所有数值出现概率是相等的。当调用随机数生成函数时，算法将上一次生成的随机数作为输入，算法执行的结果是本次生成的随机数。第一次调用随机数生成函数时的输入称为随机数的种子。这个过程如图 4-4 所示。

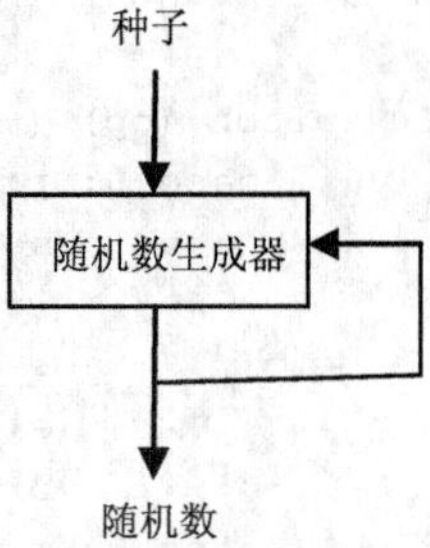

　　C 语言编译器为每个使用随机数生成器的程序指定一个种子。不同的种子可以生成不同的随机数序列，C 语言为每个程序、每次执行指定的随机数的种子都是相同的，因此程序每次执行生成的随机数序列都是相同的。反映在自动出题程序中，就是程序每次执行出的题目都是一样的。

　　如果希望每次执行生成的题目不一样，必须在每次执行时指定不同的种子。C 语言提供了一个设置种子的函数 srand，允许程序员在程序中设置随机数的种子。srand 函数的格式是

```
srand(整型数);
```

其中的整型数是程序员指定的种子。但如果程序员设置的种子是一个固定值，那么该程序每次执行得到的随机数序列还是相同的。

　　如何让程序每次执行时选择的种子都不一样呢？在一个计算机系统中，时间总是在变。因此把系统时间设为种子是一个很好的想法。这样每次执行程序时的种子都是不一样的，产生的随机数序列也不一样。C 语言提供了一个获取当前的系统时间的函数 time(NULL)，它会返回一个整数表示的时间。time 函数在库 time 中。为了使用时钟，需要包含 time 库的头文件 time.h。于是我们得到了一个更好的自动出题程序，如代码清单 4-15 所示。

图 4-4　随机数生成过程

代码清单 4-15　自动出题程序（正确的程序）

```
/*      文件名：4-15.c
        自动出题程序            */
#include <stdio.h>
#include <stdlib.h>
#include <time.h>

int main()
{
    int num1, num2, op, result1, result2;
                    /* num1,num2:操作数, op:运算符, esult1, result2:结果  */

    srand(time(NULL));                   /* 随机数种子初始化 */

    num1 = rand() * 10 / (RAND_MAX + 1);          /*   生成运算数  */
    num2 = rand() * 10 / (RAND_MAX + 1);  /*   生成运算数  */
```

```
    op = rand() * 4 / (RAND_MAX + 1);      /* 生成运算符 0--+, 1-- -, 2--*, 3-- /  */

    switch (op) {
        case 0: printf("%d + %d =? ", num1, num2 );
                scanf("%d", &result1);
                if (num1 + num2 == result1)
                    printf("you are right\n");
                else  printf( "you are wrong\n");
                break;
        case 1: printf("%d - %d =? ", num1, num2 );
                scanf("%d", &result1);
                if (num1 - num2 == result1)
                    printf("you are right\n");
                else  printf( "you are wrong\n");
                break;
        case 2: printf("%d * %d =? ", num1, num2 );
                scanf("%d", &result1);
                if (num1 * num2 == result1)
                    printf("you are right\n");
                else  printf( "you are wrong\n");
                break;
        case 3: printf("%d / %d =? ", num1, num2 );
                scanf("%d", &result1);
                printf("余数为?");
                scanf("%d", &result2);
                if ((num1 / num2 == result1) && (num1 % num2 == result2))
                    printf("you are right\n");
                else  printf( "you are wrong\n");
    }

    return 0;
}
```

代码清单 4-15 所示的程序某 3 次的运行过程如下

```
3+5=?8
you are  right

5/2=?2
余数为=?1
you are  right

7-5=?8
you are wrong
```

这个程序还是比较粗糙的，有很多细节没有考虑。例如，除数为 0，减法的结果可能为负数等。而且程序的使用也不方便，每次运行只能生成一个题目，而用户通常希望运行了程序后会一道接一道地出题，直到用户想退出为止。程序的输出也太单调，不是 you are right 就是 you are wrong，输出信息如能更丰富些就更好了。随着学习的深入，这些问题可以逐步完善。

4.5　程序规范及常见问题

4.5.1　条件语句程序的排版

引入了 if 语句和 switch 语句后，语句就有了"档次"。某些语句是另外一些语句的一个部分，如 if 语句的 then 子句和 else 子句，switch 语句的 case 子句。

为了明确显示出语句之间的控制关系，then 子句和 else 子句最好比相应的 if 语句缩进若干个空格，case 子句必须比 switch 语句缩进若干个空格。这样可使程序的结构清晰明了。

4.5.2　不要连用关系运算符

在写关系表达式时，不要连用关系运算符，如 x < y < z。程序员认为当 x < y 并且 y < z 时表达式值为"真"。如 1<2<3 的结果为真，2<1<3 结果为"假"。但事实上，在 C 语言中 2<1<3 结果也为"真"。

计算表达式 2<1<3 时，因为两个'<'优先级相同，而'<'是左结合的，于是先执行 2<1。2<1 的结果为"假"，在 C 语言中被表示成整数 0，于是表达式变成 0<3，结果当然为"真"。

x < y < z 这样的表达式应该被写成逻辑表达式 x < y && y < z。

4.5.3　注意短路求值

C 语言在计算逻辑表达式时采用了短路求值的技术，即在计算逻辑表达式时，如果左运算数能够确定整个表达式的值，则不再处理右运算数。

短路求值可以提高程序运行效率。在写逻辑表达式时，如果是执行"与"运算，最好将最有可能是"假"的判断放在左边，如果是执行"或"运算，最好将最有可能是"真"的判断放在左边。这样可以减少计算量，提高程序运行的效率。

短路求值也可能使程序隐藏了一些定时炸弹。如果逻辑表达式的右运算数修改了某些变量值，那么这些修改可能没有执行。例如，执行逻辑表达式 3<5 || ++x，程序员认为 x 被加 1 了，但事实上 x 的值没有变化。

4.5.4　常见错误

在使用 if 语句时，经常容易出现下列错误

- 在条件后面加上分号。例如，

```
if (a > b);
    max = a;
```

编译器会认为是两个独立的语句。其中第一个 if 语句的 then 子句是空语句，并且没有 else 子句。第二个语句是 max = a;于是不管 a 是否大于 b，程序都会执行 max = a。

- then 子句或 else 子句由一组语句构成时，忘记用花括号将这些语句括起来也是一个常见错

误。这时，编译器只将其中的第一个语句作为 then 子句或 else 子句。

● 当条件部分判断相等时，将==误写为=，这是一个较难发现的错误。如将 x==2 误写成 x=2，编译器无法检测出这个错误。因为 C 语言所有条件判断的地方都允许出现赋值表达式，但程序的逻辑被完全改变了。

使用 switch 语句时，经常容易犯如下错误：

● case 后面的表达式中包含变量；

● 以为程序只执行匹配的 case 后的语句。实际上，程序从匹配的 case 出发并跨越 case 的边界继续执行其他语句，直到遇到 break 语句或 switch 语句结束。

4.6　小结

本章主要介绍了计算机实现分支程序设计的机制，主要包括两个方面：如何区分不同的情况，如何根据不同的情况执行不同的处理。

简单的情况区分可以用关系表达式实现。通俗地讲，关系运算就是比较大小。复杂的情况区分可以用逻辑表达式实现。逻辑表达式就是用逻辑运算符连接多个表达式，以表示更复杂的逻辑。

关系运算和逻辑运算的结果是布尔型的值："真"和"假"。但在 C 语言中没有布尔类型，而是用一个整型值表示。用 1 表示"真"，用 0 表示"假"。

根据逻辑判断的结果执行不同的处理有两种途径：if 语句和 switch 语句。if 语句用于两个分支的情况，switch 用于多分支的情况。

4.7　自测题

1. 用条件表达式实现下列功能：将变量 a、b 中较小的值加入变量 x。

2. 某程序需要实现下列功能：当变量 a 的值小于 5 的时候，继续观察变量 b 的值。如果变量 b 的值大于 0，将 b 的值加入到 a。如果 b 的值小于等于 0，则什么都不做。当 a 的值大于等于 5 时，a 的值减去 5。某程序员写了如下语句

```
if (a < 5)
    if (b > 0) a += b;
else a -= 5;
```

试问该语句有没有实现既定功能？如果有问题，请指出错在哪里，该如何修改。

3. 某程序需要判断变量 x 的值是否等于 3 的特殊情况。当 x 等于 3 时输出 true，否则输出 false。某程序员写了下列语句。但不管 x 的值是多少，程序永远输出 true。为什么？

```
if (x = 3)
    printf( "true");
else printf( "false");
```

4. 用一个 if 语句重写下列代码。

```
if (ch =='E')  ++c;
if (ch =='E')  printf("%d", c);
```

5. 用一个 switch 语句重写下列代码。

```
if (ch == 'E' || ch =='e')
    ++countE;
else if (ch =='A' || ch =='a')
      ++countA;
   else if (ch =='I' || ch =='I')
        ++countI;
     else printf ("error");
```

6. 修改下面的 switch 语句，使之更简洁。

```
switch (n) {
    case 0: n += x; ++x; break;
    case 1: ++x; break;
    case 2: ++x; break;
    case 3: m = m+n; --x; n = 2; break;
    case 4: n = 2;
}
```

4.8　实战训练

1. 从键盘输入 3 个实数，输出其中的最大值、最小值和平均值。

2. 编一个程序，输入一个整型数，判断输入的整型数是奇数还是偶数。程序运行方式如下

请输入一个整数：11
11 是奇数

另一次运行过程可能是

请输入一个整数：2 4
2 4 是偶数

3. 编写一个程序，输入一个代表 ASCII 码的整数。如果该整数是某个字母的 ASCII 码，输出该字符。否则发出一声"嘟"并显示"非法输入"。

4. 检测肥胖的标准通常采用 BMI 值。BMI 值的算法为：体重（千克）/身高（米）的平方。如某人身高为 1 米 70 厘米，体重是 65 千克，则他的 BMI 值为 65/(1.7×1.7) = 22.5。BMI 值小于 18.5 千克为偏瘦，18.5 千克到 23.9 千克是正常，24 千克到 27.9 千克为超重，大于 28 千克为肥胖。设计一程序，输入身高体重，输出他的肥胖情况。如输入的身高是 1.7 米，体重是 65 千克，则输出为

你的肥胖程度是正常

5. 输入 2 个二维平面上的点，判断哪个点离(0,0)更近。

6. 有一个函数，其定义如下：

$$y = \begin{cases} x & (x < 1) \\ 2x-1 & (1 \leqslant x < 10) \\ 3x-11 & (x \geqslant 10) \end{cases}$$

编一程序，输入 x，输出 y。

7. 编一程序，输入一个二次函数，判断该抛物线开口向上还是向下，输出顶点坐标以及抛物线与 x 和 y 轴的交点坐标。

8. 编一程序，输入一个二维平面上的直线方程，判断该方程与 x 和 y 轴是否有交点，输出交点坐标。

9. 编一程序，输入一个角度，判断它的正弦值是正数还是负数。

10. 编写一个计算薪水的程序。某企业有 3 种工资计算方法：计时工资、计件工资和固定月工资。程序首先让用户输入工资计算类别，再按照工资计算类别输入所需的信息。若为计时工资，则输入工作时间及每小时薪水，计算本月应发工资。职工工资需要缴纳个人收入所得税，缴个税的方法是：2000 元以下免税；2000～2500 元，超过 2000 元部分按 5%收税；2500～4000 元，2000～2500 元中的 500 元按 5%收税，超过 2500 元部分按 10%收税；4000 元以上，其中 2000～2500 元中的 500 元按 5%收税，2500～4000 元中的 1500 元按 10%收税，超过 4000 元的部分按 15%收税。最后，程序输出职工的应发工资和实发工资。

11. 编写一个程序，输入一个字母，判断该字母是元音还是辅音字母。用两种方法实现，第一种用 if 语句实现，第二种用 switch 语句实现。

12. 编写一个程序，输入 3 个非 0 整数，判断这 3 个值是否能构成一个三角形。如果能构成一个三角形，这三角形是否是直角三角形。

13. 凯撒密码是将每个字母循环后移 3 个位置。如'a'变成'd'，'b'变成'e'，'z'变成了 'c'。编一个程序，输入一个字母，输出加密后的密码。

14. 编写一个成绩转换程序，转换规则是：A 档是 90 – 100，B 档是 75 – 89，C 档是 60 – 74，其余为 D 档。用 switch 语句实现。

15. 二维平面上的一个与 x 轴平行的矩形可以用两个点来表示。这两个点分别表示矩形的左下方和右上方的两个角。编一程序，输入两个点（$x1$，$y1$）、（$x2$，$y2$），计算它对应的矩形面积和周长，并判断该矩形是否是一个正方形。

16. 设计一停车场的收费系统。停车场有 3 类汽车，分别用 3 个字母表示。C 代表轿车，B 代表客车，T 代表卡车。收费标准如下表所示。

车辆类型	收费标准
轿车	3 小时内，每小时 5 元。3 小时后，每小时 10 元
客车	2 小时内，每小时 10 元。2 小时后，每小时 15 元
卡车	1 小时内，每小时 10 元。1 小时后，每小时 15 元

输入汽车类型和入库、出库的时间，输出应交的停车费。假设停车时间不会超过 24 小时。

17. 修改自动出题程序，使之能保证被减数大于减数，除数不会为 0。

18. 修改代码清单 4-9 的程序，使之能输出虚根。

19. 已知 2017 年 1 月 1 日是星期日，编一程序计算 2017 年的某一天是星期几。

20. 设计一个程序，输入一个二维平面上的点（x，y），判断它是否落在圆心为（$x0$，$y0$）、半径是 r 的圆内。

第 5 章

循环程序设计

第 4 章中介绍了一个计算银行某账户利息的程序。如果要编写一个计算 10 个账户利息的程序，是不是需要把这段代码重复写 10 遍？答案是不需要，我们可以告诉计算机把这段计算利息的代码重复执行 10 遍。让计算机重复执行某一段代码称为循环控制。C 语言提供了两类循环：计数循环和基于哨兵的循环。计数循环是用 for 语句实现的，基于哨兵的循环可以用 while 语句和 do...while 语句实现。

本章将介绍 C 语言中两类循环的实现方法，具体包括：

■ for 语句；

■ while 语句；

■ do...while 语句；

■ 循环的中途退出问题。

5.1　计数循环

5.1.1　for 语句

在某些应用中经常会遇到某一组语句要重复执行 n 次。例如，在自动出题程序中希望每次运行程序时不是出一道题，而是出 20 道题，那么代码清单 4-15 中的语句必须重复执行 20 次。在程序设计语言中让某个语句重复执行 n 次通常用 for 语句来实现。在 C 语言中，可用下列语句：

```
for (i = 0; i < n; ++i) {
    需要重复执行的语句
}
```

for 语句

如果需要重复执行的语句只有一个，可以省略花括号。

for 语句由两个不同的部分构成：循环控制行和循环体。

（1）**循环控制行**。for 语句的第一行被称为**循环控制行**，用来指定花括号中语句将被执行的次数。例如

```
for (i=0; i<n; ++i)
```

控制花括号中的语句重复执行 n 次。

循环控制行由 3 个表达式组成：表达式 1（上例中为 i=0）是循环的初始化，指出首次执行循环体前应该做哪些初始化的工作，变量 i 称为**循环变量**，通常用来记录循环执行的次数，表达式 1

一般用来对循环变量赋初值，通常是从 0 或 1 开始计数；表达式 2 是循环条件（上例中为 i<n），一般是判断有没有达到重复的次数，满足此条件时执行循环体，否则退出整个循环语句；表达式 3 为步长（上例中的++i），表示在每次执行完循环体后循环变量的值如何变化。循环变量通常用来记录循环体已执行的次数，因此表达式 3 通常都是将循环变量的值增 1。

（2）**循环体**。需要重复执行的语句，即花括号中的语句，构成了 for 语句的**循环体**。在 for 语句中，这些语句将按控制行指定的次数重复执行。

为了表示这些语句是循环语句的一部分，循环体内的每一条语句一般都比控制行多 4 个空格的缩进，这样 for 语句的控制范围就一目了然了。

根据 for 语句的语法规则，上述语句的执行过程为：将 0 赋给循环变量 i；判别 i 是否小于 n，若判断结果为真，执行循环体；然后 i 加 1；再判别 i 是否小于 n，若判断结果为真，执行循环体；然后 i 再加 1。如此循环往复，直到 i 等于 n。由此可见，在循环控制行的控制下，循环体被执行了 n 遍。循环体里所有语句的一次完全执行称为一个**循环周期**。

for 语句的执行过程如图 5-1 所示。

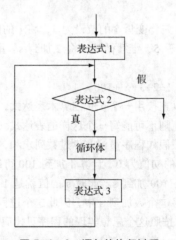

图 5-1　for 语句的执行过程

例 5.1　编写满足下列要求的 for 语句的循环控制行。

（1）循环变量从 1 计数到 100。

（2）循环变量从 2、4、6、8、…、计数到 100。

（3）循环变量从 0 开始，每次计数加 7，直到成为三位数。

（4）循环变量从 100 开始，反向计数，99、98、97、…、0。

（5）循环变量从'a'变到'z'。

从 1 计数到 100 需要选择一个整型的循环变量 k。k 的初值为 1，每次执行循环后，k 的值加 1，直到 k 的值超过 100。该循环控制行为

```
for (k = 1; k <= 100; ++k)
```

从 2、4、6、8、…计数到 100 需要选择一个整型的循环变量 k。k 的初值为 2，每次执行循环

后，k 的值加 2，直到 k 的值超过 100。该循环控制行为

```
for (k = 2; k <= 100; k += 2)
```

从 0 开始，每次计数加 7，直到成为三位数需要选择一个整型的循环变量 k。k 的初值为 0，每次执行循环后，k 的值加 7，直到 k 的值大于等于 100。该循环控制行为

```
for (k = 0; k < 100; k += 7)
```

从 100 开始，反向计数 99、98、97、…直到 0 需要选择一个整型的循环变量 k。k 的初值为 100。每次执行循环后，k 的值减 1，直到 k 的值小于 0。该循环控制行为

```
for (k = 100; k >= 0; --k)
```

从'a'变到'z'需要选择一个字符型的循环变量 ch。ch 的初值为'a'，每次执行循环后，ch 的值加 1，直到 ch 的值超过'z'。该循环控制行为

```
for (ch = 'a'; ch <= 'z'; ++ch)
```

例 5.2 执行下列语句后，s 的值是多少？

```
s = 0;
for (i = 1; i < 5 ++i)
    s += i;
```

按照 for 语句的执行过程，首先将变量 i 的值设为 1，将 i 的值加到变量 s，即 s=1。然后 i 的值加 1，变成了 2。因为 i 的值小于 5，继续循环，将 2 加到 s。重复这个过程，直到 i 等于 5，所以 s 的值为 1+2+3+4，等于 10。

例 5.3 设计一个程序，计算 1+2+3+…+100。

计算 1+2+3+…+100 当然可以直接用一个长长的算术表达式，但这种写法缺乏美感。如果要计算 1 加到 1000 或 1 加到 10000，则不可能写一个这样的表达式。当然也可以用数列求和公式，用一个算术表达式就可以得到结果。假如程序员没有学过数列求和，一种更直观的方法是用循环。可以用一个变量 s 存储这个和值。s 的初值为 0。计算 1 加到 100 可以先将 1 加到 s，再将 2 加到 s，再将 3 加到 s，如此这般，直到将 100 加到 s。此时 s 的值就是 1 加到 100 的和。注意：对每个数字，程序的工作都是一样的，即将这个数加到 s 中，因此这个过程可以用一个循环实现。循环变量 i 从 1 变到 100，每次将 i 加到 s。按照这个思想实现的程序见代码清单 5-1。

代码清单 5-1　计算 1+2+3+…+100

```
/*  文件名：5-1.c
    计算 1+2+3+…+100     */
#include <stdio.h>

int main()
{
    int i,s = 0;
    for (i = 1;i <= 100; ++i)
        s += i;
    printf("%d\n", s);

    return 0;
}
```

程序执行结束后，将输出 5050。

代码清单 5-1 中，for 循环的循环体只有一个语句，所以省略了花括号。与 if 语句一样，有了循环，语句也有了层次，循环体中的语句是否执行是受循环控制行的控制，所以排版时要比循环控制行缩进若干个空格。

例 5.4 设计一程序，计算 12!。

n! = 1×2×3×⋯×n。这个公式与求和公式非常类似，只是把+变成了×。所以可以用类似于求和的方法，用一个变量 s 保存结果，计算 12! 就是先把 1 与 s 相乘，结果存于 s；然后将 2 与 s 相乘，结果存于 s。以此类推，直到将 12 与 s 相乘，结果存于 s。此时 s 的值即为 12!。注意：因为执行的是乘法，所以 s 的初值是 1，而不是 0。按照这个思想得到的程序见代码清单 5-2。

代码清单 5-2 计算 12!

```
/*  文件名：5-2.c
    计算 12!      */
#include <stdio.h>

int main()
{
    int i,s = 1;
    for (i = 1;i <= 12; ++i)
        s *= i;
    printf("%d\n", s);

    return 0;
}
```

程序执行的结果是输出 479001600，即 12! 的值。

读者可以做一个有趣的尝试，将上述程序改为计算 13!、14!、15!、16!。即将循环控制行中的表达式 2 分别改为 i<=13、i<=14、i<=15、i<=16，你会发现计算 13! 的程序的输出结果并不是 12! ×13,14! 也不是 13! ×14，甚至 16! 的值是一个负数！想一想，为什么？

例 5.5 设计一程序，打印下列图形。

```
*****
*****
*****
*****
*****
```

输出上述图形就是重复输出 5 个 "*****"。这可以用一个重复 5 次的循环，每个循环周期输出一行。按照这个思想得到的程序见代码清单 5-3。

代码清单 5-3 输出一个由*组成的矩形

```
/*  文件名：5-3.c
    输出一个由*组成的矩形      */
#include <stdio.h>
```

```
int main()
{
    int i;
    for (i = 0;i < 5 ++i)
        printf("*****\n");

    return 0;
}
```

例 5.6 设计一个计算 10 个账户本利和的程序，账户信息如例 4.15 所示。

这是一个非常经典的重复 *n* 次的循环的示例。只要用一个 for 循环控制那段计算利息的代码（代码清单 4-11）执行 10 遍就可以了。这个程序的实现见代码清单 5-4。

代码清单 5-4　计算 10 个账户利息的程序

```
/* 文件名：5-4.c
   计算 10 个账户利息的程序      */
#include <stdio.h>
#include <math.h>
#define RATE1YEAR 0.025
#define RATE2YEAR 0.028
#define CURRENTRATE 0.012

int main()
{
    double balance;
    int startDate, endDate, type, i;

    for ( i = 0; i < 10; ++i) {
        printf("请输入存款类型（1：一年期，2：两年期，0：活期）: ");
        scanf("%d", &type);
        printf("请输入存款金额: ");
        scanf("%lf", &balance);
        printf("请输入起始日期: ");
        scanf("%d", &startDate);
        printf("请输入终止日期: ");
        scanf("%d", &endDate);

        switch (type) {
            case 0: balance *= pow( 1 + CURRENTRATE, endDate - startDate); break;
            case 1: balance *= pow( 1 + RATE1YEAR, endDate - startDate); break;
            case 2: balance *= pow( 1 + RATE2YEAR, endDate - startDate);
        }

        printf("本利和为%f 元\n " ,balance );
    }
    return 0;
}
```

代码清单 5-4 中的循环体由很多语句组成，这些语句必须被括在一对花括号中。

代码清单 5-1 到 5-4 中，循环次数在编程时已经确定，即是一个常量。for 循环的循环次数不一定是常量，也可以是一个变量或某个表达式的执行结果，下面的例子展示了这种用法。

例 5.7 设计一统计某班级某门考试成绩中的最高分、最低分和平均分的程序。

例 5.7

解决这个问题首先需要知道有多少个学生，需要为每个学生定义一个变量保存他的成绩，然后依次检查这些变量，找出最大值和最小值。在找的过程中顺便可以把所有的数都加起来，最后将总和除以人数就得到了平均值。但问题是，在编程时我们不知道具体的学生人数，如何定义变量？

静下心来仔细想想这个问题，想象在没有计算机的情况下，别人依次说出一组数字：7,4,6,…，应该如何计算它们的和？可以将听到的数挨个记下来，最后加起来。这个方案和刚才讲的思想是一样的，它的确可行，但并不高效。另一种可选方案是在说出数字的同时将它们加起来，记住它们的和，即 7 加 4 等于 11，11 加 6 等于 17，……。同时记住最小值和最大值，这样每个分数被处理后就不用保存了。因此程序只需要存储当前正在处理的分数、目前的和值，以及一个最大值和最小值就可以了。当得到最后一个数时，也就得出了结果。按照这个方案，对每个人的处理过程都是一样的。先输入成绩，检查是否是目前为止的最大值，检查是否是目前为止的最小值，把成绩加入总和。有多少个人，这个过程就重复多少次。这正好是一个重复 n 次的循环，由于编程时并不知道有多少学生，这个信息是程序运行时输入的，因此循环次数是一个变量。

这个方案不用长久保存每个学生的成绩，只在处理这个学生信息时保存一下，处理结束后这个信息就被丢弃了。这样程序只需使用 6 个变量：一个用于保存当前正在处理的学生的成绩，一个用于保存当前的和，一个用于保存最大值，一个用于保存最小值，一个用于保存学生数，当然用到循环还需要一个循环变量。需要重复执行的语句是：读入一个新的学生成绩；将它加入到保存之前所有数值和的变量中；检查它是否小于最小值，如果是，则记住它是最小值；检查它是否大于最大值，如果是，则记住它是最大值。有多少学生，这个过程就重复多少次。

现在可以用新的方案来编写程序了。记住，只需要定义 6 个变量，分别保存当前输入值、当前和、最大值、最小值、学生数和一个循环变量。程序的开始是下面的定义

```
int value, total, max, min, numOfStudent, i;
```

程序首先要求用户输入学生的人数，然后根据学生的人数设计一个 for 循环，每个循环周期处理一个学生的信息。每个循环周期中必须执行下面的步骤：

（1）请求用户输入一个整数值，将它存储在变量 value 中；

（2）将 value 加入到保存当前和的变量 total 中；

（3）如果 value 大于 max，将 value 存于 max；

（4）如果 value 小于 min，将 value 存于 min。

由此可得出代码清单 5-5 所示的程序。

代码清单 5-5　统计考试分数的程序

```
/*  文件名：5-5.c
    统计考试分数中的最高分、最低分和平均分      */
#include<stdio.h>

int main()
{
    int value, total, max, min, numOfStudent, i;/*value 存放当前输入数据*/
    /*变量的初始化*/
    total = 0;
    max = 0;
    min = 100;

    printf("请输入学生人数：");
    scanf("%d", &numOfStudent);

    for (i=1; i<= numOfStudent; ++i){            /*控制处理 n 个学生的信息*/
        printf( "\n 请输入第%d 个人的成绩：" , i );
        scanf("%d", &value);
        total += value;
        if (value > max) max = value;
        if (value < min) min = value;
    }

    printf( "\n 最高分：%d\n ", max);
    printf( "最低分：%d\n " , min);
    printf( "平均分：%d \n", total / numOfStudent);

    return 0;
}
```

在这个程序中，循环次数不再是一个常量，而是一个变量。通过本例也可看到，**在设计程序时尽量用循环代替重复的语句，使程序更加简洁、美观，同时也提高了程序的可维护性。**

循环变量通常都是整型变量，用于记录循环的次数。但循环变量还可以是其他类型，如字符型变量。

例 5.8　编一程序，输出字母 A～Z 的内码。

由于对字母 A～Z 做的工作都是一样的：输出该字母以及对应的内码，所以也可以用循环，而且循环次数是确定的。于是代码清单 5-6 用了一个 for 循环。在这个循环中，变化的是所要处理的字母，从 A 变到 Z，而在计算机内部字母 A 到字母 Z 的编码是连续的，于是选择了一个字符类型的循环变量 ch。初始时，ch 的值是'A'，执行完一个循环周期，ch 加 1 变成了'B'，以此类推，最后变成'Z'。处理完'Z'，ch 再加 1，此时表达式 2 不成立，循环结束。输出字符的内码只需将这个字符按照整型输出。

代码清单 5-6　输出字母 A～Z 的内码

```
/*　文件名：5-6.c
　　输出字母 A～ Z 的内码　　*/
#include<stdio.h>

int main()
{
    char ch;

    for (ch = 'A' ;ch <= 'Z'; ++ch)
        printf("%c ( %d ) ", ch, ch);

    return 0;
}
```

程序的输出为

```
A(65)    B(66)    C(67)    D(68)    E(69)    F(70)    G(71)    H(72)
I(73)    J(74)    K(75)    L(76)    M(77)    N(78)    O(79)    P(80)
Q(81)    R(82)    S(83)    T(84)    U(85)    V(86)    W(87)    X(88)
Y(89)    Z(90)
```

for 循环的表达式 3 通常都是将循环变量加 1，但也可能有其他的变化方式，如例 5.9 所示。

例 5.9　设计一个程序，输入一个整数 n，判断 n 是否为素数。

素数是只能被 1 和自身整除的数。按照定义，1 不是素数，2 是素数。任何大于 2 的偶数都不是素数，因为它们至少能被 3 个整数整除：1、2 和自身，所以判断 n 是否为素数可以分成 3 种情况。n 等于 2，是素数。n 小于等于 1 或是偶数，不是素数。对任何其他整数，检查 1 到 n 之间的所有奇数。如果能整除 n 的奇数个数为 2，则是素数。检查 1 到 n 之间的所有奇数是否能整除 n 可以用一个 for 循环。循环变量代表所要检查的奇数，循环体检查循环变量是否能整除 n。如果能整除，计数器加 1。在此 for 循环中，表达式 3 不再是将循环变量值加 1，而是加 2。按照这个思路实现的程序见代码清单 5-7。

代码清单 5-7　判断整数 n 是否是素数

```
/*　文件名：5-7.c
　　判断整数 n 是否是素数　　*/
#include<stdio.h>

int main()
{
    int num, k, count=0;

    printf("请输入一个整数：");
    scanf("%d",&num);
```

```
    if (num == 2) {                    /* num == 2   */
        printf("%d是素数\n ", num);
        return 0;
    }
    if (num <= 1 || num % 2 == 0)     {                    /* num 小于等于 1 或是偶数   */
        printf("%d不是素数\n ", num);
    return 0;
    }

    for ( k = 1; k <= num; k += 2 )     /*   检查小于等于 num 的所有奇数   */
        if (num % k == 0) ++count;
    if (count == 2) printf("%d是素数\n ", num);
        else printf("%d不是素数\n ", num);

    return 0;
}
```

循环变量一般都是从小变到大，但某些情况下也可能是从大变到小。循环终止条件也不一定是检查循环次数，可以是更复杂的关系表达式或逻辑表达式。

例 5.10　编一程序，求输入整数的最大因子。

整数 n 的因子是小于 n 并且能够整除 n 的整数。如 2 是 6 的一个因子，3 也是 6 的一个因子。因为 6 除以 2 和 6 除以 3 的余数都为 0，6 只有 2 和 3 两个因子，其中最大的是 3，所以 3 是 6 的最大因子。

求某个数 n 的最大因子最简单的方法就是检测从 n-1 开始到 1 的每个数，第一个被检测到能整除 n 的数就是 n 的最大因子。再仔细想想，最大的因子不会超过 n/2，因此只需要检测 n/2 到 1 的每个数。按照这个思想实现的程序如代码清单 5-8 所示。在代码清单 5-8 中，循环变量的值是从大变到小的。

代码清单 5-8　求输入整数的最大因子

```
/* 文件名：5-8.c
   求输入整数的最大因子   */
#include<stdio.h>

int main()
{
    int num, fac;

    printf( "请输入一个整数: ");
    scanf( "%d", &num);

    for (fac = num/2; num % fac != 0; --fac);

    printf("%d 的最大因子是: %d\n", num, fac );
```

```
    return 0;
}
```

代码清单 5-8 中的 for 循环语句有三个需要注意的地方。一是表达式 2 不再是判断是否达到循环次数的关系表达式，而是一个关系表达式 num % fac != 0。只要找到一个能整除 num 的数 fac，就表示已找到最大因子，可以退出循环，而不必循环到 fac 的值减到 1。二是循环控制行中的表达式 3 是--fac。这是因为要找的是最大因子，所以从最大值开始测试，让测试值慢慢变小。三是在循环控制行后面没有语句，直接是一个分号，这表示该循环的循环体是空语句，即没有循环体。这个 for 语句的执行过程是：先计算 fac = num / 2，然后检查 num % fac 是否为 0，不为 0 时执行循环体。但循环体是空语句，于是接着执行表达式--fac，然后检查表达式 2，如此循环往复，直到表达式 2 为假，即找到了一个能整除 num 的数 fac，fac 即为最大因子。

5.1.2　for 语句的进一步讨论

for 语句的进一步讨论

for 语句的循环控制行中的表达式 1 一般是一个赋值表达式，为循环变量赋初值。表达式 2 一般是一个关系表达式，判断是否达到重复的次数。表达式 3 一般也是个赋值表达式，说明执行了一个循环周期后循环变量如何修正。但事实上，这 3 个表达式可以是任意表达式，而且 3 个表达式都是可选的。如果循环不需要做任何初始化工作，则表达式 1 可以省略。如果循环前需要做多个初始化工作，则可以将多个初始化工作组合成一个逗号表达式，作为表达式 1。

逗号表达式由一连串基本的表达式组成，基本表达式之间用逗号分开。逗号表达式的执行从第一个基本表达式开始，一个一个依次执行，直到最后一个基本表达式。逗号表达式的值是最后一个基本表达式的结果值。逗号运算符是所有运算符中优先级最低的。在代码清单 5-5 中，循环前需要将循环变量 i 置为 1，total 和 max 置为 0，min 置为 100。可以把这些工作组合成一个逗号表达式作为循环控制行中的表达式 1

```
for (i=1, total = max = 0, min = 100; i<= numOfStudent; ++i)
```

也可以把所有的初始化工作放在循环语句之前，此时表达式 1 为空。代码清单 5-5 中的程序也可以做如下修改

```
total = 0;
max = 0;
min = 100;
i=1
for (; i<= numOfStudent; ++i){ ... }
```

尽管上述用法都符合 C 语言的语法，但习惯上，将循环变量的初始化放在表达式 1 中，其他的初始化工作放在循环语句的前面。

表达式 2 也不一定是关系表达式。它可以是逻辑表达式，甚至可以是算术表达式。当表达式 2 是算术表达式时，只要表达式的值为非 0，就执行循环体，表达式的值为 0 时退出循环。

如果表达式 2 省略，即不判断循环条件，循环将无终止地进行下去。永远不会终止的循环称为**死循环**或**无限循环**。最简单的死循环是

```
for (;;);
```

要结束一个无限循环，必须从键盘上输入特殊的命令来中断程序执行并强制退出。这个特殊的命令因机器的不同而不同，所以应该先了解自己机器的情况。在 Windows 下，可以按 Ctrl+C 组合键或在任务管理器中终止这个程序。

表达式 3 也可以是任何表达式，一般为赋值表达式或逗号表达式。表达式 3 是在每个循环周期结束后对循环变量的修正。表达式 3 也可以省略，此时执行完循环体后直接执行表达式 2。

例 5.11 下列循环语句是否是死循环？为什么？

```
for (int k = -1; k < 0; --k);
```

咋一看，这个循环应该是一个死循环。循环变量的初值是一个负数，表达式 3 是将循环变量的值减 1，所以循环变量的值越变越小。而循环终止条件是循环变量值小于 0，这个条件应该始终成立，所以是一个死循环。

但事实上这个循环是会终止的，为什么？记住整数在内存中用补码表示。负数的补码高位为 1。在 VS2010 中整型由 4 个字节表示。K 的初值是-1，-1 内码的十六进制表示是 FFFFFFFF。执行--k，k 的内码值变成 FFFFFFFE，即-2。继续执行--k，最后 k 的内码值变成十六进制的 80000000。此时再执行--k，k 的内码值变成十六进制 7FFFFFFF。这个值的最高位为 0，C 语言把它解释成一个正整数。此时表达式 2 不成立，循环终止。

5.1.3　for 循环的嵌套

当程序非常复杂时，常常需要将一个 for 循环嵌入另一个 for 循环中去。在这种情况下，内层的 for 循环在外层 for 循环的每一个循环周期中都将执行它的所有循环周期。每个 for 循环都要有一个自己的循环变量以避免循环变量间的互相干扰。

例 5.12 在语句

```
for (i = 0; i < n; ++i)
    for (j = 0; j < i; ++j)
        printf("%d %d\n", i, j);
```

中，"printf("%d %d\n", i, j);" 执行了多少次？

这是一个嵌套的 for 循环，内层循环中循环体的执行次数是 i 次。i 等于 0 时，执行 0 次。i 等于 1 时，执行 1 次。所以 "printf("%d %d\n", i, j);" 执行的次数为

```
0 + 1 + 2 + … + (n-1) = n(n-1)/2
```

例 5.13 编一程序，打印九九乘法表。

九九乘法表由 9 行 9 列组成。打印九九乘法表就是打印 9 行，所以可用一个重复 9 次的循环实现，每个循环周期打印一行。每一行由 9 列组成，这又可以用一个重复 9 次的循环实现，每个循环周期打印这一行中的某一列。因此打印九九乘法表可以用一个两层嵌套的 for 循环，其实现见代码清单 5-9。

代码清单 5-9　打印九九乘法表的程序

```
/* 文件名：5-9.c
   打印九九乘法表        */
#include<stdio.h>
```

```
int main()
{
    int i, j;

    for (i=1; i<=9; ++i){
        for (j=1; j<=9; ++j)
            printf("%d\t", i*j);
        printf("\n");
    }

    return 0;
}
```

外层 for 循环用 i 作为循环变量，控制乘法表的行变化。在每一行中，内层 for 循环用 j 作为循环变量，控制输出该行中的 9 个列，每一列的值为 i*j（即行号乘以列号）。注意在每一行结束时必须换行，因此外层循环的循环体由两个语句组成：打印一行和打印换行符。内层循环中的\t 控制每一项都打印在下一个打印区，使输出能排成一张表。代码清单 5-9 所示的程序输出如下：

1	2	3	4	5	6	7	8	9
2	4	6	8	10	12	14	16	18
3	6	9	12	15	18	21	24	27
4	8	12	16	20	24	28	32	36
5	10	15	20	25	30	35	40	45
6	12	18	24	30	36	42	48	54
7	14	21	28	35	42	49	56	63
8	16	24	32	40	48	56	64	72
9	18	27	36	45	54	63	72	81

例 5.14　编写一个程序，输出一个由 n 行组成的平行四边形，每行由 5 个星号组成。当 n 等于 5 时，输出如下：

```
*****
 *****
  *****
   *****
    *****
```

打印由 n 行组成的平行四边形可以用一个重复 n 次的循环，每个循环周期打印一行。如何打印一行？观察发现，每一行由两部分组成：前面的空格和后面的 5 个*号。5 个*号可以用一个printf("*****\n")输出。如何输出前置的空格？每一行前置的空格数是不同的，无法直接用一个printf 调用完成。但我们发现前置空格数的变化是有规律的。第一行有 0 个空格，第 2 行有 1 个空格，第 i 行有 i-1 个空格。由于 k 是可变的，无法用一个 printf 调用打印 k 个空格，但可以用一个重复 k 次的循环，每个循环周期打印一个空格。所以打印如上的平行四边形可以用一个两层的嵌套循环实现。完整的实现见代码清单 5-10。

代码清单 5-10　输出一个由*组成的平行四边形

```
/*  文件名：5-10.c
    输出一个由*组成的平行四边形      */
#include <stdio.h>

int main()
{
    int i, j, num;
    printf( "请输入平行四边形的行数：");
    scanf( "%d", &num);

    for (i = 0;i < num; ++i) {          /* 打印第 i 行   */
        for (j = 0; j < i; ++j)         /* 打印第 i 行的前置空格     */
            putchar(' ');
        printf("*****\n");
    }

    return 0;
}
```

5.2　break 和 continue 语句

5.2.1　break 语句

正常情况下，当表达式 2 的值为假时循环结束。但有时循环体中遇到一些特殊情况需要立即终止循环，此时可以用 break 语句。除了跳出 switch 语句之外，break 语句也可以用于跳出当前的循环语句，执行循环语句的下一个语句。

例 5.15　执行下列语句后，s 的值是多少？

```
s = 0;
for (i = 1; i <= 10 ++i)
    if (i % 2 == 0 && i % 3 == 0) break;
    else s += i;
```

这段程序的主体是一个 for 循环，循环变量为 1～10。当循环变量大于 10 时，退出循环。但事实上，这个循环还有另外一个出口，即循环体中的 break 语句。当循环变量 i 的值能同时被 2 和 3 整除时，跳出循环。在 1～10 之间，第一个能同时被 2 和 3 整除的数是 6。所以当 i 等于 1 到 5 时，执行 s+=i。i 等于 6 时，由 break 语句退出循环。这段语句执行结束时，s 的值为 1+2+3+4+5。这个过程如图 5-2 所示。

例 5.9 中检测素数时，直接采用素数的定义。按照这个算法，检测一个奇数 n 是否为素数，最坏情况下需要检查 1 到 n 之间的所有奇数，然后检查因子个数是否为 2。事实上，只要检查 3 到 n-2 之间的奇数，一旦检测到一个因子就可以说明 n 不是素数，不需要再检查其他奇数了。反映在程序

中，当检测到一个因子时循环可以终止。如何终止循环？可以用 break 语句。改进后的素数检测程
序如代码清单 5-11 所示。

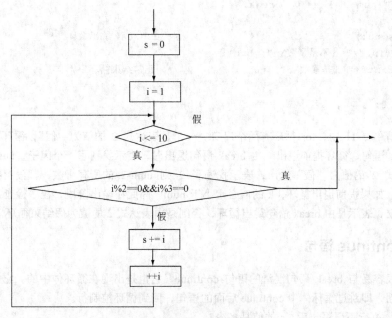

图 5-2　例 5.15 的执行过程

代码清单 5-11　检查输入是否为素数的程序

```
/* 文件名：5-11.c
   检查输入是否为素数的程序        */
#include <stdio.h>

int main()
{
    int num, k;

    printf( "请输入要检测的数：");
    scanf("%d", &num);

    if (num == 2) {                   /* 2 是素数  */
        printf("%d 是素数\n", num);
        return 0;
    }
    if (num <= 1 || num % 2 == 0) {  /* 2 以外的偶数不是素数，小于等于 1 的数也不是素数 */
        printf("%d 不是素数\n", num);
        return 0;
    }
```

```
for (k = 3; k < num; k += 2)
    if (num % k == 0) break;

if (k < num)                        /* 由 break 跳出循环 */
    printf("%d 不是素数\n", num);
else printf("%d 是素数\n", num);       /*  正常结束循环 */


return 0;
}
```

在代码清单 5-11 中，for 循环有两个出口。一个是表达式 2 的值为"假"，循环正常结束。另一个是 break 语句，循环提前退出。由 break 语句退出时，表示找到了一个因子，num 不是素数。如果是表达式 2 的值为"假"退出，表示找遍了 3 到 num-2 的所有奇数，都没有找到因子，则 num 是素数。如果提前退出循环，k 的值必定小于 num。因此在输出阶段，程序检查了 k < num，如果条件成立，表示是由 break 语句跳出循环，否则是由表达式 2 的值为假结束循环。

5.2.2　continue 语句

有一个很容易与 break 语句混淆的语句 continue，它也是出现在循环体中的。它的作用是跳出当前循环周期，即跳过循环体中 continue 后面的语句，回到循环控制行。

例 5.16　执行下列语句后，s 的值是多少？

```
s = 0;
for (int i = 1; i <= 10; ++i) {
    if (i % 2 == 0 || i % 3 == 0) continue;
    s += i;
    s *= 2;
}
```

s 的初值为 0，i 的值从 1、2、3…一直变到 10。对每个 i，如果 i 的值是 2 的倍数或者是 3 的倍数，不做任何动作，直接回到循环控制行，执行表达式 3。否则将 i 加到 s，并将 s 的值乘以 2。在 1~10 之间，1、5、7 既不是 2 的倍数也不是 3 的倍数，所以 s 的值为((1*2+5)*2+7)*2，这个过程如图 5-3 所示。

例 5.17　编写一个程序，输出 3 个字母 A、B、C 的所有排列方式。

全排列的第一个位置可以是 A、B、C 中的任意一个，第二、第三个位置也是如此。但三个位置的值不能相同。这个问题可以用一个三层嵌套的 for 循环来实现。最外层的循环选择第一个位置的值，可以是'A'、'B'或'C'。所以循环变量从'A'变到'C'。第二层循环选择第二个位置的值，同样可以是'A'、'B'或'C'。最里层的循环选择第三个位置的值，也是'A'，'B'或'C'。但注意第二个位置的值不能与第一个位置的值相同。第三个位置的值也不能与第一、二个位置上的值相同。如何跳过这些情况呢？可以用 continue 语句。完整的程序见代码清单 5-12。

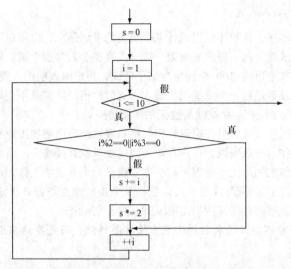

图 5-3 例 5.16 的执行过程

代码清单 5-12 输出 A、B、C 的全排列

```c
/* 文件名：5-12.c
   输出 A、B、C 的全排列    */
#include <stdio.h>

int main()
{
    char ch1, ch2, ch3;

    for (ch1 = 'A'; ch1 <= 'C'; ++ch1)      /*  第一个位置的值  */
      for (ch2 = 'A'; ch2 <= 'C'; ++ch2)    /*  第二个位置的值  */
        if (ch2 == ch1) continue;
        /* 第一个位置的值和第二个位置的值相同，重新选 ch2  */
        else for (ch3 = 'A'; ch3 <= 'C'; ++ch3) /* 第三个位置的值  */
          if (ch3 == ch1 || ch3 == ch2)
                continue;       /* 第三个位置的值和第一或第二个位置的值相同，重选 ch3  */
          else printf("%c%c%c\t", ch1, ch2, ch3);     /* 输出一个合法的排列  */

    return 0;
}
```

程序的输出是

```
ABC    ACB    BAC    BCA    CAB    CBA
```

5.3 基于哨兵的循环

for 循环可以很好、很直观地控制重复次数确定的循环，但很多时候遇到的

基于哨兵的循环

问题是编程时无法确定重复次数。

回顾一下例 5.7 的程序，该程序可以统计某个班级的考试信息，但用户不一定喜欢这个程序。因为在输入学生的考试成绩之前，用户先要数一数一共有多少人参加考试。如果用户数错了，将导致灾难性的结果。如果某个班有 100 个同学参加了考试，用户输入前把人数误数成 99，那么当他输入了 99 个成绩后，发现最后一个成绩无法输入，此时输出的结果是不正确的。如果用户误数成 101 个人，那么当他输入了所有学生成绩后也无法得到结果。

用户喜欢什么样的工作方式？首先可以肯定他绝不喜欢给自己增加工作量，输入前先数一数人数肯定不是他喜欢的工作。一般来说，用户喜欢拿到成绩单就直接输入。所有成绩都输入后，再输入一个特殊的表示输入结束的标记。处理所有学生成绩是一个重复的工作，这个重复工作什么时候结束取决于输入的信息，这个信息就是哨兵。根据某个条件成立与否来决定是否继续的循环称为**基于哨兵的循环**。实现基于哨兵循环的语句有 while 和 do...while。

记住，在设计程序时不要只追求怎样实现方便就怎样做，而是要站在用户的角度想象用户喜欢什么样的工作方式。

5.3.1　while 语句

while 语句的格式如下

```
while (表达式) {
    需要重复执行的语句;
}
```

与 for 语句一样，当循环体只由一条简单语句构成时，C 语言编译器允许去掉加在循环体两边的花括号。

程序执行 while 语句时，先计算出表达式的值，检查它是"真"还是"假"。如果是"假"，循环终止，并接着执行在整个 while 循环之后的语句；如果是"真"，整个循环体将被执行，而后又回到 while 语句的第一行，再次对条件进行检查。这个过程如图 5-4 所示。

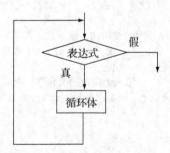

图 5-4　while 语句的执行过程

例 5.18　写出下面 while 语句的执行过程及 s 的结果值

```
int s = 0;
int k = 1;
while (10 / k > 0){
```

```
        s += 10/k;
        k *= 2;
}
```

进入 while 循环时，首先测试循环条件。此时 k 的值为 1，10/k 的值为 10，进入循环体。s 的值变成 10，k 的值变成 2。回到循环控制行测试循环条件，此时 10/k 的值是 5，再次进入循环体。s 的值变成 15，k 的值变成 4。再回到循环控制行测试循环条件，此时 10/k 的值是 2。执行循环体，s 的值变成 17，k 的值变成 8。回到循环控制行测试循环条件，此时 10/k 的值是 1。执行循环体，s 的值变成 18，k 的值变成 16。循环条件测试的结果为假，退出 while 循环，s 的结果值是18。

在考查 while 循环的操作时，有下面两个很重要的原则。

（1）条件测试是在每个循环周期之前进行的，包括第一个周期；如果一开始测试结果便为"假"，则循环体根本不会被执行。

（2）对条件的测试只在一个循环周期开始时进行；如果碰巧条件值在循环体的某处变为"假"，程序在整个周期完成之前都不会注意它；在下一个周期开始前再次对条件进行计算，倘若为"假"，则整个循环结束。

例 5.19　最大公因子的问题：给出两个正整数，x 和 y，最大公因子（或缩写为 GCD）是能够同时被两个正整数整除的最大数。例如，12 和 8 的最大公因子是 4,4 能整除 12 和 8，任何大于 4 的数都不能同时整除 12 和 8。同理 12 和 18 的最大公因子是 6，12 和 24 的最大公因子是 12。试设计一个程序，求 x 和 y 两个正整数的最大公因子。

计算最大公因子问题有多种算法。最简单的方法是采用蛮力算法。该方法测试每一种可能性。一开始，简单地"猜测"x 和 y 的最大公因子 gcd 是 x 和 y 中值较小的那一个。然后检查这个假设，将 gcd 被 x 和 y 除，检查能否整除。如果能整除，答案就有了。如果不能，将 gcd 值减 1，再继续测试，直到找到一个 x 和 y 都能整除的数或假设值减到了 1。前者找到了最大公因子，后者表示 x 和 y 没有最大公因子。这个过程可以用一个 while 循环实现，因为编程序时并不知道需要"猜测"多少次。循环终止的"哨兵"是当前的猜测值同时能整除 x 和 y。蛮力算法的实现如代码清单 5-13 所示。

代码清单 5-13　求整数 x 和 y 的最大公因子

```c
/*  文件名：5-13.c
    求整数 x 和 y 的最大公因子    */
#include <stdio.h>

int main()
{
    int x, y, gcd;

    printf("请输入两个整数: ");
    scanf("%d %d", &x, &y);

    gcd = (x < y? x : y);
```

```
while (x % gcd != 0 || y % gcd !=0) --gcd;

printf("%d 和%d 的最大公因子是：%d\n", x, y, gcd);

return 0;
}
```

程序的某次执行过程为

```
请输入两个整数：15  20
15 和 20 的最大公因子是：5
```

例 5.7 要求统计一组学生的成绩。由于编程时不知道有多少学生参加考试，因而无法获知循环次数。代码清单 5-5 在解决这个问题时，先请用户输入参加本次考试的学生数 n，然后用一个重复 n 次的 for 循环完成统计。如前所述，用户肯定不喜欢这种工作方式。

有了 while 循环以后，就可以编写出一个更加人性化地解决例 5.7 问题的程序，如代码清单 5-14 所示。该程序不再需要用户先数一数人数，而是直接输入一个个分数，所有成绩输入结束后，输入一个特定的表示输入结束的标记，即哨兵。哨兵怎么选是基于哨兵循环的一个重要问题。在这个程序中，哨兵的选择比较简单，只要选择一个不可能是一个合法的考试分数的数值就行了。在代码清单 5-14 中，选择了-1 作为哨兵。

这个问题的解题思路与代码清单 5-5 类似，但有两个区别。一是重复次数不再确定，而是检查输入数据是否等于结束标记。如果是结束标记，循环结束，因此可用 while 循环代替 for 循环。二是参加考试的人数是由程序统计的而不是输入的。

代码清单 5-14 统计分数的程序

```c
/* 文件名：5-14.c
   统计考试成绩中的最高分、最低分和平均分     */
#include<stdio.h>

int main()
{
    int value, total, max, min, noOfInput;

    total = 0;                  /* 总分 */
    max = 0;
    min = 100;
    noOfInput = 0;              /* 人数  */

    printf( "请输入第 1 位学生的成绩：");
    scanf( "%d", &value);
    while (value != -1){
        ++noOfInput;
        total += value;
        if (value > max) max = value;
        if (value < min) min = value;
```

```
        printf( "\n请输入第%d个人的成绩：" , noOfInput + 1 );
        scanf( "%d", &value);
    }

    printf( "\n最高分: %d\n", max);
    printf( "最低分: %d\n ", min);
    printf( "平均分: %d\n ", total / noOfInput);

    return 0;
}
```

与 for 循环一样，while 循环的循环条件表达式不一定要是关系表达式或逻辑表达式，可以是任意表达式。例如

```
while(1);
```

是一个合法的 while 循环语句，但它是一个死循环，因为条件表达式的值永远为 1，而 C 语言中任何非 0 值都表示 "真"。

例 5.20 用无穷级数 $e^x = 1 + x + \dfrac{x^2}{2!} + \dfrac{x^3}{3!} + \cdots + \dfrac{x^n}{n!} + \cdots$ 计算 e^x 的近似值，当 $\dfrac{x^n}{n!} < 0.000\,001$ 时结束。

计算 e^x 的近似值就是把该级数的每一项依次加到一个变量中。所加的项数随 x 的变化而变化，在写程序时无法确定。显然，这是一个可以用 while 循环解决的问题。循环的条件是判断 $x^n/n!$ 是否大于 $0.000\,001$。大于时继续循环，小于时退出循环。在循环体中，计算 $x^n/n!$，把结果加到总和中。如果令变量 ex 保存 e^x 的值，由于级数的每一项的值在加完后就没有用了，因此可以用一个变量 item 保存当前正在处理项的值，那么该程序的伪代码如下

例 5.20

```
ex = 0;
item = 1;
while (item > 0.000001) {
    ex += item;
    计算新的 item;
}
```

在这段伪代码中，需要进一步细化的是如何计算当前项 item 的值。显然，第 i 项的值为 $x^i/i!$，于是还需要一个记录当前正在处理的项是第几项的变量 i。计算 x^i 就是将 x 自乘 i 次，这是一个重复 i 次的循环，可以用一个 for 循环来实现

```
for  (xn=1, j=1; j<=n; ++j) xn *= x;
```

$i! = 1 \times 2 \times 3 \times \cdots \times i$ 也可以用一个 for 循环实现。可以通过设置一个变量，将 1，2，3，…，i 依次与该变量相乘，结果存回该变量

```
for (pi = 1, j=1; j<=i; ++j) pi *= j;
```

最后，令 item = xn / pi 就是第 i 项的值。

这种方法在计算每一项时，需要执行两个重复 i 次的循环！整个程序的运行时间会很长。事实上，有一种简单的方法。在级数中，项的变化是有规律的，可以通过这个规律找出前一项和后一项的关系，通过前一项计算后一项。如本题中，第 i 项的值为 $x^i/i!$，第 $i+1$ 项的值为 $x^{i+1}/(i+1)!$。

如果 item 是第 *i* 项的值，则第 *i*+1 项的值为 item*x/(i+1)，这样可以避免两个循环。根据这个思想，可以得到代码清单 5-15 所示的程序。

记住，在程序设计中时刻要注意提高程序的效率，避免不必要的操作；但也不要一味追求程序的效率，把程序写得晦涩难懂。

代码清单 5-15　计算 e^x 的程序

```c
/* 文件名: 5-15.c
   计算 eˣ            */
#include <stdio.h>

int main()
{
    double ex, x, item;   /* ex存储eˣ的值，item保存当前项的值   */
    int i;

    printf( "请输入x: ");
    scanf("%lf", &x);

    ex=0;
    item=1;
    i=0;

    while (item>1e-6){
        ex += item;
        ++i;
        item = item * x / i;
    }

    printf( "e的%f次方等于: %f\n" , x, ex );

    return 0;
}
```

例 5.21　编写一个程序，输入一个句子（以句号结束），统计该句子中的元音字母数、辅音字母数、空格数、数字数及其他字符数。

句子是由一个个字符组成的，只需要依次读入句子中的每个字符，根据字符值做相应的处理。如果读到句号，统计结束，输出统计结果。由于事先并不知道句子有多长，只知道句子的结尾是句号，因此可以用 while 循环来实现。句号就是哨兵，循环体首先读入一个字符，按照不同的字符进行不同的处理。英文字母中，A、E、I、O、U 是元音字母，其他都是辅音字母。对读入的每一个字符，首先判断是否是字母。如果是字母，再继续判断是否是 A、E、I、O、U，如果是，则为元音，元音字母数加 1，否则辅音字母数加 1。如果不是字母，再继续判断是否为空格，是否为数字，对应的计数器加 1。循环终止条件是读到句号。代码清单 5-16 实现了这个过程。

代码清单 5-16 统计句子中各种字符的出现次数

```c
/* 文件名: 5-16.c
   统计句子中各种字符出现的次数    */
#include <stdio.h>

int main()
{
    char ch;
    int numVowel = 0, numCons = 0, numSpace = 0, numDigit = 0, numOther = 0;

    printf("请输入句子: ");
    ch = getchar();                            /* 读入一个字符  */
    while (ch != '.') {                        /*  处理每个字符  */
      if (ch >= 'A' && ch <= 'Z' )             /* 大写字母转成小写字母   */
          ch = ch - 'A' + 'a';
      if (ch >= 'a' && ch <= 'z')
          if (ch == 'a' || ch == 'e' || ch == 'i' || ch == 'o' || ch == 'u')
                                                            /* 是元音字母 */
          ++numVowel;
        else ++numCons;
      else if (ch == ' ') ++numSpace;
          else if (ch >= '0' && ch <= '9') ++numDigit;
              else ++numOther;
      ch = getchar();                          /* 读入一个字符    */
    }

    printf( "元音字母数: %d\n", numVowel);
    printf( "辅音字母数: %d\n", numCons);
    printf( "空格数: %d\n", numSpace);
    printf( "数字字符数: %d\n", numDigit);
    printf( "其他字符数: %d\n ", numOther );

    return 0;
}
```

程序的某次执行过程是

```
请输入句子: I say: "you are a nice girl".
元音字母数: 10
辅音字母数: 9
空格数: 6
数字字符数: 0
其他字符数: 3
```

想一想，能否将读取一个字符的工作放入 while 的循环控制行？这样可使程序更加简洁。

5.3.2 do…while 循环

在 while 循环中，每次执行循环体之前必须先判别条件。如果条件表达式为"真"，执行循环体，否则退出循环语句。因此，循环体可能一次都没有执行。如果编程时能确保循环体至少执行一次，那么可用 do…while 循环。

do…while 循环语句的格式如下

```
do {
    需要重复执行的语句;
} while （条件表达式）;
```

do…while 循环语句的执行过程如图 5-5 所示，先执行循环体，然后判别条件表达式，如果条件表达式的值为"真"，继续执行循环体，否则退出循环。

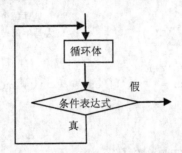

图 5-5 do…while 语句的执行过程

在代码清单 5-15 中，由于第 1 项必须加入到总和中，也就是第一个循环周期必定要执行，因此也可以用 do…while 语句实现。只需要将代码清单 5-15 所示的程序中的 while 语句改成 do…while 语句。完整的实现见代码清单 5-17。

代码清单 5-17 用 do…while 语句实现计算 e^x 的程序

```c
/* 文件名: 5-17.c
   计算 e^x            */
#include <stdio.h>

int main()
{
    double ex, x, item;   /*  ex 存储 e^x 的值，item 保存当前项的值    */
    int i;

    printf( "请输入 x: ");
    scanf("%lf", &x);

    ex=0;
    item=1;
    i=0;
```

```
do {
    ex += item;
    ++i;
    item = item * x / i;
} while (item>1e-6);

printf( "e的%f次方等于: %f\n" , x, ex );

return 0;
}
```

例 5.22　方程的根是对应 $f(x)=0$ 时的 x 值。如方程 $f(x)=x^2-3x+2$ 有两个根 $x=1$ 和 $x=2$，即用 1
或 2 替代方程中的 x，表达式的计算结果为 0。计算方程 $f(x)=0$ 在某一区间内的实根是常见的问题
之一。这个问题的一种解决方法称为**弦截法**。弦截法可以用于寻找方程在某一个区间$[a,b]$内的根。
前提条件是 $f(x)$是连续函数且 $f(a)$和 $f(b)$的值符号相反。即如果 $f(a)>0$ 则 $f(b)<0$，或反之。弦截法的
思想是计算一个个方程根的近似值，逐步逼近真正的根。这个过程如图 5-6 所示。

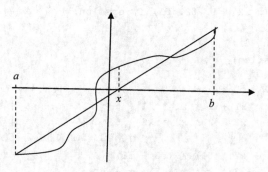

图 5-6　弦截法求根示意图

图中的曲线假设为 $f(x)$的值。首先计算 $f(a)$和 $f(b)$的值，然后在点（$a, f(a)$）和（$b, f(b)$）之间
画一条直线，求直线与 x 轴的交点 x，把它作为方程根的近似值。如果 $f(x)$的值非常接近 0，则将 x
作为方程的根，否则缩小区间。在图 5-6 中，$f(x)$的值大于 0，与 $f(b)$符号相同，可知方程的根应该
在 a 和 x 之间，于是将 b 修正为 x，反之将 a 的值修正为 x。重复上述过程，直到找到了一个 x，
它对应的 $f(x)$值非常接近于 0。这个过程可以抽象为：

（1）令 $x1 = a, x2 = b$

（2）连接$(x1, f(x1))$和$(x2, f(x2))$的直线与 x 轴的交点坐标可用如下公式求出

$$x = \frac{x1 \times f(x2) - x2 \times f(x1)}{f(x2) - f(x1)}$$

（3）若 $f(x)$与 $f(x1)$同符号，则方程的根在$(x, x2)$之间，将 x 作为新的 $x1$。否则根在$(x1, x)$之
间，将 x 设为新的 $x2$。

（4）重复步骤（2）和（3），直到 $f(x)$小于某个指定的精度为止。此时的 x 为方程 $f(x)=0$ 的根。

例 5.23 编一程序，计算方程 $x^3 + 2x^2 + 5x - 1 = 0$ 在区间[-1, 1]之间的根。

将-1 代入方程，得到的结果值为-5；将 1 代入方程，得到的结果值是 7，所以在[-1,1]之间必定存在一个根。可以用弦截法找出根的近似值。

计算 $f(x)$ 的根就是不断重复步骤（2）和（3），直到 $f(x)$ 的值小于某个指定的精度。在编程时无法知道需要重复多少次，因此可以用基于哨兵的循环。由于计算根的近似值、修正区间的工作至少须执行一遍，所以可用 do...while 循环。循环控制行判断是否达到指定精度。循环体计算根的近似值和修正区间。完整程序见代码清单 5-18。

代码清单 5-18　求方程的根

```c
/*  文件名：5-18.c
    求方程的根            */
#include <stdio.h>
#include <math.h>

int main()
{
    double x, x1 = -1, x2 = 1, f2, f1, f, epsilon;

    printf("请输入精度： ");
    scanf("%lf", &epsilon);

    do {
        f1 = x1 * x1 * x1 + 2 * x1 * x1 + 5 * x1 - 1; /* 计算 f(x1) */
        f2 = x2 * x2 * x2 + 2 * x2 * x2 + 5 * x2 - 1; /* 计算 f(x2) */
                                    /* 计算(x1, f(x1))和(x2, f(x2))的弦与 x 轴的交点 */
        x = (x1 * f2 - x2 * f1) / (f2 - f1);
        f = x * x * x + 2 * x * x + 5 * x - 1;
        if (f * f1 > 0) x1 = x;  else x2 = x;        /* 修正区间 */
    } while (fabs(f) > epsilon);

    printf("方程的根是：%f\n", x);

    return 0;
}
```

程序的某次运行过程是

```
请输入精度：0.000001
方程的根是：0.185037
```

5.4　循环的中途退出

代码清单 5-14 实现了一个读入数据直到读到标志值的问题。反复执行以下过程用自然语言可以描述为：

（1）输出提示信息，并读入一个值；

（2）如果读入值与标志值相等，则退出循环；

（3）否则，执行在读入那个特定值情况下需要执行的语句。

不巧的是，该过程与 while 循环的执行过程不一致。在循环的开始处没有决定循环是否应该结束的测试。循环的结束条件判断是在重复过程的中间，即要到读入值后才能执行，这种情况称为**循环的中途退出**。

循环的中途退出问题有两种解决方法。第一种方法是代码清单 5-14 所用的方法，为了与 while 语句的执行过程保持一致，将上述步骤改为

```
输出提示信息并读入一个值；
while( 如果读入值与标志值不相等) {
    执行需要执行的语句；
    输出提示信息并读入一个值；
}
```

在这种实现方式中，出现在循环终止条件判断前的语句重复出现了两次：一次在进入循环前，另一次在循环体的最后。在代码清单 5-14 中可以看到读入数据的语句在程序中出现了两次：一次在循环开始前，另一次在循环体中。如果循环终止条件判断前需要做的事情不多，这种方法是一种可行的方法。但如果循环终止条件判断前需要做的事情很多，则会在程序中出现大量重复的代码，使程序看起来很繁杂。

第二种解决方法是使用 break 语句，该语句除了能用在 switch 语句中之外，它还有跳出当前循环的作用。使用 break 就能用下面很自然的结构来解决循环中途退出的问题

```
while (1) {
    提示用户并读入数据；
    if (value==标志) break;
    根据数据做出处理；
}
```

按照 while 循环的定义，循环将一直执行直到括号里的条件值变为 "假"。而 while(1)中，1 是一个常量，它不会变为 "假"。因此就 while 语句本身而言，循环永远不会结束，是一个死循环。程序退出循环的唯一方法就是执行其中的 break 语句。

例 5.24　用辗转相除法求两个整数的最大公因子。

代码清单 5-13 展示了一个用暴力算法实现的求最大公因子的程序。暴力算法不是一个有效的策略。事实上，如果只关心效率的话，暴力算法是一个很差的选择。例如，考虑一下对 1000005 和 1000000 调用这个函数，会发生什么。暴力算法在找到最大公因子 5 之前将运行一百万次 while 的循环体！

古希腊的数学家欧几里得提出了一个解决这个问题的非常出色的算法，称为**辗转相除法**，也被称为欧几里得算法。假设 x 大于 y，该算法描述如下：

（1）取 x 除以 y 的余数，称余数为 gcd；

（2）如果 gcd 是 0，过程完成，答案是 y；

（3）如果 gcd 非 0，设 x 等于原来 y 的值，y 等于 gcd，重复整个过程。

上述过程中，重复过程是否结束的判断同样是在重复过程的中间，是一个循环中途退出的问题。代码清单 5-19 用第二种方法解决这个问题。读者可尝试编写用第一种方法解决的程序。

将这个算法翻译成的程序如代码清单 5-19 所示。

代码清单 5-19　用辗转相除法求整数 x 和 y 的最大公因子

```c
/*  文件名：5-19.c
    用辗转相除求整数 x 和 y 的最大公因子    */
#include <stdio.h>

int main()
{
    int x, y, gcd;

    printf("请输入两个整数：");
    scanf("%d %d", &x, &y);
    printf("%d 和%d 的最大公因子是：", x, y);

    if (x < y) {        /*  保证 x 大于 y */
        gcd = x;
        x = y;
        y = gcd;
    }

    while (1) {
        gcd = x % y;
        if (gcd == 0) break;
        x = y;
        y = gcd;
    }

    printf("%d\n", y);

    return 0;
}
```

为了说明欧几里得算法和暴力算法效率上的不同，考虑两个数 1000005 和 1 000 000。为了找出这两个数的 gcd，暴力算法需要循环一百万次。循环变量从 1000000 开始，每次减 1，直到循环变量的值变成了 5。5 能同时整除 1000005 和 1000000，是这两个数的最大公因子。而欧几里得算法只需要两步。欧几里得算法开始时，x 是 1000005，y 是 1000000，在第一个循环周期中 gcd 的值被设为 1000005%1000000，结果为 5。由于 gcd 的值不为 0，程序设 x 为 1000000，设 y 为 5，重新开始。在第二个循环周期，gcd 的新值被设为 1000000%5，结果是 0，因此程序从 while 循环退出，并报告答案为 5。

例 5.25　如果程序需要输入一个整型数 n，而在程序运行时用户没有输入一个整型数，而是输入了一些其他值，如 xyz，则程序会出现无法预知的结果。一种解决方法就是将输入作为一个字符串，由程序将此字符串转为整数。如用户输入 123，则 n 值为 123。如用户输入 123ab，n 的值还是 123。如用户输入 anc，则 n 值为 0。编一程序实现该功能。

实现该程序首先需要解决如何将输入的由数字组成的字符串（如输入为 123）转换成整型数 n。首先将 n 设为 0。当输入了第一个字符 1 时，认为 1 是个位数，将 n 设为 1。当输入 2 后，可以认为 2 是个位，那么 1 应该是十位数，于是将 n 乘以 10 再加上 2，得到 12。当读入 3 时，认为 3 是个位数，2 是十位数，1 是百位数，于是再执行 n*10+3，结果重新存入 n。当读到输入结束（即回车）或其他非数字字符，表示整数 n 输入结束。在此过程中每一位数的处理工作是相同的，即将 n 的值设为

n*10+当前位的值

显然这个过程可以用一个循环实现。

在此循环中，更新 n 的工作是否继续取决于输入的字符。显然这是一个循环中途退出的问题。用方案一解决的程序见代码清单 5-20。用方案二解决的程序见代码清单 5-21。

代码清单 5-20　按字符读入方式读入一个整型数（方案一）

```
/*  文件名：5-20.c
    按字符读入方式读入一个整型数   */
#include <stdio.h>

int main()
{
    int n = 0;
    char ch;

    printf("请输入一个整型数: ");
    ch = getchar();
    while (ch >= '0' && ch <= '9') {
        n = n * 10 + ch -'0';
        ch = getchar();
    }

    printf("输入的整数是：%d\n", n);

    return 0;
}
```

代码清单 5-21　按字符读入方式读入一个整型数（方案二）

```
/*  文件名：5-21.c
    按字符读入方式读入一个整型数   */
#include <stdio.h>
```

```
int main()
{
    int n = 0;
    char ch;

    printf("请输入一个整型数：");
    while (1) {
        ch = getchar();
        if (ch < '0' || ch > '9') break;
        n = n * 10 + ch -'0';
    }

    printf("输入的整数是：%d\n", n);

    return 0;
}
```

5.5　编程规范和常见问题

5.5.1　循环语句程序的排版

与条件语句类似，循环控制行中也存在某些语句是另外一些语句的一个部分的情况，例如，各类循环语句的循环体。为了表示这种控制关系，循环体的语句应该比循环控制行缩进若干个空格。

5.5.2　优化循环体

循环语句中的循环体要执行很多次。对一个重复 n 次的循环，如果循环体中减少一个语句，整个循环执行时就可以少执行 n 个语句，所以优化循环体对程序效率的影响非常大。

5.5.3　使用 for 循环的注意事项

for 循环的循环控制行中的三个表达式可以是任意表达式，甚至是逗号表达式。所以循环控制行可以做很多事情。但为了使程序清晰，不建议把很多工作集中到循环控制行中。

循环控制行是控制循环的执行次数。所有和执行次数无关的操作建议不要放在循环控制行中。

在 for 循环中，循环变量的作用是记录循环执行的次数。一个不好的程序设计习惯是在循环体内修改循环变量的值。尽管这不一定会造成程序出错，但会使程序的逻辑混乱。

5.5.4　常见错误

在使用循环时，最常见的错误是在循环控制行后面加一个分号。这时你会发现循环体没有如你所想的那样执行多次，而只是被执行了一次。因为编译器遇见分号就认为循环语句结束了，这个循环语句的循环体是空语句，而真正的循环体被认为是循环语句的下一个语句。

5.5.5 三个循环语句之间的关系

事实上，用 while 或 do...while 语句实现的循环可以用 for 语句实现，for 语句也可以被替换成 while 或 do...while 语句。

把 for 语句中的表达式 1 和表达式 3 设为空表达式就成为了 while 语句，如

```
while (x < 10) ++x;
```

可以改为

```
for ( ; x < 10; ) ++x;
```

同理，for 语句也可以用 while 或 do...while 语句实现。将 for 语句的表达式 1 作为表达式语句放在 while 语句的前面，把表达式 2 作为 while 语句的控制表达式，把表达式 3 作为表达式语句放在循环体的最后。这段程序和 for 语句也是等价的，如

```
for (k = 0; k < 10; ++k) s +=k;
```

可改为

```
k = 0;
while (k < 10 ) {
    s += k;
    ++k;
}
```

尽管 3 个循环语句可以互相替代，但在使用时，一般用 for 语句实现计数循环，while 和 do...while 语句实现基于哨兵的循环。

5.6 小结

计算机的强项是不厌其烦地做同样的操作，重复做某个工作是通过循环语句实现的。本章介绍了 C 语言中计数循环和基于哨兵的循环的实现。计数循环是用 for 语句实现的。for 循环一般设置一个循环变量，记录已执行的循环次数，在每个循环周期中要更新循环变量的值。基于哨兵的循环是用 while 和 do...while 语句实现。while 语句用来指示在一定条件满足的情况下重复执行某些操作。while 语句先判断条件再执行循环体，因此循环体可能一次都不执行。do...while 类似于 while 循环，其区别是 do...while 循环先执行一次循环体，然后判断是否要继续循环。

5.7 自测题

1．假设在 while 语句的循环体中有这样一条语句：当它执行时 while 循环的条件值就变为"假"，那么这个循环是将立即中止还是要完成当前周期呢？

2．下面语句是一个合法的 C 语言的循环语句吗？如果合法，该循环是死循环吗？

```
int x = 5;
int y = -10;
for ( ; x = y; ) ++y;
```

3．为什么在 for 循环中最好避免使用浮点型变量作为循环变量？

4. 下面哪一个循环重复次数与其他循环不同？

```
A. i = 0;
   while( ++i < 100)
       printf("%d ", i);
B. for( i = 0; i < 100; ++i )
       printf("%d ", i);
C. for( i = 100; i >= 1; --i )
       printf("%d ", i);
D. i = 0;
   while( i++ < 100)
       printf("%d ", i);
```

5. 执行下列逗号表达式后，变量 a 和 b 的值是多少？

```
b = (a = 2, a += 5, ++a, a *= 2, a + 7)
```

6. 下面 for 语句执行了几个循环周期，输出的结果是什么？

```
for (x = 0; x <= 100; ++x)
    if (x = 100) printf("quit\n");
    else printf("continue\n");
```

5.8　实战训练

1. 设计一个程序，计算 $1-\dfrac{1}{2}+\dfrac{1}{3}-\dfrac{1}{4}+\cdots-\dfrac{1}{100}$ 的值。

2. 编写一个程序，计算 1～100 之间所有奇数的和。

3. 编写一个程序，要求用户从键盘输入一个偶数。如果用户输入的不是偶数，则要求重新输入，直到输入一个偶数为止，最后输出用户输入的值。

4. 编写一个程序，输出 1～100 之间所有能被 7 整除的整数。

5. 已知 $xyz + yzz = 532$，x、y、z 各代表一个数字。编一程序求出 x、y、z 分别代表什么数字。

6. 编写这样一个程序：先读入一个正整数 N，然后计算并显示前 N 个奇数的和。例如，如果 N 为 4，这个程序应显示 16，它是 $1+3+5+7$ 的和。

7. 写一个程序，提示用户输入一个整型数，然后输出这个整型数的每一位数字，数字之间插一个空格。例如当输入 12345 时，输出为 1 2 3 4 5。

8. 在数学中，有一个非常著名的斐波那契数列，它是按意大利著名数学家列昂纳多·斐波那契（Leonardo Fibonacci）的名字命名的。这个数列的前两个数是 0 和 1，之后每一个数是它前两个数的和。因此斐波那契数列的前几个数为：

$F_0=0$

$F_1=1$

$F_2=1$　　　（0+1）

$F_3=2$　　　（1+1）

$F_4=3$　　　（1+2）

$F_5=5$　　　（2+3）

$F_6=8$　　　（3+5）

编写一个程序，顺序显示 F_0 到 F_{15}。

9. 编写一个程序，要求输入一个整型数 N，然后显示一个由 N 行组成的三角形。在这个三角形中，第一行一个"＊"，以后每行比上一行多两个"＊"，三角形像下面这样尖角朝上。

10. 编写一个程序，从键盘输入一个字符串，以回车作为结束符，输出所有的数字字符。如输入 1g2ft54k，则输出为 1254。

11. 编写一个程序，按如下格式输出九九乘法表。

＊	1	2	3	4	5	6	7	8	9
1	1	2	3	4	5	6	7	8	9
2		4	6	8	10	12	14	16	18
3			9	12	15	18	21	24	27
4				16	20	24	28	32	36
5					25	30	35	40	45
6						36	42	48	54
7							49	56	63
8								64	72
9									81

12. 编写一个程序求 $\sum_{n=1}^{30} n!$ ，要求只做 30 次乘法和 30 次加法。更进一步，设计一个程序计算 $\sum_{n=1}^{m} n!$ ，m 的值在程序运行时确定。

13. 设计一程序，求 $1-2+3-4+5-6+\cdots+/-n$ 的值。

14. 已知一四位数 a2b3 能被 23 整除，编一程序求此四位数。

15. 编写一个程序，首先由用户指定题目数量，然后自动出指定数量的 1～100 范围内的＋、－、×、÷四则运算的题目，再让用户输入答案，并由程序判别是否正确。若不正确，则要求用户订正；若正确，则出下一题。另外还有下列要求：差不能为负值，除数不能为 0。

16. 猜数字游戏：程序首先随机生成一个 1～100 的整数，然后由玩家不断输入数字来猜这个数字的大小。猜错了，程序会给出一个提示，然后让玩家继续猜。猜对了就退出程序。例如：随机生成的数是 42，开始提示的范围是 1～100，然后玩家猜是 30，猜测是错误的，程序告诉你太小了。玩家继续输入 60，猜测依然错误，程序告诉你太大了，直到玩家猜到是 42 为止，用户最大的猜测次数是 10 次。

17. 设计一个程序，用如下方法计算 x 的平方根：首先猜测 x 的平方根 root 是 $x/2$，然后检查 root * root 与 x 的差，如果差很大，则修正 $root = \dfrac{root + \dfrac{x}{root}}{2}$，再检查 root * root 与 x 的差，重复这个过程直到满足用户指定的精度。

18. 定积分的物理意义是某个函数与 x 轴围成区域的面积。定积分可以通过将这块面积分解成一连串的小矩形，计算各小矩形的面积的和而得到，如图 5-7 所示。小矩形的宽度可由用户指定，高度就是对应于这个 x 的函数值 $f(x)$。编写一个程序计算函数 $f(x) = x^2 + 5x + 1$ 在区间 $[a, b]$ 间的定积分。a、b 及小矩形的宽度在程序执行时由用户输入。

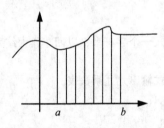

图 5-7　定积分示意图

19. 用第 18 题的方法求 π 的近似值。具体思想如下：在平面坐标系中有一个圆心在原点、半径为 1 的圆，用矩形法计算第一象限的面积 S，$4*S$ 就是整个圆的面积。圆面积也可以通过 πr^2 来求，因此可得 $\pi = 4*S$。尝试不同的小矩形宽度，以得到不同精度的 π 值。

20. 编一程序，用弦截法计算方程 $2x^3 - x^2 + 5x - 1 = 0$ 在 $[0,2]$ 之间的根，要求精度为 10^{-10}。

21. 设计一个实现两个实型数四则运算的程序。程序运行时，先输出一个菜单

```
0 - 退出
1 - 加法
2 - 减法
3 - 乘法
4 - 除法
请输入你的选择：
```

如果用户输入 0，程序结束。如果输入的是 1～4，继续要求用户输入两个计算数。根据选择对两个数执行相应的操作，输出结果。然后继续显示菜单，重复上述过程。

第 6 章

过程封装——函数

函数就是将一组完成某一特定功能的语句封装起来。作为一个程序的"零件"，我们为它取一个名字，称为**函数名**。当程序需要执行这个功能时，不需要重复写这段语句，只要写这个函数名即可。

函数是程序设计语言中最重要的组成部分之一，是编写大程序的主要手段。如果要解决的问题很复杂，在编程时要考虑到所有的细节问题是不可能的。在程序设计中，通常采用一种称为**自顶向下分解**的方法，将一个大问题分解成若干个小问题，把解决小问题的程序先写好，每个解决小问题的程序就是一个函数。在解决大问题时，不用再考虑每个小问题如何解决，直接调用解决小问题的函数就可以了。这样可以使解决整个问题的程序的主流程变得更短、更简单，逻辑更清晰。解决整个问题的程序就是 main 函数，它是程序执行的入口。main 函数调用其他解决小问题的函数共同完成某个任务。

函数的另一个用途是某个功能在程序中的多个地方被执行，如果没有函数，完成这个功能的语句段就要在程序中反复出现。而有了函数，就可以把实现这个功能的语句段封装成一个函数，程序中每次要执行这一功能时就可以**调用**这个函数。这样，不管这个功能要执行多少次，实现这个功能的语句只出现一次。

使用函数易于保证大程序的正确性。在调试一个大程序时，首先保证每个函数的正确性，然后保证 main 函数的正确性。

可以将函数想象成数学中的函数。只要给它一组自变量，它就会计算出函数值。自变量称为**参数**，通常是程序给被调用函数的输入。函数值称为**返回值**，是函数输出给调用程序的值。如果改变输入的参数，函数就能返回不同的值。函数表达式对应于一段语句，这段语句被称为函数体。它反映了如何从参数得到返回值的过程。例如，求 $\sin(x)$ 的值就可以写成一个函数，它的参数是一个角度，它的返回值是该角度对应的正弦值。若参数为 90°，返回值就是 1.0。

可以将函数看成是上下各有一小孔的黑盒子。在上面的孔中塞入参数，下面的孔中就会流出一个返回值。函数的用户只需要知道什么样的参数应该得到什么样的返回值，而不用去管如何从参数得到返回值。这样可以使程序员在一个更高的抽象层次上考虑问题。

为了方便程序员，C 语言提供了许多标准函数，根据它们的用途分别放在不同的库中，如 stdio 库包含的是与输入/输出有关的函数，math 库包含的是与数学计算有关的函数。除了这些标准函数以外，用户还可以自己设计函数。本章将介绍如何写一个函数以及如何使用函数，具体包括：

- 函数的定义；
- 函数的使用；
- 带参数的宏；

- 变量的作用域；
- 变量的存储类别；
- 多源文件程序的编译链接；
- 递归程序设计。

6.1 函数的定义

函数的定义

写一个实现某个功能的函数称为函数定义。一旦定义了一个函数，在程序中就可以反复调用这个函数。函数定义要说明两个问题，即函数的输入/输出是什么以及该函数如何实现预定的功能。

6.1.1 函数的基本结构

函数定义要说明函数的输入/输出以及函数如何实现预定的功能。前者由**函数头**解决，后者由**函数体**解决。函数定义的形式如下

```
类型名  函数名（形式参数表）┐函数头
{
      变量定义部分          ┐
      语句部分              ┘函数体
}
```

在函数头中，类型名指出函数的执行结果是一个什么类型的值。函数的执行结果称为返回值。如 math 库中的 sqrt 函数的返回值是一个 double 类型的数值。函数也可以没有返回值，这种函数通常被称为**过程**。此时，返回类型用 void 表示。

函数名是函数的唯一标识。函数名是一个标识符，命名规则与变量名相同。变量名一般用一个名词或名词短语表示变量代表的对象，而函数通常表示的是一个行为，所以**函数名一般用一个动词短语表示函数的功能**。如果函数名是由多个单词组成的，一般每个单词的首字母要大写。例如，将大写字母转成小写字母的函数可以命名为 ConvertUpperToLower。

函数的形式参数表一般是表示函数的输入，指出调用函数时需要给它几个信息，这些信息是什么类型的。

函数头包含如何使用函数及函数功能的完整信息。调用函数时需要给它哪些信息，即参数。函数的执行结果应该如何使用，即函数的返回值。函数的功能通过函数名体现，如本书前面用到的函数 sqrt 的函数头为

```
double sqrt(double x)
```

表示调用函数时需要给它一个 double 类型的数值，函数的执行结果也是一个 double 类型的数值，即 x 的平方根。函数名 sqrt 是 square root 的缩写，体现了函数的功能。

函数体与 main 函数的函数体一样，由变量定义和语句两个部分组成。变量定义部分定义了语句部分需要用到的变量，语句部分由完成该功能的一组语句组成。但 main 函数的执行结果通常是直接显示在显示器上，而普通函数的执行结果通常以返回值的形式出现。

函数体体现了如何从参数计算得到返回值的过程。一般情况下，这个过程是独立的，不受程序

中其他部分的影响。例如对于 math 库中的函数 sqrt,不管使用该函数的程序定义了多少变量,但不管这些变量的值是多少,也不管程序中有什么语句,调用 sqrt(4)的结果永远是 2。

6.1.2 return 语句

当函数的返回类型不是 void 时,函数必须返回一个值。函数值的返回可以用 return 语句实现。return 语句的格式如下

```
return 表达式;
```

或

```
return(表达式);
```

遇到 return 语句表示函数执行结束,将表达式的值作为返回值。如果函数没有返回值,则return 语句可以省略表达式,仅表示函数执行结束。

return 语句后的表达式的结果类型应与函数的返回值的类型相同,或能通过自动类型转换转成返回值的类型。

6.1.3 函数示例

例 6.1 无参数、无返回值的函数示例:编写一个函数打印下面的由 5 行*组成的三角形。

```
    *
   ***
  *****
 *******
*********
```

设计函数首先设计函数头,即函数名和函数的输入/输出。这个函数不需要任何输入,也没有任何计算结果要告诉调用程序,因此不需要参数也不需要返回值。每次函数调用的结果是在屏幕上显示一个上述形状的三角形。打印 5 行*组成的三角形可以用 5 个 printf 函数调用,所以函数体只有 5 个 print 函数调用。函数的实现如代码清单 6-1 所示。

代码清单 6-1 无参数、无返回值的函数示例

```
/* 输出一个由 5 行*组成的三角形
   用法: PrintStar()    */
void  PrintStar()
{
    printf( "    *\n");
    printf( "   ***\n");
    printf("  *****\n");
    printf( " *******\n");
    printf( "*********\n");
}
```

例 6.2 有参数、无返回值的函数示例:编写一个函数打印一个由 n 行*组成的类似于例 6.1的三角形。

当程序需要打印一个由 n 行*组成的三角形时，可以调用此函数。执行此函数时需要知道三角形由几行组成，即函数需要一个整型的输入值。函数的行为是在屏幕上显示一个三角形，没有计算结果值，所以不需要返回值。

在例 6.1 中，函数体非常简单，直接调用 5 个 printf 函数输出 5 行。在本例中，由于在编写函数时行数 n 并不确定，无法直接调用 n 次 printf 函数，但可以用一个重复 n 次的循环来实现，每个循环周期打印出一行。

那么，如何打印出一行呢？再观察一下每一行的组成，在三角形中，每一行都由两部分组成：前面的连续空格和后面的连续*号。每一行*的个数与行号有关：第 1 行有 1 个*，第 2 行有 3 个*，第 3 行有 5 个*，以此类推，第 i 行有 $2 \times i - 1$ 个*。每一行的前置空格数也与行号有关，第 n 行没有空格，第 n-1 行有 1 个空格，……，第 1 行有 n-1 个空格，因此第 i 行有 n-i 个空格。如何打印 $2i-1$ 个*和 n-i 个空格？再一次想到应用循环。打印 $2i-1$ 个*可以用一个重复 $2i-1$ 次的循环，每个循环周期打印一个*。同理，打印 n-i 个空格可以用一个重复 n-i 次的循环，每个循环周期打印一个空格。

根据上述思路可以得到打印由 n 行*组成的三角形的函数，如代码清单 6-2 所示。

代码清单 6-2　有参数、无返回值的函数示例

```
/* 输出一个由 numOfLine 行组成的三角形
   用法: PrintStarN(10);    */
void PrintStarN(int numOfLine)
{
    int i , j;

        for (i = 1; i <= numOfLine; ++i) {      /* 打印第 i 行  */
        putchar('\n');
        for (j = 1; j <= numOfLine - i; ++j)    /* 打印前置空格  */
            putchar( ' ');
        for (j = 1; j <= 2 * i - 1; ++j)        /* 打印连续的*号  */
            putchar('*');
    }
    putchar('\n');
}
```

例 6.3　有参数、有返回值的函数示例：编写一个计算 n! 的函数。

执行这个函数时需要输入整数 n，因此这个函数需要一个整型参数。函数根据不同的 n 计算并返回 n!的值，因此它需要一个整型或长整型的返回值。函数体用一个计数循环计算 n! 存入变量 s，最后用 return 语句返回 s 的值。具体的实现如代码清单 6-3 所示。

代码清单 6-3　有参数、有返回值的函数示例

```
/* 计算 n!
   用法: fact = p(n);    */
int p(int n)
{
```

```
    int s = 1;

    if ( n < 0 )  return 0;
    for (int i = 1; i <= n;  ++i)
        s *= i;

    return s;
}
```

例 6.4　无参数、有返回值的函数示例：编写一个函数，从终端获取一个 1～10 之间的整型数。

这个函数从终端获取数据，函数的使用者不需要传给函数任何的数值，所以没有参数。函数的执行结果是从终端获取的一个 1～10 之间的整数，所以函数有一个整型的返回值。

函数体由一个循环组成，循环体由两个语句组成。从终端输入一个整型数，输入的整型数如果不在 1～10 之间，继续循环，否则返回输入的值。函数的实现如代码清单 6-4 所示。

代码清单 6-4　无参数、有返回值的函数示例

```
/* 从键盘获取一个 1～10 之间的整数
   用法: num = getInput();        */
int getInput()
{
    int num;

    while (1) {
        scanf("%d", &num);
        if (num >= 1 && num <= 10)
            return num;
    }
}
```

由于第一次输入必须要执行，因此该循环也可以用 do...while 语句实现，读者可自行改写这个程序。

例 6.5　返回布尔值的函数示例：判断闰年。

该函数有一个整型参数，表示需要判断的年份。函数的返回值是一个布尔值。但 C 语言没有布尔类型，布尔值是用整型表示的。1 代表“真”，0 代表“假”。所以函数的返回值可以设计成整型值。1 表示该年是闰年，0 表示该年不是闰年。函数的实现代码如代码清单 6-5 所示。

代码清单 6-5　返回布尔值的函数示例

```
/* 判断某个年份是否闰年
   用法: if (isLeapYear(2016))……   */
int IsLeapYear(int year)
{
    return (((year %4 == 0) &&(year  % 100 != 0)) || (year % 400 == 0);
}
```

返回“真”或“假”的函数也称为**谓词函数**。谓词函数的命名一般以 is 开头，表示判断。例如，判断是否为大写字母的函数可命名为 isUpper，判断是否是数字的函数可命名为 isDigit。

例 6.6 多参数函数示例：设计一个函数，计算两个整型数的最大公因子。

既然要计算两个整型数的最大公因子，那么函数执行时必须传给它这两个整型数，所以函数有两个整型参数。函数的执行结果是这两个整型数的最大公因子，所以返回值是一个整型数。

计算最大公因子可以用欧几里得算法。欧几里得算法参见例 5.23。基于欧几里得算法求最大公因子的函数见代码清单 6-6。

代码清单 6-6　计算两个整型数最大公因子的函数

```c
/* 计算两个整型数的最大公因子的函数
   用法: x = gcd(a, b)   */
 int gcd(int a, int b)
{
    int x;

    if (a < b) {      /* 保证 a 大于 b */
        x = a;
        a = b;
        b = x;
    }

    while (1) {
        x = a % b;
        if (x == 0) return b;
        a = b;
        b = x;
    }
}
```

6.2　函数的使用

除了 main 函数以外的其他函数都不是一个可以独立执行的程序，它们只是程序中的一个"零件"，由其他函数"召唤"它运行。函数的执行称为**函数调用**。但在函数调用前必须告诉编译器函数正确的调用格式，使编译器能够检查函数调用是否正确，是否正确地给出了函数运行时需要的数据，是否正确使用函数的运行结果。这些信息是通过**函数原型声明**给出的。

函数原型的声明

6.2.1　函数原型的声明

编写了一个函数后，程序的其他部分就能通过调用这个函数完成相应的功能。如果需要显示一个由 7 行*组成的三角形，可以调用 printStarN（7），而不必知道如何显示这个三角形。但编译器如何知道函数的调用方式是否正确呢？例如，传给函数的参数个数和类型是否正确，对函数返回值的使用是否合法。除非编译器在处理函数调用语句前已遇到过该函数的定义。这需要在写程序时严格安排函数定义的次序，被调用的函数定义在调用该函数的前面。当程序由很多函数组成时，这个次序安排是很困难的，甚至是不可能的。

C 语言用函数原型声明来解决函数调用的正确性检查问题。在 C 语言中，函数定义的次序可以是任意的，甚至可以分布在若干个不同的源文件中。如果某个源文件中需要调用到某个函数，被调用的函数在此源文件中必须被声明。函数声明类似于 3.1 节的变量定义，变量定义告诉编译器变量的名字和它包含的值的类型，当程序用到此变量时，编译器就会检查变量的用法是否正确。函数声明也类似，只是更详细一些，它告诉编译器对函数的正确使用方法，以便编译器检查程序中的函数调用是否正确。

C 语言函数的声明包括以下几项内容：

- 函数的名字；
- 参数的个数和类型，大多数情况下还包括参数的名字；
- 函数返回值的类型。

上述内容在 C 语言中被称为**函数原型**，这些信息正好是函数头的内容，因此，C 语言中函数原型的声明具有下列格式

返回类型　函数名（形式参数表）；

返回类型指出了函数执行结果值的类型，函数名指出函数的名字，形式参数表指出调用这个函数时必须给它几个数据，这些数据的类型是什么。形式参数表可以只指出参数类型，也可以加上参数的名字，每个形式参数之间用逗号分开。例如

```
char func(int, float, double);
```

说明函数 func 有 3 个参数，第一个参数的类型是 int，第二个参数的类型是 float，第三个参数的类型是 double，返回值的类型为 char。例如，在 math 库中的 sqrt 函数的原型为

```
double sqrt(double);
```

这个函数原型说明函数 sqrt 有一个 double 类型参数，返回一个 double 类型的值。PrintStarN 函数的原型为

```
void PrintStarN(int);
```

表示调用此函数时需要给它一个整型值，函数没有返回值。

函数原型只指定了函数调用者和函数之间传进传出的值的类型。从原型中看不出定义函数的真正语句，甚至看不出函数要干什么。要使用 sqrt，必须知道返回值是它参数的平方根。然而，C 语言编译器不需要这个信息，它只需要知道 sqrt 执行时需要一个 double 类型的值，并返回一个 double 类型的值。当程序调用此函数时，传给它一个 double 型的数，编译器认为正确；如果传给它一个字符串，编译器就会报错。同样，当程序将函数的执行结果当作 double 类型处理时，编译器认为正确；而当作其他类型处理时，编译器会报错。函数的确切作用是以函数名的形式和相关的文档告诉使用该函数的程序员的，至于函数是如何完成指定的功能，使用此函数的程序员无须知道，就如我们在使用计算机时无须知道计算机是如何完成指定的任务一样，这将大大简化程序员的工作。

在函数原型声明中，每个形式参数类型后面还可以跟一个参数名，该名字可标识特定的形式参数的作用，可以为程序员提供一些额外的信息。虽然形式参数的名字为使用该函数的程序员提供了

重要的信息，但对程序无任何实质性的影响。例如，在 math 中函数 sin 被声明为

```
double sin(double);
```

它仅指出了参数的类型。需要用这个函数的程序员可能希望看到这个函数原型被写为

```
double  sin(double angleInRadians);
```

以这种形式写的函数原型提供了一些有用的新信息：sin 函数有一个 double 类型的参数，该参数是以弧度表示的一个角度。在自己定义函数时，应该为参数指定名字，并在相关的介绍函数操作的注释中说明这些名字。

　　C 语言也允许不声明函数原型，此时编译器假设返回值是 int，而且不检查参数个数及类型。

　　系统标准库中的函数原型的声明包含在相关的头文件中，这就是为什么在用到系统函数时要在源文件头上包含此函数所属的库的头文件。用户自己定义的函数一般在使用它的源文件头上声明。如果自己定义的函数比较多，也可以自己写一个头文件，把这些函数的声明放在这个头文件中，用这些函数的源文件可以包含这个头文件，而不需要一一声明这些函数。

6.2.2　函数调用

　　执行某个函数称为函数的调用。函数调用形式如下

```
函数名（实际参数表）
```

其中，实际参数表是本次函数执行的输入。实际参数和形式参数是一一对应的，它们的个数、排列次序要完全相同，类型要兼容，即实际参数与形式参数的类型相同或能通过自动类型转换变成形式参数的类型。实际参数 1 是形式参数 1 的值，实际参数 2 是形式参数 2 的值，以此类推。实际参数和形式参数的对应过程称为**参数的传递**。C 语言中参数的传递方式采用**值传递**。

　　在值传递中，实际参数可以是常量、变量、表达式，甚至是另一个函数调用。在函数调用时，先执行这些实际参数值的计算，然后进行参数传递。在值传递时，相当于有一个变量定义过程，定义形式参数并对形式参数进行初始化，用实际参数作为初值。定义完成后，形式参数和实际参数就没有任何关系了。在函数中对形式参数作出任何修改对实际参数都没有影响。例如，需要打印由 a+b 行组成的三角形，可以调用

```
printStarN(a+b);
```

其中，a+b 是本次调用的实际参数。计算机先计算 a+b 的值，把它作为形式参数 numOfLine 的初值。

　　在 C 语言的函数调用中，如果函数有多个形式参数，则对应有多个实际参数要传给函数，如果每个实际参数都是表达式，那么在参数传递前首先要计算出这些表达式的值，然后再进行参数传递。但是，C 语言并没有规定这些实际参数表达式的计算次序，是从左计算到右还是从右计算到左？实际的计算次序由具体的编译器决定。因此当实际参数表达式有副作用时，要特别谨慎。例如

```
f(++x, x)
```

当 x=1 时，如果实际参数表的计算次序是从左到右，则传给 f 的两个参数都是 2；如果实际参数表的计算次序是从右到左，则传给 f 的第一个参数为 2，第二个参数为 1。因此，**应避免写出与实际参数计算次序有关的调用**。

　　对于上面的问题，可以采用如下的显式方式来解决

```
++x;f(x, x)
```

或

```
y=x;  ++x;  f(x, y);
```

函数调用可以出现在以下两种情况中。

- 无返回值的函数通常作为表达式语句，即直接在函数调用后加一个分号。如 PrintStar();或 PrintStarN(7);。

- 有返回值的函数可以作为任何表达式的一部分，如算术表达式、逻辑表达式或赋值表达式。例如，要计算 5!+4!+7!，并将结果存于变量 x。因为已定义了一个计算阶乘的函数 p，此时可直接用 x=p(5)+p(4)+p(7)。要打印一个 5!+4!+7!组成的三角形，可以调用 PrintStarN(p(5)+p(4)+p(7))。

6.2.3　将函数与主程序放在一起

函数只是组成程序的一个"零件"，其本身不能构成一个完整的程序。每个完整的程序都必须有一个名字为 main 的函数，它是程序执行的入口。为了测试某函数是否正确，必须为它写一个 main 函数，并在 main 函数中调用它。如果程序比较短，可以将 main 函数和被调用的函数写在一个源文件中。如果程序比较复杂，可以将 main 函数和被调用的函数放在不同的源文件中，分别编译。在链接阶段，再将多个目标文件链接成一个可执行文件。链接的方法取决于所用的操作系统或集成开发环境。例如，要测试有参数的 PrintStarN，可以写一个完整的程序，如代码清单 6-7 所示。

代码清单 6-7　函数的使用（一）

```
/* 文件名：6-7.c
   多函数程序的组成及函数的使用    */
#include <stdio.h>

void PrintStarN(int);              /* 函数原型声明  */

/* 主程序 */
int main()
{
    int n;

    printf("请输入三角形的行数：");
    scanf("%d", &n);

    PrintStarN(n);

    return 0;
}

/* 函数：PrintStarN
   用法：PrintStarN(numOfLine)
   作用：在屏幕上显示一个由 numOfLine 行组成的三角形    */
```

```
void PrintStarN(int numOfLine)
{
    int i , j;

    for (i = 1; i <= numOfLine; ++i) {            /* 打印第 i 行  */
        putchar('\n');
        for (j = 1; j <= numOfLine - i; ++j)      /* 打印前置空格  */
            putchar( ' ');
        for (j = 1; j <= 2 * i - 1; ++j)          /* 打印连续的*号 */
            putchar('*');
    }
    putchar('\n');
}
```

在源文件中，一般**每个函数前都应该有一段注释，说明该函数的名字、用法和用途**。这样可以使阅读程序的人只需要阅读注释就能理解程序整体的功能，从而更容易理解整个程序。例如，对于代码清单 6-7 中的程序，通过注释可以知道函数 printStarN(n)可以打印出一个由 n 行*组成的三角形，因此很容易理解整个程序的功能就是根据用户输入的 n，打印 n 行组成的三角形，而不必关心该三角形是如何打印出来的。

代码清单 6-7 由两个函数组成：main 和 printStarN 函数。这两个函数的定义次序并没有特殊的规定。一般是先定义 main 函数，再定义 main 函数分解出来的小函数。不管定义次序如何安排，除了 main 函数外的所有函数都必须在源文件头上声明，这是一个良好的程序设计习惯。

一个程序不一定只有两个函数，也可能由很多函数组成。如果某个程序需要计算两个整型数的最大公因子 r，然后打印由 r 行*组成的三角形，那么这个程序就由 3 个函数组成，如代码清单 6-8 所示。这时，源文件头上必须声明两个函数，这两个函数的定义次序可以是任意的。

代码清单 6-8　函数的使用（二）

```
/* 文件名：6-8.c
   多函数程序的组成及函数的使用    */
#include <stdio.h>

void PrintStarN(int);                    /* 函数原型声明  */
int gcd(int a, int b);

/* 主程序 */
int main()
{
    int n, a, b;

    printf("请输入两个整数：");
    scanf("%d %d", &a, &b);

    n = gcd(a, b);
```

```
        PrintStarN(n);

        return 0;
}

/* 函数: PrintStarN
   用法: PrintStarN(numOfLine)
   作用: 在屏幕上显示一个由 numOfLine 行组成的三角形   */
void PrintStarN(int numOfLine)
{
    int i , j;

    for (i = 1; i <= numOfLine; ++i) {          /* 打印第 i 行   */
        putchar('\n');
        for (j = 1; j <= numOfLine - i; ++j)    /* 打印前置空格   */
            putchar( ' ');
        for (j = 1; j <= 2 * i - 1; ++j)        /* 打印连续的*号   */
            putchar('*');
        }
        putchar('\n');
}

/* 函数: gcd
   用法: x = gcd(a, b)
   作用: 计算两个整型数的最大公因子的函数   */
int gcd(int a, int b)
{
    int x;

    if (a < b) {       /*  保证 a 大于 b */
        x = a;
        a = b;
        b = x;
    }

    while (1) {
        x = a % b;
        if (x == 0) return b;
        a = b;
        b = x;
    }
}
```

当一个程序由多个函数组成时，也可以将这些函数放在不同的源文件中，每个源文件必须声明在此源文件中调用的函数。如果将代码清单 6-8 的代码分成两个源文件，main 函数在一个源文件中，其他函数在另一个源文件中。这些源文件中的信息如代码清单 6-9 所示。如何编译链接一个由多个源文件组成的程序将在 6.6 节中介绍。

代码清单 6-9　函数的使用——由多个源文件组成的程序

```
/*  多函数程序的组成及函数的使用    */

/* 文件名： main.c
   主程序               */
#include <stdio.h>

void PrintStarN(int);                    /* 函数原型声明  */
int gcd(int a, int b);

int main()
{
    int n, a, b;

    printf("请输入两个整数：");
    scanf("%d %d", &a, &b);

    n = gcd(a, b);
    PrintStarN(n);

    return 0;
}

/*  文件名：function.c
    包含函数 printStarN 和 gcd 的定义       */

/* 函数：PrintStarN
   用法：PrintStarN(numOfLine)
   作用：在屏幕上显示一个由 numOfLine 行组成的三角形    */
void PrintStarN(int numOfLine)
{
    int i , j;

    for (i = 1; i <= numOfLine; ++i)  {          /* 打印第 i 行   */
        putchar('\n');
        for (j = 1; j <= numOfLine - i; ++j)     /* 打印前置空格   */
            putchar( ' ');
        for (j = 1; j <= 2 * i - 1; ++j)         /* 打印连续的*号   */
            putchar('*');
    }
    putchar('\n');
}
```

```
/* 函数：gcd
   用法：x = gcd(a, b)
   作用：计算两个整型数的最大公因子的函数 */
int gcd(int a, int b)
{
    int x;

    if (a < b) {        /*  保证a大于b */
        x = a;
        a = b;
        b = x;
    }

    while (1) {
        x = a % b;
        if (x == 0) return b;
        a = b;
        b = x;
    }
}
```

6.2.4　函数调用过程

函数调用过程

　　C 语言程序的执行是从 main 函数的第一个语句执行到最后一个语句。在 main 函数中可能调用其他函数，当在 main 函数或其他函数中发生函数调用时，系统依次执行如下过程：

- 在 main 函数或调用函数中计算每个实际参数的值。
- 将实际参数作为对应的形式参数的初值。在初始化的过程中，如果形式参数和实际参数类型不一致，则完成自动类型转换，将实际参数转换成形式参数的类型。
- 依次执行被调函数的函数体的每个语句，直到遇见 return 语句或函数体结束。
- 如果 return 后面有表达式，计算表达式的值，如果表达式的值与函数的返回类型不一致，完成类型的转换。
- 回到调用函数。如果有返回值，在函数调用的地方用 return 后面的表达式的值替代。
- 继续调用函数的执行。

　　每个函数都可能有形式参数，在函数体内也可能定义一些变量。因此，每次调用一个函数时，系统都会为这些变量分配内存空间。当发生函数调用时，系统为该函数分配一块内存空间，称为一个**帧**。函数的形式参数和函数体内定义的变量都存放在这块空间上。当函数执行结束时，系统回收分配给该函数的帧，所有存储在这块空间中的变量也就都消失了。下面通过代码清单 6-10 中的程序说明函数的执行过程，以及执行过程中内存的分配情况。

代码清单 6-10　函数调用示例

```
/* 文件名: 6-10.c
   函数调用示例        */
int p( int );
int max( int a, int b );

int main()
{
    int x, y;

    scanf("%d%d", &x, &y);
    printf("%d\n", max(x, y));

    return 0 ;
}

int p( int n )
{
    int s = 1;

    if (n < 0) return(0);
    for (int i=1; i<=n; ++i)
        s*=i;

    return(s);
}

int max( int a, int b )
{
    int n1, n2;

    n1 = p(a);
    n2 = p(b);

    return (n1 > n2 ? n1 : n2);
}
```

　　在代码清单 6-10 所示的程序执行时，首先执行的是 main 函数，系统为 main 函数分配一个帧。main 函数定义了两个变量 x 和 y。如果用户输入的 x 为 2，y 为 3，则 main 函数的帧如下所示：

main	x（2）	y（3）

　　当执行到 printf("%d\n", max(x, y))时，main 函数调用了函数 max，并将 x 和 y 作为 max 函数的实际参数。此时，暂停 main 函数的执行，准备执行 max 函数。系统为 max 函数分配了一个帧，这个帧中存储了 4 个变量：两个形式参数，两个是函数体内定义的变量。在参数传递时，将 x 的值传给了 a，y 的值传给了 b。因此，当 max 函数开始执行时 a 的值为 2，b 的值为 3，n1 和 n2 的值是

随机数。此时内存的情况如下所示，max 函数的帧"覆盖"了 main 函数的帧，程序能够访问的变量是 max 函数中的那些变量，而 main 函数中定义的那些变量暂时看不见，不能访问。

max	a（2）	b（3）	n1	n2
main	x（2）		y（3）	

max 函数的第一条语句是 n1 = p(a);，此时又调用了函数 p，将 a 作为实际参数，系统暂停 max 函数的执行，为函数 p 分配了一个帧，这个帧中存放了 3 个变量：形式参数 n 和函数体中定义的 s 和 i。在参数传递时，将 a 的值传给 n。因此，当函数 p 执行时，n 的值为 2。此时内存的情况如下所示：

p	n（2）		s	i
max	a（2）	b（3）	n1	n2
main	x（2）		y（3）	

依次执行函数 p 的语句，直到遇到 return 语句。此时，s 的值为 2。当遇到 return 语句时，函数执行结束，所属的帧被回收，回到 max 函数，并将 return 语句中的表达式的值替换函数调用。即 n1 = p(a)变成了 n1 = 2。此时，内存的情况如下所示：

max	a（2）	b（3）	n1（2）	n2
main	x（2）		y（3）	

继续执行 max 函数，它的第二个语句是 n2 = p(b);，此时又调用了函数 p，将 b 作为实际参数，max 函数再一次被暂停，系统为函数 p 分配了一个帧。在参数传递时将 b 的值传给 n，因此，当函数 p 执行时，n 的值为 3。此时内存的情况如下所示：

p	n（3）		s	i
max	a（2）	b（3）	n1（2）	n2
main	x（2）		y（3）	

执行函数 p 的语句，直到遇到 return 语句。此时，s 的值为 6。当遇到 return 语句时，p 函数执行结束，所属的帧被回收，回到 max 函数，并将 return 语句中的表达式的值替换函数调用，得到 n2 的值为 6。此时内存的情况如下所示：

max	a（2）	b（3）	n1（2）	n2（6）
main	x（2）		y（3）	

继续执行 max 函数，遇到的语句是 return (n1 > n2 ? n1: n2)。此时计算条件表达式 n1 > n2 ? n1: n2，得到的结果值是 6，max 函数执行结束，并将 6 返回给 main 函数，回收 max 的帧。回到 main 函数，用 6 取代 max 函数调用，输出 6。此时内存的情况如下所示：

main	x（2）	y（3）

继续执行 main 函数，遇到 return 语句。main 函数执行结束，回收 main 函数的帧，整个程序

执行结束。

6.3 带参数的宏

从软件工程的角度讲，把程序实现为一组函数很有好处。它不但可以使程序的总体结构比较清晰，而且可以重用代码，提高程序的正确性、可读性和可维护性，由于函数调用需要系统做一些额外的工作，如为函数中的变量分配内存和回收内存，需要传递参数。这些工作会影响执行时的性能，如果函数比较大，运行时间比较长，相比之下，调用时的额外开销可以忽略。但如果函数本身比较小，运行时间也很短，则调用时的额外开销就显得很可观，使用函数似乎得不偿失。为解决这个问题，C语言提供了带参数的宏，用来替代一些非常简单的函数。

带参数的宏的定义格式为

```
#define 宏名（形式参数表） 字符串
```

形式参数表是一组标识符，字符串中包含了对形式参数表中参数的处理，如

```
#define  AREA(a, b)  a*b
```

定义了一个计算矩形面积的宏。在程序中需要求边长为2和3的矩形面积，可用表达式

```
s = AREA(2,3);
```

在预编译时，该语句被替换成

```
s = 2 * 3;
```

其中，2和3是形式参数a和b对应的实际参数。

使用带参数的宏时，每个参数都要有对应的实际参数。实际参数可以是常量或者变量，预编译时，程序中的宏名被定义中的字符串替代，字符串中的形式参数名被对应的实际参数替代。如执行s = AREA(2,3)时，首先将AREA替换成a*b，然后用2替代a，用3替代b。

带参数的宏可以代替简单的函数，但没有函数调用的开销。经过预编译后，带参数的宏已经变成了一个普通的表达式。将一些简单的函数用带参数的宏实现可以提高程序的时间性能。

在使用带参数的宏时必须注意与函数的区别。函数调用时，先计算实际参数的值作为对应的形式参数的初值。但带参数的宏只是在预编译时做了个简单的替换，有时会与程序员的本意有所不同。例如某程序需要计算边长是3+5和1+2的矩形面积，程序中用 s = AREA(3+5,1+2)。很遗憾该表达式没有得到正确的结果 24，而是得到值 10，为什么？因为预编译器处理宏时只是做了简单的替代。s = AREA(3+5,1+2)被替换成

```
s = 3+5 *1 + 2
```

但如果将计算面积写成如下函数

```
int area(int a, int b)
{ return a*b; }
```

调用 area(3+5, 1+2)时，首先会计算 3+5 和 1+2，将结果 8 和 3 分别作为变量 a 和 b 的初值，函数将返回正确的结果。

一些简单的函数都可以设计成带参数的宏，如求任意两个内置类型数的最大值的宏可定义为

```
#define MAX(a, b)  a>b?a:b
```

判断某个字符是否是数字字符的宏可定义为

```
#define  ISDIGIT(ch)  ch>='0'&&ch<='9'
```

将小写字母转换成大写字母的宏可以定义为

```
#define UPPER(ch) (ch >= 'a' && ch <= 'z')?ch = ch- 'a' + 'A' : ch
```

例 6.7　编一程序，求 3 个输入的整数中的最大值和最小值，要求使用带参数的宏实现。

程序的输入阶段输入 3 个整数 a、b、c。计算阶段先找出 a、b 间的最大和最小值，再将 a、b 间的最大和最小值与 c 比较找出最大和最小值，这就是最终的答案。输出阶段输出最大和最小值。由于找两个数的最大值要执行两遍，找两个数的最小值也要执行两遍，为此，可以抽取出求最大值和求最小值两个函数。这两个函数都很简单，用一个条件表达式就能实现。因此可以用带参数的宏实现。实现过程如代码清单 6-11 所示。

代码清代 6-11　求 3 个整数的最大和最小值

```c
/* 文件名：6-11.c
   求 3 个整数的最大和最小值      */
include<stdio.h>
#define MAX(a, b)  a>b ? a : b
#define MIN(a, b)  a<b ? a : b
int main()
{
    int a, b, c, max, min;

    printf("请输入 3 个整数：");
    scanf("%d%d%d", &a, &b, &c);

    max = MAX(a, b);
    min = MIN(a, b);
    max = MAX(max, c);
    min = MIN(min, c);

    printf("最大值是 %d, 最小值是 %d\n", max, min);

    return 0;
}
```

想一想，能否将计算阶段的 4 个赋值语句改为下列两个赋值语句？为什么？

```
max = MAX(MAX(a, b), c);
min = MIN(MIN(a, b), c);
```

6.4　变量的作用域

6.4.1　局部变量

6.2 节介绍了函数调用过程。无论何时一个函数被调用，它定义的变量都创建在一个称为**栈**的独立内存区域。调用函数时，从栈中分配一个新的帧并且放在代表其他活动函数的帧的上面。函数的形式参数及函数体中定义的变量都存放在这个帧中。从函数返回时会释放它的帧，并继续在调用者中执行。函数的形式参数及函数体中定义的变量的值都消失了。

在函数内部定义的变量，包括形式参数，仅仅存活于一个帧中。函数运行结束后，对应的帧被回收，这些变量都消失了。所以它们只能在函数内部引用。即使有些函数运行并没有结束，但它又调用了其他函数。在其他函数运行时，这些变量是存在的，但不能被访问。因为被调用函数的帧覆盖在这个函数上面，使这些变量暂时看不见了。因此函数内部定义的变量只能被自己的函数体访问，这些变量被称为**局部变量**。

关于 C 语言的局部变量，有下面两点需要说明。

（1）与某些程序设计语言不同，C 语言程序的主函数 main 中定义的变量也是局部的，只有在主函数中才能使用。

（2）在一个程序块开始处也可以定义变量，这些变量值在本程序块中有效。例如

```c
int main()
{
    int a, b;
    ...
    {
        int c;
        c = a + b;
        ...
    } /*c不再有效*/
    ...
}
```

6.4.2　全局变量

然而在 C 语言中，变量定义也可以出现在所有函数定义之外，以这种方式定义的变量称为**全局变量**。定义本身看起来跟局部变量一样，只是它们是出现在所有函数的外面，通常是在源文件开始处。例如，下面的代码段中，变量 g 是全局变量，变量 i 和 j 是局部变量。

```c
int g;
void MyProcedure()
{
    int i;
    ...
}
void yourProcedure()
{
    int j;
    ...
}
```

局部变量 i 仅在函数 MyProcedure 内有效，局部变量 j 仅在函数 yourProcedure 内有效。而全局变量 g 可以被使用在该源文件中定义在变量 g 后面的任何函数中。如函数 MyProcedure 中可以使用全局变量 g，函数 yourProcedure 中也可以使用全局变量 g。

变量可以被使用的范围称为它的**作用域**。局部变量在函数定义时生成，函数结束时消亡。全局变量在定义时生成，在程序执行结束时消亡。因此，局部变量的作用域是定义时的函数或程序

块，全局变量的作用域则是源文件中在它后面定义的所有函数。

与局部变量不同，全部变量以另一种方式保持在内存中，它不受函数调用的影响。全局变量被保存在一个在整个程序执行期间始终有效的独立的内存区域，永远都不会被包含局部变量的帧覆盖。程序中每个函数都可以看到并操作这块独立区域上的这些变量。

全局变量可以增加函数间的联系渠道。如果全局变量定义在源文件的开始处，同一源文件中的所有函数都能引用全局变量，当一个函数改变了某个全局变量的值，其他的函数都能看见，相当于各个函数之间有了直接的信息传输渠道。

例如在代码清单 6-12 中，全局变量 g 的初值为 15。main 函数首先输出 g 的值，输出的是 15。然后 main 函数调用函数 f1(5)。f1 将全局变量 g 修改 5，然后输出 g 的值，g 的值是 5。返回到 main 函数，下一个语句是输出 f2(1)的值，此时函数 f2 读到的 g 值是变化后的 g 值，返回 5。接着调用 f1(3)，将 g 修改为 3，输出的 g 值是 3。返回到 main 函数，再次输出 f2(1)的值，此时输出的是 3。由此可见，全局变量破坏了函数的独立性，使得同样的函数调用会得到不同的返回值，如代码清单 6-12 中两次 f2(1)的调用却得到不同的返回值。全局变量使程序的正确性难以保证，所以一般不建议使用全局变量。全局变量的用途将在第 12 章详细介绍。

代码清单 6-12　全局变量示例

```c
/* 文件名：6-12.c
   全局变量示例   */
#include <stdio.h>

void f1(int);
int f2(int);
int g = 15;

int main()
{
    printf("%d\n", g);
    f1(5);
    printf("%d\n",f2(1));
    f1(3);
    printf("%d\n",f2(1));

    return 0;
}

void f1(int s)
{
    g = s;
    printf("%d\n",g);
}

int f2(int s)
{
```

```
    return g * s;
}
```

程序的输出为

```
15
5
5
3
3
```

全局变量和局部变量可以有相同的名字。当全局变量和局部变量同名时，在局部变量的作用域中，全局变量被屏蔽。例如将代码清单 6-12 中的函数 f1 改为

```
void f1(int s)
{
    int g ;

    g = s;
    printf("%d\n",g);
}
```

即在函数 f1 中定义了一个局部变量 g。因为局部变量 g 与全局变量 g 同名，所以在函数 f1 中，全局变量 g 被屏蔽了。f1 的函数体中涉及的变量 g 都是局部变量 g。被修改的是局部变量 g，全局变量 g 没有被修改。程序的输出为

```
15
5
15
3
15
```

6.5 变量的存储类别

变量的作用域决定了变量的有效范围，即程序的哪些部分可以访问这些变量。变量的存储类别决定了变量的生存期限。在计算机中，内存被分为不同的区域，不同的区域有不同的用途，不同区域中的变量有不同的生存期限。按变量在计算机内的存储位置来分，变量可以分为自动变量（auto）、静态变量（static）、寄存器变量（register）和外部变量（extern）。变量的存储位置称为变量的*存储类别*。在 C 语言中，完整的变量定义格式如下：

存储类别　数据类型　变量名表；

下面依次对这几种存储类别进行介绍。

6.5.1 自动变量

自动变量用 auto 声明。函数中的局部变量、形式参数或程序块中定义的变量，如不专门声明为其他存储类型，都是自动变量。因此在函数内部以下两个定义是等价的

```
auto int a, b;
```

```
int a, b;
```

自动变量存储在内存中称为**栈**的区域。当函数被调用时，系统会为该函数在栈中分配一块区域，即为**帧**，所有该函数中定义的自动变量都存放在这块空间中。当函数执行结束时，系统回收该帧，自动变量就消失了。当再次调用该函数时，系统重新分配一个帧，这些变量又生成了。由于这类变量是在函数调用时自动分配空间，调用结束后自动回收空间，因此被称为**自动变量**。在程序执行过程中，栈空间被反复地使用。

6.5.2　静态变量

某些变量在程序执行过程中自始至终都必须存在，如全局变量，这些变量被存储在内存的**全局变量区**。如果需要限制这些变量只在程序的某一个范围内才能使用，如某个函数或某些函数，可以用 static 来限定。存储类别指定为 static 的变量称为**静态变量**。

静态变量

静态变量一旦被定义，在整个程序运行期间始终存在。但只有程序的某些部分，如某个函数或某个源文件可以使用。

局部变量和全局变量都可以被定义为静态的。

1．静态的全局变量

如果在一个源文件的头上定义了一个全局变量，则该源文件中的所有函数都能使用该全局变量。不仅如此，事实上该程序中的其他源文件中的函数也能使用该全局变量。这将使函数的正确性很难保证，因为函数执行的结果可能取决于另外一个源文件中的某个全局变量的值。在一个结构良好的程序中，一般不希望多个源文件共享某一个全局变量。某个源文件中定义的全局变量希望仅供本源文件中的函数使用。这种情况可以使用**静态的全局变量**。

若在定义全局变量时，加上关键字 static，例如

```
static int x;
```

则表示该全局变量是当前源文件私有的。尽管在程序执行过程中，该变量始终存在，但只有本源文件中的函数可以访问它，其他源文件中的函数不能访问它。

2．静态的局部变量

静态变量的一种有趣的应用是用在局部变量中。一般的局部变量都是自动变量，在函数执行时生成，函数结束时消亡。但是，如果把一个局部变量定义为 static，该变量就不再存放在函数对应的帧中，而是存放在全局变量区。当函数执行结束时，该变量不会消亡。在下一次函数调用时，也不再创建该变量，而是继续使用原空间中的值。这样就能把上一次函数调用中的某些信息带到下一次函数调用中。

考查代码清单 6-13 中的程序的输出结果。

代码清单 6-13　静态局部变量的应用

```
/*　文件名：6-13.c
    静态局部变量应使用　*/
#include<stdio.h>

int f(int a);
```

```
int main()
{
    int i;

    for ( i=0; i<3; ++i)
        printf("%d  ",f(2));

    return 0;
}

int f(int a)
{
    int b=0;
    static int c=3;

    b=b+1;
    c=c+1;

    return(a+b+c);
}
```

代码清单 6-13 的 main 函数调用了 3 次 f(2)，并输出 f(2)的结果。如果 f 函数没有定义静态的局部变量，那么 3 次调用的结果应该是相同的。但 f 函数中有一个整型的静态的局部变量，情况就不同了。

当第一次调用函数 f 时，定义了变量 a、b 和 c。a、b 是自动变量，定义在 f 函数的帧中。c 是静态变量，定义在全局变量区。a 初值为 2，b 的初值为 0，c 的初值为 3。函数执行结束时，b 的值为 1，c 的值为 4，函数返回 7。变量 a 和 b 自动消失，但 c 依然存在。第二次调用 f 时，系统为 a、b 重新分配了空间，并将 a 的值设为 2，b 的值设为 0，由于 c 已经存在，所以定义 c 的语句被忽略，继续使用上次函数调用时 c 的空间，此时 c 的值为 4（上次调用执行的结果）。第二次调用结束时，a 的值为 2，b 的值为 1，c 的值为 5，函数返回 8，变量 a 和 b 又消失了。同理，第三次调用时，c 的值为 5，a 和 b 又被重新设为 2 和 0，函数返回 9。

在静态变量使用时必须注意以下几点。

- 未被程序员初始化的静态变量都由系统初始化为 0。
- 局部静态变量的初值是编译时设置的，当运行时重复调用函数时，由于没有重新分配空间，因此也不做初始化。
- 虽然局部静态变量在函数调用结束后仍然存在，但其他函数不能访问它。
- 局部的静态变量在程序执行结束时消亡。如果程序中既有静态的局部变量又有全局变量，系统先消亡静态的局部变量，再消亡全局变量。

6.5.3　寄存器变量

一般情况下，变量的值都存储在内存中。当程序用到某一变量时，由控制器发出指令将该变量的值从内存读入 CPU 的寄存器进行处理，处理结束后再将寄存器中的内容存入内存。由于内存的存取也是需要消耗时间的，如果某个变量被频繁使用，存取时间会非常可观。C 语言提供了一种解决方案，就是直接把变量的值存储在 CPU 的寄存器中，用于代替自动变量。这些变量称为**寄存器变量**。

寄存器变量的定义是用关键字 register。例如，在某个函数内定义整型变量 x

```
register int x;
```

则表示 x 不是存储在内存中，而是存放在寄存器中。在使用寄存器变量时必须注意只有自动变量才能定义为寄存器变量，全局变量和静态的局部变量是不能存储在寄存器中的。

由于各个计算机系统的寄存器个数都不相同，程序员并不知道可以定义多少个寄存器类型的变量，因此寄存器类型的声明只是表达了程序员的一种意向，如果系统中无合适的寄存器可用，编译器就把它设为自动变量。

现在的编译器通常都能识别频繁使用的变量。作为优化的一个部分，编译器并不需要程序员进行 register 的声明就会自行决定是否将变量存放在寄存器中。

6.5.4 外部变量

外部变量一定是全局变量。全局变量的作用域是从变量定义处到文件结束。如果在定义点以前的函数或另一源文件中的函数也要使用该全局变量，则在引用之前应该对此全局变量用关键字 extern 进行**外部变量声明**，否则编译器会认为使用了一个没有定义过的变量。例如，代码清单 6-14 所示的程序在编译时将会产生一个"变量 x 没有定义"的错误。这是因为全局变量 x 定义在 main 函数的后面，main 函数本身也没有定义过局部变量 x。在 main 函数输出变量 x 时，编译器没见到任何名为 x 的变量定义。

代码清单 6-14　全局变量的错误用法

```
/*  文件名: 6-14.c
    全局变量的错误用法     */
#include <stdio.h>
void f();

int main()
{
    f();
    printf("in main(): x= %d\n", x);
    return 0;
}

int x;

void f()
{
    printf( "in f(): x= %d\n", x);
}
```

要解决此问题可以在 main 函数中增加一个外部变量声明

```
int main()
{
    extern int x;

    f();
    printf("in main(): x= %d\n", x);

    return 0;
}
```

外部变量声明 extern int x；告诉编译器：这里使用了一个你或许还没有见到过的变量，该变量将在别处定义。

代码清单 6-14 中的情况在实用程序中很少出现。如果 main 函数也要用全局变量 x，那么可以将 x 的定义放在 main 函数前面。

外部变量声明最主要的用途是使各源文件之间共享全局变量。一个大型的 C 语言程序通常由许多源文件组成，如果在一个源文件 A 中需要引用另一个源文件 B 定义的全局变量，如 x，该怎么办？如果不加任何说明，在源文件 A 编译时会出错，因为源文件 A 引用了一个没有定义的变量 x。但如果在源文件 A 中也定义了全局变量 x，在程序链接时又会出错。因为系统发现该程序中有两个全局变量 x，也就是出现了同名变量。

解决这个问题的方法是：在一个源文件（如源文件 B）中定义全局变量 x，而在另一个源文件（如源文件 A）中声明用到一个在别处定义过的全局变量 x，就像程序用到一个函数时必须声明函数是一样的。这样在源文件 A 编译时，由于声明了 x，编译器知道有这么一个变量存在，编译就不会出错。在链接时，系统会将源文件 B 中的 x 扩展到源文件 A 中。源文件 A 中的 x 就称为**外部变量**。

例如，可以将代码清单 6-14 中的两个函数分别存放于两个源文件。main 函数存放在源文件 file1.cpp 中，f 函数存放在源文件 file2.cpp 中。file2.cpp 中定义了一个全局变量 x，file1.cpp 为了引用此变量，必须在自己的源文件中将 x 声明为外部变量，如代码清单 6-15 所示。

代码清单 6-15　外部变量应用示例

```
/* file1.c
外部变量的应用 */
#include <stdio.h>

void f();
extern int x;                    /*外部变量的声明*/

int main()
{
    f();
    printf("in main(): x= %d\n", x);
    return 0;
}
```

```
/* file2.c */

#include <stdio.h>

int x;                      /* 全局变量的定义 */

void f()
{
    printf( "in f(): x= %d\n", x);
}
```

　　这样的全局变量的使用应当非常谨慎，因为在执行一个函数时可能会修改全局变量的值，而这个全局变量又会影响另一个源文件中的其他函数的执行结果。而不同的源文件通常是由不同的程序员编写的。通常我们希望某一源文件中的全局变量只供该文件中的函数共享，此时可用 static 把此全局变量声明为本源文件私有的。这样其他源文件就不可以用 extern 来引用它了。如果在代码清单 6-15 中，把 file2.c 中的 x 定义为 static int x;那么程序链接时会报错"找不到外部符号 int x"。如何编译链接一个由多个源文件组成的程序将在 6.6 节介绍。

　　全局变量可以通过 static 声明为某一源文件私有的，函数也可以。如果在函数定义时原型前面加上 static，那么这个函数只能被本源文件中的函数调用，而不能被其他源文件中的函数调用。这样，每个源文件的开发者可以定义一些自己专用的工具函数。

　　　　在使用外部变量时，用术语**外部变量声明**而不是**外部变量定义**。变量的定义和变量的声明是不一样的。变量的定义是根据说明的数据类型为变量准备相应的空间，而变量的声明只是说明该变量应如何使用，并不为它分配空间，就如函数原型声明一样。

*6.6　多源文件程序的编译链接

　　一个大程序必定由多个程序员合作完成。每个程序员编写一部分函数，这些函数在一个或多个源文件中。所以，一个项目通常由多个源文件组成。如何告诉计算机这些源文件共同完成了一项工作，如何将这些源文件中的程序组合成一个可执行文件？不同的编译器或集成环境有不同的做法。下面介绍如何在 VS2010 中编译链接一个多源文件的程序。

多源文件项目的编译链接

　　2.2.2 节介绍了如何创建一个项目，如何输入源文件。当一个程序由多个源文件组成时，这些源文件必须在同一个项目下。当已经创建了一个项目后，添加源文件可以有两种方法：一种是添加一个空的源文件，然后输入文件内容；另一种是添加一个已经编辑好的源文件。

　　添加一个空的源文件的过程见 2.2.2。当程序由多个源文件组成时，负责某个源文件的程序员会创建一个临时项目，设计一个 main 函数调试源文件中的所有函数，保证这些函数的正确性，然后将源文件交给项目负责人。再由项目负责人将源文件加入到当前的项目中。

　　将已有的源文件加入某个项目，首先必须打开这个项目，在菜单项中选择"项目-添加现有项"。此时会出现文件系统的目录结构，如图 6-1 所示。选择源文件所在的目录，然后单击所要添加的文件，再单击按钮"添加"，该源文件就被添加到了当前的项目中。

图 6-1 "添加现有项"对话框

检查某个源文件是否被正确添加到当前项目中，可以检查窗口左边的"解决方案资源管理器"。在对应项目下面有个文件夹"源文件"，所有该项目中的源文件都会列在这个文件夹下面。项目 prog1 包含两个源文件 8-18.c 和 prog1.c，如图 6-2 所示。

图 6-2 查看项目的源文件

编译链接的过程与单个源文件的项目完全相同。在菜单上选择"生成→生成解决方案"或"生成→生成 xx"将会编译项目中的所有源文件和这些目标文件链接成一个可执行文件。

6.7 递归程序设计

递归程序设计是程序设计的一个重要的方法，它的用途非常广泛。递归程序设计是通过递归函数实现的。

递归程序设计

6.7.1　递归的基本概念

　　某些问题在规模较小时很容易解决，而规模较大时却很复杂，很难想出完整的解决方案。但这些大规模的问题可以分解成同样形式的若干小规模的问题，将小规模问题的解组合起来可以形成大规模问题的解。

　　例如，假设你在为一家慈善机构工作，你的工作是筹集 1 000 000 元的善款。如果你能找到一个人愿意出这 1 000 000 元，工作就很简单了。但是，可能有这么慷慨大方的百万富翁朋友概率较低。所以，你可能需要募集很多小笔的捐款来凑齐 1 000 000 元。如果平均每笔捐款额为 100 元，你可以找 10 000 个捐赠人让他们每人捐 100 元。但是，找到 10 000 个捐赠人有点困难，那你该怎么办呢？

　　当你面对的任务超过个人的能力所及时，另一种完成任务的办法就是把部分工作交给别人做。如果你能找到 10 个志愿者，请他们每个人筹集 100 000 元。你只需要收集这 10 个人募集到的钱就完成任务了。

　　筹资 100 000 元比筹资 1 000 000 简单得多，但也绝非易事。这些志愿者又怎么解决这个问题呢？他们也可以**运用相同的策略**把部分筹募工作交给别人。如果他们每个人都找 10 个筹募志愿者，那么这些筹募志愿者每人就只需筹集 10 000 元。这种代理的过程可以层层深入下去，直到筹款人可以一次募集到所有他们需要的捐款。因为平均每笔捐款额为 100 元，志愿者完全可能找到一个人愿意捐献这么多善款，从而无须找更多人来代理筹款的工作了。

　　可以将上述筹款策略用如下伪代码来表示

```
void CollectContributions(int n)
{
    if (n<=100) 从一个捐赠人处收集善款;
    else {  找 10 个志愿者;
            让每个志愿者收集 n/10 元;
            把所有志愿者收集的善款相加;
    }
}
```

　　上述伪代码中最重要的是

```
让每个志愿者收集 n/10 元;
```

这一行。这个问题与原问题是相同的问题，只是规模较原问题小一些。这两个任务的基本特征都是一样的：募捐 n 元，只是 n 值的大小不同。再者，由于要解决的问题实质上是一样的，处理过程也必定是相同的，你可以通过同样的方法来解决，即调用原函数来解决。因此，上述伪代码中的这一行最终可以被下列行取代

```
CollectContributions(n/10)
```

需要特别注意的是，**如果捐款数额大于 100 元，函数 CollectContributions 最后会调用自己。**

　　调用自身的函数称为**递归函数**，这种解决问题的方法称为**递归程序设计**。递归技术是一种非常有力的工具，利用递归不但可以使书写复杂度降低，而且使程序看上去更加美观。

　　几乎所有的递归函数都有同样的基本结构。典型的递归函数的函数体符合如下范例：

```
if （递归终止的条件测试） return（不需要递归计算的简单解决方案）;
else return（包括调用同一函数的递归解决方案）;
```

在设计一个递归函数时必须注意以下两点。

- 必须有递归终止的条件。
- 必须有一个与递归终止条件相关的形式参数，并且在递归调用中，该参数有规律地递增或递减（越来越接近递归终止条件）。

数学上的很多函数都有很自然的递归解，如阶乘函数 $n!$。按照定义，$n!=1\times2\times3\times\cdots\times(n-1)\times n$，而 $1\times2\times3\times\cdots\times(n-1)$ 正好是 $(n-1)!$。因此 $n!$ 可写为 $n!=(n-1)!\times n$。在数学上，定义 $0!$ 等于 1，这就是递归终止条件。综上所述，$n!$ 可用如下递归公式表示：

$$n! = \begin{cases} 1 & (n=0) \\ (n-1)! \times n & (n>0) \end{cases}$$

其中 $n=0$ 就是递归终止条件，而每次递归调用时，n 的规模都比原来小 1，朝着 $n=0$ 变化。根据定义，很容易写出计算 $n!$ 的函数

```
long p(int n)
{
    if (n == 0) return 1;
    else return n * p(n-1);
}
```

斐波那契数列是计算机学科中一个重要的数列，它来源于一个神话传说。传说世上有一种兔子，生下来以后就不会死。每一对兔子生下来以后，第一个月不会生小兔子，从第二个月开始，每个月生一对兔子。现在问题来了：第 0 个月你没有兔子，第一个月朋友送了你一对刚出生的小兔子，那么第 n 个月你有几对兔子？每个月的兔子数形成的数列称为斐波那契数列。

斐波那契数列中的每个值是多少？很难写出一个通项。我们可以做如下的分析，第 0 个月没有兔子，即 $F(0)=0$。第一个月有一对刚出生的小兔子，所以 $F(1)=1$。在第二个月时，这对兔子还不会生小兔子，所以 $F(2)$ 还是 1。第三个月时，这对小兔子开始生小兔子，每个月生一对，所以 $F(3)$ 的值是 $1+1$，等于 2。第四个月时，新出生的小兔子还不会生，原来那对兔子又生了一对，所以 $F(4)$ 等于 3。第 5 个月时，新出生的那对不会生小兔子，原来两对都能生，两对兔子又生了两对兔子，所以 $F(5)$ 等于 5。按照这个思路，第 n 个月有多少对兔子呢？首先兔子是不会死的，第 $n-1$ 个月的所有兔子在第 n 个月依然存在。那么第 n 个月新增了多少对兔子？除了第 $n-1$ 个月中新生的兔子，其他兔子都将生一对小兔子。月龄大于两个月的兔子有多少对？第 $n-2$ 个月时存在的兔子月龄都大于两个月，所以第 n 个月新生的兔子数为 $F(n-2)$，所以第 n 个月的兔子数为 $F(n-1)+F(n-2)$，显然这是一个递归函数。

斐波那契数列可归纳为如下的递归形式：

$$F(n) = \begin{cases} 0 & (n=0) \\ 1 & (n=1) \\ F(n-1)+F(n-2) & (n>1) \end{cases}$$

该函数的实现可以直接翻译上述递归公式：

```
int Finonacci (int n)
{
    if  (n == 0)  return 0;
    else if (n == 1) return 1;
        else return (Finonacci (n-1) + Finonacci (n-2));
}
```

从上面两个示例可以看出递归函数逻辑清晰，程序简单，整体感强，容易理解。例如，对于求 $n!$ 的函数，读者一眼就可以看出如何计算 $n!$。计算 $n!$，先要计算出（$n-1$）! 的值，然后将（$n-1$）! 的值乘 n 就是 $n!$ 的值。而对于斐波那契数列，没有递归简直就无法描述。

为什么递归函数能正确地得到结果，具体的计算过程又是怎样的一个过程？其中非常重要的一点就是**递归信任**，递归信任函数的调用能得到正确的结果。对于求阶乘的函数，只要相信 $p(n-1)$ 能正确计算出$(n-1)!$ 的值，那么 $p(n)$ 的调用结果也必定是正确的。

一个递归函数的执行由两个阶段组成：递归调用和回溯。例如，要计算 $n!$ 必须调用 $p(n)$。而 $p(n)$执行过程中又调用了 $p(n-1)$。$p(n-1)$执行过程中又调用了 $p(n-2)$。重复这个过程，直到 $p(1)$调用了 $p(0)$。$p(0)$不需要再调用 p 函数，可以直接得到计算结果，这个过程称为**递归调用**。$p(0)$执行结束后回到 $p(1)$，可以得到 $p(1)$的值；$p(1)$执行结束后回到 $p(2)$，可以得到 $p(2)$的值；最终当 $p(n-1)$执行结束后回到 $p(n)$，得到了 $p(n)$的值，这个过程称为**回溯**。图 6-3 展示了用递归函数 p 求 4!的过程。

图 6-3　递归函数的执行过程

从图 6-3 中可知，计算 $p(4)$先要计算 $p(3)$，计算 $p(3)$先要计算 $p(2)$，计算 $p(2)$先要计算 $p(1)$，计算 $p(1)$先要计算 $p(0)$，这就是递归调用过程。$p(0)$的返回值是 1，回到 $p(1)$，得到 $p(1)$的值是 $1*p(0)$，所以 $p(1)$的值是 1；回到 $p(2)$，得到 $p(2)$的值是 2；回到 $p(3)$，得到 $p(3)$的值是 6；回到 $p(4)$，得到 $p(4)$的值是 24。

6.7.2　递归函数的应用

例 6.8　汉诺塔（Hanoi）问题。这是一个古老的问题。相传天神梵天在创造地球这一世界时，建了一座神庙。神庙里有 3 根宝石柱子，柱子由一个铜座支撑。梵天将 64 个直径大小不一的金盘子按照从大到小的顺序依次套放在第一根柱子上，形成一座金塔，即所谓的**汉诺塔**。天神让庙里的僧侣们将第一根柱子上的 64 个盘子借助第三根柱子全部移到第二根柱子上。同时定下 3 条规则。

（1）每次只能移动一个盘子。

（2）盘子只能在 3 根柱子间移动，不能放在他处。

（3）在移动过程中，3 根柱子上的盘子必须始终保持大盘在下、小盘在上的状态。

天神说："当这 64 个盘子全部移到第三根柱子上之后，世界末日就要到了。"这就是著名的汉诺塔问题。

假如只有 4 个盘子，移动的过程如图 6-4 所示。

图 6-4　4 个盘子的汉诺塔的移动过程

　　汉诺塔问题是一个典型的只能用递归（而不能用其他方法）解决的问题。任何天才都不可能直接写出移动 64 个盘子的每一个具体步骤。但利用递归，可以非常简单地解决这个问题。根据递归的思想，可以将 64 个盘子的汉诺塔问题转换为求解 63 个盘子的汉诺塔问题。如果 64 个盘子的问题有解的话，63 个盘子的问题肯定能解决，则可先将上面的 63 个盘子从第一根柱子移到第三根柱子，再将最后一个盘子直接移到第二根柱子，最后再将 63 个盘子从第三根柱子移到第二根柱子，这样就解决了 64 个盘子的问题。以此类推，63 个盘子的问题可以转化为 62 个盘子的问题，62 个盘子的问题可以转化为 61 个盘子的问题，直到转化为 1 个盘子的问题。如果只有一个盘子，就可将它直接从第一根柱子移到第二根柱子，这就是递归终止的条件。根据上述思路，可得汉诺塔问题的递归程序，如代码清单 6-16 所示。

代码清单 6-16　解决汉诺塔问题的函数

```
/* 汉诺塔问题：将 n 个盘子从 start 借助于 temp 移动到 finish
   用法：Hanoi(64, 'A', 'B', 'C');       */
void Hanoi(int n, char start, char finish, char temp)
{   if (n==1)
       printf(" %d -> %d \t", start, finish);
    else {
       Hanoi(n-1, start, temp, finish);
       printf(" %d -> %d \t", start, finish);
       Hanoi(n-1, temp, finish, start);
    }
}
```

　　当 n=3 时，调用 Hanoi(3,'1','3','2')的输出如下

```
1->3  1->2  3->2  1->3  2->1  2->3  1->3
```

　　例 6.9　在例 6.2 中实现了一个打印由 n 行*组成的三角形的函数，试用递归的方法实现 printStarN 函数。

　　很多问题都是既可以用递归解决，也可以用非递归解决。打印 n 行*组成的三角形可以看成是一个递归问题。分析如下由 5 行*组成的三角形，这个三角形可以看成由两部分组成：上边的由 4 行*组成的三角形和下面的一行*号。打印三角形就是分别打印这两个部分。打印 4 行组成的三角形和打印 5 行*组成的三角形是同一个问题，只是整个小三角形向右缩进一个字符的位置。所以可以通过递归调用本函数完成。当三角形只有 1 行*组成时，直接打印一个'*'。这就是递归终止条件。

```
    *
   ***
  *****
 *******
*********
```

由上述分析可知，用递归方式实现的 printStarN 函数的过程为

```
if (n == 1)
    输出一个'*';
else {
    递归调用本函数输出由 n-1 行组成的三角形;
    换行;
    输出 2n-1 个'*'号;
}
```

这个函数还有一个问题：每次递归调用时输出的小三角形不是从第 0 列开始，而是比大三角形整体往右移动 1 个字符的位置。这个信息必须包含在函数参数中，所以递归的 printStarN 函数得原型可以设计成

```
void printStarN(int numOfLine, int pos);
```

第一个形式参数表示三角形由几行组成。第二个参数表示三角形的起始位置是第几列，也就是最后一行从第几列开始。函数的实现过程也可以进一步细化成

```
if (n == 1) {
    输出 pos 个空格
    输出一个'*';
}
else {
    递归调用本函数输出由 n-1 行组成的三角形，且位置右移一个空格;
    换行;
    输出 pos 个空格;
    输出 2n-1 个'*';
}
```

根据上述讨论，可以得到代码清单 6-17 的函数。

代码清单 6-17　打印 *n* 行组成的三角形的递归实现（实现一）

```
/* 打印 n 行组成的三角形的递归实现
   用法: printStarN(n, 0);      */
void printStarN(int numOfLine, int pos)
{
    int i;

    if ( numOfLine == 1) {
        for (i = 0; i < pos; ++i)
            putchar(' ');
        putchar('*');
    }
    else {
        printStarN(numOfLine - 1, pos + 1);
        putchar('\n');
```

```
        for (i = 0; i < pos; ++i)
            putchar(' ');
        for (i = 0; i < 2 * numOfLine - 1; ++i)
            putchar('*');
    }
}
```

当程序中需要打印一个由 5 行*组成的三角形时，可以调用

```
    printStarN(5,0);
```

但这个函数用起来总是怪怪的，对函数的用户而言，调用输出 *n* 行*组成的三角形的函数时，应该传给它所需输出的行数就行，但这个函数必须加一个值为 0 的第二个参数！解决这个问题的方法是引入一个**包裹函数**。包裹函数将递归过程包裹起来。printStarN 函数的第二个参数是由于采用递归实现而引入的，包裹函数将这个参数对用户隐藏起来。

对 printStarN 函数可以定义如下的包裹函数

```
void PrintStarN(int numOfLine)
{
    printStarN(numOfLine, 0);
}
```

需要打印由 *n* 行组成的三角形时可以调用 PrintStarN(n)。

进一步思考一下，代码清单 6-17 中多次用到打印若干个空格或打印若干个'*'。既然一个功能被多次用到，那么也可以被抽取出一个函数

```
void drawLine(int num, char ch);
```

该函数打印 num 个字符 ch。

如何实现 drawLine？最简单的方法是与代码清单 6-17 中类似，用一个重复 num 次的循环实现，每个循环周期打印一个字符 ch。可以换一种思路解决这个问题。采用递归的思想，打印 *n* 个字符就是先打印 1 个字符，然后再打印 *n*-1 个字符。打印 *n*-1 个字符与打印 *n* 个字符是完全相同的问题，可以通过递归调用实现。递归终止条件是打印 0 个字符。该函数的实现过程可抽象为

```
void drawLine(int num, char ch)
{
    if (num != 0) {
        打印一个 ch;
        drawLine(num - 1, ch);
    }
}
```

提取了函数 drawLine 后，打印三角形函数的完整实现及应用见代码清单 6-18。

代码清单 6-18　打印 *n* 行*组成的三角形的递归实现（实现二）

```
/* 增加了 drawLine 函数和包裹函数后的打印 n 行*组成的三角形的函数
   用法: PrintStarN(n);      */
#include <stdio.h>
void drawLine(int num, char ch);
void printStarN(int numOfLine, int pos);
void PrintStarN(int numOfLine);

int main()
{
```

```
    PrintStarN(5);

    return 0;
}

void PrintStarN(int numOfLine)
{
    printStarN(numOfLine, 0);
}

void printStarN(int numOfLine, int pos)
{
    int i;

    if ( numOfLine == 1 ) {
        drawLine(pos, ' ');
        putchar('*');
    }
    else {
        printStarN(numOfLine - 1, pos + 1);
        putchar('\n');
        drawLine(pos, ' ');
        drawLine(2 * numOfLine - 1, '*');
    }
}

void drawLine(int num, char ch)
{
    if (num != 0) {
        putchar(ch);
        drawLine(num - 1, ch);
    }
}
```

例 6.10　如果 C 语言只提供打印一个字符的函数 putchar，设计一个以十进制打印一个非负整型数的函数。

假设需要以十进制形式打印一个非负的整数 N，而 C 语言并没有一个可用的数字输出函数。但是，它提供了打印一个字符的函数。利用这个函数，就可打印任意整型数。例如，打印十进制表示的整型数 1369，可以首先打印'1'，然后'3'，然后'6'，然后'9'。问题是得到整数第一位数不太方便：给定一个数 n，首先需要一个循环判断 n 的位数，然后才能得到第一个数字。相反最后一个数字可以从 n%10 立即得到（如果 n 小于 10 的话，就是 n 本身）。

递归提供了一个很好的解决方案。为打印整型数 1369，先打印出 136，然后打印最后一个数字 9。正如已经提到过的，使用%获取最后一个数字很容易。打印去掉最后一位数以后的整型数也很容易，因为它和打印 n 是同样的问题。因此，用递归调用就可以实现了。

代码清单 6-19 所示的代码实现了这个打印程序。如果 num 比 10 小，直接打印数字 num；否则，通过递归调用打印除最后一个数字外的其他所有数字，然后打印最后一个数字。

代码清单 6-19　打印一个十进制整数的函数定义及使用

```
/* 文件名：6-19.c
   打印一个十进制整数                      */
#include <stdio.h>

void printInt(int);                /*  输出一个非负整型数  */

int main()
{
    int num;

    printf("请输入一个整型数：");
    scanf("%d", &num);

    printInt(num);

    return 0;
}

/* 作用：以十进制打印非负数 num
   用法：printInt(1234)                    */
void printInt(int num)
{
    if (num < 10)                   /*  递归终止条件     */
        putchar(num+'0');
    else {
        printInt(num/10);
        putchar(num%10 + '0');
    }
}
```

函数 printInt 的递归终止条件是 num 是一个一位数。每次递归调用的实际参数是 num/10，它比 num 少了一位数字，所以，最后总会到达只剩一位数的情况。

为使打印函数更有用，还可以把它扩展到能打印二进制、八进制、十进制和十六进制的非负整数。改后的程序如代码清单 6-20 所示。

代码清单 6-20 的函数和代码清单 6-19 所示的程序有几个区别。首先，该函数要打印各种数制的整数，因此，必须提供一个表示数制的形式参数 int base，它的值可以是 2、8、10 或 16。当实际参数的值为 2 时，表示以二进制输出。当实际参数为 8 时，表示以八进制输出。第二个区别是取整数的最后一位，当以十进制输出时，取最后一位可以用表达式 n % 10 表示。当以数制 base 输出时，取最后一位可以用表达式 n % base 得到。同理，去掉最后一位可用 n / base。最后一个区别是打印某一位的值。在十进制中，每一位的值是从 0 到 9。如果输出的值保存在变量 n 中，则输出时可以用 n +'0'将这位数字转换成相应的字符，然后用字符输出函数。当输出是用二进制、八进制表示时，可以用同样的方法。但当输出是以十六进制表示时，稍有麻烦。因为表示十六进制数的 16 个符号的 ASCII 编码是不连续的，不能简单地用一个算术表达式表示。当输出数字是 0～9 之间时，可以与十进制输出时一样，用表达式 n + '0'。当 n 大于 9 时，对应的值是'A'到'F'，则可以用表达式 n − 10 + 'A'。组合这两种情况，可用条件表达式(n<10)?n+'0': n−10+'A'完成。为使程序更加清晰，代码清单 6-20 将该转换定义成一个带参数的宏 CONVERT。

代码清单 6-20　打印二进制、八进制、十进制或十六进制整数的函数定义及使用

```
/*  文件名: 6-20.c
    打印二进制、八进制、十进制和十六进制整数   */
#include<stdio.h>

void printInt(int,int);
#define CONVERT(n)  n < 10 ? n + '0' : n - 10 + 'A'
int main()
{
    int num,base;

    printf( "请输入一个整型数: " );
    scanf("%d", &num);
    printf( "请输入要打印的数制: " );
    scanf("%d", &base);

    printInt(num, base);

    return 0;
}

/* 作用: 以数制 base 打印非负整数 num
   用法: printInt(1234, 8)           */
void printInt(int num, int base)
{
    if (num < base)
        putchar(CONVERT(num) );
    else {
        printInt(num/base, base);
        putchar(CONVERT(num % base) );
    }
}
```

6.8　编程规范及常见问题

6.8.1　使用函数时的建议

函数是结构化程序设计的重要工具。对初学者来说，最困难之处就是什么时候和怎样去构建一个函数。下面我们给出一些建议。

- 解决问题的代码较长时，可以将其中的子功能抽取成函数。
- 当程序中有一组代码出现多次时，而且这组代码具有明确的功能，可以考虑将这组代码抽取出来作为一个函数。

- 每个函数只做一件事情，不要将多个功能组合在一个函数中。当编写函数时只关注一件事情，就不太容易出错。完成简单任务比完成复杂任务容易得多。
- 每个函数都可以独立测试，以保证函数的正确性。这样可以降低整个程序的复杂度，便于程序的维护。
- 每个函数有独立的功能，如何完成该功能与程序的其他部分无关。
- 函数原型应该体现出函数完整的功能和使用方法。函数的输入是形式参数，函数的输出是返回值，函数名体现函数的功能。

6.8.2　函数命名

每个函数有一个名字。函数名是一个标识符，与变量命名一样，给函数命名时也尽量取有意义的名字。变量名一般是一个名词或名词短语，而函数名一般是一个动词短语，表示函数的功能。

当函数名是一个动词短语时，一般每个单词的第一个字母要大写。

6.8.3　没有返回值的函数是否需要 return 语句

遇到 return 语句表示函数执行结束，return 后面可以有表达式，也可以没有表达式。

```
return  表达式; 或 return（表达式）;
return;
```

第一种形式的 return 语句表示函数执行结束，返回值是表达式的值。有返回值的函数都必须以第一种 return 语句结束。第二种 return 语句仅表示函数结束，没有返回值。没有返回值的函数可以用第二种 return 语句结束。

虽然没有返回值的函数可以用第二种 return 语句结束，但程序设计并不提倡这种用法。结构化程序设计希望函数只有一个入口和一个出口。对于没有返回值的函数而言，就是从函数的第一个语句执行到最后一个语句，并不需要再写一个 return 语句。但在某些情况下，函数检测到一个严重错误或某些特殊情况必须马上结束，此时可用第二种形式的 rerurn 语句。

6.8.4　尽量避免使用全局变量

有了函数，可以将程序中的变量分成局部变量和全局变量。局部变量是某个函数或某个复合语句内部的变量，只有这个函数或复合语句可以使用这些变量。全局变量属于整个程序，程序中定义在该全局变量之后的所有函数都可以使用这些变量。

全局变量为函数间的信息交互提供了便利，但也破坏了函数的独立性。每个函数是一个独立的功能模块，尽量不要让一个函数影响另一个函数的执行结果。在程序中要慎用全局变量，某些程序员习惯于将所有变量都定义成全局变量，这是一个不好的习惯。

事实上，变量的作用域越小，越容易保证程序的正确性。如果变量仅在某个复合语句中使用，如某个循环的循环体，就把它定义在这个复合语句中。如果仅在某个函数中使用，则定义在这个函数中。如果仅在某个源文件中使用，则可定义成这个源文件静态的全局变量。

6.8.5　尽量避免实际参数表达式有副作用

多个形式参数的函数调用时必须有多个对应的实际参数。这些实际参数可以是常量、变量或任意表达式。当然也可以是赋值表达式或自增、自减表达式。当实际参数是这些具有赋值意义的表达式时，使用时必须非常小心。

例如，f 函数有 3 个整型参数且 x 是整型变量。从语法上讲，f(++x, x+=3,x *= 2)是合法的函数调用形式。但实际参数值是多少？这将取决于编译器执行实际参数表达式的顺序。如果 x 的初值为 1，编译器从左到右执行这些表达式，那么实际参数值是 2、5、10。如果编译器从右往左计算这些表达式，那么实际参数值是 6、5、2。

所以在调用函数时，尽量不要写这种有副作用的函数。

6.8.6　常见错误

1. 函数在使用前需要声明。函数的声明是说明函数的用法，函数的声明必须以分号结束。函数使用中的一个常见的错误是函数声明后忘记加分号。

2. 所谓的递归函数是在函数体中又调用了当前函数本身。递归函数必须有递归终止条件和一个与递归终止条件有关的参数，在递归调用中，该参数有规律地递增或递减，使之越来越接近递归终止条件。在递归函数设计中，初学者容易犯的错误之一是缺少递归终止条件，使递归过程永远无法结束。

6.9　小结

本章介绍了程序设计的一个重要的概念——函数。函数可以将一段完成独立功能的程序封装起来，通过函数名就可执行这一段程序。使用函数可以将程序模块化，每个函数完成一个独立的功能，使程序结构清晰、易读、易于调试和维护。

C 语言程序是由一组函数组成的，每个程序必须有一个名为 main 的函数，它对应于一般程序设计语言中的主程序。每个 C 语言程序的执行都是从 main 函数的第一条语句，执行到 main 函数的最后一条语句。main 函数的函数体中可能调用其他函数。

函数中定义的变量和形式参数称为局部变量，它们只在函数体内有效。当函数执行时，这些变量可以使用。离开函数后，这些变量就不能使用了。

还有一类变量是定义在所有函数的外面的，被称为全局变量。全局变量的作用域是从定义点到文件结尾，凡是在它后面定义的所有函数都能使用它。全局变量提供了函数间的一种通信手段，但也破坏了函数的独立性，须谨慎使用。

局部变量和全局变量指出了变量的作用域，即变量的有效范围。根据变量在计算机中的存储位置，变量又可分为自动变量、静态变量、寄存器变量和外部变量。变量的存储范围决定了变量的生存周期。自动变量存放于内存的栈工作区。它在函数调用时生成，函数执行结束时消失。静态变量存放于系统的全局变量区。它在定义时生成，程序执行结束时消亡。寄存器变量存放在 CPU 的寄存器中，它是一类特殊的自动变量，因此也是在函数调用时生成，函数执行结束时消亡。外部变量是一个其他源文件中定义的全局变量。

函数也可以调用自己，这样的函数称为递归函数。递归程序设计是一种重要的程序设计方法。

6.10 自测题

1. 说明函数的定义和函数原型声明的区别。

2. 什么是形式参数？什么是实际参数？

3. 什么是值传递？

4. 局部变量和全局变量的主要区别是什么？使用全局变量有什么好处，有什么坏处？

5. 变量定义和变量声明有什么区别？

6. 为什么不同的函数中可以有同名的局部变量？为什么这些同名的变量不会产生二义性？

7. 普通的局部变量和静态的局部变量有什么不同？

8. 如何让一个全局变量或全局函数成为某一源文件独享的全局变量或函数？

9. 如何引用同一个项目中的另一个源文件中的全局变量？

10. 设计实现下列功能的函数原型。

    ① 返回一个字符的 ASCII 值。

    ② 求 3 个整数的最大值。

    ③ 以八进制或十六进制输出一个整型数。

    ④ 比较 x^y 和 y^x 的大小。

11. 请写出调用 f(12) 的结果。

```
int f(int n)
{
    if (n==1) return 1;
    else return 2 * f(n/2);
}
```

12. 写出下列程序的执行结果。

```
int f(int n)
{
    if (n == 0 || n == 1)  return 1;
    else return 2 * f(n-1) + f(n-2);
}

int main()
{
    printf("%d\n", f(4));
    return 0;
}
```

13. 某程序员设计了一个计算整数幂函数的函数原型如下，请问有什么问题？

```
int power(int base, exp);
```

14. 下面是一个计算 n! 的递归函数，试问有什么问题？

```
long  fact(int n)
{
    if ( n < 0) return;
```

```
    if ( n == 0) return 1;
    return n * fact(n-1);
}
```

15. 写出下列程序的执行结果。

```
int main()
{
    int s = 0, i;

    for (i = 1; i <= 4; ++i)
        s += f(i);
    printf("%d\n", s);

    return 0;
}

int f(int n)
{
    static int s = 1;
    return s*= n;
}
```

6.11　实战训练

1. 改写代码清单 6-4 的函数，用 do…while 实现。

2. 设计一个函数，判别一个整数是否为素数。

3. 设计一个函数，计算 $\sum_{i=1}^{m}(-1)^i \times \dfrac{1}{i}$。

4. 例 5.14 要求编写一个程序，输出一个由 n 行组成的平行四边形，每行由 5 个∗组成。当 n 等于 5 时，输出如下

```
*****
 *****
  *****
   *****
    *****
```

试将该程序改成一个函数，并用递归和非递归两种方式实现。

5. 定义一个带参数的宏 CONVERTUPPERTOLOW，将大写字母转换为小写字母。

6. 定义一个带参数的宏 ISUPPER，判断某个字符是否为大写字母。

7. 定义一个带参数的宏 SECOND，将分钟数转换为秒数。

8. 设计一个函数，使用以下无穷级数计算 $\sin x$ 的值，$\sin x = \dfrac{x}{1!} - \dfrac{x^3}{3!} + \dfrac{x^5}{5!} - \dfrac{x^7}{7!} + \cdots$。舍去的绝对值应小于 ε，ε 的值由用户指定。

9. 设计一个函数，输出小于 n 的所有的 Fibonacci 数。

10. 设计一个将英寸转换为厘米的函数（1 英寸等于 2.54 厘米）。

11. 编写一个函数，要求用户输入一个小写字母。如果用户输入的不是小写字母，则要求重新输入，直到输入了一个小写字母，返回此小写字母。

12. 写 3 个函数，分别实现对一个双精度数向上取整、向下取整和四舍五入的操作。

13. 编写一个递归函数 reverse，它有一个整型参数。reverse 函数按逆序打印出参数的值，例如，参数值为 12345 时，函数打印出 54321。

14. 编写一个函数 reverse，它有一个整型参数和一个整型的返回值。reverse 函数返回参数值的逆序值，例如，参数值为 12345 时，函数返回 54321。

15. 编写一函数 int count()，使得第一次调用时返回 1，第二次调用时返回 2，即返回当前的调用次数。

16. 假设系统只支持输出一个字符的功能，试设计一个函数 void print(double d)输出一个实型数 d，保留 8 位精度。如果 d 大于 10^8 或者 d 小于 10^{-8}，则按科学计数法输出。

17. 以非递归的方法求解例 6.13。

18. 用级数展开法计算平方根。根据泰勒公式

$$f(x) \cong f(a) + f'(a)(x-a) + f''(a)\frac{(x-a)^2}{2!} + f'''(a)\frac{(x-a)^3}{3!} + \cdots + f^{(n)}(a)\frac{(x-a)^n}{n!},$$

可求得

$$\sqrt{x} \cong 1 + \frac{1}{2}(x-1) - \frac{1}{4}\frac{(x-1)^2}{2!} + \frac{3}{8}\frac{(x-1)^3}{3!} - \frac{15}{16}\frac{(x-1)^4}{4!} + \cdots$$

设计一个函数计算 $\sqrt{x}$ 的值（要求误差小于 10^{-6}）。

19. 用下列方法计算圆的面积：考虑四分之一个圆，将它的面积看成是一系列矩形面积之和。每个矩形都有固定的宽度，高度是圆弧通过上面一条边的中点。设计一个函数 int area(double r, int n)；用上述方法计算一个半径为 r 的圆的面积，计算时将四分之一个圆划分成 n 个矩形。

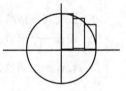

20. 创建一个函数 Fib，每调用一次就返回 Fibonacci 序列的下一个值，即第一次调用返回 1，第二次调用返回 1，第三次调用返回 2，第四次调用返回 3，等等。

21. 写一个函数 bool isEven(int n)；当 n 的每一位数都是偶数时，返回 1，否则返回 0。如 n 的值是 1234，函数返回 false，如 n 的值为 2484，返回 true。用递归和非递归两种方法实现。

22. 已知华氏温度到摄氏温度的转换公式为

$$C = \frac{5}{9}(F - 32)$$

试编写一个将华氏温度转换到摄氏温度的函数。

23. 设计一个递归函数，计算 Ackerman 函数的值。Ackerman 函数定义如下：

$$A(m,n) = \begin{cases} n+1 & m=0 \\ A(m-1,1) & m \neq 0, n=0 \\ A(m-1, A(m,n-1)) & m \neq 0, n \neq 0 \end{cases}$$

第 7 章

批量数据处理——数组

例 5.7 要求编一个程序输出某个班级某次考试中的最高分、最低分和平均分。如果用户还有个要求，就是希望统计成绩的方差。由于计算方差需要用到均值和每位同学的成绩，这时必须保存每位学生的考试成绩，等到平均分统计出来后再计算方差。在这个程序中，如何保存每个学生的成绩就成为一个难以解决的问题。如果每位学生的成绩用一个整型变量来保存，那么该程序必须定义许多整型变量。有 100 位学生就要定义 100 个变量，这样做存在两个问题：第一，每个班级有很多学生，就必须定义许多变量，使程序变得冗长，而且每个班级的人数不完全相同，到底应该定义多少个变量也是一个问题；第二，因为每位学生的成绩都是放在不同的变量中，因此计算均值和方差时就无法使用循环。

为了解决这类处理大批量同类数据的问题，程序设计语言提供了一个称为数组的组合数据类型。C 语言也不例外，本章将介绍处理批量数据的工具，具体包括：

■ 一维数组；
■ 数组作为函数的参数；
■ 查找算法；
■ 排序算法；
■ 二维数组；
■ 字符串。

7.1 一维数组

最简单的数组是一维数组，一维数组是一个有序数据的集合，数组中的每个元素都有同样的类型。数组有一个表示整个集合的名字，称为数组名。数组中的某一个数据可以用数组名和该数据在集合中的位置来表示。

7.1.1 一维数组的定义

定义一个一维数组要说明 3 个问题：

- 数组是一个变量，应该有一个变量名，即数组名；
- 数组有多少个元素；
- 每个元素的数据类型是什么。

综合上述 3 点，C 语言中一维数组的定义方式如下

一维数组的定义

```
类型名　数组名[元素个数];
```

其中，类型名指出了每个数组元素的数据类型，数组名是存储该数组的变量名。在数组定义中特别要注意的是数组的元素个数必须是编译时的常量，即在程序中以常量、符号常量或常量表达式的形式出现。也就是说，元素个数在写程序时已经确定。

要定义一个 10 个元素、每个元素的类型是 double 的数组 doubleArray1，以及一个 5 个元素的 double 型的数组 doubleArray2，可用下列语句

```
double  doubleArray1[10], doubleArray2[5];
```

或

```
#define  LEN1  10
double  doubleArray1[LEN1], doubleArray2[LEN1 - 5];
```

但如果用

```
int LEN1 = 10;
double  doubleArray1[LEN1];
```

则是非法的，因为 LEN1 是变量，数组元素个数不能是变量。

在某些编译器中，上述语句也可能正确通过编译，但这只是编译器自己做的优化，不具备通用性。

与其他变量一样，可以在定义数组时为数组元素赋初值，这称为数组的初始化。数组有一组元素，因而必须有一组初值，这一组初值被括在一对花括号中，初值之间用逗号分开。这种赋初值的方法称为**列表初始化**。数组的初始化可用以下 3 种方法实现。

（1）在定义数组时对所有的数组元素赋初值。例如

```
int a[10] = { 0, 1, 2, 3, 4, 5, 6, 7, 8, 9};
```

表示将 0, 1, 2, 3, 4, 5, 6, 7, 8, 9 依次赋给数组 a 的第 0 个，第 1 个，……，第 9 个元素。

（2）可以对数组的一部分元素赋初值。例如

```
int a[10] = { 0, 1, 2, 3, 4};
```

表示数组 a 的前 5 个元素的值分别是 0, 1, 2, 3, 4，后 5 个元素的值为 0。

在对数组元素赋初值时，总是按从前往后的次序赋值。没有赋到初值的元素的初值为 0。因此，当需要使数组的所有元素的初值都为 0 时，可简单地写成

```
int a[10] = {0};
```

　　　　假如没有对数组赋初值，数组所有元素值都是随机数。

（3）在对全部数组元素赋初值时，可以不指定数组大小，系统根据给出的初值的个数确定数组的规模。例如

```
int a[ ] = { 0, 1, 2, 3, 4, 5, 6, 7, 8, 9};
```

表示 a 数组有 10 个元素，它们的初值分别为 0, 1, 2, 3, 4, 5, 6, 7, 8, 9。

7.1.2　数组元素的引用

在程序中，一般不能直接对整个数组进行访问，例如给数组赋值或输入/输出

数组元素的引用

整个数组。访问数组通常是访问它的某个元素。数组元素用数组名及该元素在数组中的位置表示

数组名[序号]

在程序设计语言中，序号被称为**下标**。"数组名[下标]"被称为**下标变量**。因此定义了一个数组，相当于定义了一组变量。例如

int a[10];

相当于定义了 10 个整型变量 a[0], a[1],⋯, a[9]。C 语言数组的下标从 0 开始，数组 a 合法的下标是 0 到 9。数组的下标可以是常量、变量或任何计算结果为整型的表达式，这就使数组元素的引用变得相当灵活。例如，要对数组 a 的 10 个元素执行同样的操作，只需要用一个 for 循环。让循环变量 i 从 0 变到 9，在循环体中完成对第 i 个数组元素的操作。

例 7.1 编一个程序，验证数组元素赋初值。

7.1.1 介绍了 3 种数组元素赋初值的方法，代码清单 7-1 验证了上述语句确实正确地赋了初值。验证方法是输出数组的每个元素值。

输出数组的每个元素可以用一个 for 循环，让循环变量 i 从 0 变到 n-1（n 是数组的规模）。循环体是输出数组第 i 个下标变量值。

代码清单 7-1　验证为数组赋初值

```c
/* 文件名：7-1.c
   验证为数组赋初值     */
#include <stdio.h>

int main()
{
    int a[10] = { 0, 1, 2, 3, 4, 5, 6, 7, 8, 9};
    int b[10] = { 0, 1, 2, 3, 4};
    int c[ ] = { 0, 1, 2, 3, 4, 5, 6, 7, 8, 9};
    int i;

    for (i = 0; i < 10; ++i)
        printf("%d\t", a[i]);
    putchar('\n');

    for (i = 0; i < 10; ++i)
        printf("%d\t", b[i]);
    putchar('\n');

    for (i = 0; i < sizeof(c) / sizeof(int); ++i)
        printf("%d\t", c[i]);
    putchar('\n');

    return 0;
}
```

注意第三个 for 循环的表达式 2。由于定义时没有指定数组大小，数组的大小是初值的个数。如果程序员懒得去数一下有几个初值，那么可以用表达式 sizeof(c) / sizeof(int)计算数组的规模。其

中 sizeof(c) 是数组 c 占用的空间，而 sizeof(int)是每个元素占用的空间。两个数相除正好是数组中的元素个数。

代码清单 7-1 的输出为

```
0     1     2     3     4     5     6     7     8     9
0     1     2     3     4     0     0     0     0     0
0     1     2     3     4     5     6     7     8     9
```

例 7.2   定义一个 10 个元素的整型数组，由用户输入 10 个元素的值，并将结果显示在屏幕上。

输入/输出是数组最基本的操作之一。输入数组是输入每个下标变量。输出数组是输出每个下标变量。输入/输出都可以用一个 for 循环完成。代码清单 7-2 给出了这个程序。

代码清单 7-2   数组的输入/输出

```c
/* 文件名：7-2.c
   数组输入/输出示例    */
#include <stdio.h>

int main()
{
    int a[10], i;

    printf( "请输入 10 个整型数：\n");
    for (i=0; i<10; ++i)
        scanf("%d",  &a[i]);

    printf( "\n 数组的内容为：\n");
    for (i=0; i< 10; ++i)
        printf("%d \t", a[i]);

    return 0;
}
```

代码清单 7-2 所示的程序的某次运行结果为

```
请输入 10 个整型数：
0 1 2 3 4 5 6 7 8 9
数组的内容为：
0   1   2   3   4   5   6   7   8   9
```

例 7.3   编一程序，定义一个由 11 个元素组成的整型数组，用 for 循环为数组赋如下值，并输出。

squares

0	1	4	9	16	25	36	49	64	81	100
0	1	2	3	4	5	6	7	8	9	10

观察这个数组，发现每个元素的值正好是下标的平方。所以可以用一个 for 循环对它赋值，square[i]的值等于 i*i。程序实现见代码清单 7-3。

代码清单 7-3   将数组元素值赋值为下标的平方

```c
/* 文件名：7-3.c
   将数组元素值赋值为下标的平方    */
```

```
#include <stdio.h>

int main()
{
    int square[11];
    int i;

    for (i = 0; i < 11; ++i)
        square[i] = i * i;

    for (i = 0; i < 11; ++i)
        printf("%d\t", square[i]);
    putchar('\n');

    return 0;
}
```

例 7.4 编一程序，定义一个字符型数组，用 for 循环为数组赋如下值，并输出。

array

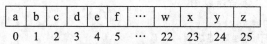

a	b	c	d	e	f	⋯	w	x	y	z
0	1	2	3	4	5	⋯	22	23	24	25

观察这个数组，发现每个元素的下标正好是元素在字母表中的序号。所以可以用一个 for 循环对它赋值，array[i]的值等于'a'+ i。程序实现见代码清单 7-4。

代码清单 7-4　将数组元素值赋值为 26 个小写字母

```
/* 文件名：7-4.c
   将数组元素值赋值为 26 个小写字母      */
#include <stdio.h>

int main()
{
    char array[26];
    int i;

    for (i = 0; i < 26; ++i)
      array[i] = i + 'a';

    for (i = 0; i < 26; ++i)
      putchar(array[i]);
    putchar('\n');

    return 0;
}
```

7.1.3　一维数组的内存映像

一维数组的内存
映像

　　定义数组就是定义了一块连续的空间，空间的大小等于元素个数乘以每个元素所占的空间大小。数组元素按序存放在这块空间中。例如，若在 VS2010中定义

```
int  intarray[5];
```
则数组 intarray 占用了 20 个字节，因为每个整型数占 4 个字节。如果这块空间的起始地址为 100，那么 100～103 存放 intarray[0]，104～107 存放 intarray[1]，…，116～119 存放 intarray[4]，如图 7-1 所示。

随机值	随机值	随机值	随机值	随机值

100　　　　　103 104　　　　　107 108　　　　　111 112　　　　　115 116　　　　　119

图 7-1　一维数组的内存映像

　　由于定义数组 intarray 时并没有给它赋初值，所以这块空间中的值是随机值。

　　C 语言编译器并不保存每个下标变量的地址，而只保存整个数组的起始地址。数组名对应着存储该数组空间的起始地址。读者可以用

```
printf( " %d\n ", intarray);
```
输出数组 intarray 在内存中的起始地址。

　　当在程序中引用变量 intarray[idx]时，系统计算它的地址 intarray + idx×4，对该地址的内容进行操作。例如，若给 intarray[3]赋值为 3，修改的是 100+3×4，即 112～115 号单元中的内容，这 4个字节的值变成了整数 3 的内码。如图 7-2 所示。

随机值	随机值	随机值	3	随机值

100　　　　　103 104　　　　　107 108　　　　　111 112　　　　　115 116　　　　　119

图 7-2　执行了 intarray[3] = 3 后的内存情况

　　C 语言不检查数组下标的合法性。例如，定义数组 int intarray [5];合法的下标范围是 0～4，但如果程序中引用 intarray[10]，编译时不会报错，运行时也不会报错。若数组 intarray 的起始地址是1000，引用 intarray[10]时，系统会对地址为 1040 的内存单元进行操作，而 1040 可能是另一个变量的地址。如果对 intarray[10]赋值，程序中某个变量的值被莫名其妙地修改了。如果 1040 单元不是本程序可以访问的内存单元，则程序会异常终止。

　　下标超出合法范围的问题称为**下标越界**。因此在写数组操作的程序时，**程序员必须保证下标的合法性，否则程序的运行会出现不可预知的结果。**

　　例 7.5　在 VS2010 中，下列数组各占几个字节。如果数组 a、b、c、d 的起始地址分别是 100、200、300 和 400，那么存储下标变量 a[3]、b[4]、c[5]、d[2]的内存地址分别是多少？

　　① double a[5];

　　② char b[10];

　　③ float c[20];

　　④ short d[5];

VS2010 中，double 类型占 8 个字节，数组 a 有 5 个元素，所以占 40 个字节。如果 a 的起始地址是 100，下标变量 a[3]的地址是 100+3*8，等于 124。

char 类型占 1 个字节，数组 b 有 10 个元素，所以共占 10 个字节。如果 b 的起始地址是 200，下标变量 b[4]的地址是 200 + 4*1，等于 204。

float 类型占 4 个字节，数组 c 有 20 个元素，所以占 80 个字节。如果 c 的起始地址是 300，下标变量 a[3]的地址是 300 + 3*4，等于 312。

short 类型占 2 个字节，数组 d 有 5 个元素，共占 10 个字节。如果 d 的起始地址是 400，下标变量 d[2]的地址是 400 + 2*2，等于 404。

读者可自己编个程序，用 sizeof 验证这 4 个数组占用的字节数。

7.1.4　一维数组的应用

例 7.6　编写一个程序，统计某次考试的平均成绩和均方差。

在例 5.7 中已经介绍了如何统计某次考试的最高分、最低分和平均分，代码清单 5-14 用 while 循环实现了这个功能，选择-1 作为哨兵。while 循环的每个循环周期处理一个学生的信息。所有学生共用了一个存储成绩的变量。但在本例中，这种方法就不行了，因为计算均方差时既需要知道均值又需要知道每个学生的成绩，于是必须保存每个学生的成绩。

解决这个问题的关键在于如何把每个学生的成绩保存起来。学生成绩是一组相同类型的数据。如果成绩用整型数表示，则可以用一个一维整型数组来实现。但难点在于每个班的学生人数不完全一样，数组的大小应该为多少呢？一般的做法是按照人数最多的班级确定数组的大小。例如，若每个班级最多允许有 50 个学生，那么数组的大小就定义为 50。如果某个班的学生数少于 50，如 45 个学生，就用该数组的前 45 个元素。在这种情况下，定义的数组大小称为**数组的配置长度**，而真正使用的部分称为**数组的有效长度**。

统计某次考试的平均成绩和均方差的程序如代码清单 7-5 所示。

代码清单 7-5　统计某次考试的平均成绩和均方差

```c
/*  文件名: 7-5.c
    统计某次考试的平均成绩和均方差               */
#include <stdio.h>
#include <math.h>
#define MAX 100                          /* 一个班级中最多的学生数   */

int main()
{
    int score[MAX], num = 0, i;         /* num: 某次考试的真实人数   */
    double average = 0, variance = 0;

    printf( "请输入成绩 (-1 表示结束): \n");
    for (num = 0; num < MAX; ++num){    /* 输入并统计成绩总和   */
        scanf("%d", &score[num]);
        if (score[num] == -1) break;
```

```
        average += score[num];
    }

    average = average / num;                 /*  计算平均成绩    */

    for (i = 0; i < num ; ++i)               /*   计算均方差    */
        variance += (average - score[i]) * (average - score[i]);
    variance = sqrt(variance / num);

    printf( "平均分是：%f\n 均方差是：%f\n", average, variance );

    return 0;
}
```

代码清单 7-5 所示程序的某次运行结果为

```
请输入成绩（-1 表示结束）：
75 74 74 74 75 75 76 -1
平均分是：74.7143
均方差是：0.699854
```

代码清单 7-5 中有两个地方需要注意，第一个地方是将允许处理的最大人数定义成一个符号常量，这种做法的好处是便于程序将来的修改。如果将来情况有变，每个班级最多允许有 200 个学生。对程序而言，只需要修改符号常量的定义，其他都不用变。第二个地方是输入成绩的 for 循环，这个循环有两个出口：一个是循环控制行中的表达式 2，它控制输入人数不要超过最大的限度，防止内存溢出；第二个出口是循环体中哨兵的检测。当输入为-1 时，由 break 语句退出循环。

这个程序的缺点是空间问题。如果一个班级最多可以有 100 人，但一般情况下每个班级都只有 50 人左右，那么数组 score 的一半空间是被浪费的。这个问题在第 8 章中会有更好的解决方法。

例 7.7 某个班级有 10 名学生。编写一个程序，输入这个班级的考试成绩，输出每个学生与平均分的差距。如输入为 70、61、66、84、90、98、75、72、65、80，则输出为

```
1       -6.1
2       -15.1
3       -10.1
4       7.9
5       13.9
6       21.9
7       -1.1
8       -4.1
9       -11.1
10      3.9
```

这个程序同样需要保存每个学生的分数，在得到平均值以后，将每个学生的成绩与平均值相减，得到与平均分的差距。在这个程序中需要注意的是与平均分的差距是一个实数，所以保存平均

值的变量 avg 应该是一个实型变量。在计算 score[i]-avg 时，由于自动类型转换，score[i]被转换成
double 类型，执行两个 double 类型数据的运算，结果是 double 类型，所以输出是一个实数。程序
的实现见代码清单 7-6。

代码清单 7-6 统计某次考试中每个学生与平均分的差距

```
/*  文件名：7-6.c
   统计某次考试中每个学生与平均分的差距          */
#include <stdio.h>

int main()
{
    int score[10];
    double avg = 0;
    int i;

    printf("请输入 10 个分数:");
    for (i = 0; i < 10; ++i) {                 /*  输入成绩并统计总分    */
        scanf("%d", &score[i]);
        avg += score[i];
    }
    avg /= 10;

    for (i = 0; i < 10; ++i)
        printf("%d\t%f\n", i, score[i] - avg);

    return 0;
}
```

例 7.8 向量是一个很重要的数学概念。编一程序计算两个十维向量的数量积。

一个十维向量由 10 个分量组成，每个分量是一个实数。如果有向量 $\vec{a} = (x_1, x_2, \cdots, x_n)$，向量 $\vec{b} = (y_1, y_2, \cdots, y_n)$，向量 $\vec{a}$ 和向量 $\vec{b}$ 的数量积就是两个向量的模和它们夹角的余弦值相乘，即 $\vec{a} \cdot \vec{b} = |\vec{a}| \cdot |\vec{b}| \cdot \cos\alpha = \sum x_i y_i$。

要编写这个程序，首先要考虑如何存储向量。向量是由一组有序的实数表示，因此可以用一个
实型数组来保存。计算数量积是累计求和，可以用一个 for 循环实现，于是可以得到代码清单 7-7
的程序。

代码清单 7-7 计算两个十维向量的数量积

```
/* 文件名：7-7.c
   计算两个十维向量的数量积    */
#include <stdio.h>
#define  MAX  10
int main()
{
    double a[MAX], b[MAX], result = 0;
    int i;
```

```
/*  输入向量 a  */
printf("请输入向量 a 的十个分量: ");
for (i = 0; i < MAX; ++i)
    scanf("%lf", &a[i]);

/*  输入向量 b  */
printf("请输入向量 b 的十个分量: ");
for (i = 0; i < MAX; ++i)
    scanf("%lf", &b[i]);

/*  计算 a, b 的数量积  */
for (i = 0; i < MAX; ++i)
    result += a[i] * b[i];

printf("a, b 的数量积是: %f\n", result);

return 0;
}
```

想一想，如果要将代码清单 7-7 的程序修改为计算两个二十维向量的数量积，应该如何修改？

例 7.9　编一程序，统计一个输入字符串中各字母出现的次数。当输入的是非字母时，统计结束。

输入一个字符串可以用一个循环，每个循环周期输入一个字符并修改该字母对应的统计值。问题是如何记录每个字母的出现次数？每个字母的出现次数是一个整数。26 个字母需要对应的 26 个整数，可以用 26 个整型变量。如果分别用变量 a、b、c、d、…记录字母 a、b、c、d、…，出现的次数，程序的流程如下所示

```
while (1) {
    ch = getchar();
    if (ch 不是字母) break;
    switch (ch) {
        case 'a':
        case 'A': ++a; break;
        case 'b':
        case 'B': ++b; break;
        ...
        case 'z':
        case 'Z': ++z; break;
    }
}
输出 a、b、c、…、z
```

过程很简单，但表示却很繁杂。为了统计字母的出现次数，需要用一个 52 个 case 的 switch 语句。变量 a 到 z 的输出也需要一个长长的 printf 或 26 个 printf 调用。

能否让这个过程变得简洁一点？

首先，记录每个字母出现次数的变量都是整型，因此没有必要定义 26 个整型变量，只需要定

义一个 26 个元素的整型数组 cnt。cnt[0]记录字母 a 和 A 出现的次数，cnt[1]记录字母 b 和 B 出现的次数，…，cnt[25]记录字母 z 和 Z 出现的次数。

只做了这样一个小小的改变，程序出现了奇迹般的变化。首先，输出所有的计数值不再需要一个长长的 printf 或 26 个 printf 调用，只需要一个重复 26 次的计数循环，每次输出一个计数器的值。第二，长长的 switch 也可以不要了。因为统计的字母与计数数组的下标之间有一个关系。字母 a 对应于 0，字母 b 对应 1，…，字母 z 对应 25，这个关系可以总结为：下标=ch-'a'。每次读入一个字母后，只需要将 cnt[ch-'a']的值加 1。于是可以得到代码清单 7-8 的程序。

代码清单 7-8 统计输入字符串中各字母的出现次数

```c
/* 文件名：7-8.c
   统计输入字符串中各字母的出现次数           */
#include <stdio.h>

int main()
{
    int cnt[26] = {0};
    int i;
    char ch;

    printf("请输入一个字符串：");
    while (1) {
        ch = getchar();
        if (ch >= 'a' && ch <= 'z')          /* 输入的是小写字母   */
            ++cnt[ch-'a'];
        else if (ch >= 'A' && ch <= 'Z')    /* 输入的是大写字母 */
            ++cnt[ch-'A'];
        else break;                          /* 输入的是非字母，统计结束   */
    }

    for (i = 0; i < 26; ++i)
        printf("%3c",'a'+i);
    printf("\n");
    for (i = 0; i < 26; ++i)
        printf("%3d", cnt[i]);
    printf("\n");

    return 0;
}
```

程序的某次运行过程如下

```
请输入一个字符串：abcdbcdexyzxyz
a b c d e f g h I j k l m n o p q r s t u v w x y z
1 2 2 2 1 0 0 0 0 0 0 0 0 0 0 0 0 0 0 0 0 0 0 2 2 2
```

7.2 数组作为函数的参数

数组作为函数的
参数

函数的每个参数都可以向函数传递一个数值，但假如要向函数传递一组同类数据，例如 100 个甚至 1000 个整数，那么函数是否应该有 100 个或者 1000 个整型参数呢？

在程序设计语言中，一组同类数据可以用一个数组来存储。当需要向函数传递一组同类数据时，可以将参数设计成数组，此时形式参数和实际参数都是数组名。

例 7.10　设计一函数，计算 10 位学生的考试平均成绩。

这个函数的输入是 10 位学生的考试成绩。因此，可将函数的参数设计为一个 10 个元素的整型数组，函数的返回值是一个实型数，表示平均成绩。函数的定义和使用如代码清单 7-9 所示。

代码清单 7-9　计算 10 位学生的平均成绩的函数及使用

```c
/*  文件名：7-9.c
    计算 10 位学生的平均成绩的函数及使用              */
#include <stdio.h>

double average(int array[10]);              /*  函数原型声明   */

int main()
{
    int i, score[10];

    printf("请输入 10 个成绩：\n");
    for ( i = 0; i < 10; i++)
        scanf("%d", &score[i]);

    printf("平均成绩是：%f\n", average(score));

    return 0;
}

double average(int array[10])
{
    int i, sum = 0;

    for (i = 0; i < 10; ++i)
        sum += array[i];

    return sum / 10.0;
}
```

程序的运行结果如下

```
请输入 10 个成绩：
90 70 60 80 65 89 77 98 60 88
```

平均成绩是：77.700000

　　同普通的参数传递一样，形式参数和实际参数的类型要一致。当形式参数是 10 个元素的整型数组时，实际参数也应该是 10 个元素的整型数组。

　　对代码清单 7-9 的程序做一些小小的修改，你会发现一个有趣的现象。如果在函数 average 的 return 语句前增加一个对 array[3] 赋值的语句，如 array[3] = 90，在 main 函数的 average 函数调用后，即 return 语句前增加一个输出 score[3] 的语句，如代码清单 7-10 所示。

　　代码清单 7-10　做了一个小小修改后的计算 10 位学生的平均成绩的函数及使用

```
/*  文件名：7-10.c
    做了一个小小修改后的计算 10 位学生的平均成绩的函数及使用     */
#include <stdio.h>

double average(int array[10]);      /*  函数原型声明   */

int main()
{
    int i, score[10];

    printf("请输入 10 个成绩：\n");
    for ( i = 0; i < 10; i++)  scanf("%d", &score[i]);

    printf("平均成绩是：%f\n", average(score));
    printf("%d\n", score[3]);

    return 0;
}

double average(int array[10])
{
    int i, sum = 0;

    for (i = 0; i < 10; ++i)  sum += array[i];
    array[3] = 90;

    return sum / 10.0;
}
```

　　运行代码清单 7-10 的程序，运行过程为

```
请输入 10 个成绩：
90 70 60 80 65 89 77 98 60 88
平均成绩是：77.700000
90
```

输出的 score[3] 的值是 90 而不是 80！

　　不是说值传递时形式参数的变化不会影响实际参数吗？为什么 main 函数中的 score[3] 被改变

了呢？这不是违背了值传递的性质了吗？其实，值传递的性质并没有被改变。这是由于 C 语言的数组表示机制决定的。

在第 7.1 节中我们已经知道，数组名代表的是数组在内存中的起始地址。按照值传递的机制，在参数传递时用实际参数的值初始化形式参数。数组传递时的实际参数是数组名，即将作为实际参数的数组的起始地址赋给形式参数的数组名，这样形式参数和实际参数的数组具有同样的起始地址，也就是说计算机并没有为形式参数数组分配空间，形式参数和实际参数的数组事实上是一个数组。因此，数组传递的本质是仅传递了数组的起始地址，并不是将作为实际参数的数组中的每个元素值对应传递给形式参数的数组的元素。在函数中对形式参数的数组的任何修改实际上是对实际参数的修改。

那么在被调函数中如何知道作为实际参数的数组的大小呢？没有任何获取途径。代码清单 7-9 和 7-10 在编程时约定了数组大小是 10。如果没有约定，数组的大小必须作为一个独立的参数传递，即函数需要另外一个整型的形式参数，用来表示数组的规模。

总结一下，**数组传递实质上传的是数组起始地址，形式参数和实际参数是同一个数组。传递一个数组需要两个参数：数组名和数组大小**。数组名给出数组的起始地址，数组大小给出该数组的元素个数。

由于数组传递本质上是首地址的传递，真正的元素个数是作为另一个参数传递的，函数并没有为形式参数数组分配空间，因此形式参数中数组的大小是无意义的，通常可省略。如代码清单 7-9 和 7-10 中的函数原型声明和函数定义中的函数头

```
double average(int array[10])
```

中的 10 可以省略，简写为

```
double average(int array[ ])
```

数组参数实际上传递的是地址这一特性非常有用，它可以在函数内部修改作为实际参数的数组元素值。

例 7.11 编写一个程序实现下面的功能：读入一串整型数据，直到输入一个特定值为止；把这些整型数据逆序排列；输出经过重新排列后的数据。要求每个功能用一个函数来实现。

除了 main 函数外，这个程序还需要 3 个函数，即 ReadIntegerArray（读入一串整型数）、ReverseIntegerArray（将这组数据逆序排列）和 PrintIntegerArray（输出数组），分别完成这 3 个功能。有了这 3 个函数，main 函数非常容易实现：依次调用 3 个函数。因此，首先要做的工作就是确定 3 个函数的原型。

ReadIntegerArray 从键盘接收一个整型数组的数据，它需要告诉 main 函数接收了几个元素以及这些元素的值。接收的元素个数可以通过函数的返回值实现，但输入的数组元素的值如何告诉main 函数呢？幸运的是，数组传递的特性告诉我们对形式参数的任何修改都是对实际参数的修改。因此可以在 main 函数中定义一个整型数组，将此数组传给 ReadIntegerArray 函数。在ReadIntegerArray 函数中，将输入的数据放入作为形式参数的数组中。在函数执行结束后，输入的数据已经存于作为实际参数的数组中。为了使这个函数更通用和可靠，还可以增加两个形式参数：实际数组的规模和输入结束标记。据此可得 ReadIntegerArray 函数的原型为

```
int ReadIntegerArray(int array[ ],int max, int flag)
```

返回值是输入的数组元素的个数，形式参数 array 是存放输入元素的数组，max 是作为实际参数的数组的规模，flag 是输入结束标记。

　　ReverseIntegerArray 函数将作为参数传入的数组中的元素逆序排列，这很容易实现。只要将第一个元素和最后一个元素交换，第二个元素和倒数第二个元素交换……。同样因为数组传递的特性，在函数内部对形式参数数组的元素逆序排列也反映给了实际参数。因此 ReverseIntegerArray 函数的参数是一个数组，它的原型可设计为

```
void ReverseIntegerArray(int array[ ],int size)
```

　　PrintIntegerArray 函数最简单，只要把要打印的数组传给它就可以了。因此它的原型为

```
void PrintIntegerArray(int array[ ], int size)
```

　　按照上述思路得到的程序如代码清单 7-11 所示。

代码清单 7-11　整型数据逆序输出的程序

```
/* 文件名：7-11.c
   读入一串整型数据，将其逆序排列并输出排列后的数据。最多允许处理 10 个数据    */
#include <stdio.h>
#define MAX 10

int ReadIntegerArray(int array[ ], int max, int flag );
void ReverseIntegerArray(int array[ ], int size);
void PrintIntegerArray(int array[ ], int size);

int main()
{
    int IntegerArray[MAX], flag, CurrentSize;

    printf("请输入结束标记：");
    scanf("%d", &flag);

    CurrentSize = ReadIntegerArray(IntegerArray, MAX, flag );
    ReverseIntegerArray(IntegerArray, CurrentSize);
    PrintIntegerArray(IntegerArray, CurrentSize);

    return 0;
}

/* 函数：ReadIntegerArray
   作用：接收用户的输入，存入数组 array，max 是 array 的大小，flag 是输入结束标记。
        当输入数据个数达到最大长度或输入了 flag 时结束                    */
int ReadIntegerArray(int array[ ], int max, int flag )
{
    int size = 0;

    printf("请输入数组元素，以%d 结束：", flag) ;
```

```
    while (size < max) {
        scanf("%d", &array[size]);
        if (array[size] == flag) break;
        else ++size;
    }

    return size;
}

/*  函数：ReverseIntegerArray
    作用：将 array 中的元素按逆序存放，size 为元素个数     */
void ReverseIntegerArray(int array[ ], int size)
{
    int i, tmp;

    for (i=0; i < size / 2; i++){
        tmp = array[i];
        array[i] = array[size-i-1];
        array[size-i-1] = tmp;
    }
}

/*  函数：PrintIntegerArray
    作用：将 array 中的元素显示在屏幕上。size 是 array 中元素的个数       */
void PrintIntegerArray(int array[ ], int size)
{
    int i;

    if (size == 0) return;
    printf("逆序是: \n");
    for (i=0; i<size; ++i)
        printf("%d\t ", array[i]);
}
```

注意函数 ReverseIntegerArray 中的 for 循环，循环次数是 size/2，而不是 size。想一想为什么？程序的某次运行结果为

```
请输入结束标记: 0
请输入数组元素，以 0 结束: 1   2   3   4   5   6   7   0
逆序是:
7   6   5   4   3   2   1
```

例 7.12　设计一个函数，检查一组整数中具有因子 k 的元素个数。例如，数据 1、2、3、4、5、6、7、8、9、10 中具有因子 3 的元素个数有 3 个，即 3、6、9。

首先需要考虑函数的原型，执行函数时需要传给它一组整数和因子 k，一组整数可以保存在一

个数组中。传递数组需要两个参数：数组名和数组规模。所以函数有 3 个参数：数组名、数组规模和因子 k。函数执行的结果是具有因子 k 的元素个数，因此返回值是一个整数。

整数 k 是整数 a 的因子，意味着整数 a 除以整数 k 的余数为 0，所以可用取模操作。该函数的实现见代码清单 7-12。

代码清单 7-12　检查一组整数中具有因子 k 的元素个数的函数及测试程序

```
/* 文件名：7-12.c
   检查一组整数中具有因子 k 的元素个数        */
#include <stdio.h>

int countFact(int a[], int size, int k);

int main()
{
    int a[10] = {0,1,2,3,4,5,6,7,8,9};

    printf("%d\n", countFact(a,10,3));

    return 0;
}

int countFact(int a[], int size, int k)
{
    int count = 0, i;

    for (i = 0; i < size; ++i)
        if ( a[i] != 0 && a[i] % k == 0) ++count;

    return count;
}
```

　　任何数都不是 0 的因子，所以检查 a[i]是否有因子 k 的表达式为 a[i] != 0 && a[i] % k == 0。先排除 a[i]是 0 的情况，再检查 a[i]能否整除 k。

代码清单 7-12 的执行结果是 3，即有 3 个元素包含了因子 3。

7.3　查找算法

一维数组的一个重要的操作是在数组中检查某个特定的元素是否存在。如果找到了，则输出该元素的存储位置，即下标值，这个操作称为**查找**。最基本、最直接的查找方法就是顺序查找，但对于已排好序的数组，可以采用二分查找，二分查找比顺序查找速度更快。下面分别介绍这两种查找方法。

7.3.1 顺序查找

顺序查找

从数组的第一个元素开始，依次往下比较，直到找到要找的元素，输出元素的存储位置，若到数组结束还没有找到要找的元素，则输出错误信息，这种查找方法即为**顺序查找**。显然，顺序查找可以用一个 for 循环来实现，循环变量遍历数组的下标。每个循环周期检查对应的下标变量是否是正在查找的元素。

例 7.13 设计一个在一组整型数中顺序查找某个整数是否出现的函数。查找成功时，返回元素在数组中的下标。否则返回-1，表示查找失败。然后设计一个测试该函数的 main 函数，在一批整型数据 2, 3, 1, 7, 5, 8, 9, 0, 4, 6 中查找元素 5 是否出现。

首先设计函数的原型，调用此函数时必须给出被查找的数据集合以及所要查找的元素值。数据集合可以用一个数组保存。传递一个数组需要 2 个参数：数组名和数组的有效长度。所以该函数有 3 个参数：数组名、数组规模和被查找元素。函数的执行结果是被查找元素在数组中的位置，即一个整型数。如果被查找元素在数组中不存在，则返回-1，所以返回值是一个整型数。完整的程序实现如代码清单 7-13 所示。

代码清单 7-13 顺序查找

```
/* 文件名：7-13.c
   顺序查找     */
#include <stdio.h>

int find(int a[], int size, int x);        /*  在数组 a 中查找 x   */

int main()
{
    int array[ ] = { 2, 3, 1, 7, 5, 8, 9, 0, 4, 6};

    printf("%d", find(array, 10, 5));

    return 0;
}

int find(int a[], int size, int x)
{
    int k;

    for (k = 0; k < size; ++k)
        if (x == a[k])  break;

    if (k == size) return -1;
    else return k;
}
```

函数 find 用一个 for 循环依次检查数组的每个元素。该循环有两个出口：一个是循环控制行中的表达式 2 为"假"，表示已经检查了所有元素，都不是要寻找的元素，查找失败；另一个是循环体中的 break 语句，表示找到了所要寻找的元素，此时的循环变量值正好是该元素的下标。for 循环后面的 if 语句判断是由哪种情况跳出循环。如果 k 等于 size，是第一种情况，返回-1，表示查找失败。否则返回 k。

该函数还有一种时间性能更好的实现方法，在 for 循环中找到所需寻找的元素时直接返回 k。循环结束后，返回-1。具体实现如下所示

```c
int find(int a[], int size, int x)
{
    int k;

    for (k = 0; k < size; ++k)
        if (x == a[k])  return k;

    return -1;
}
```

在顺序查找中，如果表中有 n 个元素，最好的情况是表中第一个元素即是需要查找的元素，此时只需要一次比较就完成了查找。最坏的情况是被查找的元素是最后一个元素或被查找元素根本不存在。此时程序必须检查所有元素后才能得出结论，即需要执行 n 次比较操作。

7.3.2　二分查找

二分查找

顺序查找的实现相当简单明了。但是，如果被查找的数组很大，要查找的元素又靠近数组的尾端或在数组中根本不存在，则查找的时间可能就会很长。设想一下，在一本 5 万余词的《新英汉词典》中顺序查找某一个单词，最坏情况下就要比较 5 万余次。在手工的情况下，几乎是不可能实现的。但为什么我们能在词典中很快找到要找的单词呢？关键就在于《新英汉词典》是按字母顺序排序的。当要在词典中找一个单词时，我们不会从第一个单词检查到最后一个单词，而是先估计一下这个词出现的大概位置，然后翻到词典的某一页，如果翻过头了，则向前修正，如太靠前面了，则向后修正。

如果待查数据是已排序的，可以按照查词典的方法进行查找。在查词典的过程中，因为有对单词分布情况的了解，所以一下子就能找到比较接近的位置。但是一般的情况下，我们不知道待查数据的分布情况，所以只能采用比较机械的方法，每次检查待查数据中排在最中间的元素。如果中间元素就是要查找的元素，则查找完成。否则，确定要找的数据是在前一半还是在后一半，然后缩小范围，在前一半或后一半内继续查找。例如，要在如图 7-3 所示的集合中查找 28，开始时，检查整个数组的中间元素，中间元素的下标值为（0+10）/ 2 = 5。存储在 5 号单元的内容是 22。22 不等于 28，因此需要继续查找。而另一方面，我们知道 28 所在位置一定是在 22 的后面，因为这个数组是有序的。因此可以立即得出结论：下标值从 0 到 5 的元素不可能是 28。这样通过一次比较就排除了 6 个元素（而在顺序查找中，一次比较只能排除一个元素）。接着在 24 到 33 之间查找 28。这段数据的中间元素的下标是（6+10）/ 2 = 8。存储在 8 号单元的内容正好是我们要找的元素 28，这时查找就结束了。因此采用二分查找法查找 28 只需要两次比较，而顺序查找需要 9 次比较。

如果用 low 和 high 表示查找区间的两个端点，上述查找过程如图 7-4 所示。

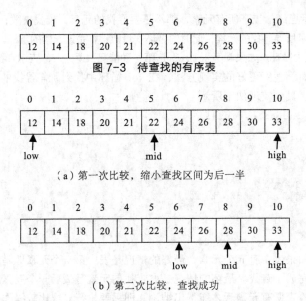

图 7-3　待查找的有序表

（a）第一次比较，缩小查找区间为后一半

（b）第二次比较，查找成功

图 7-4　在图 7-3 的数据中用二分查找法查找 28 的过程

　　假如要在图 7-3 的有序数据集中查找 23，开始时查找的下标范围是[0,10]，同样是先检查中间元素，中间元素的下标值为（0+10）/ 2 = 5。存储在 5 号单元的内容是 22。22 不等于 23，因此需要继续查找。因为 23 大于 22，所以下标为 0 到 5 的元素被抛弃了，把查找范围修改为[6,10]。这时中间元素的下标是 8，8 号单元的内容是 28，比 23 大。所以 8 号到 10 号单元的内容不可能是 23，进一步把查找范围缩小到[6,7]之间。继续计算中间元素的下标(6+7) / 2 = 6，6 号单元的内容是 24，比 23 大，6 及 6 以后的元素被抛弃了，这时查找范围为[6,5]。这个查找区间是不存在的，所以 23 在表中不存在。这个过程如图 7-5 所示。

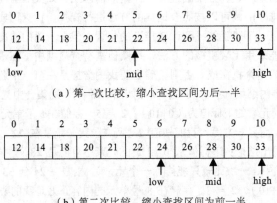

（a）第一次比较，缩小查找区间为后一半

（b）第二次比较，缩小查找区间为前一半

图 7-5　查找不成功示例

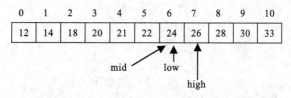

（c）第三次比较，缩小查找区间为前一半

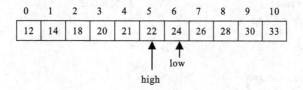

（d）第四次比较，缩小查找区间为前一半，查找区间不存在

图 7-5 查找不成功示例（续）

总结一下，首先在整个表中查找中间元素，然后根据这个元素的值确定下一步将在哪一半进行查找，将查找范围缩小一半，继续用同样的方法查找。这种查找方法称为**二分查找**。开始时，搜索范围覆盖整个数组，即 low = 0，high = size – 1。随着查找的继续进行，搜索区间将逐渐缩小，直到元素被找到。如果最后两个下标值交叉了，即 low 大于 high，那么表示所要查找的值不在数组中。

例 7.14 设计一个在一组已排序的整型数中用二分查找某个整数是否出现的函数，并设计一个测试该函数的 main 函数，在一批整型数据 0, 1, 2, 3, 4, 5, 6, 7, 8, 9 中查找某个元素 5 是否出现，并输出其下标。

使用二分查找解决这个问题的程序如代码清单 7-14 所示。

代码清单 7-14 二分查找程序

```
/* 文件名：7-14.c
   二分查找                */
#include <stdio.h>

int find(int a[], int size, int x);        /*  在数组 a 中二分查找 x  */

int main()
{
    int array[ ] = { 0,1,2,3,4,5,6,7,8,9};

    printf("%d", find(array, 10, 5));

    return 0;
}

int find(int a[], int size, int x)
```

```
{
    int low, high, mid;

    low = 0;
    high = size-1;
    while ( low <= high ) {              /* 查找区间存在   */
        mid = ( low + high ) / 2;        /* 计算中间位置   */
        if ( x== a[mid] )  break;        /* 找到   */
        if ( x < a[mid])                 /* 修改查找区间   */
            high = mid - 1;
        else low = mid + 1;
    }

    if (low > high) return -1;
    else return mid;
}
```

由上述讨论可知，二分查找算法比顺序查找算法更有效。在顺序查找中，比较的次数取决于所要查找的元素在数组中的位置。对于 n 个元素的数组，在最坏的情况下，所要查找的元素必须查到查找区间只剩下一个元素时，才能找到或者确定该元素根本不在数组中。二分查找时，在第一次比较后，所要搜索的区间立刻减小为原来的一半，只剩下 $n/2$ 个元素。在第二次比较后，再去掉这些元素的一半，剩下 $n/4$ 个元素。每次比较后被查找的元素数都减半。最后搜索区间将变为 1，即只需要将这个元素与需要查找的元素进行比较。达到这一点所需的步数等于将 n 依次除以 2 并最终得到 1 所需要的次数，可以表示为如下公式

$$\underbrace{n/2/2/\cdots/2/2 = 1}_{k}$$

将所有的 2 乘起来得到以下方程

$$n = 2^k$$

则 k 的值为

$$k = \text{lb } n$$

所以，使用二分查找算法最多只需要 lb n 次比较就可以了。

顺序查找最坏情况下需要比较 n 次，二分查找算法最多只需要比较 lb n 次。n 和 lb n 的差别究竟有多大？表 7-1 给出了不同的 n 值和它相对应的最精确的 lb n 的整数值。

表 7-1　n 与 lb n

n	lb n
10	3
100	7
1000	10
1 000 000	20
1 000 000 000	30

从表 7-1 中的数据可以看出，对于小规模的数组，这两个值差别不大，两种算法都能很好地完成搜索任务。然而，如果该数组的元素个数为 1 000 000 000，在最坏的情况下顺序查找算法需要 1 000 000 000 次比较才能查找完毕，而二分查找算法最多也仅仅需要 30 次比较就能查找完毕。

7.4 排序算法

在 7.3.2 节中我们已经看到，如果待查数据是有序的，则可以大大降低查找时间。因此对于一大批需要经常查找的数据而言，事先对它们进行排序是有意义的。

排序的方法有很多，如插入排序、选择排序、交换排序等。下面介绍两种比较简单的排序方法：直接选择排序法和冒泡排序法。

7.4.1 直接选择排序法

在众多排序算法中，最容易理解的一种就是**选择排序**算法。应用选择排序时，每次选择一个元素放在它最终要放的位置。如果要将数据按非递减次序排列，一般的过程是先找到整个数组中的最小的元素并把它放到数组的起始位置，然后在剩下的元素中找最小的元素并把它放在第二个位置上，对整个数组继续这个过程，最终将得到按从小到大顺序排列的数组。

不同的最小元素选择方法得到不同的选择排序算法。**直接选择排序**是选择排序算法中最简单的一种，就是在找最小元素时采用最原始的方法——顺序查找。

为了理解直接选择排序算法，以排序下面数组作为例子。

31	41	59	26	53	58	97	93
0	1	2	3	4	5	6	7

通过顺序检查数组元素可知这个数组中最小的元素值是 26，它在数组中的位置是 3，因此需要将它移动到位置 0。经过交换位置 0 和位置 3 的数据得到新的数组如下。

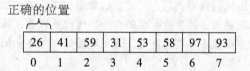

正确的位置

位置 0 中就是该数组的最小值，符合最终的排序要求。现在，可以处理表中的剩下部分。下一步是用同样的策略，正确填入数组的位置 1 中的值。最小的值（除了 26 已经被正确放置外）是 31，现在它的位置是 3。如果将它的值和位置为 1 的元素的值进行交换，可以得到下面的状态，前两个元素是正确的值。

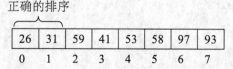

正确的排序

在下一个周期中，再将下一个最小值（应该是 41）和位置 2 中的元素值进行交换。

正确的排序

26	31	41	59	53	58	97	93
0	1	2	3	4	5	6	7

如果继续这个过程，将正确填入位置 3 和位置 4，以此类推，直到数组被完全排序。

　　为了弄清楚在整个算法中具体的某一步该对哪个元素进行操作，可以想象用你的左手依次指明最小元素应该放入的下标位置。开始时，左手指向 0 号单元。然后依次指向 1、2、3、4…对每一个左手位置，可以用你的右手找出从左手位置开始到数组最后一个元素中的最小元素。一旦找到这样的元素，就可以把两个手指指出的值进行交换。在实现中，你的左手和右手分别用两个变量 lh 和 rh 来代替，它们分别代表相应的元素在数组中的下标值。

　　上述过程可以用下面的伪代码表示

```
for (lh = 0; lh < n; ++lh) {
    设 min 是从 lh 直到数组结束的所有元素中最小值元素的下标，
    将 lh 位置和 min 位置的值进行交换；
}
```

　　如何找到从 lh 开始到数组最后一个元素中的最小元素？直接选择排序法采用顺序查找。首先假设左手指向的位置中包含的是最小元素。然后依次让你的右手指向 lh+1、lh+2、…、size-1，比较最小元素和右手指向的元素。如果右手指向的元素小于最小元素，则记录最小元素是右手指向的元素。这个过程可以用一个 for 循环实现。右手是循环变量，依次从 lh 变化到 size-1。

　　将这段伪代码转换成 C 语言语句并不是很难，只要使用一个嵌套的 for 循环即可。

　　例 7.15　设计一个函数采用直接选择排序法排序一组整型数据，并设计一个调用此函数的 main 函数排序一个元素值分别为 2、5、1、9、10、0、4、8、7、6 的数组。

　　设计一个函数首先需要设计函数原型。调用排序函数时需要给它所需排序的一组元素，因此函数的参数是一个数组。函数的执行结果是一个排序后的数组，如何返回一个数组，目前并无这样的方法。但幸运的是，数组传递机制告诉我们，形式参数数组和实际参数数组是同一个数组。排序函数对形式参数数组的修改也就是对实际参数数组的修改。因此函数调用结束时，实际参数数组中的元素已经是有序了，所以排序函数不需要返回值。采用直接选择排序法解决这个问题的程序如代码清单 7-15 所示。

代码清单 7-15　直接选择排序的程序

```
/* 文件名：7-15.c
   直接选择排序      */
#include <stdio.h>
void sort(int a[], int size);

int main( )
{
    int k, array[ ] = {2, 5, 1, 9, 10, 0, 4, 8, 7, 6};
```

```
    sort(array, 10);

    for (k =0; k<10; ++k)
        printf("%d  ", array[k]);

    return 0;
}

void sort(int a[], int size)
{
    int lh, min, k, tmp;

    for (lh = 0; lh < size; ++lh)  {           /* 依次将正确的元素放入 a[lh] */
        min = lh;
        for (k = lh; k < size; ++k) /* 找出从 lh 到最后一个元素中的最小元素的下标 min */
            if ( a[k] < a[min] )  min = k;
        tmp = a[lh];                            /*  交换 lh 和 min 的值  */
        a[lh] = a[min];
        a[min] = tmp;
    }
}
```

7.4.2　冒泡排序法

冒泡排序法

冒泡排序法是另一种常用的排序算法，它是通过调整违反次序的相邻元素的位置达到排序的目的。

如果需要将数组元素按非递减的次序排序，冒泡排序法的过程如下：从头到尾比较相邻的两个元素，将小的换到前面，大的换到后面。经过了从头到尾的一趟比较，就把最大的元素交换到了最后一个位置。这个过程称为**一趟起泡**。然后再从头开始到倒数第二个元素进行第二趟起泡。比较相邻元素，如违反排好序后的次序，则交换相邻两个元素。经过了第二趟起泡，又将第二大的元素放到了倒数第二个位置，……，以此类推，经过第 n-1 趟起泡，将倒数第 n-1 个大的元素放入位置 1。此时，最小的元素就放在了位置 0，完成排序。

总结一下，排序 n 个元素需要进行 n-1 次起泡，这个过程可以用一个 1 到 n-1 的一个 for 循环来控制。第 i 次起泡的结果是将第 i 大的元素交换到第 n-i 号单元。第 i 次起泡就是检查下标 0 到 n-i-1 的元素，如果这个元素和它后面的元素违反了排序要求，则交换这两个元素。这个过程又可以用一个 0 到 n-i-1 的 for 循环来实现。所以整个冒泡排序就是一个两层嵌套的 for 循环。

同样以排序下面数组作为例子。

31	41	59	26	53	58	97	93
0	1	2	3	4	5	6	7

第一次起泡时，先比较 31 和 41。这两个元素没有违反排好序的次序，继续往下比较。下一次比较

41 和 59，还是没有违反规则。继续比较 59 和 26，这两个元素违反了前小后大的规则，交换这两个元素。交换后的结果如下所示。

31	41	26	59	53	58	97	93
0	1	2	3	4	5	6	7

继续比较 59 和 53，这两个元素又违反规则了，于是交换这两个元素。交换后的结果是

31	41	26	53	59	58	97	93
0	1	2	3	4	5	6	7

接下去比较 59 和 58，又需要交换。交换后的结果是

31	41	26	53	58	59	97	93
0	1	2	3	4	5	6	7

接着比较 59 和 97，这两个元素不需要交换。继续比较 97 和 93，发现又违反规则了，又需要交换。交换后的结果是

31	41	26	53	58	59	93	97
0	1	2	3	4	5	6	7

至此，一趟起泡完成了。经过第一次起泡，把最大的元素 97 交换到最后。元素 97 已经在正确的位置。然后对下标为 0 到 6 的元素进行第二次起泡，把第二大的元素 93 交换到下标 6 的位置。在这次起泡中，只有 41 和 26 进行了交换。数组内容如下

31	26	41	53	58	59	93	97
0	1	2	3	4	5	6	7

第三次起泡是对下标为 0 到 5 的元素，把第三大的元素 59 交换到下标 5 的位置。在这次起泡中，只有 31 和 26 进行了交换。数组内容如下

26	31	41	53	58	59	93	97
0	1	2	3	4	5	6	7

一般来讲，n 个元素的冒泡排序需要 n-1 趟起泡，但事实上，每趟起泡都会使数据更加有序。对上述数据只进行了 3 趟起泡数据就完全有序了。这时没有必要再进行后续的起泡了，排序可以结束。

如何知道起泡过程可以提前结束？如果在一趟起泡过程中没有发生任何数据交换，则说明这批数据中相邻元素都满足前面小后面大的次序，也就是这批数据已经是排好序了，无须再进行后续的起泡过程。

如果待排序的数据放在数组 a 中，冒泡排序法的伪代码可以表示为

```
for (i=1; i<n; ++i) {
    for (j = 0; j < n-i; ++j)
        if (a[j]>a[j+1])
         交换 a[j]和 a[j+1];
    if （这次起泡没有发生过数据交换） break;
}
```

例 7.16 设计一个函数采用冒泡排序法排序一组整型数据，并设计一个调用此函数的 main 函

数排序一个元素值分别为 2, 5, 1, 9, 10, 0, 4, 8, 7, 6 的数组。

完成排序的程序如代码清单 7-16 所示。为了记录在一趟起泡中有没有发生过交换，程序定义了一个整型变量 flag。在每次起泡前将 flag 设为 0，表示没有发生交换。在起泡过程中如果发生交换，将 flag 置为 1。当一趟起泡结束后，如果 flag 仍为 0，则说明没有发生过交换，可以结束排序。

代码清单 7-16　整型数的冒泡排序的程序

```
/* 文件名: 7-16.c
   冒泡排序          */
#include <stdio.h>
void sort(int a[], int size);

int main( )
{
    int k, array[ ] = {2, 5, 1, 9, 10, 0, 4, 8, 7, 6};

    sort(array, 10);

    for (k =0; k<10; ++k)
        printf("%d  ", array[k]);

    return 0;
}


void sort(int a[], int size)
{
    int i, j, tmp, flag;                /*  flag 记录一趟起泡中有没有发生过交换  */

    for (i = 1; i < size; ++i) {        /* 控制 size-1 次起泡   */
        flag = 0;
        for (j = 0; j < size-i; ++j)    /* 一次起泡过程   */
            if (a[j+1] < a[j]) {
                tmp = a[j];
                a[j] = a[j+1];
                a[j+1] = tmp;
                flag = 1;
            }
        if (!flag) break;               /*  一趟起泡中没有发生交换，排序提前结束  */
    }
}
```

7.5　二维数组

数组的元素可以是任何类型，当然也可以是一个数组。如果数组的每一个元素又是一个数组，则被称为**多维数组**。最常用的多维数组是二维数组，即每一个元素是一个一维数组的一维数组。

7.5.1　二维数组的定义

二维数组可以看成数学中的矩阵，它由行和列组成。定义一个二维数组必须说明它有几行几列。二维数组定义的一般形式如下

二维数组的定义

```
类型名　数组名[行数][列数];
```
类型名是二维数组中每个元素的类型，与一维数组一样，行数和列数也必须是常量。

二维数组也可以看成是元素为一维数组的数组。此时，可以把行数看成是这个一维数组的元素个数，列数是每个元素（也是一个一维数组）中元素的个数。例如，定义

```
int a[4][5];
```
表示定义了一个由 4 行 5 列组成的二维数组 a，每个元素的类型是整型。也可以看成定义了一个有 4 个元素的一维数组 a[4]，每个元素 a[i]的类型是一个由 5 个元素组成的一维整型数组。

二维数组也可以在定义时赋初值。可以用以下 3 种方法对二维数组进行初始化。

（1）对所有元素赋初值。将所有元素的初值按行序列在一对花括号中，即先是第 1 行的所有元素值，接着是第 2 行的所有元素值，以此类推。例如

```
int a[3][4] = { 1,2,3,4,5,6,7,8,9,10,11,12};
```
编译器依次把花括号中的值赋给第一行的每个元素，然后是第二行的每个元素，以此类推。初始化后的数组元素如下所示

$$\begin{bmatrix} 1 & 2 & 3 & 4 \\ 5 & 6 & 7 & 8 \\ 9 & 10 & 11 & 12 \end{bmatrix}$$

可以通过花括号把每一行括起来使这种初始化方法表示得更加清晰，如

```
int a[3][4] = { {1,2,3,4}, {5,6,7,8}, {9,10,11,12}};
```
表示第一行元素是{1,2,3,4}，第二行元素是{5,6,7,8}，第三行元素是{9,10,11,12}。

（2）对部分元素赋值。同一维数组一样，二维数组也可以对部分元素赋值。编译器将初始化列表中的数值按行序依次赋给每个元素，没有得到初值的元素赋初值为 0。例如

```
int a[3][4] = {1,2,3,4,5};
```
初始化后的数组元素如下所示

$$\begin{bmatrix} 1 & 2 & 3 & 4 \\ 5 & 0 & 0 & 0 \\ 0 & 0 & 0 & 0 \end{bmatrix}$$

（3）对每一行的部分元素赋初值。将每一行的值括在一对花括号中，例如

```
int a[3][4] = { {1,2},{3,4},{5}};
```
表示第 1 行的初值为{1,2}，给了第一行的前两个元素，其余元素的初值为 0。其他两行也是如此，初始化后的数组元素如下所示

$$\begin{bmatrix} 1 & 2 & 0 & 0 \\ 3 & 4 & 0 & 0 \\ 5 & 0 & 0 & 0 \end{bmatrix}$$

7.5.2　二维数组元素的引用

二维数组有两种引用方法，常用的是引用矩阵中的每一个元素。二维数组的每个元素是用所在的行、列号指定。如果定义数组 a 为

```
int a[4][5];
```

就相当于定义了 20 个整型变量，即 a[0][0]，a[0][1]，…，a[0][4]，…，a[3][0]，a[3][1]，…，a[3][4]。第一个下标表示行号，第二个下标表示列号。例如，a[2][3]是数组 a 的第二行第三列的元素（从 0 开始编号）。同一维数组一样，下标的编号也是从 0 开始的。

第二种引用方法是把它当作一维数组，用 a[i]引用一维数组的每一个元素，每个 a[i]代表一行。因此每个 a[i]是一个由 5 个元素组成的一维数组的数组名。引用数组 a[i]的第 j 个元素可用 a[i][j]，即数组 a[i]的第 j 个元素。

同一维数组一样，在引用二维数组的元素时，编译器也不检查下标的合法性。下标的合法性必须由程序员自己保证。

二维数组的操作通常用一个两层嵌套的 for 循环。外层循环处理每一行，里层循环处理当前行的每一列。

例 7.17　验证对二维数组的每一行的部分元素赋初值。

第三种二维数组赋初值的方法可以对每一行的部分元素赋值。为了验证这种赋初值的方法，可以输出二维数组的所有元素。输出的程序见代码清单 7-17。

代码清单 7-17　验证二维数组赋初值

```c
/*  文件名：7-17.c
    验证二维数组赋初值                      */
#include <stdio.h>

int main()
{
    int  a[3][4] = { {1,2},{3,4},{5}};
    int i, j;

    for (i = 0; i < 3; ++i) {
        putchar('\n');
        for ( j = 0; j < 4; ++j)
            printf("%d\t", a[i][j]);
    }

    return 0;
}
```

代码清单 7-17 中，循环变量 i 控制每一行。对每个 i，先输出一个回车，让光标移到下一行的第一列，然后通过一个循环变量为 j 的 for 循环，输出第 i 行的所有列。在输出每个元素时，用'\t'使每一列的元素能够对齐。代码清单 7-13 的输出是

```
1       2       0       0
3       4       0       0
5       0       0       0
```

一维数组的操作通常用一个 **for** 循环实现，而二维数组的操作通常用一个两层嵌套的 **for** 循环来实现。外层循环处理每一行，里层循环处理某行中的每一列。

7.5.3　二维数组的内存映像

一旦定义了一个二维数组，系统就在内存中准备了一块连续的空间，数组的所有元素都存放在这块空间中。在这块空间中，先放第 0 行，再放第 1 行，……。每一行又是一个一维数组，先放第 0 个元素，再放第 1 个元素，……。例如，定义了整型数组 a[3][4]，则该数组元素的存放次序如图 7-6 所示。数组名记录了这块空间的起始地址，下标变量 a[i]记录了第 i 行第 0 个元素的起始地址。

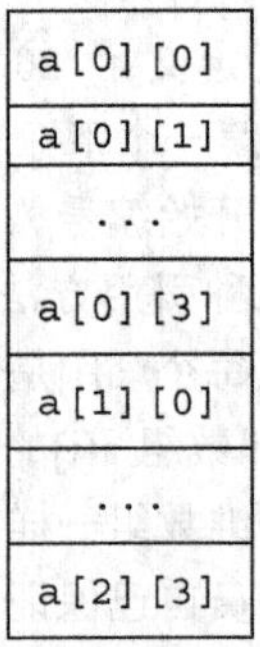

a[0][0]
a[0][1]
...
a[0][3]
a[1][0]
...
a[2][3]

图 7-6　二维数组的内部表示

7.5.4　二维数组的应用

例 7.18　编写一个程序，验证二维数组 a 的每个元素 a[i]是一个数组名，代表 a 的每一行。

为了验证二维数组 a 的每个元素 a[i]是一个代表 a 的每一行的数组名，可以设计一个输出一维数组所有元素的函数，将每个 a[i]作为实际参数，观察输出结果。完整的程序见代码清单 7-18。

代码清单 7-18　验证二维数组的每个元素 a[i]是代表每一行的数组名

```c
/*  文件名：7-18.c
    验证二维数组的每个元素 a[i]是代表每一行的数组名                    */
#include <stdio.h>

void printRow(int  a[], int size );
int main()
{
    int  a[3][4] = { {1,2},{3,4},{5}};
    int i, j;

    for (i = 0; i < 3; ++i) {
        putchar('\n');
        printRow(a[i], 4);
    }

    return 0;
}

void printRow(int a[], int size)
{
    int i;
```

```
    for ( i = 0; i < size; ++i)
        printf("%d\t", a[i]);
}
```

函数 printRow 输出一个规模为 size 的一维整型数组的所有元素值。main 函数定义了一个二维数组 a[3][4]。对每一个 a[i]，调用 printRow 函数输出对应行的值。代码清单 7-18 中程序的运行结果是

```
1       2       0       0
3       4       0       0
5       0       0       0
```

由此可见，每个 a[i]是代表第 i 行的一维数组的名字。

二维数组通常用于存储数学中的矩阵，编写矩阵运算的程序通常可用二维数组。

例 7.19 矩阵的乘法，二维数组的一个主要的用途就是表示矩阵，矩阵的乘法是矩阵的重要运算之一。矩阵 $C=A×B$ 要求 A 的列数等于 B 的行数。若 A 是 L 行 M 列，B 是 M 行 N 列，则 C 是 L 行 N 列的矩阵。它的每个元素的值为 $c[i][j]=\sum_{k=1}^{m}a[i][k]×b[k][j]$。试设计一程序输入两个矩阵 A 和 B，输出矩阵 C。

这个程序是二维数组的典型应用。其中，矩阵 A、B 和 C 可以用三个二维数组来表示。设计这个程序的关键是计算 $c[i][j]$。对于矩阵 C 的每一行计算它的每一列的元素值，这需要一个两层的嵌套循环。每个 $c[i][j]$ 的计算又需要一个循环。所以程序的主体是由一个三层嵌套循环构成的。具体程序如代码清单 7-19 所示。

代码清单 7-19 矩阵乘法的程序

```
/*  文件名：7-19.c
    矩阵乘法                      */
#include <stdio.h>
#define MAX_SIZE 10      /*   矩阵的最大规模   */

int main()
{
    int a[MAX_SIZE][MAX_SIZE], b[MAX_SIZE][MAX_SIZE], c[MAX_SIZE][MAX_SIZE];
    int i, j, k, NumOfRowA, NumOfColA, NumOfColB;

    /*  输入 A 和 B 的大小   */
    printf("\n 输入 A 的行数、列数和 B 的列数：");
    scanf("%d%d%d", &NumOfRowA, &NumOfColA, &NumOfColB);

    /*  输入 A            */
    printf( "\n 输入 A:\n");
    for (i=0; i< NumOfRowA; ++i)
        for (j=0; j < NumOfColA; ++j)  {
            printf("a[%d][%d] = ", i, j);
            scanf("%d", &a[i][j]);
        }

    /*  输入 B            */
```

```
    printf("\n 输入 B:\n");
    for (i=0; i< NumOfColA; ++i)
        for (j=0; j< NumOfColB; ++j)    {
            printf("b[%d][%d] = ", i, j);
            scanf("%d", &b[i][j]);
        }

    /*  计算 A×B  */
    for (i=0; i< NumOfRowA; ++i)
        for (j=0; j< NumOfColB; ++j) {
            c[i][j] = 0;
            for (k=0; k<NumOfColA; ++k)
                c[i][j] += a[i][k] * b[k][j];
        }

    /*  输出 C    */
    printf("\n 输出 C:");
    for (i=0; i < NumOfRowA; ++i) {
        printf("\n");
        for (j=0; j< NumOfColB; ++j)
            printf("%d\t", c[i][j]);
    }

    return 0;
}
```

由于 **A** 的列数等于 **B** 的行数，所以表示矩阵规模只需要 3 个变量。NumOfRowA 表示 **A** 的行数。NumOfColA 是 **A** 的列数，同时也是 **B** 的行数。NumOfColB 是 **B** 的列数。

例 7.20 N 阶魔阵是一个 $N×N$ 的由 1 到 N^2 之间的自然数构成的矩阵，其中 N 为奇数。它的每一行、每一列和对角线之和均相等。例如，一个三阶魔阵如下所示，它是一个 3×3 的矩阵，它的每一个元素是 1 到 9 之间的一个数，每个数只能出现一次。每一行、每一列和对角线之和均为 15。

例 7.20

8	1	6
3	5	7
4	9	2

编写一个程序打印任意 N 阶魔阵。

想必很多人小时候都曾绞尽脑汁填过这样的魔阵。事实上，有一个很简单的方法可以生成这个魔阵。生成 N 阶的魔阵只要将 1 到 N^2 依次填入矩阵，填入的位置由如下规则确定。

- 第一个元素 1 放在第一行中间一列。
- 下一个元素存放在当前元素的上一行、下一列。
- 如上一行、下一列已经有内容，则下一个元素的存放位置为当前列的下一行。

在找上一行、下一行或下一列时，必须把这个矩阵看成是回绕的。也就是说，如果当前行是最后一行时，下一行为第 0 行；当前列为最后一列时，下一列为第 0 列；当前行为第 0 行时，上一行为最后一行。

有了上述规则，生成 N 阶魔阵的算法可以表示为下述伪代码

```
row = 0;
col =N/2;
magic[row][col] = 1;
for (i=2; i<=N*N; ++i) {
    if (上一行、下一列有空)
        设置上一行、下一列为当前位置;
    else 设置当前列的下一行为当前位置;
        将 i 放入当前位置;
}
```

其中二维数组 magic 用来存储 N 阶魔阵，变量 row 表示当前行，变量 col 表示当前列。

这段伪代码中有两个问题需要解决：

- 如何表示当前单元有空；
- 如何实现找新位置时的回绕。

第一个问题可以通过对数组元素设置一个特殊的初值（如 0）来实现。

第二个问题可以通过取模运算来实现。如果当前行的位置不在最后一行，下一行的位置就是当前行加 1；如果当前行是最后一行，下一行的位置是 0。这正好可以用一个表达式(row + 1)%N 来实现。在找上一行时也可以用同样的方法处理。如果当前行不是第 0 行，上一行为当前行减 1；如果当前行为第 0 行，上一行为第 N-1 行。这个功能可以用表达式(row − 1 + N)%N 实现。

由此可得到如代码清单 7-20 所示的程序。

代码清单 7-20 打印 N 阶魔阵的程序

```
/* 文件名：7-20.c
   打印 N 阶魔阵        */
#include <stdio.h>
#define MAX 15        /*  最高为打印 15 阶魔阵   */

int main()
{
    int magic[MAX][MAX] = {0};   /*  将 magic 每个元素设为 0  */
    int row, col, count, scale;

    /* 输入阶数 scale  */
    printf("input scale(1-15)\n");
    scanf("%d", &scale);

    /*  生成魔阵     */
    row=0;
    col = (scale - 1) / 2;
    magic[row][col] = 1;
```

```
for (count = 2; count <= scale * scale; count++) {
    if (magic[(row - 1 + scale) % scale][(col + 1) % scale] == 0) {
        row = ( row - 1 + scale ) % scale;
        col = ( col + 1 ) % scale;
    }
    else  row = ( row + 1 ) % scale;
    magic[row][col] = count;
}

/*  输出  */
for (row=0; row<scale; row++){
    for (col=0; col<scale; col++)
        printf("%d\t", magic[row][col]);
    printf("\n");
}

return 0;
}
```

代码清单 7-20 可以输出任何小于等于 15 阶的魔阵。但程序有个安全隐患，如果用户输入的阶数不在 1～15 之间，程序将出现不可预计的结果。读者可自己修改这个程序，弥补这个缺陷。

例 7.21　杨辉三角形是一个形状如下的三角形。

```
1
1    1
1    2    1
1    3    3    1
1    4    6    4    1
1    5    10   10   5    1
...
```

编写一个程序，打印最多由 10 行组成的杨辉三角形。

仔细观察杨辉三角形可以发现，第一行有一个元素，第二行有两个元素，……，第 n 行有 n 个元素。每一行的第一个和最后一个元素值是 1，其他元素值是上一行对应位置的元素值和前一位置的元素值之和。如第三行第二个元素 2 是第二行的第一个元素 1 和第二个元素 1 之和。同理，第四行第二个元素 3 是第二行的第一个元素 1 和第二个元素 2 之和。由此可见，打印每一行时必须知道上一行的每个元素值，因此必须把每一行的元素值保存起来。存储一个 10 行组成的杨辉三角形可以用一个 10 行 10 列的二维数组。每一行对应杨辉三角形每一行的值。

打印杨辉三角形的工作可以分成两个部分：先生成杨辉三角形每一行的值，然后打印这些值。生成杨辉三角形时先生成第一行，第一行只有一个元素 1。在第一行的基础上生成第二行，在第二行的基础上生成第三行，以此类推。

生成第 k 行可以分成 3 个阶段：

- 第一阶段将第一个元素值设为 1；

- 第二阶段生成第 2～第 $k-1$ 个元素，第 i 个元素值是上一行的第 $i-1$ 和第 i 个元素值之和；
- 第三阶段将第 k 个元素值置为 1。

打印杨辉三角形就是打印每一行，打印第 k 行是输出二维数组第 k 行的前 k 个元素。

根据这个思想可以得到代码清单 7-21 的程序。

代码清单 7-21　打印 N 行组成的杨辉三角形（方案一）

```c
/* 文件名：7-21.c
   打印 N 行组成的杨辉三角形        */
#include <stdio.h>
#define MAX 10

int main()
{
    int a[MAX][MAX], i, j, scale;

    do {
        printf("请输入需要打印的规模：");
        scanf("%d",&scale);
    } while (scale > 10 || scale < 1);

    /*  生成杨辉三角形    */
    a[0][0] = 1;
    for (i = 1; i < scale; ++i) {            /*  生成第 i 行    */
        a[i][0] = 1;
        for (j = 1; j <i;++j)
            a[i][j] = a[i-1][j-1] + a[i-1][j];
        a[i][i] = 1;
    }

    /*  输出杨辉三角形    */
    for (i = 0; i < scale; ++i) {
        for (j = 0; j <= i; ++j)
            printf("%d\t", a[i][j]);
        printf("\n");
    }

    return 0;
}
```

在设计一个程序时，如何减少所用的内存空间是一个值得考虑的问题。代码清单 7-21 中，打印一个 10 行的杨辉三角形需要定义一个 10×10 的二维数组，即需要保存 100 个整数的内存空间。程序先生成杨辉三角形的所有数据保存在数组中，然后再逐行打印。

但仔细想想，这些空间是必须的吗？在打印第二行时，需要用第一行的数据生成第二行的数据，但当第二行数据生成后，生成第三行数据只需要第二行数据，而与第一行数据无关。如果采用生成一行打印一行的方法，即先生成第一行，打印第一行，再生成第二行，打印第二行，……，那么生成第二行后，第一行的数据就没有必要保存了，可以将第三行的数据存放在保存第一行数据的内存中。这样就可以将一个 10×10 的二维数组缩减为一个 2×10 的二维数组。首先将杨辉三角形第一行的值存放在数组的第 0 行，输出数组第 0 行的值。从第一行的值生成第二行的值存入数组的第一行，输出数组的第一行。再由第二行的值生成第三行的值，存入数组第 0 行。就这样重复使用数组的空间。

　　再进一步思考一下，用一个 10 个元素的一维数组行吗？假如有一个 10 个元素的一维整型数组 a，存放当前正在输出的行。观察一下杨辉三角形的第 k 行，假设 k 等于 6。打印第六行前一定先打印了第五行。第五行的值被保存在数组 a 中。数组 a 的值为

0	1	2	3	4	5	6	7	8	9
1	4	6	4	1	随机数	随机数	随机数	随机数	随机数

第六行有 6 个元素，最后一个元素一定是 1，应该放在 a[5]中。a[5]一直没有被使用，把 1 放入 a[5]不会破坏第五行的数据。除了第一列和最后一列的值都为 1 外，第 6 行的第 j 个位置的值是第五行第 j 和第 j-1 个元素值之和。计算了第六行第 j 位置的值以后，第五行第 j 个位置的值就没用了。所以可以将第六行第 j 个位置的值存入 a[j]。所以计算 a[j]可以用 a[j]+=a[j-1]。从第五行计算第 6 行的过程如图 7-7 所示。

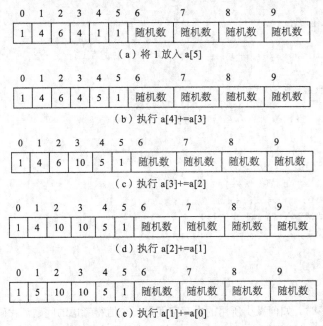

图 7-7　从第 5 行生成第 6 行的过程

　　总结上述过程，打印杨辉三角形只需要定义一个一维整型数组。先将第一行数据填入数组，即设 a[0] = 1。然后用一个重复 n 次的循环输出 n 行。

每个循环周期中，先输出当前行，再为下一行准备数据。准备下一行的数据由两个阶段组成。如果准备输出第 k 行，先将最后一个元素 a[k-1]设为 1，然后对 k-2 到 1 的每个下标 j，执行 a[j]+=a[j-1]。

按照这个思想实现的程序见代码清单 7-22。

代码清单 7-22   打印 N 行组成的杨辉三角形（方案二）

```
/* 文件名: 7-22.c
   打印 N 行组成的杨辉三角形       */
#include <stdio.h>
#define MAX 10

int main()
{
    int a[MAX+1], i, j, scale;

    do {
        printf("请输入需要打印的规模：");
        scanf("%d",&scale);
    } while (scale > 10 || scale < 1);

    /*  生成并打印杨辉三角形    */
    a[0] = 1;
    for (i = 1; i <= scale; ++i) {          /*  输出第 i 行，为输出第 i+1 行做准备    */
        for (j = 0; j < i; ++j)             /*  输出第 i 行    */
            printf("%d\t", a[j]);
        printf("\n");

        /* 为下一行准备数据    */
        a[i] = 1;
        for (j = i-1; j > 0; --j)
            a[j] += a[j-1];
    }

    return 0;
}
```

注意代码清单 7-22 中，数组的规模是 MAX+1。这是因为每个循环周期都要为下一行输出做准备，第 10 个循环周期会为第 11 行做准备，所以需要 11 个元素。

杨辉三角形的另一种形式是金字塔形

```
        1
      1   1
     1   2   1
    1   3   3   1
   1   4   6   4   1
  1   5   10   10   5   1
        ...
```

读者可思考一下，如何打印金字塔形的杨辉三角形。

例 7.22　编一程序，求解三元一次方程组

$$\begin{cases} a_{11}x + a_{12}y + a_{13}z = b_1 \\ a_{21}x + a_{22}y + a_{23}z = b_2 \\ a_{31}x + a_{32}y + a_{33}z = b_3 \end{cases}$$

求解三元一次方程组对每位读者而言都不能算是困难的事，每个人都可以讲出一系列的方法，如代入法、消元法等，但要教会计算机解三元一次方程，这些方法都不太理想。因为这些方法太灵活，编程较难。与解一元二次方程类似，我们希望有一个过程很确定的解决方法，这个过程就是借助于行列式。

借助于行列式求解三元一次方程组需要计算 4 个 3 阶行列式的值。一个 3 阶行列式是一个 3×3 的矩阵

$$\begin{vmatrix} a_{00} & a_{01} & a_{02} \\ a_{10} & a_{11} & a_{12} \\ a_{20} & a_{21} & a_{22} \end{vmatrix}$$

3 阶行列式的值为左高右低的 3 条斜线值的乘积之和减去 3 条左低右高的 3 条斜线乘积之和，即

$$a_{00}*a_{11}*a_{22} + a_{01}*a_{12}*a_{20} + a_{02}*a_{10}*a_{21} - a_{02}*a_{11}*a_{20} - a_{01}*a_{10}*a_{22} - a_{00}*a_{12}*a_{21}$$

求解三元一次方程组时的 4 个行列式是：所有系数组成的行列式 detA

$$\begin{vmatrix} a_{11} & a_{12} & a_{13} \\ a_{21} & a_{22} & a_{23} \\ a_{31} & a_{32} & a_{33} \end{vmatrix}$$

将常数项 b 替代 detA 中 x 系数后的行列式 detX

$$\begin{vmatrix} b_1 & a_{12} & a_{13} \\ b_2 & a_{22} & a_{23} \\ b_3 & a_{32} & a_{33} \end{vmatrix}$$

将常数项 b 替代 detA 中 y 系数后的行列式 detY

$$\begin{vmatrix} a_{11} & b_1 & a_{13} \\ a_{21} & b_2 & a_{23} \\ a_{31} & b_3 & a_{33} \end{vmatrix}$$

以及将常数 b 项替代 detA 中 z 系数后的行列式 detZ

$$\begin{vmatrix} a_{11} & a_{12} & b_1 \\ a_{21} & a_{22} & b_2 \\ a_{31} & a_{32} & b_3 \end{vmatrix}$$

方程的解 x=detX 的值/detA 的值，y = detY 的值/detA 的值，z = detZ 的值/detA 的值。每个行列式可以用一个二维数组存储。根据这个思想实现的程序如代码清单 7-23 所示。

代码清单 7-23　求解三元一次方程组的程序

```
/* 文件名：7-23.cpp
   求解三元一次方程组的程序    */
#include<stdio.h>

int main()
{
    double a[3][3], b[3], result[3], detA, detB, tmp[3]; /* a 系数矩阵, b 常数项, result 存放根 */
    int i, j;

    for (i = 0; i < 3; ++i) {
        printf("请输入第%d 个方程的 3 个系数和常数项: ", i+1);
        scanf("%lf%lf%lf%lf", &a[i][0], &a[i][1], &a[i][2], &b[i]);
    }

    detA = a[0][0]*a[1][1]*a[2][2] + a[0][1]*a[1][2]*a[2][0] + a[0][2]*a[1][0]*a[2][1]
         - a[0][2]*a[1][1]*a[2][0] - a[0][1]*a[1][0]*a[2][2] - a[0][0]*a[1][2]*a[2][1];

    for (i = 0; i < 3; ++i) {      /* 求解 3 个根    */
      for (j = 0; j <3; ++j) {     /* 用 b 替换 a 矩阵的第 i 列    */
        tmp[j] = a[j][i];
        a[j][i] = b[j];
      }
      detB = a[0][0]*a[1][1]*a[2][2] + a[0][1]*a[1][2]*a[2][0] + a[0][2]*a[1][0]*a[2][1]
           - a[0][2]*a[1][1]*a[2][0] - a[0][1]*a[1][0]*a[2][2] - a[0][0]*a[1][2]*a[2][1];
      for (j = 0; j <3; ++j)       /* 还原 a 矩阵    */
          a[j][i] = tmp[j];
      result[i] = detB / detA;                  /* 计算第 i 个根    */
    }

    printf("x=%f,y=%f,z=%f\n", result[0], result[1], result[2]);

    return 0;
}
```

代码清单 7-23 中，用数组 a 存储方程的系数。a 的第一行存储第一个方程的系数，第二行存储第二个方程的系数，第三行存储第三个方程的系数。一维数组 b 存储常数项，b[0]是第一个方程的常数项，b[1]是第二个方程的常数项，b[2]是第三个方程的常数项。一维数组 result 的三个元素分别是 x、y 和 z 的根。

在输入了 3 个方程后，首先计算系数行列式的值存入变量 detA，然后用一个重复 3 次的循环计算方程的 3 个根。第一个循环周期中，用常数项替代系数行列式的第一列，计算此行列式的值 detB，detB 除以 detA 的值就是 x 的根。第二、第三个循环周期中，分别用常数项替换系数行列式的第二、第三列，计算出 y 和 z 的根。

程序的某次执行结果如下

```
请输入第 1 个方程的 3 个系数和常数项: 1 3 2 4
请输入第 2 个方程的 3 个系数和常数项: 3 -2 1 7
请输入第 3 个方程的 3 个系数和常数项: 5 2 -6 4
X = 2.000000 y = 0.000000 z = 1.000000
```

代码清单 7-23 的程序没有判别是否存在根，读者可自己修改程序使之能够判别。另外，代码中计算三阶行列式的值直接用了一个长长的算术表达式，读者也可以思考如何用循环来代替这个长长的算术表达式。

7.5.5　二维数组作为函数的参数

二维数组是元素类型为一维数组的数组。二维数组 int a[5][7]表示数组有 5 个元素，每个元素是一个由 7 整型数组成的一维数组。在将一维数组作为函数的形式参数时需要指出数组元素的类型以及在数组名后用[]表示该参数是一个数组，二维数组也是如此。如实际参数是二维数组 int a[5][7]，则形式参数可表示成 int a[5][7]，也可以表示成 int a[][7]。

　　　第二个下标一定要指定，而且必须是编译时的常量。因为它是数组 a[5]的元素类型的一个部分。

二维数组的传递也是传递起始地址。所以形式参数和实际参数是同一个二维数组。

例 7.23　二维数组的输入/输出都需要一个嵌套的 for 循环，会使程序显得很冗杂。如代码清单 7-19，大部分代码都在处理矩阵的输入/输出。如果能将矩阵的输入和输出都设计成一个函数，则程序会简洁许多。试设计两个函数，分别完成列数为 5 的整型二维数组的输入和输出。

首先设计函数原型。这两个函数的参数都是一个列数为 5 的二维数组。输出函数输出二维数组的元素值，没有其他的执行结果，因此返回类型是 void。输入函数将输入信息写入形式参数。由于形式参数和实际参数是同一数组，因此也不需要返回值。这两个函数及相应的测试程序见代码清单 7-24。

代码清单 7-24　二维数组的输入/输出函数

```c
/*  文件名: 7-24.c
    二维数组的输入/输出函数 */
#include<stdio.h>

void inputMatrix(int a[][5], int row);
void printMatrix(int a[][5], int row);

int main()
{
    int array[3][5];

    inputMatrix(array,2);
    printMatrix(array,2);
    inputMatrix(array,3);
    printMatrix(array,3);
```

```
        return 0;
}

void inputMatrix(int a[][5], int row)
{
    int i, j;

    for (i = 0; i < row; ++i) {
        printf("\n请输入第%d行的5个元素：", i);
        for (j = 0; j < 5; ++j)
            scanf("%d", &a[i][j]);
    }
}

void printMatrix(int a[][5], int row)
{
    int i, j;

    for (i = 0; i < row; ++i) {
        printf("\n");
        for (j = 0; j < 5; ++j)
            printf("%d\t", a[i][j]);
    }
}
```

　　测试程序先输入数组 array 的前两行，再输出由前两行组成的二维数组，然后再输入整个二维数组的值，再输出整个二维数组的值。

注意　　**形式参数数组中必须指明列数。**

　　这两个函数的通用性不够强，只能输入/输出由 5 列组成的二维数组。如果需要输入 8 列、9 列组成的二维数组，必须再写两个输入 8 列、9 列的二维数组的函数。在第 8 章中将介绍一个更通用的函数。

　　例 7.24　设计一个函数，返回一个 n 行 4 列的正整数数组中每一行的最大值。

　　首先设计函数原型。函数的输入是一个 n 行 4 列的二维整型数组，函数的输出是一个 n 个元素的一维整型数组。如何返回一个一维数组？目前，我们没有办法让函数的返回值是一个一维数组。但数组传递的特性告诉我们：形式参数数组和实际参数数组是同一个数组。因此可以在 main 函数中定义一个保存结果的一维数组，将这个数组也作为函数的参数。在函数中将结果填写到这个一维数组。所以函数的参数是一个二维数组和一个一维数组，不需要返回值。根据这个思想实现的函数及测试程序见代码清单 7-25。

代码清单 7-25　找二维数组每一行的最大值

```
/* 文件名：7-25.c
   找二维数组每一行的最大值    */
```

```
#include <stdio.h>
void findMax(int a[][4], int size, int max[]);

int main()
{
    int a[5][4] = {{1,2,2,5}, {7,3,5,1}, {6,9,3,7}, {0,4,1,1}, {3,7,8,4}};
    int result[5], i;

    findMax(a,5,result);
    for (i = 0; i < 5; ++ i)
        printf("%d\t", result[i]);

    return 0;
}

void findMax(int a[][4], int size, int max[])
{
    int i, j;

    for (i = 0; i < size; ++i) {
        max[i] = 0;
        for (j = 0; j < 4; ++j)
            if (a[i][j] > max[i])  max[i] = a[i][j];
    }
}
```

由于二维数组 a 的行数与一维数组 max 的元素个数是相同的，所以形式参数中只有一个整型参数 size。它既是 a 的行数，又是 max 的元素个数。代码清单 7-25 的执行结果是

```
5   7   9   4   8
```

7.6 字符串

字符串

除了科学计算以外，计算机最主要的用途就是文字处理。在第 3 章中，我们已经看到了如何保存、表示和处理一个字符，但更多的时候是需要把一系列字符当作一个处理单元。例如，一个单词或一个句子。由一系列字符组成的一个处理单元称为**字符串**。C 语言中的字符串常量是用一对双引号括起来的，由'\0'作为结束符的一组字符，如在代码清单 2-1 中看到的"x1="就是一个字符串常量，存储该字符串需要 4 个字节。但 C 语言并没有字符串这样一个内置类型。本节将讨论如何保存一个字符串变量，对字符串有哪些基本的操作，这些操作又是如何实现的。

7.6.1 字符串的存储及初始化

字符串的本质是一系列的有序字符，这正好符合数组的两个特性，即所有元素的类型都是字符型，字符串中的字符有先后的次序，因此 C 语言用一个字符数组来保存字符串。当程序中需要一

个字符串类型的变量时，可以定义一个字符数组。

如要将字符串"Hello,world"保存在一个数组中，这个数组的长度至少为 12 个字符。可以用下列语句将"Hello,world"保存在字符数组 ch 中

```
char ch[12] = { 'H', 'e', 'l', 'l', 'o', ',', 'w', 'o', 'r', 'l', 'd', '\0'};
```

系统分配一个 12 个字符的数组，将这些字符存放进去。

定义保存字符串的数组时要注意，数组的长度是字符个数加 1，因为最后有一个'\0'。当然也可以不指定长度，系统按给定的初值数确定数组的规模。即定义

```
char ch[] = { 'H', 'e', 'l', 'l', 'o', ',', 'w', 'o', 'r', 'l', 'd', '\0'};
```

中，数组 ch 的规模同样是 12。

对字符串赋初值，C 语言还提供了另外两种简单的方式

```
char ch[ ] = {"Hello,world"};
```

或

```
char ch [ ] = "Hello,world";
```

这两种方法是等价的。系统都会自动分配一个 12 个字符的数组，把这些字符依次放进去，最后插入'\0'。

不包含任何字符的字符串称为**空字符串**。空字符串用一对双引号表示，即""。空字符串并不是不占空间，而是占用了 1 个字节的空间，这个字节中存储了一个'\0'。

在 C 语言中，'a'和"a"是不一样的。事实上，这两者有着本质的区别。前者是一个字符常量，在内存占 1 个字节，里面存放着字符 a 的内码值；后者是一个字符串，用一个字符数组存储，它占 2 个字节的空间；第一个字节存放了字母 a 的内码值，而第二个字节存放了'\0'。

7.6.2 字符串的输入/输出

字符串的输入/输出有下面 3 种方法：

字符串输入/输出

- 逐个字符的输入/输出，这种做法和普通的数组操作一样；
- 将整个字符串一次性地用函数 scanf 和 printf 完成输入或输出；
- 用专用于字符串输入/输出的函数 gets 和 puts。

1. 逐个字符的输入/输出

字符串是用字符数组存储的，所以字符串的输入/输出是输入/输出字符数组的每个元素。字符的输入/输出可以采用函数 scanf 和 printf，也可以采用函数 getchar 和 putchar。

例 7.25 定义一个字符数组 ch[20]，从键盘上输入一个长度小于 20 的字符串存入 ch，以回车作为输入结束标志，并输出 ch。

如果字符的输入/输出采用 getchar 和 putchar 函数，则实现如代码清单 7-26 所示。

代码清单 7-26 用逐个字符输入/输出的方式输入/输出一个字符串（方案一）

```
/* 文件名：7-26.c
   用逐个字符输入/输出的方式输入/输出一个字符串    */
include<stdio.h>
```

```
int main()
{
    char ch[20];
    int i;

    for (i = 0; i < 19 && (ch[i] = getchar()) != '\n'; ++i);
    ch[i] = '\0';
    for (i = 0; ch[i] != '\0'; ++i)
        putchar(ch[i]);
    putchar('\n');

    return 0;
}
```

代码清单 7-26 中有 4 个地方需要注意。

第一个需要注意的地方是第一个 for 循环的表达式 2。普通的数组输入时，表达式 2 都是 i<n。但输入是字符串时，字符串的长度不一定正好与数组规模相同，一般是小于字符数组的长度。因此输入结束有两个条件：第一个条件是 i<19，保证下标不越界；第二个条件是输入的字符是回车，表示用户输入结束。

第二个要注意的地方是程序中第一个 for 循环的循环体是空的，因为输入一个字符的工作在循环控制行的表达式 2 中已经完成。

第三个要注意的地方是第二个 for 语句后面有一个赋值 ch[i] = '\0'，那是因为 C 语言规定字符串必须以'\0'作为结束标记，否则就是一个普通的字符数组。C 语言对字符串的处理都是以检查到'\0'作为结束标志。

第四个要注意的地方是第二个 for 语句的表达式 2 不是 i<19，因为字符串的长度不一定正好等于字符数组的规模。检测字符串处理是否结束是检测是否处理到字符'\0'。

字符的输入/输出也可以用格式化输入/输出函数 scanf 和 printf。例 7.25 也可以由代码清单 7-27 实现。

代码清单 7-27　用逐个字符输入/输出的方式输入/输出一个字符串（方案二）

```
/* 文件名：7-27.c
   用逐个字符输入/输出的方式输入/输出一个字符串    */
include<stdio.h>

int main()
{
    char ch[20];
    int i;

    while (1) {
        scanf("%c", &ch[i]);
        if (i == 19 || ch[i] == '\n') break;
        ++i;
    }
```

```
    ch[i] = '\0';
    for (i = 0; ch[i] != '\0'; ++i)
      printf("%c",ch[i]);
    putchar('\n');

    return 0;
}
```

想一想，如果输入不是以'\n'作为结束符，而是用句号作为结束符，应该如何修改上述程序。另外，是否可以用 for 循环代替其中的 while 循环？

2. 用 scanf 和 printf 输入/输出整个字符串

当采用格式化输入/输出函数输入/输出字符串时，采用的格式控制字符是"%s"。例 7.25 也可由代码清单 7-28 实现。

代码清单 7-28 用 scanf 和 printf 输入/输出一个字符串

```
/* 文件名：7-28.c
   用 scanf 和 printf 输入/输出一个字符串   */
include<stdio.h>

int main()
{
    char ch[20];

    scanf("%s", ch);
    printf("%s",ch);
    putchar('\n');

    return 0;
}
```

 代码清单 7-28 的 scanf 函数中的 ch 前没有符号"&"，那是因为 C 语言中数组名本身代表的就是数组的起始地址。scanf 函数从键盘读入字符依次放入数组 ch，直到遇到一个空白字符时结束，在数组的当前位置插入'\0'。采用 printf 函数输出一个字符串时，从数组 ch 取出一个个字符显示在显示器上，直到遇到'\0'。

如执行代码清单 7-28 时输入

abcd[enter]

数组 ch 中下标为 0 到 4 的下标变量值分别是'a'、'b'、'c'、'd'、'\0'。下标为 5 到 19 的下标变量值是随机数。

用 printf 输出字符串时可以指定输出的宽度。如果将代码清单 7-28 中的 printf 的格式控制字符串改为"%10s"，则表示输出的字符串 ch 在屏幕上占 10 个空格的位置。如果字符串 ch 的长度超过指定宽度，按实际长度输出。如果 ch 中的字符个数小于 10，前面留空。如果输入的字符串是"ABC"，则输出为

```
      ABC
```
如果需要输出左对齐，可使用格式控制字符"%-10s"，则输出为
```
ABC
```
　　用 printf 输出字符串时还可以指定输出的字符个数。如格式控制字符为"%20.4s"，表示输出占 20 个字符的位置且右对齐，但不管字符串长度是多少，都只输出该字符串的前 4 个字符。如果需要输出的字符串是"ABCDEFG"，则输出为
```
                ABCD
```
格式控制字符串中的 20 也可以不出现，表示不指定输出宽度，仅指定输出的字符数，如"%.4s"。如果需要输出的字符串是"ABCDEFG"，则输出为
```
ABCD
```
　　代码清单 7-28 有以下两个问题。

　　（1）用"%s"输入字符串时是以空白字符作为结束符，即空格、 Tab 和 enter 。当输入的字符个数超过 19 而一直没有遇到空白字符时，发生了内存溢出，程序会异常终止或出现不可预知的结果。

　　（2）如果需要输入的字符串中包含空格，则空格以后的字符都没有包含在 ch 中。如输入为"asd gh kl"时，执行了 scanf 函数调用后，ch 中的值是"asd"。

　　第一个问题可以由输入时指定域宽解决。数组 ch 的长度是 20，最多可以保存 19 个字符。在 scanf 函数中可以指定格式控制字符为"%19s"，表示不管用户输入多少个字符，最多读入 19 个字符，也就是说输入有两个结束条件，一个是遇到空白字符，另一个是输入了 19 个字符。具体用法如代码清单 7-29 所示。

代码清单 7-29　指定输入长度的字符串输入

```
/* 文件名：7-29.c
   指定输入长度的字符串输入   */
#include<stdio.h>

int main()
{
    char ch[20];

    scanf("%19s", ch);
    printf("%s",ch);
    putchar('\n');
    scanf("%19s", ch);
    printf("%s",ch);
    putchar('\n');

    return 0;
}
```
　　在程序运行时遇到第一个 scanf 函数调用，程序停下来等待用户输入。此时如果用户输入了
```
12345678901234567890123 4
```

由于格式控制字符中指定了长度 19，所以将前 19 个字符 1234567890123456789 输入 ch，其他留给下一次输入。遇到第二个 scanf 时，由于输入缓冲区中还有字符没有读完，程序不再停下来，直接将剩余的字符输入 ch。程序的输出为

```
1234567890123456789
01234
```

第二个问题无法用 scanf 解决，因为空格是 scanf 输入的结束标志，这时要用另外一个函数 gets。

3. 用 gets 和 puts 函数输入/输出字符串

gets 函数用于从终端输入一个字符串，输入中可以包含空格和 Tab，以回车作为结束符。它的用法是

```
gets（字符数组名）
```

gets 函数不检查输入的长度。如果输入的字符个数超过字符数组的长度，将导致内存溢出，程序会异常终止或出现不可预知的计算结果。

puts 函数的功能与使用格式控制字符%s 的 printf 函数相同，都是从字符数组的第一个字符开始输出字符，直到遇见'\0'。puts 函数的用法为

```
puts（字符数组名）
```

用 gets 和 puts 函数输入/输出字符串的示例见代码清单 7-30。

代码清单 7-30 gets 和 puts 函数实现的字符串输入/输出

```c
/* 文件名：7-30.c
   用 gets 和 puts 函数实现的字符串输入/输出  */
#include<stdio.h>

int main()
{
    char ch[20];

    gets(ch);
    puts(ch);

    return 0;
}
```

执行代码清单 7-30 的程序，如果输入的是

```
Abc de fg enter
```

则输出是

```
Abc de fg
```

由于 gets 函数输入时并不关心字符数组的规模，可能导致内存溢出。所以用 gets 函数输入时，最好先输出一个提示信息，告诉用户最多可以输入几个字符。

7.6.3 字符串作为函数参数

字符串也可以作为函数的参数。C 语言的字符串采用一个字符类型的数组存储。传递一个数组需要 2 个参数：数组名和数组规模。但由于字符串都有一个结束字符'\0'，所以传递一个字符串只

需要一个数组名。函数处理字符串时，从数组的下标为 0 的下标变量开始一直处理到值为'\0'的下标变量为止。

例 7.26 设计一个统计字符串中有多少个字符的函数。

调用函数时，必须告诉它所需统计的字符串，所以函数的参数是一个字符串。传递一个字符串只需要一个字符数组名。函数的执行结果是参数字符串中的字符个数，所以返回值是一个 int 类型的值。

统计字符串包含多少个字符需要从数组的第 0 个元素开始依次往后扫描，直到遇到'\0'。此时的下标值正好是字符串的长度，可以直接返回。按照这个思想实现的函数及函数的使用见代码清单 7-31。

代码清单 7-31　计算字符串长度的函数

```c
/* 文件名：7-31.c
   计算字符串长度的函数   */
#include <stdio.h>

int len(char s[]);

int main()
{
    char str[81];

    gets(str);
    printf("%d\n", len(str) );

    return 0;
}

int len(char s[])
{
    int num;

    for (num = 0; s[num] != '\0';  ++num);

    return num;
}
```

例 7.27 设计一个函数，将字符串中的小写字母全部转换成大写字母。

该函数的输入是一个字符串，输出是一个转换后的字符串。由于数组传递时形式参数和实际参数是同一个数组，函数中对形式参数的修改就是对实际参数的修改，因此函数不需要返回值，调用此函数后实际参数中的小写字母都转换成了大写字母。

在字符编码中，小写字母是连续编码的，大写字母也是连续编码的。将小写字母转换成大写字母可以用表达式 ch –'a' +'A'。转换函数及使用示例见代码清单 7-32。

代码清单 7-32　将字符串中的小写字母转换成大写字母的函数

```c
/* 文件名：7-32.c
   将字符串中的小写字母转换成大写字母的函数   */
```

```c
#include <stdio.h>

void convertToUpper(char s[]);

int main()
{
    char str[81];

    gets(str);
    convertToUpper(str);

    printf("%s\n", str);

    return 0;
}

void convertToUpper(char s[])
{
    int i;

    for (i = 0; s[i] != '\0';  ++i)
        if (s[i] >= 'a' && s[i] <= 'z')                /* s[i]中是小写字母   */
            s[i] = s[i] - 'a' + 'A';
}
```

执行代码清单 7-32 时，如果输入的是

```
Abc2Df#6
```

则输出是

```
ABC2DF#6
```

例 7.28　凯撒密码是一种古老的加密方法。它把明文中的每个字母替换为它后面的第 3 个字母。即'a'变成'd'，'b'变成'e'，……，'x'变成'a'，'y'变成'b'，'z'变成'c'。如 "hello" 加密后变成了 "khoor"。编写一个加密函数和一个解密函数。

加密一个字符是把它变成该字符后的第 3 个字符，如果被加密的字符存放在变量 ch 中，加密一个字符可以用表达式 ch + 3 实现。但要注意'x'、'y'和'z'3 个字母并不适合用这个表达式，它们需要回绕到字母开始处，映射到字母表的前 3 个字母，这可以用表达式 ch-23 实现。在编程时，可以用 if 语句区分两种情况。ch 小于'x'时用第一个表达式，反之用第二个表达式。再进一步思考一下，如果 ch 是小写字母，这两个表达式可以统一成一个表达式(ch -'a' + 3) % 26 + 'a'。当 ch 的值是'a'到'w'时，ch -'a'的值是 0 到 22 之间，(ch -'a' + 3)的值在 3 到 25 之间，可以忽略对 26 取模，(ch -'a' + 3) % 26 + 'a'的最终结果是'd'到'z'。当 ch 的值是'x'、'y'、'z'，ch -'a'的值是 23、24、25，(ch -'a' + 3)的值是 26、27、28，对 26 取模的结果是 0、1、2，再加上'a'正好映射成'a'、'b'和'c'。同理，如果 ch 是大写字母，则加密表达式为(ch -'A' + 3) % 26 + 'A'。

解密过程正好相反，把每个字母向前移 3 个位置。这可以用表达式(ch -'a' + 23) % 26 + 'a'或

(ch –'A' + 23) % 26 + 'A'。这两个函数及测试函数的实现见代码清单 7-33。

代码清单 7-33　凯撒密码的加解密函数

```c
/* 文件名：7-33.c
   凯撒密码的加解密函数  */
#include <stdio.h>
void encode(char s[]);                  /*  加密函数   */
void decode(char s[]);                  /*  解密函数   */

int main()
{
    char str[] = "Hello Mary";

    encode(str);
    printf("%s\n",str);
    decode(str);
    printf("%s\n",str);

    return 0;
}

void encode(char s[])
{
    int i;

    for (i = 0; s[i] != '\0'; ++i) {
        if (s[i] >= 'A' && s[i] <= 'Z')
            s[i] = (s[i] - 'A' + 3) % 26 +'A';
        if (s[i] >= 'a' && s[i] <= 'z')
            s[i] = (s[i] - 'a' + 3) % 26 +'a';
    }
}

void decode(char s[])
{
  int i;

  for (i = 0; s[i] != '\0'; ++i) {
        if (s[i] >= 'A' && s[i] <= 'Z')
            s[i] = (s[i] - 'A' + 23) % 26 +'A';
        if (s[i] >= 'a' && s[i] <= 'z')
            s[i] = (s[i] - 'a' + 23) % 26 +'a';
    }
}
```

代码清单 7-33 的执行结果为

```
Khoor Pdub
Hello Mary
```

例 7.29　设计一函数，判断一字符串是否是回文。

所谓的回文是正读与反读结果相同的字符串。如 "abcba" 是回文，"abcddcba" 也是回文。而 "abcabc" 不是回文。在回文中，第一个字符与最后一个字符相同，第二个字符与倒数第二个字符相同，以此类推。判断回文可以用一个 for 循环。如果字符串长度是 n，每个循环周期比较第 i 个与第 n-i-1 个元素。如果这两个元素不相同，立即可以断定这个字符串不是回文。执行了所有循环周期后都没有遇到不同元素，说明是一个回文。

这个函数是一个谓词函数。函数的参数是一个字符串，返回的是一个布尔值。在 C 语言中，布尔值用整数表示，所以返回值是整型的。函数的实现及使用见代码清单 7-34。

代码清单 7-34　判断回文

```c
/* 文件名: 7-34.c
   判断回文          */
#include <stdio.h>
int isPalindrome( char s[]);

int main()
{
    char a[] = "abcba";
    char b[] = "abcddcba";
    char c[] = "abcabc";
    int i, j;

    printf("%s%s 回文\n", a, (isPalindrome(a) ? "是" : "不是"));
    printf("%s%s 回文\n", b, (isPalindrome(b) ? "是" : "不是"));
    printf("%s%s 回文\n", c, (isPalindrome(c) ? "是" : "不是"));

    return 0;
}


int isPalindrome( char s[])
{
    int len, i;

    for (len = 0; s[len] != '\0'; ++len);

    for (i = 0; i < len / 2; ++i)
        if (s[i] != s[len - i - 1]) return 0;
    return 1;
}
```

函数 isPalindrome 首先计算字符串的长度 len，然后用一个 for 循环判断回文。每个循环周期检查第 i 个字符与倒数第 i 个字符是否相同。程序的执行结果是

abcba 是回文
abcddcba 是回文
abcabc 不是回文

7.6.4　字符串处理函数

字符串处理函数

字符串的操作主要有复制、拼接、比较等。因为字符串不是系统的内置类型，而是以数组形式存储，所以不能用系统内置的运算符来操作。例如，把字符串 s1 赋给 s2 不能直接用 s2=s1，比较两个字符串的大小也不能直接用 s1>s2。因为 s1 和 s2 都是数组，数组名是存储数组元素的内存地址，不能赋值，对数组名作比较也是无意义的。

数组操作都是通过操作它的元素实现的，字符串也不例外。字符串赋值必须由一个循环来完成对应元素之间的赋值。字符串的比较也是通过比较两个字符数组的对应元素实现的。由于字符串的赋值、比较等操作在程序中经常会被用到，为方便编程，C 语言提供了一个处理字符串的函数库 string。

string 包含的主要函数如表 7-2 所示，其中的 strlen 函数的实现同代码清单 7-31。读者也可以自己尝试实现这些函数。当需要使用这些函数时，必须包含头文件“string.h”。

表 7-2　主要的字符串处理函数

函数	作用
strcpy(dst, src)	将字符串从 src 复制到 dst。函数的返回值是 dst 的地址
strncpy(dst, src, n)	至多从 src 复制 n 个字符到 dst。函数的返回值是 dst 的地址
strcat(dst, src)	将 src 拼接到 dst 后。函数的返回值是 dst 的地址
strncat(dst, src, n)	从 src 至多取 n 个字符拼接到 dst 后。函数的返回值是 dst 的地址
strlen(s)	返回字符串 s 的长度，即字符串中的字符个数
strcmp(s1, s2)	比较 s1 和 s2。如果 s1>s2 返回值为正整数，s1=s1 返回值为 0，s1<s2 返回值为负整数
strncmp(s1, s2, n)	与 strcmp 类似，但至多比较 n 个字符
strchr(s, ch)	返回一个指向 s 中第一次出现 ch 的地址
strrchr(s, ch)	返回一个指向 s 中最后一次出现 ch 的地址
strstr(s1, s2)	返回一个指向 s1 中第一次出现 s2 的地址

使用 strcpy 和 strcat 函数时必须注意，dst 必须是一个字符数组，不可以是字符串常量，而且该字符数组必须足够大，能容纳被复制或被拼接后的字符串，否则将出现**内存溢出**，程序会出现不可预知的错误。

C 语言中字符串的比较规则与其他语言中的规则相同，即对两个字符串从左到右逐个字符进行比较（按字符内码值的大小），直到出现不同的字符或遇到'\0'为止。若全部字符都相同，则认为两个字符串相等；若出现不同的字符，则以该字符的比较结果作为字符串的比较结果。若一个字符串遇到了'\0'，另一个字符串还没有结束，则认为没有结束的字符串大。例如，"abc"小于"bcd"，"aa"小于"aaa"，"xyz"等于"xyz"。

例 7.30 用 string 库中的函数实现字符串比较、连接和复制。

程序的实现见代码清单 7-35。由于使用了 string 库，程序头上包含了 string.h。在输入了两个字符串是 s1 和 s2 后，程序首先比较了 s1 和 s2 的大小，输出比较结果。然后将 s1 和 s2 连接起来，结果存于 s1，输出 s1 和 s2。最后将 s2 复制到 s1，再次输出 s1 和 s2。

代码清单 7-35　用 string 库中的函数实现字符串的比较、连接和复制

```
/* 文件名：7-35.c
   用 string 库中的函数实现字符串的比较、连接和复制  */
#include <stdio.h>
#include <string.h>

int main()
{
    char s1[81], s2[81];
    int cmp;

    printf("input s1:");
    gets(s1);
    printf("input s2:");
    gets(s2);

    cmp = strcmp(s1, s2);
    if (cmp == 0)
       printf("s1 == s2\n\n");
    else if (cmp > 0)
            printf("s1 > s2\n\n");
        else printf("s1 < s2\n\n");

    strcat(s1, s2);
    printf("after s1 = s1 + s2:\ns1 = %s\ns2 = %s\n\n", s1, s2);
    strcpy(s1,s2);
    printf("after s1 = s2:\ns1 =  %s\ns2 = %s\n\n", s1, s2);

    return 0;
}
```

程序的某次执行过程如下

```
input s1: 123
input s2: abcdefg

s1 < s2

after s1 = s1 + s2
s1 = 123abcdefg
```

```
s2 = abcdefg

after s1 =s2
s1 = abcdefg
s2 = abcdefg
```

7.6.5　字符串的应用

例 7.31　设计一个程序，输入一行文字，统计有多少个单词，单词和单词之间用空格分开。

例 7.31

首先考虑如何保存输入的一行文字。一行文字是一个字符串，可以用一个字符数组来保存。由于输入的行长度是可变的，于是程序规定了一个最大的长度MAX，作为数组的配置长度。统计单词的问题可以这样考虑：单词的数目可以由空格的数目得到（连续若干个空格作为一个空格，一行开头的空格不统计在内）。可以设置一个计数器 num 表示单词个数，开始时 num=0。从头到尾扫描字符串，当发现当前字符为非空格，而当前字符前一个字符是空格，则表示找到了一个新的单词，num 加 1。当整个字符串扫描结束后，num 的值就是单词数。按照这个思路实现的程序如代码清单 7-36 所示。

代码清单 7-36　统计一行文字中单词个数的程序

```c
/* 文件名：7-36.c
   统计一行文字中的单词个数   */
#include <stdio.h>
#define LEN 80

int main()
{
    char sentence[LEN+1];
    int i, num = 0;

    gets(sentence);

    if ( sentence[0] != '\0'){
        if (sentence[0] != ' ') num = 1;
        for (i = 1; sentence[i] != '\0'; ++i) {
            if (sentence[i-1] == ' ' && sentence[i] != ' ') ++num;
        }
    }

    printf("单词个数为：%d\n",  num );

    return 0;
}
```

这个程序有两个需要注意的地方。第一个是句子的输入，必须用 gets 而不能用 scanf 函数。因为句子中的单词是以空格分开的，如果用 scanf 函数，则无法输入完整的句子。第二个地方是 for

循环的终止条件。尽管数组 sentence 的配置长度是 LEN+1，但 for 循环的次数并不是 LEN+1，而是输入字符串的实际长度。即当 sentencc[i]等于'\0'时处理结束。

例 7.32　设计一个程序，统计一组输入整数的和，并以十进制输出。输入时，整数之间用空格分开。这组整数可以是以八进制、十进制或十六进制表示。八进制以 0 开头，如 075。十六进制以 0x 开头，如 0x1F9。其他均为十进制。输入以回车作为结束符。例如输入为"123 045 0x2F 30"，输出为 237。因为八进制的 045 对应的十进制值是 37，十六进制的 0x2F 对应的十进制值是 47，所以答案是 123+37+47+30，正好是 237。

设计这个程序首先要解决输入问题。至今为止，输入整数都是用 scanf 函数实现。在多数场合，输入的整数都是十进制表示，当然也可以用八进制和十六进制的输入。八进制输入用格式控制字符"%o"，十六进制输入用格式控制字符"%x"。但本例的问题在于编程时并不知道用户准备是以什么基数输入，等到接收完输入才知道基数。为此，只能在输入后由程序来判别。

可以将这组数据以字符串的形式输入，由程序区分出一个个整数，并将它们转换成真正的整数加入到总和，假设最长的输入是 80 个字符，按照这个思想实现的程序如代码清单 7-37 所示。

代码清单 7-37　计算输入数据之和

```c
/* 文件名：7-37.c
   计算输入数据之和 */
#include <stdio.h>

int main()
{
    char str[81];
    int sum = 0, data, i = 0, flag;            /* flag 记录当前正在处理的整数的基数 */

    gets(str);
    while (str[i] == ' ') ++i;                  /* 跳过前置的空格 */

    while (str[i] != '\0') {                     /* 取出一个整数加入总和 */
        if (str[i] != '0')                       /* 十进制 */
            flag = 10;
        else {
            if (str[i+1] == 'x' || str[i+1] == 'X') {      /* 十六进制 */
                flag = 16;
                i += 2;
            }
            else { flag = 8; ++i; }                        /* 八进制 */
        }

        /* 将字符串表示的整数转换成整型数 */
        data = 0;
        switch (flag) {
        case 10: while (str[i] != ' ' && str[i] != '\0')
                    data = data * 10 + str[i++] -'0';
```

```
            break;
    case 8: while (str[i] != ' ' && str[i] != '\0')
                data = data * 8 + str[i++] -'0';
            break;
    case 16: while (str[i] != ' ' && str[i] != '\0') {
                data = data * 16;
                if (str[i] >='A' && str[i] <= 'F')
                    data += str[i++] -'A' + 10;
                else if (str[i] >='a' && str[i] <= 'f')
                        data += str[i++] -'a' + 10;
                    else data += str[i++] -'0';
                }
    }
    sum += data;
    while (str[i] == ' ') ++i;              // 跳过空格
  }

 printf("%d\n", sum );

 return 0;
}
```

　　整个程序的主体是一个 while 循环，每个循环周期处理一个数据。首先区分数据是八进制、十进制、还是十六进制，将该信息记录在变量 flag 中。然后根据 flag 进行不同的转换，转换后的整数存放在变量 data 中。将 data 加入 sum，然后跳过空格，直到下一个数开始。

7.7　程序规范及常见问题

7.7.1　数组下标必须从 0 开始吗

　　C 语言数组的下标必须是从 0 开始，n 个元素的数组的合法下标范围是 0 到 n-1。初学者常犯的错误之一是处理数组时让下标从 1 开始变化到 n。这个错误很难察觉，因为 C 语言编译器不检查下标范围的合法性，但会导致运行时出现不可预计的结果。

7.7.2　能用表达式 des = src 将字符串 src 赋给字符串 des 吗

　　C 语言的字符串采用字符数组存储，而 C 语言中的数组名不是左值，是数组在内存的起始地址，不能被程序修改，即不能放在赋值运算符左边。所以不能用 des =src 或 des = "abcds"为字符串 des 赋值。

　　数组的赋值要用一个循环，在对应的下标变量之间互相赋值。所以字符串的赋值也必须使用一个循环，将两个字符数组中的对应元素进行赋值。string 库中的函数 strcpy 和 strncpy 就是这样实现的。

7.7.3 为什么存放字符串的数组长度比字符串的实际长度多一个字符

字符串是用数组存储的，注意数组的长度必须比字符串中的字符个数多 1。那是因为 C 语言的字符串必须包含一个结束字符'\0'。所有 C 语言中涉及字符串处理的函数，如 string 库中的函数都是以'\0'作为处理结束的标志。

7.7.4 有了 scanf 函数为什么还需要 gets 函数

将字符串作为一个整体输入可以采用 scanf 函数，但为什么还要设计一个 gets 函数？那是因为 scanf 函数以空白字符作为结束标记，所以无法输入包含空格的字符串。如程序中用语句

```
scanf("%s", str);
```
输入一个字符串到字符数组 str。如果用户输入的是

```
abc hui mkl
```
字符数组中实际得到的值是"abc"，而非"abc hui mkl"。

采用 gets 函数，可以输入除回车以外的任何字符。所以如果输入的字符串中包含空格，必须用 gets 函数输入。

7.7.5 传递字符串为什么只需要一个参数

字符串采用字符数组存储。传递一个数组需要 2 个参数：数组名和数组规模，但传递一个字符串为什么只需要传递数组名？

这是因为在 C 语言中，每个字符串必须都有一个结束符'\0'。遍历一个字符串只需要从数组的第一个元素访问到'\0'为止，所以不需要表示数组规模的参数。

7.7.6 传递二维数组时形式参数中第二个方括号中的值为什么必须指定

二维数组是每个元素值为一维数组的数组。例如定义 int a[5][7]表示 a 是一个由 5 个元素组成的一维数组，每个 a[i]是一个由 7 个元素组成的一维数组。所以第二个方括号中的 7 是 a[i]类型的一个部分。在传递一维数组时，数组元素的类型必须指定，函数中是根据元素类型计算每个下标变量的存储地址的，而第二个方括号中的值是数组元素类型的一部分，所以必须指定。

7.8 小结

本章首先介绍了一维数组的概念及应用。一维数组通常用来存储具有同一数据类型并且按顺序排列的一系列数据。数组中的每一个值称作元素，数组元素用"数组名[下标]"表示，称为下标变量。下标值表示它在数组中的位置。在 C 语言中，所有数组的下标都是从 0 开始的。数组的下标可以是任意的计算结果能自动转换成整型数的表达式，包括整型、字符型或者枚举型。

一维数组通常用一个 for 循环访问。循环变量是数组的下标，让循环变量从 0 变到 size-1。循环体是对每个数据元素所做的操作。

当定义一个数组时，必须指定数组的大小，而且它必须是常量。如果在编写程序时无法确定处

理的数据量，可按照最大的数据量定义数组，最大的元素个数称为数组的配置长度。实际使用时用数组前面部分的元素，实际使用的元素个数称为数组的有效长度。

一维数组最常见的操作是排序和查找。本章介绍了两种常用的排序算法：直接选择排序和冒泡排序。两种常用的查找算法：顺序查找和二分查找。

数组元素本身又是数组的数组称为多维数组。多维数组中的元素用多个下标表示。第一个下标值表示在最外层的数组中选择一个元素，而第二个下标值表示在相应的数组中再选择元素，以此类推。最常用的多维数组是二维数组，即每个元素是一个一维数组的一维数组。

二维数组可以看成是一个二维表，引用二维数组的元素需要指定两个下标，第一个下标是行号，第二个下标是列号。二维数组通常用一个两层嵌套的 for 循环访问。外层循环遍历每一行，里层循环遍历某一行的每一列。

当数组作为函数参数时，必须用 2 个参数：数组名和数组规模。特别需要注意的是形式参数数组和实际参数数组是同一个数组，函数中对形式参数数组的修改就是对实际参数数组的修改。

字符串可以看成是一组有序的字符。当程序中要存储一个字符串变量时，可以定义一个字符数组。每个字符串必须以'\0'结束。因此，字符数组的元素个数要比字符串中的字符数多一个。字符串不能用内置运算符操作，必须使用 string 库中提供的函数或自己编程。

当字符串作为函数参数时，只需要一个参数，即字符数组的名字，而不需要数组规模。这是因为字符串都有一个结束字符'\0'。

7.9 自测题

1. 数组的两个特有性质是什么？
2. 写出下列数组变量的定义。
   ① 一个含有 100 个浮点型数据的名为 realArray 的数组。
   ② 一个含有 16 个布尔型数据的名为 inUse 的数组。
   ③ 一个含有 1000 个字符串，每个字符串的最大长度为 20 的名为 lines 的数组。
3. 用 for 循环为 double 类型的数组赋如下所示的值。

   squares

0.1	1.1	3.1	6.1	10.1	15.1	21.1	28.1	36.1	45.1	55.1
0	1	2	3	4	5	6	7	8	9	10

4. 用 for 循环为 char 类型的数组赋如下所示的值。

   array

   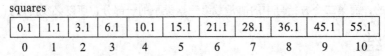

5. 什么是数组的配置长度和有效长度？
6. 什么是多维数组？
7. 要使整型数组 a[10]的第一个元素值为 1，第二个元素值为 2，……，最后一个元素值为 10，某人写了下面语句，请指出错误。

```
for (i = 1; i <= 10; ++i) a[i] = i;
```

8. 有定义 char s[10];执行下列语句会有什么问题？

```
strcpy(s, "hello world");
```

9. 写出定义一个整型二维数组并赋如下初值的语句

$$\begin{bmatrix} 1 & 0 & 0 & 0 \\ 0 & 2 & 0 & 0 \\ 0 & 0 & 3 & 0 \\ 0 & 0 & 0 & 4 \end{bmatrix}$$

10. 定义了一个 26×26 的字符数组，写出为它赋如下值的语句。

$$\begin{array}{cccccccccc} a & b & c & d & e & f & \cdots & x & y & z \\ b & c & d & e & f & g & \cdots & y & z & a \\ \cdots & & \cdots & & \cdots & & & \cdots & & \\ y & z & a & b & c & d & \cdots & v & w & x \\ z & a & b & c & d & e & \cdots & w & x & y \end{array}$$

11. 写出下列字符串的比较结果。

① "abc" 与 "abcd"

② "Abc" 与 "abc"

③ "aabb" 与 "bbaa"

④ "aabba" 与 "aabba"

12. 下面程序段有没有错误？

```
int a[10], i, j;
for (i = 0; i < 10; ++i){
    for (j = 9; j >= i; --j)
        printf("%d\t", a[j]);
    putchar('\n');
}
```

13. 下面的数组定义有没有问题？

```
int n = 10;
double array[n];
```

14. 某函数的参数是一个整型的二维数组，某程序员设计了如下的函数原型，请问有没有问题？

```
void f(int a[][], int row, int col);
```

15. 设有定义

```
char str[5][100];
```

下列语句是否合法？

```
strcpy(a[3], "abcd");
```

7.10　实战训练

1. 改写代码清单 7-27，用 do…while 语句代替 while 语句。

2. 设计一个程序，按如下形式打印最多由 10 行组成的杨辉三角形。

```
                        1
                      1   1
                    1   2   1
                  1   3   3   1
                1   4   6   4   1
              1   5   10   10   5   1
                       ...
```

3. 编写一个程序，计算两个十维向量的和。

4. 将程序设计题 3 改写成一个函数。

5. 编写一个程序，输入一个字符串，输出其中每个字符在字母表中的序号。对于不是英文字母的字符，输出 0。例如，输入为"acbf8g"，输出为 1 3 2 6 0 7。

6. 编写一个程序，将输入的一个字符串转换成整数，并输出该整数乘 2 后的结果。如输入的是"123"，则输出为 246。

7. 编写一个程序，统计输入字符串中元音字母、辅音字母及其他字符的个数。例如，输入为"as2df,e-=rt"，则输出为

字符串"as2df,e-=rt"中，有

元音字母 2 个

辅音字母 5 个

其他字符 4 个

8. 编写一个程序，计算两个 5×5 矩阵相加。

9. 将程序设计题 8 改写成一个函数。

10. 编写一个程序，输入一个字符串，从字符串中提取有效的数字，输出它们的总和。如输入为"123.4ab56 33.2"，输出为 212.6，即 123.4+56+33.2 的结果。

11. 编写一个程序，从键盘上输入一篇英文文章。文章的实际长度随输入变化，最长有 10 行，每行最多有 80 个字符。要求分别统计出其中的英文字母、数字、空格和其他字符的个数。（提示：用一个二维字符数组存储文章。）

12. 在公元前 3 世纪，古希腊天文学家埃拉托色尼发现了一种找出不大于 n 的所有自然数中的素数的算法，即埃拉托色尼筛选法。这种算法首先需要按顺序写出 2～n 中所有的数。以 n = 20 为例：

2   3   4   5   6   7   8   9   10   11   12   13   14   15   16   17   18   19   20

然后把第一个元素画圈，表示它是素数，然后依次对后续元素进行如下操作，如果后面的元素是画圈元素的倍数，就画×，表示该数不是素数。在执行完第一步后，会得到素数 2，而所有是 2 的倍数的数将全被画掉，因为它们肯定不是素数。接下来，只需要重复上述操作，把第一个既没有被圈又没有画×的元素圈起来，然后把后续的是它的倍数的数全部画×。本例中这次操作将得到素数 3，而所有是 3 的倍数的数都被去掉。以此类推，最后数组中所有的元素不是画圈就是画×。所有被圈起来的元素均是素数，而所有画×的元素均是合数。编写一个程序实现埃拉托色尼筛选法，筛选范围是 2～1000。

13. 设计一个井字游戏，两个玩家，一个打圈（O），一个打叉（×），轮流在 3 乘 3 的格上打自己的符号，最先以横、直、斜连成一线则为胜。如果双方都下得正确无误，将得和局。

14. 国际标准书号 ISBN 用来唯一标识一本合法出版的图书，它由 10 位数字组成，这 10 位数字分成 4 个部分。例如，0-07-881809-5。其中，第一部分是国家编号，第二部分是出版商编号，第三部分是图书编号，第四部分是校验数字。一个合法的 ISBN 号，10 位数字的加权和正好能被 11 整除，每位数字的权值是它对应的位数。对于 0-07-881809-5，校验结果为（0×10+0×9+7×8+8×7+8×6+1×5+8×4+0×3+9×2+5×1）%11=0。所以这个 ISBN 号是合法的。为了扩大 ISBN 系统的容量，人们又将 10 位的 ISBN 号扩展成 13 位数。13 位的 ISBN 分为 5 部分，即在 10 位数前加上 3 位 ENA（欧洲商品编号）图书产品代码"978"。例如，978-7-115-18309-5。13 位的校验方法也是计算加权和，检验校验和是否能被 10 整除，但所加的权不是位数而是根据一个系数表：1313131313131。对于 978-7-115-18309-5，校验的结果是：（9×1+7×3+8×1+7×3+1×1+1×3+5×1+1×3+8×1+3×3+0×1+9×3+5×1）%10 = 0。编写一个程序，检验输入的 ISBN 号是否合法，输入的 ISBN 号可以是 10 位，也可以是 13 位。

15. 编写一个程序，输入 5 个 1 位整数，例如：1、3、0、8、6，输出由这 5 个数字组成的最大的 5 位数。

16. 用递归实现二分查找是更自然的一种实现方式。二分查找的递归过程可描述为：如果中间元素是查找元素，查找结束；如果中间元素大于查找元素，在左一半继续查找；否则在右一半继续查找。试设计一个用于整型数的二分查找的递归函数。

17. 顺序查找也可以用递归实现。在一个 n 个元素的数组 a 中查找 x 的递归过程可描述为：如果 a[n-1] 等于 x，查找结束，否则在前 n-1 个元素中继续查找。试设计一个用于整型数的顺序查找的递归函数。

18. 实现 string 库中的 strcpy 和 strcmp 函数。

19. 利用二分查找的思想设计一个算法，求解方程 $2x^3-4x^2+3x-6=0$ 在（-10,10）之间的根，要求精度为 10^{-6}。

20. 如果每个字符串的长度不超过 20，设计一个函数，用直接选择排序法排序一组存放在数组 str[][21] 中的字符串。

第 8 章

指针

指针是 C 语言中的重要概念。所谓指针就是内存的一个地址。有了指针可以使内存访问更加灵活。不理解指针是如何工作的就不能很好地理解 C 语言程序，想成为出色的 C 语言程序员必须学会如何在程序中更加有效地使用指针。

在 C 语言中，指针有多种用途。指针可以增加变量的访问途径，使变量不仅能够通过变量名直接访问，而且可以通过指针间接访问。指针的主要用途有两个：使程序中的不同部分共享数据以及在程序执行过程中动态申请空间。

本章将介绍指针的基本概念和应用，具体包括：

■ 指针的概念；

■ 指针与数组；

■ 指针与函数；

■ 动态内存分配；

■ 指针与字符串；

■ 指针数组与多级指针；

■ 函数指针。

8.1　指针的概念

8.1.1　指针与间接访问

指针的概念和指针
变量的定义

内存中的每个字节都有一个编号，这个编号称为内存地址。程序运行时每个变量都会有一块内存空间。例如，int 类型的变量有一块 4 个字节的空间，double 类型的变量有一块 8 个字节的空间。变量的值存放在这块空间中，变量占用的这块空间的起始地址称为变量的地址。如变量 x 占用了内存第 100～104 号单元，则称变量的地址是 100，如表 8-1 所示。

表 8-1　变量与地址的关联表

变量名	地址
X	100
Y	104
...	

当程序访问某个变量时，计算机通过这个对应关系找到变量的地址，访问该地址中的数据。通过变量名访问这块空间中的数据称为**直接访问**。

直接访问就如同你知道 A 朋友（变量）家在哪里（地址），你想去他家玩，就可以直接到那个地方去。如果你不知道 A 朋友家住哪里，但另外有个 B 朋友知道，你可以从 B 朋友处获知 A 朋友家的地址，再按地址去 A 朋友家。这种方式称为**间接访问**。在 C 语言中，B 朋友被称为**指针变量**，并称为 B 指针指向 A 变量。

从上例可以看出，所谓的指针变量就是保存另一个变量地址的变量。指针变量存在的意义在于提供间接访问，即通过一个变量访问到另一个变量的值，使变量访问更加灵活。

8.1.2　指针变量的定义

指针变量存储的是一个内存地址，它的主要用途是通过指针间接访问所指向的地址中的内容。因此，定义一个指针变量要说明 3 个问题：

- 该变量的名字是什么。
- 该变量中存储的是一个地址（即是一个指针）。
- 该地址中存储的是什么类型的数据。

在 C 语言中，指针变量的定义如下

```
类型名  *指针变量名;
```

其中，*表示后面定义的变量是一个指针变量，类型名表示该变量指向的地址中存储的数据的类型。比如，定义

```
int *p;
```

表示定义了一个指针变量 p，p 可以保存一个整型变量的地址，通过 p 可以间接访问该整型变量的值。类似地，定义

```
char *cptr
```

表示定义了一个指向字符型数据的指针变量 cptr。虽然变量 p 和 cptr 中存储的都是地址值，在内存中占有同样大小的空间，但这两个指针在 C 语言中是有区别的。编译器会用不同的方式解释指针指向的地址中的内容。在 VS2010 中，当取 p 指向的内容时，会从该地址开始取 4 个字节的内容并将它解释成整型；当取 cptr 指向的内容时，会从这个地址开始读一个字节并把它看成某个字符的 ASCII 编码。指针指向的变量的类型称为指针的**基类型**。p 的基类型为 int，cptr 的基类型是 char。

　　表示变量为指针的 "*" 号在语法上属于变量名，不属于前面的类型名。如果使用同一个定义语句来定义两个同类型的指针，必须给每个变量都加上 "*" 号标志，例如：

```
int *p1, *p2;
```

表示定义了两个指向整型的指针变量 p1 和 p2 而定义

```
int *p1, p2;
```

则表示定义 p1 为指向整型的指针，而 p2 是整型变量。

8.1.3 指针变量的操作

指针变量的操作

指针变量最基本的操作是赋值和引用。指针变量的赋值就是将某个内存地址保存在该指针变量中。指针变量的访问有两种方法，一种是访问指针变量本身的值；另一种是访问它指向的地址中的内容，即提供间接访问。此外，对指针变量还可以执行算术运算、关系运算、逻辑运算及输出等操作。

1. 指针变量的赋值

指针变量中保存的是一个内存地址，是一个编号，编号是一个正整数。按照这个逻辑，似乎可以将任何整数存放在指针变量中，但这样做是没有意义的。例如，将 5 赋给指针变量 p，这样通过指针 p 可以访问 5 号内存单元。但程序员怎么知道 5 号单元存放的是什么信息？是整数、实数还是字符？甚至程序员都不知道这个程序能不能访问 5 号单元。因为内存地址对程序员来说是透明的，程序员只需要知道定义了变量就有地方保存该变量的值。至于这个值是保存在内存的哪个单元，则与程序员无关。

指针变量中保存的地址一定是同一个程序中的某个变量的地址。一旦指针变量 A 指向了变量 B，就可以通过指针变量 A 间接访问变量 B 的内容。因此，为指针变量赋值有两种方法。

- 将本程序的某一变量的地址赋给指针变量。
- 将一个指针变量的值赋给另一个指针变量。

让指针变量指向某一变量，就是将一个变量的地址存入指针变量。但程序员并不知道变量在内存中的地址，为此，C 语言提供了一个取地址运算符&。&运算符是一个一元运算符，运算对象是一个变量，运算结果是该变量对应的内存地址。例如，定义

```
int *p, x;
```

可以用 p = &x 将变量 x 的地址存入指针变量 p。指针变量也可以在定义时赋初值，例如

```
int x, *p = &x;
```

定义了整型变量 x 和指向整型的指针 p，同时让 p 指向 x。

与普通类型的变量一样，C 语言在定义指针变量时只负责分配空间。除非在定义指针变量时为变量赋初值，否则该指针变量的初值是一个随机值。因此，引用该指针指向的空间是没有意义的，甚至是很危险的。为了避免这样的误操作，**不要引用没有被赋值的指针**。如果某个指针暂且不用的话，可以给它赋一个空指针 NULL。NULL 是 C 语言定义的一个符号常量，它的值为 0，表示不指向任何地址。NULL 可以赋给任何类型的指针变量。在间接访问指针指向的内容时，先检查指针的值是否为 NULL 是很有必要的，这样可以确保指针指向的空间是有效的。

除了可以直接把某个变量的地址赋给一个指针变量外，**同类**的指针变量之间也可以相互赋值，表示两个指针指向同一内存空间。例如，有定义

```
int x = 1, y = 2;
int *p1 = &x, *p2 = &y;
```

系统会在内存中分别为 4 个变量准备空间，把 1 存入 x，把 2 存入 y，把 x 的地址存入指针 p1，把 y 的地址存入指针 p2。如果本次运行时 x 的地址是 1000，y 的地址是 1004，那么 p1 的值是 1000，p2 的值是 1004。如果在上述语句的基础上继续执行

```
p1 = p2
```

执行这个赋值表达式后，p1 的值也变成了 1004，p1 和 p2 指向同一空间，即指向 p2 指向的变量

y，对变量 x 和 y 的值没有任何影响。

在对指针进行赋值的时候必须注意，赋值号两边的指针类型必须相同。例如，整型变量的地址可以赋值给一个整型指针变量，但不能赋值给 double 类型的指针。同理，可以将一个整型指针变量的值赋给一个整型指针变量，但不能赋给一个 double 类型的指针变量。**不同基类型的指针之间不能赋值。**

设想一下，如果 p1 是指向整型数的指针，而 p2 是指向 double 型的指针，执行 p2 = p1，然后引用 p2 指向的内容，会发生什么问题？由于 p2 是指向 double 型的指针，在 VS2010 中间接访问 p2 指向的内存时就会取 8 个字节的内容，然后把它解释成一个 double 型的数，而整型变量在 VS2010 中只占 4 个字节！即使两个指针类型不同，但指向的空间大小是一样的，这两个指针间的赋值还是没有意义的。如果 p1 是指向整型数的指针，而 p2 是指向 float 型的指针，执行 p2 = p1，然后间接访问 p2 指向的内容，则会将一个整型数在内存中的表示解释成一个单精度数，这是没有意义的。因此，C 语言不允许不同类型的指针之间互相赋值。如果必须在不同类型的指针间相互赋值，必须使用强制类型转换，表示程序员知道该赋值的危险。

2．间接访问指针变量指向的变量

定义指针变量的目的并不是要知道某一变量的地址，而是希望通过指针间接地访问某一变量的值。因此，C 语言定义了一个访问指针指向的地址中的内容的运算符*。*运算符是一元运算符，它的运算对象是一个指针。*运算符根据指针的类型，返回其指向的变量。例如，有定义

```
int x, y;
int *intp;
```
这两个定义为 3 个变量分配了内存空间，两个是 int 类型，一个是指向整型的指针。为了更具体一些，假设这些值在机器中存放的地址如图 8-1 所示。由于这 3 个变量在定义时都没有赋初值，所以它们的值都是随机数。

接着执行语句

```
x = 3;
y = 4;
intp = &x;
```
之后内存中的情况如图 8-2 所示。变量 x 的地址是 1000，变量 y 的地址是 1004，赋值后 1000 到 1003 号单元的内容是整型数 3 的补码，1004 到 1007 号单元的内容是整型数 4 的补码，intp 的内容是变量 x 的地址，即 1000。此时，指针 intp 指向变量 x，*intp 就是变量 x，因此可以通过*intp 间接访问变量 x。

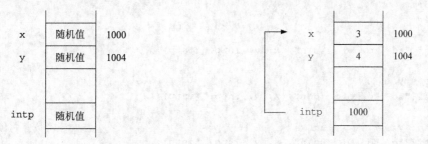

图 8-1　为 x、y、intp 分配内存空间　　　　图 8-2　执行 x=3; y=4; intp=&x; 之后内存的情形

继续执行语句

```
*intp = y + 4;
```

虽然形式上 intp 出现在赋值号的左边，但 intp 本身的值并没有改变，它的值仍然为 1000，仍然指向变量 x。被修改的是*intp，即 intp 指向的是单元内的值，即 x 的值，被改变成了 y + 4。改变后的内存情况如图 8-3 所示。由于 intp 指向变量 x，因此可将*intp 看成变量 x。为*intp 赋值就是对 x 赋值，取*intp 的值就是取 x 的值。

　　指针变量的值可以修改，修改指针变量的值可以让指针变量指向不同的变量。例如，上例中 intp 指向 x，可以通过对 intp 的重新赋值改变指针的指向。如果想让 intp 指向 y，只要执行 intp = &y;就可以了。这时，intp 与 x 再无任何关系。此时*intp 的值为 4，即变量 y 的值，如图 8-4 所示。

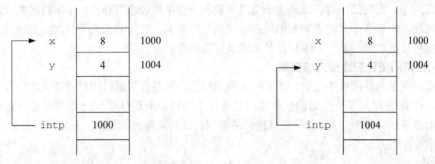

图 8-3　执行*intp=y+4;之后内存的情形　　　　图 8-4　执行 intp=&y;之后内存的情形

　　将图 8-1～图 8-4 的过程写成一个程序，如代码清单 8-1 所示。

代码清单 8-1　指针操作示例

```c
/* 文件名：8-1.c
   指针操作示例    */
#include <stdio.h>

int main()
{
    int x, y, *intp;

    x = 3;
    y = 4;
    intp = &x;
    printf("%d %d  %d   %d\n", x, y, intp, *intp);

    *intp = y + 4;
    printf("%d  %d  %d   %d\n", x, y, intp, *intp);

    intp = &y;
    printf("%d  %d  %d   %d\n", x, y, intp, *intp);
```

```
    return 0;
}
```

在执行了对 x、y 和 intp 的赋值后，程序输出了 x、y、intp 和 *intp 的值，然后通过 intp 修改了 x 的值，再次输出了 x、y、intp 和 *intp 的值，最后让 intp 指向 y，输出了 x、y、intp 和 *intp 的值。程序的某次运行结果如下

```
3   4   3538196    3
8   4   3538196    8
8   4   3538184    4
```

第一行输出表示 x 的值为 3，y 的值为 4，intp 的值，即 x 的地址是 3538196，intp 指向的单元的值为 3，即 x 的值。执行了 *intp = y + 4 后，intp 的值没变，还是 3538196，但 intp 指向的单元值被修改为 8，即 x 的值变成了 8。执行了 intp=&y 后，intp 指向了 y。它的值变成了 y 的地址 3538184。此时 *intp 代表 y，它的值为 4。

3. 指针变量的其他操作

指针变量保存的是一个内存地址，内存地址本质上是一个整数。对指针变量可以执行算术运算、关系运算、逻辑运算和输出操作。

尽管对整数可以执行任何算术运算，但对指针执行乘除运算是没有意义的。C 语言规定对指针只能执行加减运算，指针的加减是考虑了指针的基类型。对指针变量 p 加 1，p 的值增加了一个基类型的长度。如果 p 是指向整型的指针并且它的值为 1000，在 VS2010 中执行了++p 后，它的值为 1004；执行--p 后，p 的值为 996。

对指针变量也可以执行关系运算，用来比较变量中保存的内存地址的大小。

虽然对指针可以执行算术运算和关系运算，但对指向普通变量的指针，如指向整型变量 x 的指针 p，执行算术运算和关系运算是没有意义的。如变量 x 的地址是 1000，执行++p 后，p 的值是 1004，但程序员并不知道 1004 中存储的是哪个变量。同理，程序员并不关心变量的存储地址，所以比较两个普通变量地址的大小也是没有意义的。指针的算术运算和关系运算通常用于指向数组元素的指针，将在 8.2.2 节中详细介绍。

对指针变量也可以执行逻辑运算。此时，空指针解释为"假"，非空指针解释为"真"。

指针变量不可以输入。道理很简单，因为无法确保用户输入的是一个有效的内存地址。指针变量可以执行输出操作，输出指针变量的值可以用格式控制字符"%d"，因为内存地址是一个整数。如有定义 int x, *p = &x;，则可使用

```
printf("%d", p);
```

输出 p 的值，即变量 x 在内存中的地址。

4. 统配指针类型 void

在 C 语言中，可以将指针的基类型声明为 void。void 类型的指针只说明这个变量中存放的是一个内存地址，但未说明该地址中存放的是什么类型的数据。在标准 C 语言中，只有相同类型的指针之间能互相赋值，但任何类型的指针都能与 void 类型的指针互相赋值，因此 void 类型的指针被称为**统配指针类型**。

统配指针类型的定义方式如下

```
void *指针变量名;
```

统配指针类型的应用将在后面用到时介绍。

8.2　指针与数组

指针与数组

8.2.1　指向数组元素的指针

每个变量都有对应的内存地址。数组包含了多个元素，每个元素本身就是一个变量，也有一个地址。因此数组元素也可以通过指针访问。如有定义

```
int a[5], *p;
```

可以执行

```
p = &a[2];
```

使指针 p 指向 a[2]，则可以通过*p 访问 a[2]。

例 8.1　数组在内存中占据一块连续的空间，数组元素依次存放在这块空间中。编写一个程序，验证数组元素是连续存放的，并验证数组名保存的是数组的起始地址。

验证数组元素是连续存放的只需要输出数组中每个元素的地址，检查它们是否连续。元素 a[i] 的地址可以通过表达式&a[i]获得。检验数组名保存的是数组的起始地址可以直接用格式控制字符 "%d" 输出数组名。代码清单 8-2 输出了一个整型数组每个元素的地址。

代码清单 8-2　检验数组元素的地址（方案一）

```
/* 文件名：8-2.c
   检验数组元素的地址    */
#include <stdio.h>

int main()
{
    int a[5], i;

    for (i = 0; i < 5; ++i)
        printf("%d\t", &a[i]);
    printf("\n%d\n", a);

    return 0;
}
```

代码清单 8-2 的某次运行的输出为

```
3669516    3669520    3669524    3669528    3669532
3669516
```

第一行中的相邻输出值的差正好是 4，而整型数在 VS2010 中占 4 个字节。由此可见，数组元素在内存中是连续存放的。从输出也可知 a 的值与 a[0]的地址相同。

8.2.2　指针运算与数组访问

指针变量可以执行算术运算，但对一个指向某个简单变量的指针执行加减运算是没有意义的。如在代码清单 8-1 中，开始时 intp 指向 x，它的值是 3538196。如果执行++intp，intp 的值变成

3538200，但 3538200 是哪个变量的地址？程序员并不知道。

　　指针的算术运算主要用于数组访问，数组在内存中占有一块连续的空间。如果指针 p 指向整型数组 arr 的第 k 个元素，即执行了 p = &arr[k]，那么 p+1 的值是 arr[k]的地址值加 4，正好是 arr[k+1]的地址。同理，p+i 是指向 arr[k+i]的指针，p-i 是指向 arr[k-i]的指针。

　　例 8.1 的问题也可以用指针操作验证。定义一个整型数组 a，并为数组赋一个初值，然后定义一个指向整型的指针 p，并将指针指向数组 a 的起始地址，输出指针指向的内容。重复执行将指针加 1，输出指向的内容。检查输出的值是否是数组 a 的元素值，完整过程可见代码清单 8-3。

代码清单 8-3　检验数组元素的地址（方案二）

```c
/* 文件名：8-3.c
   检验数组元素的地址    */
#include <stdio.h>

int main()
{
    int a[5] = {1, 2, 3, 4, 5};
    int *p;

    for ( p =a; p < a + 5; ++p)
        printf("%d\t",*p);
    putchar('\n');

    return 0;
}
```

　　程序的输出是

1	2	3	4	5

正好是数组 a 的元素值。

　　代码清单 8-3 中，for 循环的表达式 2 是 p < a + 5，这是一个包含指针的关系表达式。a+ 5 是存储数组 a 的空间后面一个字节的编号。当 p 等于 a+5 时，数组元素访问完毕。

　　每个变量在符号表中都有一条记录，记录着变量对应的地址。但对数组而言，不管数组有多少元素，在符号表中都只记录一条信息，即数组的起始地址。当访问数组的下标为 k 的下标变量时，计算机通过

起始地址 + k

得到第 k 个下标变量的地址，访问该地址中的内容。

　　C 语言的特征中，最不寻常且最有趣的是**数组名保存了数组的起始地址**。也就是说，数组名是一个指向第 0 个下标变量的指针！只不过它是一个指针常量，它的值不能变。

　　如果定义了整型指针 p 和一个整型数组 intarray，由于 p 和 intarray 的类型是一致的，都保存一个整型变量的地址，因此可以执行 p = intarray。这个操作与 p = &intarray[0]是等价的，都是让 p 指向数组的第一个元素。

一旦执行了 p = intarray，就出现了一个有趣的现象。intarray 保存了数组的起始地址，即第 0 个下标变量的地址，p 是一个整型指针，保存的也是数组的起始地址，因此 p 与 intarray 就是等价的，可以将 p 看成一个数组名！对 p 可以执行任何有关数组下标的操作。例如，可以用 p[3]引用 intarray[3]。当引用 intarray[3]时，计算机通过

```
intarray + 3
```

得到 intarray[3]的地址。同理，引用 p[3]时，计算机也是通过计算

```
p + 3
```

得到 p[3]的地址。p 和 intarray 都是整型指针，p+3 和 intarray+3 的值是相同的。

同理，因为数组名是一个指针，也可以对数组名执行加法运算。intarray+k 就是数组 intarray 的第 k 个元素的地址，因此也可以用＊（intarray+k）引用 intarray[k]。

了解了数组和指针的关系，数组的操作就更灵活了。例如，要输出数组 intarray 的 5 个元素，下面 5 段代码都是合法的

```
（1）for  ( i=0; i<5; ++i )
        printf("%d", intarray[i]) ;
（2）for  ( i=0; i<5; ++i )
        printf("%d", *(intarray + i));
（3）for  ( p = intarray; p < intarray + 5; ++p )
        printf("%d",  *p) ;
（4）for  ( p = intarray, i=0; i<5; ++i )
        printf("%d", *(p+i));
（5）for  ( p = intarray, i=0; i<5; ++i )
        printf("%d", p[i] );
```

第一段代码是常规的数组操作，通过下标变量访问数组元素。第二段代码中，intarray 是数组名，也是指向 intarray[0]的指针，intarray + i 是第 i 个元素的地址，该地址的内容即是 intarray[i]的值。第三段代码中，首先让指针 p 指向 intarray[0]，*p 就是 intarray[0]的值，然后执行++p，p 指向了 intarray[1]，再++p，p 指向 intarray[2]，……。第四段代码同样先让 p 指向 intarray[0]，每次访问 p+i 指向的内容，即 intarray[i]的值。最后一段代码先让 p 指向 intarray[0]，这样 p 与 intarray 在逻辑上是等价的。p[i]即为 intarray[i]。

执行了 p = intarray，就可以将 p 当作数组名使用。这是否意味着数组和指针是等价的？不，数组和指针是完全不同的。定义

```
int intarray [5];
```

和定义

```
int *p;
```

间最基本的区别在于内存的分配。假如整型数在内存中占 4 个字节，地址的长度也是 4 个字节，那么第一个定义为数组分配了 20 个字节的连续内存，能够存放 5 个整型数。第二个定义只分配了 4 个字节的内存空间，其大小只能存放一个内存地址。我们可以编写一个简单的程序验证一下，用 sizeof(intarray)可以获得数组 intarray 占用的字节数，用 sizeof(p)可以获得指针变量 p 占用的字节数。这个程序见代码清单 8-4。

代码清单 8-4   检验数组与指针的区别

```
/* 文件名: 8-4.c
   检验数组与指针的区别    */
#include <stdio.h>

int main()
{
    int a[10], *pi;
    double b[10], *pd;

    printf("数组 a 占用的内存字节数是：%d, \t 指针 pi 占用的内存字节数是：%d\n",
           sizeof(a), sizeof(pi));
    pi = a;
    printf("执行了 pi = a 后\n");
    printf("数组 a 占用的内存字节数是：%d, \t 指针 pi 占用的内存字节数是：%d\n\n",
           sizeof(a), sizeof(pi));

    printf("数组 b 占用的内存字节数是：%d, \t 指针 pd 占用的内存字节数是：%d\n",
           sizeof(b), sizeof(pd));
    pd = b;
     printf("执行了 pd = b 后\n");
     printf("数组 b 占用的内存字节数是：%d, \t 指针 pd 占用的内存字节数是：%d\n ",
            sizeof(b), sizeof(pd));

    return 0;
}
```

程序的输出是

```
数组 a 占用的内存字节数是：40,        指针 pi 占用的内存字节数是：4
执行了 pi = a 后
数组 a 占用的内存字节数是：40,        指针 pi 占用的内存字节数是：4

数组 b 占用的内存字节数是：80,        指针 pd 占用的内存字节数是：4
执行了 pd = b 后
数组 b 占用的内存字节数是：80,        指针 pd 占用的内存字节数是：4
```

由程序的输出可以看出以下三点。

第一，不管什么类型的指针，在内存中占用的空间量都是一样的。在 VS2010 中，内存地址用 4 个字节表示，所以两个变量 pi 和 pd 的大小都是 4。

第二，数组占用的空间大小需要能容纳所有元素。数组 a 是 10 个元素的整型数组，所以空间的大小是 10*4 个字节。数组 b 是 10 个元素的 double 类型的数组，它的大小是 10*8。

第三，让指针指向某一个数组的起始地址并没有改变指针占用的空间量。指针还是指针，数组还是数组！

认识这一区别对于程序员来说是至关重要的。如果定义一个数组，则需要有存放数组元素的内存空间；如果定义一个指针变量，则只需要一个存储地址的空间。指针变量在初始化之前与任何内存空间都无关。**只有在将一个数组名赋给一个指针后，该指针才具备了数组名的行为。**

定义了

```
int *p, intarray[5];
```

可以执行 p = intarray，但注意不能执行 intarray = p。因为 intarray 是常量，它代表的是数组 intarray 的起始地址，这个地址是不能被改变的。如果 intarray 的值被改变，则无法正确找到该数组的元素。

8.3　指针与函数

8.3.1　指针作为参数

函数的参数不仅可以是整型、实型、字符型等数据，也可以是指针。它的
作用是将主函数中的一个变量的地址传到被调用函数中。指针传递可以降低参
数传递的代价以及让主函数和被调用函数共享同一块内存空间。

指针作为参数

为了对指针传递机制的本质有一个基本的了解，首先来看一个经典的例子：编写一个函数 swap，使得它能够交换两个实际参数的值。初学者往往会写这样一个函数

```
void swap(int a, int b)
{
    int c = a;
    a=b;
    b=c;
}
```

如果在某个函数中需要交换两个整型变量 x 和 y 的值，可以调用 swap(x, y)。结果发现，变量 x 和 y 的值并没有交换！这是为什么呢？

因为 C 语言的参数传递方式是值传递。所谓的值传递是指形式参数有自己的空间，在执行函数调用时，用实际参数值初始化形式参数，以后实际参数和形式参数再无任何关系。不管形式参数如何变化都不会影响实际参数。因此当执行 swap(x,y)时，系统用 x 的值初始化 a，用 y 的值初始化 b。在 swap 函数中将 a 和 b 的数据进行了交换，但这个交换并不影响实际参数 x 和 y。事实上，由于 a 和 b 是局部变量，当 swap 函数执行结束时，这两个变量根本就不存在。因而这个函数根本没有意义。

为了能使形式参数的变化影响到实际参数，可以将形式参数定义成指针类型。由于形式参数是指针，实际参数必须是一个地址。在函数调用时，将需要交换的变量地址传过去，在函数中用间接访问交换两个形式参数指向的空间中的内容，如下所示

```
void swap(int *a, int *b)
{
    int c = *a;
    *a= *b;
    *b=c;
}
```

由于形式参数是整型指针，所以实际参数必须是一个整型变量的地址。当需要交换变量 x 和 y 的值时，可以调用 swap(&x, &y)。如果 x=3，y=4，则调用时内存的情况如图 8-5 所示，即将实际参数 x 和 y 的地址分别存入形式参数 a 和 b 中。

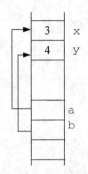

图 8-5　调用 swap(&x,&y)时内存的情形

在函数内交换了 a 指向的单元和 b 指向的单元的内容，即 x 和 y 的内容。当函数执行结束时，尽管 a 和 b 已不存在，但 x 和 y 的内容已被交换。

用指针作为参数可以在函数中修改调用该函数的函数中的变量值，必须小心使用！

指针传递可以在函数中修改实际参数的值。这一特性使得函数可以有多个返回值。

例 8.2　设计一个解一元二次方程的函数。

到目前为止，我们了解到的函数只能有一个返回值，由 return 语句返回，而一个一元二次方程有两个解，如何让函数返回两个解？一种解决方案是可以在主函数中为方程的解准备好空间，如定义两个变量 x1 和 x2，把 x1 和 x2 的地址传给解方程的函数，解方程函数将方程的解存入指定的地址。因此，函数原型可设计为

例 8.2

```
void SolveQuadratic(double a, double b, double c, double *px1, double *px2)
```
其中，a、b、c 是一元二次方程的三个系数，是函数运行时的输入，所以用值传递。px1 和 px2 是存放方程两个根的变量地址。函数将计算得到的方程的两个根存入这两个地址。要解方程 $ax^2+bx+c=0$，可以调用

```
SolveQuadratic(a, b, c, &x1, &x2)
```
其中，x1 和 x2 是主函数中的两个变量。函数调用结束后变量 x1 和 x2 中包含方程的两个根。

由此可见，指针作为参数传递可以使函数有多个执行结果。有了指针传递后，函数的参数不再仅仅是函数的输入，也可以是函数的输出。**输入参数一般用值传递，而输出参数必须用指针传递。在设计函数原型时，一般将输入参数放在前面，输出参数放在后面。**

尽管此函数能够解决一元二次方程返回两个根的问题，但它还有一些缺陷。在解一个一元二次方程时，并不是每个一元二次方程都有两个不同根，有时可能有两个等根，有时可能没有根。函数调用结束后，函数的调用者如何知道 x1 和 x2 中包含的是否是有效的解？可以对此函数原型稍加修改，让它返回一个整型数或再加一个指针传递的整型参数，该整型数表示解的情况。调用者可以根据返回值决定如何处理 x1 和 x2。根据上述思想设计的解一元二次方程的函数及使用如代码清单 8-5 所示。

代码清单 8-5　解一元二次方程的函数及其应用

```
/* 文件名：8-5.c
   解一元二次方程的函数及其应用     */
#include <stdio.h>
#include <math.h>

int SolveQuadratic(double a, double b, double c, double *px1, double *px2);

int main()
{
    double a,b,c,x1,x2;
    int result;

    printf("请输入 a,b,c: ");
    scanf("%lf %lf %lf", &a, &b, &c);

    result = SolveQuadratic(a, b, c, &x1, &x2);
    switch (result) {
        case 0: printf( "方程有两个不同的根：x1 = %f  x2 = %f\n" , x1, x2); break;
        case 1: printf( "方程有两个等根：%f", x1); break;
        case 2: printf("方程无根"); break;
        case 3: printf( "不是一元二次方程");
    }

    return 0;
}

/* 这是一个解一元二次方程的函数，a,b,c 是方程的系数，px1 和 px2 是存放方程解的地址
   函数的返回值表示根的情况：0--有两个不等根
                             1--有两个等根，在 px1 中
                             2--根不存在
                             3--降级为一元一次方程                   */
int SolveQuadratic(double a,double b,double c, double *px1,double *px2)
{
    double disc, sqrtDisc;

    if(a == 0)                /* 不是一元二次方程  */
        return 3;

    disc = b * b - 4 * a * c;

    if( disc < 0 )            /* 无根  */
        return 2;

    if ( disc == 0 ) {        /* 等根  */
        *px1 = -b /(2 * a);
```

```
        return 1;
    }

    /*  两个不等根  */
    sqrtDisc = sqrt(disc);
    *px1 = (-b + sqrtDisc) / (2 * a);
    *px2 = (-b - sqrtDisc) / (2 * a);

    return 0;
}
```

函数的某次执行过程为

```
请输入 a,b,c: 1  -3  2
方程有两个不同的根: x1 = 2.000000   x2 = 1.000000
```

例 8.3　哥德巴赫猜想：任一个大于 2 的偶数都可以表示成两个素数之和，如 $4 = 2 + 2$，$6 = 3 + 3$，$8 = 3 + 5$，$10 = 3 + 7$ 或 $5 + 5$。设计一个函数，找出任意大于 2 的偶数对应的两个素数。

首先考虑函数原型。函数运行时需要一个输入值，即一个大于 2 的偶数，函数执行的结果是两个素数。由于函数有两个返回值，可以将这两个返回值设计成输出参数。由此可得函数原型为

```
void Goldbach(int n, int *p1, int *p2);
```

找出两个素数，可以枚举 2 到 n-2 的每个数 k。如果 k 是素数且 n-k 也是素数，则返回。再仔细观察一下，除了 4=2+2 之外，其他的偶数的分解不可能包含 2。一旦一个数为 2，另一个数必为大于 2 的偶数。而大于 2 的偶数不可能是素数。因此没有必要枚举 2 到 n-2 的每个数，只要枚举 3 以上的奇数就行了。如何检查一个数是否是素数已在第 5 章中介绍。根据上述分析可以得到如代码清单 8-6 所示的函数及测试程序。

代码清单 8-6　哥德巴赫猜想

```
/* 文件名: 8-6.c
   哥德巴赫猜想    */
#include <stdio.h>
#include <math.h>
void Goldbach(int, int *, int *);
int isPrime(int);

int main()
{
    int  i, p1, p2;

    for (i = 10; i <= 20; i += 2) {
        Goldbach(i, &p1, &p2);
        printf("%d = %d + %d\n", i, p1, p2);
    }

    return 0;
}

/*  找出 n 对应的两个素数, 存入地址 p1 和 p2    */
```

```
void Goldbach(int n, int *p1, int *p2)
{
    int i;

    if ( n == 4) {                      /*      特殊情况处理      */
        *p1 = 2;
        *p2 = 2;
        return;
    }

    for (i = 3; i < n; i += 2) {        /*    将 n 拆成 i 和 n-i    */
        if (isPrime(i) && isPrime(n-i)) {
            *p1 = i;
            *p2 = n-i;
            break;
        }
    }
}

/*   检查一个大于等于 3 的整数 n 是否为素数 。如果是素数，返回 1，否则返回 0      */
int isPrime(int n)
{
    int i, max = sqrt(n) + 1;

    for (i = 3; i < max; i += 2)
        if (n % i == 0) return 0;

    return 1;
}
```

主函数测试了 10 到 20 之间的偶数，程序的输出为

```
10 = 3 + 7
12 = 5 + 7
14 = 3 + 11
16 = 3 + 13
18 = 5 + 13
20 = 3 + 17
```

代码清单 8-6 中的函数 Goldbach 的时间性能还可以进一步优化，读者可自己想一想优化方案。

8.3.2　返回指针的函数

函数的返回值可以是一个指针。表示函数的返回值是一个指针只需在函数名前加一个 * 号。返回指针的函数原型为

类型名　*函数名 (形式参数表)；

表示函数的返回值是一个指向 "类型名" 的指针。如

```
char  *f(形式参数表);
```
表示函数的返回值是一个指向字符的指针。

　　例 8.4　设计一个函数，交换两个整型变量值并返回交换后值较大的变量地址。

　　由于函数需要交换两个变量的值，两个参数必须设计成指针传递。函数的返回值是交换后值较大的变量地址，即返回值是一个整型指针。该函数的实现及应用如代码清单 8-7 所示。

代码清单 8-7　　交换两个整型变量值并返回交换后值较大的变量地址的函数

```
/*  文件名: 8-7.c
     交换两个整型变量值并返回交换后值较大的变量地址的函数      */
#include <stdio.h>
int *swap(int *, int *);

int main()
{
    int x = 10, y = 20, *intp;

    intp = swap(&x, &y);
    if (intp == &x)
            printf("x 值较大\n");
    else  printf("y 值较大\n");

    return 0;
}

/*  交换 a 和 b 指向的地址中的内容，并返回较大值的变量地址   */
int *swap(int *a, int *b)
{
    int c = *a;
    *a = *b;
    *b = c;
    if (*a > *b) return a;
    else return b;
}
```

　　函数 swap 首先交换了 a 和 b 指向的单元中的内容，然后判别 a 指向的单元和 b 指向的单元中的值的大小，返回包含较大值的变量地址。main 函数比较返回地址与变量 x 的地址。如果相等，表示 x 中包含的值较大，否则变量 y 包含的值较大。根据比较结果，main 函数输出变量 x 和 y 中值较大的那个变量名。

　　如果函数的返回值是指针，则必须保证该指针指向的变量在函数调用结束后依然存在，即不能是函数的局部变量。因为局部变量在函数调用结束时即消亡，在调用函数中如果间接访问指针指向的空间会导致程序异常终止。如代码清单 8-7 中，返回值是 a 或者 b 的值。虽然 a 和 b 是局部变量，但它的值是 main 函数中变量 x 和 y 的地址。函数调用结束后，a 和 b 就消亡了，但 x 和 y 依然存在，即返回值指针指向的空间是可用的。

8.3.3 数组作为函数参数的进一步讨论

数组作为函数参数
的进一步讨论

数组名可以作为函数的形式参数和实际参数。由 7.2 节的讨论可知，当数组名作为函数的参数时，形式参数和实际参数实际上是共享了同一块存储空间。函数内对形式参数数组的任何修改都是对实际参数数组的修改。

学习了指针后，对此问题就更容易理解了。因为数组名代表的是数组的起始地址，所以，数组传递即是指针传递。如果将数组名作为函数的参数，在函数调用时是将实际参数数组的起始地址（而不是数组元素的值）传给形式参数。例如，如果函数的形式参数是名为 arr 的数组，实际参数是名为 array 的数组，在参数传递时可以看成执行了一个操作 arr = array，这样数组 arr 和 array 的起始地址是相同的，即两个数组共享了一块空间。所以，数组传递的本质是地址传递。

实际上，C 语言是将形式参数的数组作为指针来处理的。这可以通过代码清单 8-8 所示的程序做一个简单的测试。

代码清单 8-8 数组作为函数的参数的示例程序

```
/* 文件名：8-8.c
   数组作为函数的参数的示例          */
#include <stdio.h>

void f(int arr[]);

int main()
{
    int array[] = {1, 2, 3, 4, 5, 6, 7, 8, 9, 0};

    printf("%d\n",sizeof(array));
    f(array);

    return 0;
}

void f(int arr[])
{
    printf("%d\n",sizeof(arr));
}
```

程序的输出如下：

```
40
4
```

代码清单 8-8 所示的程序说明：在 main 函数中，数组 array 占用了 40 个字节，即 10 个整型数占用的空间；在函数 f 中，作为形式参数的数组 arr 占用的内存量是 4 个字节，即一个指针所占的空间量。因此，当数组作为函数参数传递时，形式参数表示为数组和指针实质上是一样的，在函数中都可以下标变量的形式访问。实际参数写成数组和指针也是一样的，只要作为实际参数的指针指向的数组空间是存在的。

　　尽管传递数组时，形式参数既可以写成数组，也可以写成指针，但作为一般规则，声明参数必须能体现出各个参数的用途。**如果需要将一个形式参数作为数组使用，并以下标变量的形式访问，那么应该将该参数声明为数组。如果需要将一个形式参数作为指针使用，并且引用其指向的内容，那么应该将该参数声明为指针。**当传递的是一个数组时，必须用另一个参数指出数组中的元素个数。

　　用这个观点来看数组传递的问题，可以使函数的使用更加灵活。例如，有一个排序函数

```
void sort (int p[], int n)
```

可以排序数组 p，数组 p 有 n 个元素。如果需要排序一个有 10 个元素的数组 a，可以调用 sort(a,10)。如果要排序前一半元素，则可调用 sort(a,5)。在函数中，将 a 看成是一个数组的起始地址，并从第二个参数获知数组中有 5 个元素。如果要排序后一半元素，则可调用 sort(a+5,5)。在函数中会将 a+5 看成一个数组的起始地址，该数组有 5 个元素。

　　例 8.5　设计一个递归函数，在一个整型数组中找出最大值和最小值。

　　用递归程序设计解决这个问题的具体方法如下所述：

- 如果数组中只有一个元素，那么最大值和最小值都是这个元素。(这种情况不需要递归。)
- 如果数组中只有两个元素，则大的一个就是最大值，小的那个就是最小值。(这种情况也不需要递归。)
- 否则，将数组分成两半，递归找出前一半的最大值和最小值以及后一半的最大值和最小值。取两个最大值中的较大者作为整个数组的最大值，两个最小值中的较小值作为整个数组的最小值。找前一半和后一半的最大值和最小值与原问题是同样的问题，可以通过递归调用获得这两个小问题的解。

　　按照上述思想，可设计出函数的原型。该函数的输入是一个数组，返回的是数组中的最大值和最小值。由于函数有两个返回值，因此只能将返回值作为输出参数。该函数有 4 个参数：数组名、数组规模、数组中的最大值和数组中的最小值。前面两个是函数的输入，用值传递；后面两个是函数的输出，用指针传递。函数的原型可设计为

```
void minmax ( int a[ ],int n, int *min_ptr, int *max_ptr);
```

　　函数的处理过程如下

```
void minmax ( int a[ ] , int n , int *min_ptr , int *max_ptr)
{    switch (n){
        case 1: 最大最小都是 a[0];
        case 2: 两者中的大的放入*max_ptr;小的放入*min_ptr;
        default:对数组 a 的前一半和后一半分别调用 minmax;
                取两个最大值中的较大者作为最大值;
                取两个最小值中的较小值作为最小值;
    }
}
```

　　如何对前一半和后一半递归调用本函数？可以采用"欺骗"的手段。处理前一半数据时，传给函数的数组是 a、n/2。即告诉函数数组名是 a，但这数组只有 n/2 个元素，这个数组就是原数组的

前一半。在处理后一半数据时，传给函数的数组是 a+n/2、n-n/2，即告诉函数 a+n/2 是一个数组名，该数组有 n-n/2 个元素，这个数组就是原数组的后一半。对这段伪代码进一步细化，可得到完整的程序，如代码清单 8-9 所示：

代码清单 8-9　找整型数组中的最大值和最小值的函数及使用

```
/*  文件名：8-9.c
    找整型数组中的最大值和最小值的程序      */
void minmax ( int a[], int n, int *min_ptr, int *max_ptr);
int main()
{
    int array[10] = {5,9,2,4,0,8,7,3,1,6};
    int max, min;

    minmax(array,10, &min, &max);
    printf("最大值是：%d, 最小值是：%d\n", max, min);

    return 0;
}


void minmax ( int a[], int n, int *min_ptr, int *max_ptr)
{
    int   min1, max1, min2, max2;

    switch(n){
        case 1: *min_ptr = *max_ptr = a[0]; return;
        case 2: if  (a[0] < a[1]) {
                    *min_ptr = a[0];
                    *max_ptr = a[1];
                }
                else {
                    *min_ptr = a[1];
                    *max_ptr = a[0];
                }
                return;
        default: minmax(a, n/2, &min1, &max1);        /*  找前一半的最大最小值 */
                 minmax( a + n/2, n - n / 2, &min2, &max2 ); /* 找后一半的最大最小值 */
                 if (min1 < min2)
                     *min_ptr = min1;
                 else *min_ptr = min2;
                 if (max1 < max2)
                     *max_ptr = max2;
                 else *max_ptr = max1;
                 return;
    }
}
```

注意

main 函数中必须为保存最大值和最小值做好准备。代码清单 8-9 中定义了两个整型变量 max 和 min，分别用于存放最大值和最小值。同理，函数 minmax 中也必须为递归调用时保存最大值和最小值准备好空间。其中的 max1 和 min1 是保存前一半的最大值和最小值，max2 和 min2 是保存后一半的最大值和最小值。

程序执行的结果是

最大值是：9，最小值是：0

其实，找数组中的最大值和最小值不一定要采用递归法，也可以用顺序查找的方法。遍历数组的所有元素，对每一个元素检查是否大于最大值，是否小于最小值。读者可以自己编写这个程序。

8.4　动态内存分配

动态变量

8.4.1　动态变量

在 C 语言中，每个程序需要用到几个变量在写程序时就应该知道，每个数组有几个元素也必须在写程序时就决定。有时在编程序时程序员并不知道需要多大的数组或需要多少个变量，直到程序开始运行，根据某一个当前运行值才能决定。例如，设计一个打印魔阵的程序，直到输入了魔阵的阶数后才知道数组应该有多大。

在第 7 章中，我们建议按最大的可能值定义数组，每次运行时使用数组的一部分元素。当元素个数变化不是太大时，这个方案是可行的；但如果元素个数的变化范围很大，就太浪费空间了。

这个问题的一个更好的解决方案是**动态变量**机制。所谓动态变量是指：在写程序时无法确定它们的存在，只有当程序运行起来，随着程序的运行，根据程序的需求动态产生和消亡的变量。由于编程时并不知道需要几个动态变量，也就无法给它们取名字，因此动态变量的访问需要通过指向动态变量的指针变量来进行间接访问。

要使用动态变量，必须定义一个相应类型的指针，然后通过动态变量申请的功能向系统申请一块空间，将空间的地址存入该指针变量，这样就可以间接访问动态变量了。当程序运行结束时，系统会自动回收指针占用的空间，但并不会回收指针指向的动态变量的空间，动态变量的空间需要程序员在程序中释放。因此要实现动态内存分配，程序设计语言必须提供 3 个功能。

- 定义指针变量。
- 申请动态变量的空间。
- 回收动态变量的空间。

如何定义一个指针变量在本章前面已经介绍了，下面介绍如何动态申请空间和回收空间。

8.4.2　动态变量的创建

C 语言动态变量的创建是用函数 malloc 和 calloc，malloc 创建一个动态变量，calloc 用于创建一个动态数组。

1. malloc 函数

malloc 函数的原型为

```
void *malloc(unsigned int size);
```
其作用是在内存称为堆（heap）的区域申请一块长度为 size 的空间，函数的返回值是这块空间的首地址。如果函数没有成功地申请到空间，则返回值为空指针 NULL。例如，要动态申请一个 int 型的变量，可以用下列语句

```
int *p1;
p1 = (int *)malloc(sizeof(int));
```
要动态申请一个 double 型的变量，可以用下列语句

```
double *p2;
p2 = (double *)malloc(sizeof(double));
```
一旦申请成功，就可以通过间接访问的方式访问动态变量。例如，为 p1 指向的动态变量赋值可以用

```
*p1 = 5;
```
为 p2 指向的动态变量赋值可以用

```
*p2 = *p1 + 0.5;
```
在使用 malloc 函数时要注意以下两点。

- 函数的参数不要直接用一个整型常量，如 4、8，这样会影响程序的可移植性。在 VS2010 中，int 占 4 个字节，double 占 8 个字节，但其他的系统不一定也是如此。如果申请动态的整型变量时，直接指定了参数值为 4，那么当程序移植到一个 int 占 2 个字节或 8 个字节的机器上时，程序运行就会出错。而指定 sizeof(int)或 sizeof(double)就没有这个问题，程序会获取正在运行的机器上 int 和 double 型数据占用的空间大小。

- 函数的返回值是 void *类型。要使程序能正确执行间接访问，必须将返回类型强制转换成动态变量的类型。

2．calloc 函数

calloc 函数的原型为

```
void *calloc(unsigned n, unsigned size);
```
其作用是申请 n 个长度为 size 的连续空间，即申请 n 个元素的数组，每个数组元素均占用 size 个字节。函数返回这块连续空间的起始地址。如果申请失败，返回空指针 NULL。例如要申请一个 10 个元素的动态整型数组，可用下列语句

```
int *array ;
array = (int *)calloc(10, sizeof(int));
```
此时，array 指向这块空间的首地址，相当于一个数组名，可以通过下标变量的形式访问该动态数组。如果要将 array 数组的第二个元素赋值为 20，则可用赋值运算 array[2] = 20。

动态数组和普通数组的最大区别在于，它的规模可以是程序运行过程中某一变量的值或某一表达式的计算结果，而普通数组的长度必须是在编译时就能确定的常量。例如，如果 n 是一个整型变量

```
array = (int *)calloc(2*n, sizeof(int));
```
表示申请了一个动态数组，它的元素个数是变量 n 当前值的两倍。但下列操作在 C 语言中是非法的。

```
int array[2*n];
```
因为 C 语言规定定义数组时，数组的规模必须是常量。

8.4.3　动态变量的消亡

一旦申请了动态变量，如果不明确给出指令是不会消亡的。甚至，在一个函数中创建了一个动态变量，在该函数返回后，该动态变量依然存在，仍然可以使用。要回收动态变量的空间，就必须显式地使之消亡。回收某个动态变量，可以调用函数 free。free 函数的原型是

```
void free(void *p);
```
该操作将会回收指针 p 指向的动态变量的空间。例如

```
double *p = (double *)malloc(sizeof(double));
free(p);
```
释放了 p 指向的动态空间。再如

```
int *array = (int *)calloc(10, sizeof(int));
free(array);
```
释放了动态数组 array 占用的空间。

一旦释放了内存区域，堆管理器将重新收回这些区域。虽然指针仍然指向这个堆区域，但已不能再使用指针指向的这些区域。如果再间接访问这块空间，将导致程序异常终止。

8.4.4　内存泄露

在动态变量的使用中，最常出现的问题就是内存泄露。所谓**内存泄露**是指用动态变量机制申请了一个动态变量，而后不再需要这个动态变量时没有释放它；或者把一个动态变量的地址放入一个指针变量，而在此变量没有释放之前又让指针指向另一个动态变量。这样原来那块空间就丢失了。堆管理器认为程序在继续使用它们，而程序却不知道它们在哪里。

为了避免出现这种情况，在动态变量不再使用时应该用 free 函数明白地告诉堆管理器这些区域不再使用。

释放内存对一些程序不重要，但对有些程序却非常重要。如果程序要运行很长时间，而且存在内存泄露，这样程序最终可能会耗尽所有内存，直至崩溃。

8.4.5　查找 malloc 和 calloc 的失败

由于计算机的内存空间是有限的，堆空间最终也可能耗尽，此时 malloc 或 calloc 就会失败。为保险起见，在调用 malloc 或 calloc 函数后最好检查一下操作是否成功。malloc 或 calloc 是否成功可以通过它的返回值来确定。当操作成功时，返回申请到的堆空间的一个地址。如果不成功，则返回一个空指针。因此，动态空间是否申请成功可以通过检查 malloc 或 calloc 函数的返回值来实现，也可以利用 C 语言的 assert()宏来确定 malloc 或 calloc 是否成功。当检测到 malloc 或 calloc 不成功时，直接退出程序。

代码清单 8-10 的程序申请了一个动态的整型变量。如果空间申请失败，输出 allocation failure，退出 main 函数；否则，对该动态变量赋值，并输出它的值。

代码清单 8-10　检查动态变量申请是否成功

```
/*  文件名：8-10.c
    检查动态变量申请是否成功     */
```

```
#include <stdio.h>
int main()
{
    int *p;

    p = (int *)malloc(sizeof(int));
    if (!p){                                /* 也可写成 if (p == NULL)*/
        printf("allocation failure\n");
        return 1;
    }
    *p=20;
    printf("%d\n", *p);
    free(p);

    return 0;
}
```

也可以利用 assert 宏直接退出程序。assert()宏定义在标准头文件 assert.h 中。使用 assert()时，给它一个参数，即一个表达式，预处理器产生测试该表达式的代码。如果表达式的值不是"真"，则在发出一个错误消息后程序会终止。assert()的用法如代码清单 8-11 所示。

代码清单 8-11　检查动态变量申请是否成功

```
/*  文件名：8-11.c
    检查动态变量申请是否成功       */
#include <stdio.h>
#include <assert.h>       /*    使用 assert 宏必须包含此头文件      */

int main()
{
    int *p, i;

    p = (int *)calloc(10, sizeof(int));
    assert (p != 0);
    for ( i = 0 ; i < 10 ; ++i)
        p[i] = 2 * i ;
    for (i = 0 ; i < 10 ; ++i)
        printf("%d\t", p[i]);
    free(p);

    return 0;
}
```

程序申请了一个包含 10 个元素的动态整型数组，把首地址存入整型指针 p，然后用 assert 宏检查申请是否成功。assert 宏中的参数表达式是 p!=0。p 不等于 0 时，表达式为"真"，程序继续往下运行。如果表达式为"假",即 p 的值为 0,这意味着空间申请失败,程序会终止。

当动态数组申请成功后,起始地址被存入指针变量 p,于是 p 可以作为数组名使用。程序先用一个循环对动态数组赋值,再用一个循环输出数组的值。程序的输出是

0	2	4	6	8	10	12	14	16	18

8.4.6 动态变量应用

例 8.6 设计一个计算某次考试成绩的均值和均方差的程序。程序运行时,先输入学生数,然后输入每位学生的成绩,最后程序给出均值和均方差。

第 7 章已经介绍了一个计算某次考试成绩的均值和均方差的程序,如代码清单 7-5 所示。但该程序有两个问题:第一,该程序有学生人数的限定,最多是 100 个学生,如果某次考试的人数超过 100 个,程序就无法工作;第二,如果参加考试的人数很少,如只有 10 个,该程序将造成 90%空间的浪费。

解决这两个问题的途径是使用动态数组。我们可以根据实际参加考试的人数申请一个存放考试成绩的动态数组。按照这个思路实现的程序如代码清单 8-12 所示。

代码清单 8-12   统计某次考试的平均成绩和均方差

```c
/* 文件名:8-12.c
   统计某次考试的平均成绩和均方差    */
#include <stdio.h>
#include <math.h>

int main()
{
    int *score, num, i;              /*  score 为存放成绩的数组名*/
    double average = 0, variance = 0;

    /*  输入阶段  */
    printf("请输入参加考试的人数: ");
    scanf("%d", &num);
    score = (int *)calloc(num, sizeof(int));

    printf("请输入成绩: \n");
    for (i = 0; i < num; ++i)
        scanf("%d", &score[i]);

    /*  计算平均成绩  */
    for (i = 0; i < num; ++i)
        average += score[i];
    average = average / num;

    /*  计算均方差  */
```

```
    for (i = 0; i < num ; ++i)
        variance += (average - score[i]) * (average - score[i]);
    variance = sqrt(variance) / num;

    free(score);
    printf("平均分是: %f\n均方差是: %f\n", average, variance);

    return 0;
}
```

例 8.7　设计一个程序，计算两个 n 维向量的数量积。

例 7.8 实现了计算两个十维向量的数量积。编写有关处理向量的程序时，关键问题是向量的存储。代码清单 7-7 用 10 个元素的 double 数组存储向量。在本例中，编写程序时并不知道向量的维数，无法确定存储向量的数组规模，这个问题可以用动态数组解决。可以先请用户输入向量的维数，然后根据维数申请两个动态数组。按照这个思路实现的程序见代码清单 8-13。

代码清单 8-13　计算两个 n 维向量的数量积

```
/* 文件名: 8-13.c
    计算两个 n 维向量的数量积   */
#include <stdio.h>

int main()
{
    int i, scale;
    double result = 0, *v1, *v2;

    /* 输入向量的维数 n，申请两个包含 n 个元素的动态 double 类型的数组   */
    printf("请输入向量的维数: ");
    scanf("%d", &scale);
    v1 = (double *)calloc(scale, sizeof(double));
    v2 = (double *)calloc(scale, sizeof(double));

    /* 输入两个向量值   */
    printf("请输入第一个向量的%d 个分量: ", scale);
    for (i = 0; i < scale; ++i)
        scanf("%lf", &v1[i]);
    printf("请输入第二个向量的%d 个分量: ", scale);
    for (i = 0; i < scale; ++i)
        scanf("%lf", &v2[i]);

    /*   计算两个向量的数量积   */
    for (i = 0; i < scale; ++i)
        result += v1[i] * v2[i];

    printf("向量的数量积是: %f\n", result);
```

```
    free(v1);
    free(v2);

    return 0;
}
```

8.5　指针与字符串

8.5.1　用指向字符的指针变量表示字符串

　　C 语言的字符串有两种基本表示：字符数组表示和指向字符的指针表示。
在第 7 章中，已经介绍了字符串的字符数组表示，本节介绍字符串的指针表示。

　　字符串最常用的表示方法是采用指向字符的指针，如 string 是指向字符的指针。用指针表示字符串有 3 种用法。

　　① 将一个字符串常量赋给一个指向字符的指针变量，如可以执行 string = "abcde"。

　　② 将一个字符数组名赋给一个变量指针，字符数组中存储的是一个字符串。

　　③ 申请一个动态的字符数组赋给一个指向字符的指针，字符串存储在动态数组中。

　　第一种情况看起来有点奇怪，把一个字符串赋给一个指针。这个语句应该理解为将存储字符串"abcde"的内存的首地址赋给指针变量 string。程序中的字符串常量一般都会被保存，有些系统将它与静态变量存放在一个区域，在程序执行过程中始终存在。也有些系统将它存储在一个称为数据段的内存区域中。由于 C 语言将数组名解释成指向数组首地址的指针，因此可以将变量 string 理解成是一个字符数组的起始地址，可以通过下标访问字符串中的字符。例如，string[3]的值是'd'，但由于该指针指向的是一个常量，因此不能修改此字符串中的任何字符，如 string[3] = 'n'是非法的，也不能将这个指针作为 strcpy 函数的第一个参数。

　　第二种情况中，如果字符数组是一个普通的局部变量，那么真正的字符串是存储在栈工作区中的。如果字符数组是一个全局变量，那么真正的字符串是存储在全局变量区中的。

　　第三种情况中，真正的字符串是存储在一个动态字符数组中的，即存储在堆工作区中。

　　例如，在某个函数中有如下定义

```
char *s1, *s2;
char ch[] = "ffff";
```

执行

```
s1 = ch;
s2 = (char *) calloc(10, sizeof(char));
strcpy(s2, "ghj");
```

则内存情况如图 8-6 所示。

　　在栈工作区有一个数组 ch 和两个指针 s1 和 s2。ch 的值为"ffff"。指针 s1 中保存的是数组 ch 的起始地址，指针 s2 中保存了堆工作区中的一个地址，该地址中存放的是字符串"ghj"。

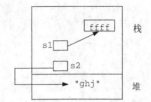

图 8-6　用指向字符的指针表示字符的两种用法的对比示例

8.5.2　字符串作为函数的参数

字符串作为函数
参数——例 8.8

字符串本质上是用一个字符数组来存储的。字符串作为函数参数传递与数组作为函数传递一样，形式参数和实际参数都可写成字符数组或指向字符的指针。但如果传递的是一个字符串，通常使用指向字符的指针。由于字符串有一个特定的结束标志'\0'，因此与数组作为参数传递不同，传递一个字符串只需要一个参数，即指向字符串中第一个字符的指针，而不需要指出字符串的长度。

例 8.8　编写一个统计字符串中单词个数的函数。

设计这个函数的关键在于如何传递一个字符串。如上所述，传递一个字符串就是传递一个指向字符的指针，所以函数的参数是一个指向字符的指针。函数的执行结果是字符串中的单词个数，可以作为函数的返回值。综上所述，该函数的原型可以设计成

```
int word_cnt(char *);
```

在句子中单词是以空格分开的，这里假设传入的字符串中只有合法的单词和空格。代码清单7-33 已经给出了解决这个问题的一种算法，本例采用另外一种方法解决。

统计单词数需要从头到尾扫描字符串。先跳过所有空格直到遇到一个非空格字符，单词数加1，然后跳过该单词的所有字符，直到遇到空格。重复上述过程，直到遇到'\0'，扫描结束。该函数的实现及应用如代码清单 8-14 所示。

代码清单 8-14　字符串作为函数的参数的示例程序

```c
/* 文件名：8-14.c
   字符串作为函数的参数的示例    */
#include <stdio.h>
int word_cnt(char *s);

int main()
{
    char *sentence = "How nice a girl";

    printf("%s 中一共有%d 个单词\n", sentence, word_cnt(sentence));

    return 0;
}

    /*  统计字符串 s 中的单词个数，并将单词数作为返回值    */
```

```
int word_cnt(char *s)
{
  int cnt = 0;

  while (*s != '\0') {
      while (*s == ' ')   ++s;   /* 跳过空格   */
      if (*s != '\0') {
              ++cnt; /*找到一个单词   */
              while (*s != ' ' && *s != '\0') ++s;     /*  跳过单词   */
      }
  }

  return cnt;
}
```

当采用指向字符的指针表示字符串时，访问字符串通常采用间接访问而不是用下标变量。遍历字符串是从表示字符串的指针变量 s 开始的，访问*s，然后用++s 将指针移到下一个字符。重复这个过程，直到*s 的值为'\0'。程序的输出是

How nice a girl 中一共有 4 个单词

例 8.9 实现 string 库中的 strcmp 函数。

strcmp 函数有两个形参，都指向字符的指针。当第一个字符串大于第二个字符串时，函数返回一个正整数，小于时返回负整数，等于时返回 0。

比较两个字符串是从头开始比较对应位置上的字符，相等时继续比较下一字符，直到分出大小或某个字符串结束。如遇到字符串结束，则先结束的字符串小于另一个字符串。strcmp 函数的实现及应用见代码清单 8-15。

代码清单 8-15 字符串比较函数及应用

```
/* 文件名: 8-15.c
   字符串比较函数及应用   */
#include <stdio.h>
int strcmp(char *s1, char *s2);

int main()
{
    char *s1 = "abc", *s2 = "bcd";
    int cmp;

    cmp = strcmp(s1, s2);
    if (cmp)
        printf("%s%s%s\n", s1, (cmp > 0) ? "大于" : "小于", s2);
    else printf("%s 等于%s\n", s1, s2);

    cmp = strcmp(s1, s1);
```

```
        if (cmp)
            printf("%s%s%s\n", s1, (cmp > 0) ? "大于" : "小于", s1);
        else printf("%s 等于%s\n", s1, s1);

        return 0;
}

/* 比较字符串 s1 和 s2, s1 大于 s2 时返回 1, s1 小于 s2 时返回-1, s1 等于 s2 时返回 0   */
int strcmp(char *s1, char *s2)
{
        while (*s1 && *s2) {
            if (*s1 > *s2) return 1;
            if (*s1 < *s2) return -1;
            ++s1;
            ++s2;
        }
        if (*s1 == '\0' && *s2 == '\0') return 0;
        if (*s1 == '\0') return -1; else return 1;
}
```

程序的输出是

```
abc 小于 bcd
abc 等于 abc
```

8.5.3 返回字符串的函数

字符串常用的表示方法是采用指向字符的指针。返回一个字符串的函数的返回值可定义为指向字符的指针，例 8.10 给出了这样的一个应用。

例 8.10 设计一个函数从一个字符串中取出一个子串。

首先设计这个函数的原型。从一个字符串中取出一个子串需要给出以下 3 个信息。

- 从哪一个字符串中取子串；
- 子串的起点；
- 子串的终点。

所以这个函数有 3 个参数：字符串、起点和终点。字符串可以用一个指向字符的指针表示，起点和终点都是整型数。函数的执行结果是一个字符串，因此函数的返回值是一个指向字符的指针。该函数的原型为

```
char * subString(char *, int, int);
```

该函数的实现及应用如代码清单 8-16 所示。

代码清单 8-16 字符串作为函数的参数的示例程序

```
/* 文件名: 8-16.cpp
   从一个字符串中取出一个子串        */
#include <stdio.h>
char *subString(char *s, int start, int end);
```

```
int main()
{
    char *s1 = "abcdefghijklmn";
    char *sub;;

    sub = subString(s1, 5, 9);
    printf("%s 的第 5 个字符开始到第 9 个字符是%s\n", s1, sub);
    if (sub) free(sub);

    sub = subString(s1, 5, 4);
    printf("%s 的第 5 个字符开始到第 4 个字符是%s\n", s1, sub);
    if (sub) free(sub);

    return 0;
}

char *subString(char *s, int start, int end)
{
    int len;
    char *sub;

    for (len = 0; s[len] != '\0'; ++len);

    if (start < 0 || start >= len || end < 0 || end >= len || start > end)
        return NULL;

    sub = (char *) malloc (end - start + 2);        /*  为子串准备空间  */
    for (len = start; len <= end; ++len)
        sub[len - start] = s[len];
    sub[end - start +1] = '\0';

    return sub;
}
```

函数首先计算字符串 s 的长度 len，然后根据 len 的值检查起点和终点的正确性。如果起点和终点值不正确，如起点大于终点，则直接返回一个空指针，表示没有取得合法的子串。如果参数是合法的，根据起点和终点的值决定子串的长度，并申请一个存储子串的动态数组，然后通过一个 for 循环将字符串 s 从起点到终点的字符复制到动态数组中，并返回此动态数组。程序的输出是

```
abcdefghijklmn 的第 5 个字符开始到第 9 个字符是 fghij
abcdefghijklmn 的第 5 个字符开始到第 4 个字符是（null）
```

该函数有一个需要注意的地方，即函数中申请了一个动态的字符数组，用于存放取出的子串。为什么不定义一个局部变量的字符数组？一方面是因为编写这个函数时并不知道取出的子串有多长，无法确定数组的规模；另一更重要的原因是：当函数的返回值是指针时，返回地址对应的变量必须是函数执行结束后依然存在的变量。这个变量可以是全局变量或动态变量，或调用程序中的某个局部变量，但不能是被调函数的局部变量。因为当被调函数返回后，局部变量已消失，当调用者通过函数返回的地址去访问地址中的内容时，会发现已无权使用该地址。在 VS2010 中，编译器会给出一个警告。

代码清单 8-16 返回了一个动态数组。动态变量的空间需要用 free 函数释放。在调用 free 函数之前，该空间都可以使用。所以，离开了函数 subString 回到 main 函数以后，这块空间依然可用。但 main 函数中需要释放这块空间，否则会造成内存泄露。

8.6　指针数组与多级指针

8.6.1　指针数组

由于指针本身也是变量，所以一组同类指针也可以像其他变量一样形成一个数组。如果一个数组的元素均为某一类型的指针，则称该数组为**指针数组**。一维指针数组的定义形式为

类型名　*数组名[数组长度];

例如：

char *string[10];

定义了一个名为 string 的数组，该数组有 10 个元素，每个元素都是一个指向字符的指针。

为什么要用到指针数组呢？因为指针数组最常用的应用是存储一组字符串，C 语言中的字符串是用指向字符的指针表示的，一组字符串就是一组指向字符的指针，可以用指针数组存储。例如，需要保存 12 个城市名时，可定义

```
char *city[12] = { "Atlanta", "Boston", "Chicago", "Denver", "Detroit",
                   "Hoston", "Los Angeles", "Miami", "New York",
                   "Philadelphia", "San Francisco", "Seattle"};
```

数组 city 看起来存储了 12 个字符串，但事实上存储的是 12 个指针。真正的字符串是存储在数据段区域或静态变量区中的。在 VS2010 中，数组 city 占据 48 个字节。每个数组元素保存一个存储对应城市名的内存地址。

上述定义在内存中的存储结构如图 8-7 所示。

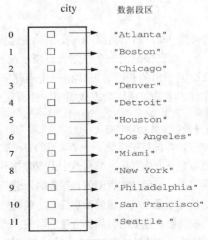

图 8-7　城市表的存储

例 8.11 编写一个函数，用二分法查找某一个城市名在城市表中是否出现，要求用递归实现。

二分查找最自然的描述是采用递归。函数首先找中间元素，如果中间元素就是要查找的元素，则查找成功并返回。否则检查中间元素和被查找元素的关系。如果被查找元素小于中间元素，在前一半数据中用同样的方法进行查找，否则在后一半数据中用同样的方法进行查找。用同样的方法继续查找就是递归调用查找函数。

按照题意，这个函数有两个参数，即城市表和要查找的城市名，并返回一个整型值，表示所要查找的城市在城市表中的位置。前者是一个字符串的数组，即指针数组；后者是一个字符串，即指向字符的指针。但由于传递一个数组需要两个参数且要求用递归实现，在参数中要有表示递归终止的参数，这就是查找的范围。查找范围可以用两个整型参数表示，因此这个函数有 4 个参数。函数的实现和应用如代码清单 8-17 所示。

代码清单 8-17 二分查找的递归实现

```c
/* 文件名：8-17.c
   二分查找的递归实现                    */                        */
#include <stdio.h>
#include <string.h>
int binarySearch(char *table[], int lh, int rh, char *str);

int main()
{
    char *city[12] = { "Atlanta", "Boston", "Chicago", "Denver", "Detroit",
                    "Hoston", "Los Angeles", "Miami", "New York", "Philadelphia",
                    "San Francisco", "Seattle"};

    printf("Boston 出现在%d\n", binarySearch(city, 0, 11, "Boston"));
    printf("Detroit 出现在%d\n", binarySearch(city, 0, 11, "Detroit"));
    printf("Philadelphia 出现在%d\n", binarySearch(city, 0, 11, "Philadelphia"));

    return 0;
}
/* 该函数用二分查找在 table 中查找 str 是否出现
   lh 和 rh 表示查找范围      */
int binarySearch(char *table[], int lh, int rh, char *str)
{
    int mid, result;        /*mid:中间元素的下标值，result:中间元素和 str 的比较结果 */

    if (lh <= rh) {
        mid =(lh+rh)/2;
        result= strcmp(table[mid], str);
        if (result == 0) return mid;                        /* 找到 */
        else if (result > 0)
                return binarySearch(table, lh, mid-1, str); /* 在左一半找 */
            else return binarySearch(table, mid+1, rh,str); /* 在右一半找 */
    }
```

```
    return -1; /* 没有找到 */
}
```
　　程序的输出是
```
Boston 出现在 1
Detroit 出现在 4
Philadelphia 出现在 9
```

*8.6.2　main 函数的参数

main 函数的参数

　　大多数读者想必使用的都是 Windows 操作系统。在 Windows 系统中执行某个程序只需要用鼠标双击代表这个程序的图标。事实上，还有另一类称为命令行界面的操作系统，如 DOS、UNIX。在命令行环境中，执行某个程序需要在命令行中输入该程序的可执行文件名。如在 DOS 中，需要显示当前目录下的所有文件和子目录时，可以输入
```
dir
```
如果需要显示某个其他特定目录下的所有文件和子目录，则可以在 dir 后面输入指定的目录名。如显示 C 盘根目录下的 test 子目录中的所有文件及子目录，可以输入
```
dir c:\test
```
其中，dir 为命令的名字，即对应于"显示当前目录"命令的程序的可执行文件名，c:\test 称为这个命令对应的参数。那么，可执行文件如何获得这些参数呢？每个可执行文件对应的源程序必定有一个 main 函数，这些参数是作为 main 函数的参数传入的。

　　到目前为止，我们设计的 main 函数都是没有参数的，也没有用到它的返回值。事实上，main 函数和其他函数一样可以有参数，也可以有返回值。main 函数可以有两个形式参数：第一个形式参数习惯上称为 argc，是一个整型参数，它的值是运行程序时命令行中的参数个数；第二个形式参数习惯上称为 argv，是一个指向字符的指针数组，它的每个元素都分别是指向一个实际参数的指针。每个实际参数都表示为一个字符串，argc 也可看成是数组 argv 的元素个数。例如，在命令行输入
```
dir c:\test
```
main 函数得到的 argc 的值是 2，argv[0]的值是"dir"，argv[1]的值是"c:\test"。

　　代码清单 8-18 中是一个最简单的带参数 main 函数，该程序用来检测本次执行时命令行中有几个实际参数，并把每个实际参数的值打印出来。

代码清单 8-18　带参数的 main 函数示例

```
/* 文件名：8-18.c
   带参数的 main 函数示例     */
#include <stdio.h>

int main(int argc, char *argv[])
{
    int i;

    printf( "argc=%d\n", argc);
    for (i=0; i<argc; ++i)
```

```
        printf( "argv[%d]=%s\n", i, argv[i]);

    return 0;
}
```

假如生成的可执行文件为 myprogram.exe，在命令行界面中输入

```
Myprogram
```

对应的输出结果为

```
argc=1
argv[0]=myprogram
```

注意　在 main 函数执行时，命令名（可执行文件名）本身也是一个参数。

如果在命令行界面中输入

```
myprogram try this
```

则对应的输出为

```
argc=3
argv[0]=myprogram
argv[1]=try
argv[2]=this
```

命令行中的参数之间用空格作为分隔符。

例 8.12　编写一个求任意 n 个正整数的平均数的程序，它将 n 个数作为命令行的参数。如果该程序对应的可执行文件名为 aveg，则可以在命令行中输入

```
aveg 10 30 50 20 40
```

表示求 10、30、50、20 和 40 的平均值，对应的输出为 30。

这个程序必须用到 main 函数的参数。需要统计的数据是通过 main 函数的参数传递给 main 函数的。main 函数通过 argc 可以知道本次运行输入了多少个数字，通过 argv 可以得到这一组数字，它们被存储在 argv[1]到 argv[argc-1]中，不过这组数字被表示成了字符串的形式，还必须把它转换成真正的数字。程序的实现如代码清单 8-19 所示。其中，将字符串表示的数字转换为一个 int 型的数据的功能被抽象成一个函数 ConvertStringToInt。

代码清单 8-19　求 n 个正整数的平均值的程序

```
/* 文件名: 8-19.c
  求 n 个正整数的平均值      */
#include <stdio.h>

int ConvertStringToInt(char *);

int main(int argc, char *argv[])
{
    int sum = 0, i;

    for (i = 1; i < argc; ++i)
        sum += ConvertStringToInt(argv[i]);
```

```
        printf( "%d\n", sum / (argc - 1));

        return 0;
}

/*  将字符串转换成整型数  */
int ConvertStringToInt(char *s)
{
        int num = 0;

        while(*s) {
            num = num * 10 + *s - '0';
            ++s;
        }

        return num;
}
```

例 8.13　编写一个凯撒密码的加密程序。当需要加密一段文本时，如 "abcdefg"，可以在命令行界面输入

```
encode abcdefg
```

程序执行的结果是在屏幕上显示

```
defghij
```

显然，这个程序的可执行文件名必须为 encode.exe。加密的文本作为 main 函数的参数传入，它被存储在 argv[1]中。程序只需要对 argv[1]中的字符加密，并显示加密后的 argv[1]。程序的实现见代码清单 8-20。

代码清单 8-20　凯撒密码加密程序

```
/* 文件名: 8-20.c
   凯撒密码加密程序   */
#include <stdio.h>

int main(int argc, char *argv[])
{
        int i;

        for (i = 0; argv[1][i] != '\0'; ++i) {
            if (argv[1][i] >= 'A' && argv[1][i] <= 'Z')
                    argv[1][i] = (argv[1][i] - 'A' + 3) % 26 +'A';
            if (argv[1][i] >= 'a' && argv[1][i] <= 'z')
                    argv[1][i] = (argv[1][i] - 'a' + 3) % 26 +'a';
        }

        puts(argv[1]);

        return 0;
}
```

代码清单 8-19 和 8-20 的程序并不复杂，但问题是如何使生成的可执行文件名为 aveg.exe 或 encode.exe？到哪里去找这个名字为 aveg.exe 或 encode.exe 的文件？下面以加密程序为例，说明这个过程。

在 VS2010 中，首先要创建一个名字为 encode 的项目。在此项目下添加了一个名为 8-20.c 的源文件。如果创建项目时指定的目录是 D:\encode，则生成该项目后，会在 D:\encode\debug 下生成一个名为 encode.exe 的文件。这个程序的执行过程见图 8-8。

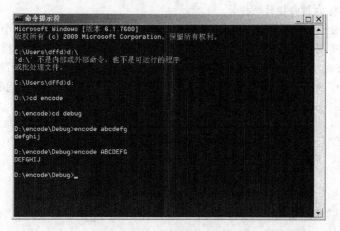

图 8-8 encode 程序的运行

进入 DOS 界面后，先把当前目录修改为 D:\encode\debug，然后可以执行程序 encode。从图 8-8 中可以看出，abcdefg 加密后的密文是 defghij，ABCDEFG 加密后的密文是 DEFGHIJ。也可以在任何目录下，输入

```
D:\encode\debug\encode abcdefg
```

得到的结果同样是 defghij，如图 8-9 所示。

图 8-9 encode 程序的运行

*8.6.3 多级指针

在下面的定义中，定义了一个元素为指向字符的指针的数组

```
char *string[10];
```

在 C 语言中，一维数组的名字 string 是指向存储数组元素的空间的起始地址，也就是指向数组的第一个元素的指针。而在此数组中每个元素本身又是一个指针，因此 string 本身指向了一个存储指针的单元，它被称为**指向指针的指针**。

在定义指针变量时，指针变量所指向的变量的类型可以是任意类型。如果一个指针变量所指向的变量的类型是指针类型，则称为**多级指针**。指向普通变量的指针称为一级指针，指向一级指针的指针是二级指针，指向二级指针的指针是三级指针，以此类推。定义一级指针在变量名前加一个"*"号，二级指针加两个"*"号，三级指针加三个"*"……例如，下面定义中的变量 q 就是多级指针

```
int x = 15, *p = &x, **q = &p;
```

定义变量 q 时，前面有两个*，说明 q 指针指向的地址中的内容是一个指向整型的指针，因此它是一个二级指针。上述定义在内存中形成下面的结构：

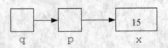

一级指针 p 指向一个普通的整型变量 x，二级指针 q 指向一个一级指针 p。注意，虽然 p 和 q 中存放的都是一个地址，但不能执行

```
q = &x;
```

因为类型不同，&x 是整型变量的地址，是一个一级指针，而 q 是一个二级指针，它只能存储一个一级指针的地址。

同理，还可以定义一个三级指针。三级指针的定义如下

```
类型名 ***变量名;
```

普通的数组可以通过指向同类型的指针来访问。同理，指针数组也可以用指向指针的指针来访问。如代码清单 8-21 所示的程序中，用一个指向字符指针的指针访问一个指向字符型的指针数组。

代码清单 8-21　用指向指针的指针访问指针数组

```c
/*  文件名：8-21.c
   用指向指针的指针访问指针数组   */
#include <stdio.h>

int main()
{
    char  **p, *city[] = {"aaa", "bbb", "ccc", "ddd",  "eee"};

    for (p = city; p < city + 5; ++p)
        printf("%s\n", *p);

    return 0;
}
```

city 是一个指向字符的二级指针。为了执行 p = city，p 的类型必须与 city 相同，也是一个指向字符的二级指针。p 的内容是一个指向字符的指针，即字符串。所以在 for 循环的循环体中输出一个字符串，必须用"*p"。

这段程序的输出结果如下：

```
aaa
bbb
ccc
ddd
eee
```

*8.6.4　二维数组与指向一维数组的指针

　　一个二维数组可以看成是一个一维数组的数组。例如，语句

```
int a[3][4] = {1, 2, 3, 4, 5, 6, 7, 8, 9, 10, 11, 12};
```

定义了一个 3 行 4 列的矩阵。这个二维数组在内存占用了一块 48 个字节的连续空间。这块空间的起始地址存放在 a 中。引用它的第 1 行第 2 列的元素可以用 a[1][2]表示。

　　但从另一个角度来看，二维数组是一维数组的数组，数组的每个元素是一行。数组名 a 是一个指向第一行的指针，a+1 是指向第二行的指针，a+2 是指向第三行的指针，它们之间的关系如图 8-10 所示。

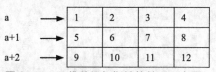

图 8-10　二维数组与指针的关系示意图

　　与保存一维数组相同，C 语言保存二维数组也是保存了它的起始地址，起始地址保存在数组名中。那么数组名 a 是什么类型的指针呢？

　　从图 8-9 可知，数组名 a 是第一行的起始地址，a+1 是第二行的起始地址。也就是说，a 指针加 1 是跳过一行，即跳过了一个有 4 个元素的整型数组。这种指针称为**指向一维数组的指针**。

　　定义指向一维数组的指针必须指明一维数组的元素类型和元素数，这样才可以执行加法操作，因为指针的加法是考虑了基类型的，所以在 C 语言中定义指向一维数组的指针的形式如下

基类型　(*指针变量名) [一维数组的规模];

　　定义一个指向一维数组的指针时，指针变量名外的圆括号是必须有的。如果没有圆括号，C 语言会将它解释成定义了一个一维的指针数组。

　　理解了指针和二维数组的关系后，例 7.23 就有了更好的解决方案。

　　例 7.23 分别设计了两个输入/输出由 5 列组成的二维数组的函数。但如果需要输入/输出的二维数组的列数不是 5 列而是 8 或 9 列时，这两个函数就不能用了，必须另外写输入/输出 8 列和 9 列的二维数组的函数。

　　为什么传递一个二维数组时一定要指定列数？能否像传递一维数组那样，将行数和列数都作为另外两个参数？那是因为二维数组名是一个指向一维数组的指针。在访问 a[i][j]时，首先通过 a+i 找到第 i 行的起始地址，再将这个地址加上 j，得到 a[i][j]的地址，访问地址里面的内容。在执行

a+i 时，必须知道每一行有多少个元素。

在理解了指针及二维数组在内存的映像后，可以定义一个更通用的二维数组输入/输出函数，直接将二维数组的起始地址作为数组元素的指针传递给函数。在函数中利用二维数组按行序存放的特点计算每个 a[i][j] 的地址，直接对此地址进行访问。

按照这个思路实现的二维数组的输入/输出函数及应用见代码清单 8-22。

代码清单 8-22　通用的二维数组输入/输出函数

```
/*  文件名：8-22.c
    通用的二维数组输入/输出函数   */
#include <stdio.h>
void inputMatrix(int *a, int  row, int col);
void displayMatrix(int *a, int  row, int col);

int main()
{
    int array[5][4];

    inputMatrix((int *)array, 5,4);
    displayMatrix(&array[0][0],5,4);

    return 0;
}

void inputMatrix(int *a,int  row, int col)
{
    int i, j;

    for (i = 0; i < row; ++i) {
        printf( "\n请输入第%d行的 %d 个元素: " , i, col );
        for (j = 0; j < col; ++j)
            scanf("%d", a + i*col + j);
        }
    }

void displayMatrix(int *a, int  row, int col)
{
    int i, j;

    for (i = 0; i < row; ++i) {
        printf("\n");;
        for (j = 0; j < col; ++j)
            printf("%d\t",  *(a + i*col + j));
    }
}
```

程序的某次执行过程如下

请输入第 1 行的 4 个元素: 1 2 3 4

```
请输入第 2 行的 4 个元素: 2 3 4 5
请输入第 3 行的 4 个元素: 3 4 5 6
请输入第 4 行的 4 个元素: 4 5 6 7
请输入第 5 行的 4 个元素: 5 6 7 8

1 2 3 4
2 3 4 5
3 4 5 6
4 5 6 7
5 6 7 8
```

*8.6.5　动态二维数组

动态二维数组

8.4.2 讨论了如何使用动态的一维数组，那么能否申请一个动态的二维数组呢？C 语言不支持直接申请动态的二维数组，申请一个动态的二维数组需要程序员自己解决。

最简单的方法是将二维数组转换成一维数组。例如需要一个 3 行 4 列的整型二维数组，可以申请一个 12 个元素的一维数组。一维数组的第 0～3 号元素存放二维数组的第一行，第 4～7 号元素存放二维数组的第二行，第 8～11 号元素存放二维数组的第三行。当需要访问二维数组的第 i 行第 j 列的元素时，可以通过 i*4+j 得到它在对应的一维数组中的下标。这种方法的缺陷是程序中不能直接通过二维数组的下标变量的形式，即 a[i][j]，访问二维数组的元素。

如 8.6.4 小节所述，一个二维数组可以看成是一个一维数组的数组，每个元素是二维数组中的一行。例如，语句

```
int a[3][4] = {1, 2, 3, 4, 5, 6, 7, 8, 9, 10, 11, 12};
```

定义了一个 3 行 4 列的矩阵。可以通过 a[0]、a[1]、a[2]来引用每个元素。每个 a[i]是第 i 行对应的一维数组的数组名，引用它的第 1 行第 2 列的元素就是引用数组 a[1]的第二个元素，因此可以用 a[1][2]表示。但事实上，计算机并没有保存 a[0]、a[1]和 a[2]的值，a[i]的值是通过 a+i 得到的。与传递二维数组类似，表示动态的二维数组名的变量 a 中也必须指定列数，但这就影响了动态二维数组的通用性。

之所以需要指定列数，是因为计算每个 a[i]值时必须知道列数，如果我们将每个 a[i]值保存起来就没有问题了。可以在程序中申请一个保存每一行起始地址的指针数组，让 a 指向指针数组的起始地址，指针数组的每个元素都分别是每一行的起始地址，这个关系如图 8-11 所示。

图 8-11　动态二维数组的存储

由图 8-11 可知，a 是一个由 3 个元素组成的数组，每个数组元素都分别是一个整型的一维数组的名字，而数组名是指向第一个元素的指针，因而 a 的每个元素都分别是一个整型指针。可以将 a 数组看成一个整型指针数组，a 是指向整型指针的指针，因此需要用到一个整型的动态二维数组时，定义一个指向整型的二级指针 a，然后申请一个动态的一维指针数组 a。数组 a 的每个元素是一个指向整型的指针，指向二维数组每一行的第 0 个元素。最后再为每一行申请空间，把首地址存

于数组 a 的每个元素。访问第 i 行第 j 列的元素就是访问 a[i]数组的第 j 个元素，即 a[i][j]。代码清单 8-23 给出了一个简单的动态二维数组的应用示例。

代码清单 8-23　动态的二维数组

```
/*  文件名：8-23.c
    动态的二维数组   */
#include <stdio.h>

int main()
{
    int **a, i, j, k = 0;                       /* a是动态数组的名字   */

    a = (int **)calloc(3, sizeof(int *));      /* 申请指向每一行首地址的指针数组 */
    for (i = 0; i < 3; ++i)                     /*每一行申请空间*/
        a[i] = (int *)calloc(4, sizeof(int));

    for (i = 0; i < 3; ++i)                     /* 为动态数组元素赋值 */
        for (j = 0; j < 4; ++j)
            a[i][j] = k++;

    for (i = 0; i < 3; ++i) {                   /*  输出动态数组 */
        printf("\n");
        for (j = 0; j < 4; ++j)
            printf("%d\t",a[i][j]);
    }

    for (i = 0; i < 3; ++i)                     /*  释放每一行 */
        free(a[i]);
    free(a);                                    /*  释放保存每一行首指针的数组   */

    return 0;
}
```

代码清单 8-23 的输出是

0	1	2	3
4	5	6	7
8	9	10	11

*8.7　函数指针

8.7.1　指向函数的指针

指向函数的指针

函数是由指令序列构成的，其代码存储在一块连续空间中，这块空间的起始地址称为函数的入口地址。调用函数就是让程序转移到函数的入口地址去执行。

在 C 语言中，指针可以指向一个整型变量、实型变量、字符串、数组等，也可以指向一个函数。

所谓指针指向一个函数就是让指针保存这个函数的入口地址，以后就可以通过这个指针调用某一个函数，这样的指针称为**指向函数的指针**。当通过指针去操作一个函数时，编译器不仅需要知道该指针是指向一个函数的，而且需要知道该函数的原型。因此，在 C 语言中指向函数的指针定义格式为

返回类型 (*指针变量)(形式参数表);

例如：

```
int  (*p1)( );
```

定义了一个指向一个没有参数、返回值为 int 型的函数指针。而

```
double  (*p2)(int);
```

定义了一个指向有一个整型参数、返回值为 double 型的函数指针。

　　　　指针变量外的圆括号不能省略。如果没有这对圆括号，编译器会认为声明了一个返回指针值的函数，因为函数调用运算符()比表示指针的运算符*的优先级别高。

为了让指向函数的指针指向某一个特定函数，可以通过赋值

指针变量名 = 函数名

来实现。如果有一个函数 int f1()，可以通过赋值 p1 = f1，将 f1 的入口地址赋给指针 p1，以后就可以通过 p1 调用 f1。例如，p1()与 f1()是等价的。在为指向函数的指针赋值时，所赋的值必须是与指向函数的指针的原型完全一样的函数名。

指向函数的指针主要有两个用途：作为另一个函数的参数以及用于实现菜单选择。

8.7.2　函数指针作为函数参数

指向函数的指针的最常见应用是将函数作为另一个函数的参数。

例 8.14　设计一个函数 count，可以根据用户的需要统计一个字符串中的各种字符数，如大写字母数、小写字母数或数字字符数等。

解决这个问题的主要难点在于如何通知函数需要统计哪类字符，这个问题可以用指向函数的指针来解决。可以为这个函数设计一个指向函数的指针参数。实际参数是一个谓词函数，需要统计哪类字符，则对应这类字符的函数值是 1，否则为 0。如要统计大写字母，实际参数函数可以设计成

```
int isUpper(char ch)
{
    return ch <='Z' && ch >= 'A';
}
```

count 函数的参数有两个参数，第一个参数是一个字符串，第二个参数是一个指向函数的指针，返回值是一个整型值。如需统计字符串 str 中大写字母数，则可调用

```
n = count(str, isUpper);
```

变量 n 中的值是字符串 str 中的大写字母数。

如需统计字符串中的空格数，可以定义函数

```
int isSpace(char ch)
{
    return ch == ' ';
}
```

然后调用

```
n = count(str, isSpace);
```

变量 n 中的值是字符串 str 中的空格数。

count 函数的函数体遍历字符串，对每一个字符检查函数的返回值是否为 1。如果是 1，计数器加 1。函数的实现及应用见代码清单 8-24。

代码清单 8-24　统计各种不同符号的函数及应用

```
/*  文件名：8-24.c
    统计各种不同符号的函数     */
#include <stdio.h>
int count(char *str, int (*f)(char));
int isUpper(char ch);
int isSpace(char ch);

int main()
{
    char *s = "aaa BBB   cDvF";

    printf("%s 中有%d 个大写字母\n", s,count(s,isUpper));
    printf("%s 中有%d 个空格\n", s,count(s,isSpace));

    return 0;
}

/*  统计字符串 str 中满足条件 f 的字符数    *
int count(char *str, int (*f)(char))
{
    int cnt = 0;

    while (*str) {
        if (f(*str)) ++cnt;
        ++str;
    }

    return cnt;
}

/*  判断 ch 是大写字母     */
int isUpper(char ch)
{
    return ch <= 'Z' && ch >= 'A';
}

/*   判断 ch 是空格     */
```

```
int isSpace(char ch)
{
    return ch == ' ';
}
```

代码清单 8-24 的输出是

```
aaa BBB    cDvF 中有 5 个大写字母
aaa BBB    cDvF 中有 4 个空格
```

例 8.15　设计一个计算某个函数定积分的函数。

定积分的物理意义是某个函数与 x 轴围成的区域的面积。定积分可以通过将这块面积分解成一连串的小矩形，计算各小矩形的面积的和而得到，如图 8-12 所示。小矩形面积的近似值是：小矩形的宽度＊矩形中点的函数值。

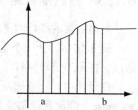

首先设计函数原型。该函数计算某个函数定积分，因此函数调用时必须给出积分区间和所需积分的函数。积分区间是两个实型数，如何传递所需积分函数呢？可以将计算所需积分函数值的过程编写成一个 C 语言的函数，将此函数传递给计算积分的函数，所以计算积分的函数有一个形式参数是指向函数的指针。

图 8-12　定积分示意图

计算积分时，小矩形的宽度可由用户指定，也可以由函数指定。为简单起见，本题指定小矩形的宽度为 0.01。小矩形的高度是对应于矩形中点的 x 的函数值 $f(x)$。函数的实现及使用见代码清单 8-25。

代码清单 8-25　计算某个函数定积分的函数

```
/*  文件名：8-25.c
    计算某个函数定积分的函数     */
#include <stdio.h>
double f(double x);
double integral(double (*f)(double), double, double);

int main()
{
    printf("%f", integral(f, 0,2));

    return 0;
}

double f(double x)
{
    return x;
}

double integral(double (*f)(double), double a, double b)
{
    double s = 0, x;

    for (x = a+ 0.005; x <= b; x += 0.01)
```

```
    s += 0.01 * f(x);

    return s;
}
```

代码清单 8-25 计算了函数 $f(x) = x$ 在区间[0,2]上的积分，程序输出为

```
2.0000000
```

8.7.3 函数指针用于菜单选择

指向函数的指针的第二个应用就是传统的菜单界面的实现。

例 8.16 设计一个工资管理系统，要求系统具有如下功能：添加员工、删除员工、修改员工信息、打印工资单、打印汇总表。

在设计中，一般把每个功能设计成一个函数。例如，添加员工的函数为 add，删除员工的函数为 erase，修改员工信息的函数为 modify，打印工资单的函数为 printSalary，打印汇总表函数为 printReport。主程序是一个死循环，显示所有功能和它的编号，请用户输入编号，根据编号调用相应的函数。选择"退出"时，程序终止。具体程序如代码清单 8-26 所示。

代码清单 8-26　实现菜单功能的程序

```c
/*  文件名：8-26.c
    菜单功能的实现       */
#include <stdio.h>
int main()
{
    int select;

    while(1) {
        printf("1--add \n");
        printf("2--erase\n");
        printf("3--modify\n");
        printf("4--print salary\n");
        printf("5--print report\n");
        printf("0--quit\n");

        scanf("%d", &select);

        switch(select) {
            case 0: return 0;
            case 1: add(); break;
            case 2: erase(); break;
            case 3: modify(); break;
            case 4: printSalary(); break;
            case 5: printReport(); break;
            default: printf("input error\n ");
        }
    }
}
```

这个程序看上去有点烦琐，特别是当功能很多时，switch 语句中会有很多 case 子句。指向函数的指针可以解决这个问题。我们可以定义一个指向函数的指针数组，数组的每个元素都分别指向一个函数。元素 1 指向处理功能 1 的函数，元素 2 指向处理功能 2 的函数，以此类推。这样，当接收到用户的一个选择后，只要输入是正确的，直接就可以通过相应的数组元素调用该函数，具体程序如代码清单 8-27 所示。

代码清单 8-27　用函数指针实现菜单选择的程序

```
/* 文件名: 8-27.c
   用函数指针实现菜单选择      */
int main()
{
    int select;
    void (*func[6])() = {NULL, add, erase, modify, printSalary, printReport};

    while(1) {
        printf("1--add \n");
        printf("2--erase\n");
        printf("3--modify\n");
        printf("4--print salary\n");
        printf("5--print report\n");
        printf("0--quit\n");

        scanf("%d", &select);

        if (select == 0) return 0;
        if (select > 5 || select < 0)
            printf("input error\n ");
        else func[select]();
    }
}
```

8.8　编程规范与常见问题

8.8.1　int x, *p = &x;有错吗

常见的指针访问有两种：让指针指向某个变量或通过指针间接访问它所指向的变量。让指针指向某个变量的常见形式是 p = &x，x 的类型与 p 的基类型必须一致。通过指针间接访问是采用"*"操作，如 *p = 5。那么

```
int x, *p = &x;
```

是不是错误的语句？为什么可以把 x 的地址赋给 *p?

这个语句是正确的，注意它是出现在变量定义部分的。它的含义是定义一个指向整型的指针变量，把整型变量 x 的地址作为这个指针的初值，而不是把 x 的地址赋给 *p。

8.8.2　避免使用悬空指针和未初始化的指针

所谓悬空指针指的是指向某个已被释放的动态变量的指针。由于它指向的动态变量已被释放，程序已无权访问，所以间接访问它指向的变量将会导致程序的异常终止。

指针变量如果没有被赋值，它的值就是一个随机数。当间接访问该指针指向的变量时，编译器将这个随机数解释为一个内存地址，然后访问该地址中的内容。如果该地址是程序中某个变量的地址，程序访问了这个变量，但这并不是程序员所期望的。更多时候，这个随机数并不是一个可访问的内存地址，此时将导致程序异常终止。

8.8.3　不同基类型的指针之间为什么不能赋值

引入指针并不是需要对某个变量的地址进行操作，而是希望增加变量的访问渠道，使它们可以通过指针间接访问，所以指针操作需要知道指针的基类型。如果 p1 是个整型指针，当通过 p1 间接访问时会将从 p1 值开始的 4 个字节解释为一个整型数。如果 p2 是指向 double 型的指针，当访问 *p2 时会将从 p2 值开始的 8 个字节解释成一个 double 型的值。

如果执行 p2 = p1，然后引用 p2 指向的内容，会发生什么情况？由于 p2 是指向 double 型的指针，在 VS2010 中间接访问 p2 指向的内存时就会取 8 个字节的内容，然后把它解释成一个 double 型的数，而整型变量在 VS2010 中只占 4 个字节。

即使两个指针类型不同，但指向的空间大小是一样的，这两个指针间的赋值还是没有意义的。如果 p1 是指向整型数的指针，而 p2 是指向 float 型的指针，执行 p2 = p1，然后间接访问 p2 指向的内容，则会将一个整型数在内存中的表示解释成一个单精度数，这是没有意义的。

8.8.4　指针与数组等价吗

数组和指针是完全不同的，数组变量存放了一组同类元素，指针变量中存放了一个地址。例如对于定义

```
int array[10],*p = array;
```
array 是一个有 10 个元素的整型数组，如果每个整型数占 4 个字节，则 array 在内存中占 40 个字节；而 p 是一个指针，如果该计算机系统中内存地址用 4 个字节表示，则 p 在内存中占 4 个字节。

之所以可以用 p[i]访问 array[i]，是由于在 C 语言中数组名是数组的起始地址，因此在将一个数组名赋给一个指针后，该指针指向了数组的起始地址，因此可以和数组名具有同样的行为。

可以将一个数组名赋给指针，但不可以将指针赋给数组名。因为数组名代表的是数组在内存中的存储地址，是不可以修改的。

8.8.5　值传递和指针传递的区别是什么

值传递是将某个类型的数值传给函数。在值传递时，计算机为形式参数分配空间，将实际参数作为形式参数的初值。函数中对形式参数的修改不会影响实际参数的值。值传递参数用作函数的输入。

指针传递是将某个变量的地址传给函数。指针传递时，形式参数是一个指针变量。参数传递时，计算机为形式参数分配一块空间，即保存一个内存地址所需的空间，将实际参数的值（调用函

数中的某个变量的地址）作为初值。函数中可以间接访问调用函数中的某个变量。指针传递通常可将被调用函数中的运行结果传回调用函数，因此也被称为输出参数。

有了指针传递，函数的参数被分为两类：输入参数和输出参数。输入参数用值传递，输出参数用指针传递。在设计函数原型时，通常将输入参数排在前面，输出参数排在后面。

有了指针参数，函数可以有多个执行结果。

8.8.6　返回指针的函数必须确保返回值指向的变量在函数执行结束时依然存在

函数的返回值可以是指针。在返回指针时，必须确保指针指向的变量在函数执行结束后是存在的，也就是说，不能返回函数中存储类别为 auto 的局部变量的地址。因为函数执行结束后，存储类别为 auto 的局部变量都被消亡了。回到调用函数时，如果通过返回值间接访问，则会发现无法访问它指向的变量，因为该变量已不存在，此时会导致程序异常终止。

8.8.7　使用动态变量时必须严格防止内存泄露

所谓内存泄露就是申请了动态变量而没有释放。

有了指针就可以申请动态变量，在动态变量使用中最容易犯而且最不容易发现的错误是内存泄露，因为内存泄露不会影响程序的执行结果。如果程序将运行很长时间，内存泄露将会使系统越来越慢甚至崩溃，因为可用的内存越来越少。

与内存泄露相反的是释放一个不存在的动态变量，这将会导致程序的非正常结束。释放一个不存在的动态变量可能有两个原因：一个原因是程序将一个动态变量释放了两次，第二次释放时将会导致程序异常终止。例如，有两个指针指向同一个动态变量，程序对两个指针都执行 free 操作；第二种情况是申请了一个动态变量，然后修改了存放动态变量地址的指针，释放该指针指向的动态变量也将导致程序异常终止。

8.9　小结

本章介绍了指针的概念。指针是一种特殊的变量，它的值是计算机的内存地址。指针通常是很有用的，它可以给程序的不同部分间提供共享数据的功能，能使程序在执行时分配新内存。

像其他变量一样，指针变量使用前必须先定义。定义一个指针变量时，除了说明它存储的是一个地址外，还要说明它指向变量的数据类型。定义指针变量时给它赋初值是一个很好的习惯，这样可以避免很多不可预料的错误。

指针的基本运算符是&和*。&运算符作用到一个左值并返回该左值的地址，*运算符作用到一个指针并返回该指针指向的左值。

将指针作为形式参数可以使一个函数与其调用的函数共享数据。指针传递是将某个变量的地址传给函数。指针传递时，形式参数是一个指针变量。参数传递时，计算机为形式参数分配一块空间，即保存一个内存地址所需的空间，将实际参数的值（调用函数中的某个变量的地址）作为初值。函数中可以通过间接访问调用函数中的某个变量。指针传递通常可将被调用函数中的运行结果传回调用函数，因此也被称为输出参数。

指针也可以作为函数的返回值，指针作为返回值一般用于返回一个字符串。返回指针的函数必须确保指针指向的变量在函数执行结束后依然存在。

在 C 语言中，指针和数组密切相关。当指针指向数组中的某一元素时，就可以将指针像数组一样使用。反之也行，即将数组名作为指针访问，但此时必须注意，数组名是常量，不能修改。

指针和数组之间的关系使得算术运算符+和-以及++和--也可用于指针，但指针的加减法与整型数、实型数的加减法不同，它要考虑到指针的基类型。

程序运行时，可以向一个叫堆的未用内存区中动态地申请新内存，这称为动态变量机制。申请动态变量可用函数 malloc，申请动态数组可用函数 calloc。当申请的动态变量不再需要时，程序必须调用 free 函数把内存归还给堆，否则将会造成内存泄露。

8.10　自测题

1. 下面的定义中所定义的变量类型是什么？

```
double *p1, p2;
```

2. 如果 arr 被定义为一个数组，描述以下两个表达式之间的区别。

```
arr[2]
arr+2
```

3. 假设 double 类型的变量在计算机系统中占用 8 个字节，如果数组 doubleArray 的基地址为 1000，那么 doubleArray+5 的值是什么？

4. 定义

```
int array[10], *p = array;
```

后，可以用 p[i]访问 array[i]。这是否意味着数组和指针是等同的？

5. 以下程序段有什么问题？

```
int x, *p, **q;
p = q = &x;
```

6. 值传递和指针传递的区别是什么？

7. 如何知道动态变量的申请是否成功？

8. 如果 p 是基类型为整型的指针变量名，下面表达式中哪些可以作为左值？请解释。

```
p       *p       &p       *p+2      *(p+2)      &p+2
```

9. 如果 p 是一个指针变量，访问 p 指向的单元中的内容应如何表示？访问变量 p 本身的地址应如何表示？

10. 如果申请了一个动态变量但没有释放它，会有什么后果？

11. 如有定义

```
char *s1 = "abcde";
```

是否能调用函数 strcpy(s1, "123")？

12. 如果函数 sort(int a[], int size)是将数组 a 的元素按递增次序排序的，如有数组 int a = {1,7,4,0,9,8,2,5,4,3}，能否执行函数调用 sort(a+3, 4)？如果可以，执行了 sort 函数后，a 数组的值是多少？

8.11　实战训练

1. 改写代码清单 8-15，用 for 循环代替 while 循环。

2. 设计一个函数 char *getDate()，输入表示年、月、日的 3 个整数，组成一个字符串 "DD-MM-YYYY" 并返回。如输入为

```
1998  3  12
```

返回值为字符串：3-12-1998。

3. 用原型 void getDate(int *dd, int *mm, int *yy);写一个函数从键盘读入一个形如 dd-mmm-yyyy 的日期。其中 dd 是一个 1 位或 2 位的表示日的整数，mmm 是月份的三个字母的缩写，yy 是两位数的年份。函数读入这个日期，并将它们以数字形式存入三个参数指定的地址。如果输入的是 3-MAR-14，函数调用结束后，*dd 的值是 3，*mmm 的值是 3，*yy 的值是 14。

4. 设计一个非递归函数，返回一个整型数组中的最大值和最小值。

5. 设计一个函数 void deletechar(char *str1, char *str2)，在 str1 中删除 str2 中出现的字符。用递归和非递归两种方法实现。

6. 设计一个函数 char *itos(int n)，将整型数 n 转换成一个字符串。如某次调用时，实际参数是 123，返回值是一个字符串 "123"。

7. 用带参数的 main 函数实现一个完成整数运算的计算器。例如，输入

```
calc 5 * 3
```

执行结果为 15。

8. 编写一个函数，判断作为参数传入的一个整型数组是否为回文。例如，若数组元素值为 10、5、30、67、30、5、10 就是一个回文。用递归和非递归两种方法解决。

9. Julian 历法是用年及这一年中的第几天来表示日期的。设计一个函数将 Julian 历法表示的日期转换成月和日，如 Mar 8（注意闰年的问题）。函数返回一个字符串，即转换后的月和日。如果参数有错，如天数为第 370 天，返回 NULL。

10. 编写一个魔阵生成的函数。函数的参数是生成的魔阵的阶数，返回的是所生成的魔阵。

11. 在统计学中，经常需要统计一组数据的均值和方差。均值的定义为 $\bar{x} = \sum_{i=1}^{n} x_i / n$，方差的定义为 $\sigma = \dfrac{\sum_{i=1}^{n}(x_i - \bar{x})^2}{n}$。设计一个函数，对给定的一组数据返回它们的均值和方差。

12. 设计一个用弦截法求方程根的通用函数。函数有 3 个参数：第一个是指向函数的指针，指向所要求根的函数；第二、三个参数指出根所在的区间。返回值是求得的根。

第 9 章

更多的数据类型

数据类型是程序设计的重要工具。程序设计语言提供的类型越多，它的功能也就越强。C 语言除了内置类型以外，还允许程序员自己定义一些新的类型。本章将介绍这些自定义类型及应用，具体包括：

■ 枚举类型；
■ 类型别名；
■ 结构体；
■ 链表；
■ 共用体。

枚举类型

9.1　枚举类型

在设计程序时有时会用到一些特殊的变量，这些变量的取值范围是有限可数的。例如，在一个生成日历的程序中很可能用到一个表示一个星期中的每一天的变量，该变量可能取值的范围就是星期日到星期六，但 C 语言并没有这样一个数据类型，需要程序员在编程时自己想办法解决。

解决这个问题有几种方法。一种常用的方法是采用数字编码，假设 0 表示星期日，1 表示星期一，……，6 表示星期六，然后用一个整型变量（如 weekday）表示。若给这个变量赋值为 0，则表示是星期日；给这个变量赋值为 1，则表示是星期一；给这个变量赋值为 6，则表示是星期六。

这种方法虽然能解决问题，但它有两个问题。首先，编写出来的程序可读性不好。阅读程序时若看见 weekday = 3 这样的语句，我们并不知道这个赋值的涵义是什么，除非有人告诉我们 3 代表星期三。其次，weekday 是整型，它可以存放任何整型数。如果在录入程序时误将 3 输入成 30，编译器就无法检查出这个问题，程序的执行结果肯定也不正确。

另一种方法还是采用编码，但将每一天定义成一个符号常量。如

```
#define  SUNDAY  0
```

在程序中定义一个整型变量。当需要给变量赋值时，可以用

```
weekday = SUNDAY;
```

这种方法可以提高程序的可读性，但没有解决安全性的问题，如 weekday = 30 之类的问题还是无法解决。

在 C 语言中，可以定义一个真正的类型名去表示一种枚举类型。定义新的枚举类型的语法形式如下

```
enum 枚举类型名 {元素表};
```

其中元素表是由组成枚举类型的每个值的名字组成的，即该类型变量的值域。名字的命名必须符合标识符的命名规范。元素表中的元素用逗号分开。如定义一个表示一个星期中每一天名字的枚举类型

```
enum weekdayT { Sunday, Monday, Tuesday, Wednesday, Thursday, Friday, Saturday };
```

这个定义引入了一个新的类型名 **weekdayT**，这种类型的变量的取值范围只能是花括号中的 7 个值。

在计算机内部，枚举类型中的每个元素都是用一个整数代码表示的。不管何时定义一个新的枚举类型，这些元素都将用从 0 开始的连续的整型数编码。因此，在 **weekdayT** 这个示例中，Sunday 对应于 0，Monday 对应于 1，以此类推。事实上，它相当于定义了一系列符号常量。

作为定义的一个部分，C 语言的编译器也允许明确指出枚举类型的元素的内部表示。例如，若希望从 1 而不是 0 开始编号，可以这样定义

```
enum weekdayT { Sunday=1, Monday, Tuesday, Wednesday, Thursday, Friday, Saturday };
```

那么，Sunday 对应于 1，Monday 对应于 2，……，Saturday 对应于 7。也可以从中间某一个元素开始重新指定，例如

```
enum weekdayT { Sunday, Monday, Tuesday=5, Wednesday, Thursday, Friday, Saturday};
```

那么 Sunday 对应于 0，Monday 对应于 1，Tuesday 对应于 5，Wednesday 对应于 6，以此类推。

任意取值为有限可数的情况都可以使用枚举类型。例如，可以用

```
enum colorT { Red, Orange, Yellow, Green, Violet, Blue, Purple };
```

定义彩虹的 7 种颜色，或用

```
enum directionT { North, East, South, West };
```

定义指南针上的 4 个基本方向。每个这样的定义都引入了一个新的类型名和对应于该类型的值域。

从程序员的角度来看，定义自己的枚举类型有以下 3 个优势。

- 枚举类型的每个值在计算机内部用一个整型数表示。这个整型数由编译器选择，从而免去了程序员自己定义符号常量的工作；
- 在定义类型时，程序员一般会取一个有意义的类型名，在变量定义时就可以用有意义的类型名，而不是普通的 int，提高了程序的可读性；
- 在许多计算机系统中，使用明确定义的枚举类型的程序很容易调试，因为编译器可以为调试系统提供有关该类型行为的额外信息，如变量的取值范围或允许的操作等。

一旦定义了枚举类型，就可以定义枚举类型的变量，枚举类型变量的定义格式如下

```
enum 枚举类型名  变量表;
```

例如，

```
enum weekdayT weekday;
```

定义了一个枚举类型 weekdayT 类型的变量 weekday。

对枚举类型的变量可以进行赋值运算、比较运算、算术运算和输出操作，例如，可以通过 weekday = Sunday 对变量 weekday 赋值。两个同类的枚举类型的变量也可以相互赋值。对枚举类型的变量可以进行比较操作，如 weekday == Sunday 或 weekday <= Saturday。枚举类型的运算实际上是对其对应的内部编码进行比较。枚举类型可以当作整型输出，输出的是对应的内码。如对 colorT 类型的变量 color 执行 color= Yellow，然后执行

```
printf("%d",color);
```

则会输出值 2。

虽然对于枚举类型变量，语句

```
weekday = 30;
```

也是正确的，编译器并不会报错，但因为把 weekday 定义成了枚举类型，程序中对它赋的值是 Sunday 或 Saturday 之类，不太可能出现 30 之类的输入失误。

　　例 9.1　口袋中有红、黄、蓝、白、黑 5 个球，每次从口袋中摸出 3 个球，编一个程序输出所有可能的排列。

　　首先要解决如何在程序中表示 5 种颜色，这个问题可以用枚举类型来解决。取出 3 个球可以用一个 3 层的嵌套循环，取出的 3 个球分别放在数组 ball 中。外层循环取第一个球放入 ball[0]，第二层循环取第二个球放入 ball[1]，最里层循环取第三个球放入 ball[2]。程序的实现见代码清单 9-1。

代码清单 9-1　例 9.1 的程序（方案一）

```c
/*  文件名：9-1.c
    例 9.1 的程序（方案一）    */
#include <stdio.h>

int main()
{
    enum colorT { Red, Yellow, Blue, White, Black };
    enum colorT ball[3];
    int i;

    for (ball[0] = Red; ball[0] <= Black; ++ball[0])
        for (ball[1] = Red; ball[1] <= Black; ++ball[1])
        if (ball[0] != ball[1])                     /* 第一个球与第二个球颜色不能相同  */
            for (ball[2] = Red; ball[2] <= Black; ++ball[2])
                if (ball[0] != ball[2] && ball[2] != ball[1]) {
                    for (i = 0; i < 3; ++i)      /* 输出一种合法的排列   */
                        switch(ball[i]){
                            case Red: printf("Red\t");break;
                            case Yellow: printf("Yellow\t");break;
                            case Blue: printf("Blue\t");break;
                            case White: printf("White\t");break;
                            case Black: printf("Black\t");
                        }
                    printf("\n");
                }

    return 0;
}
```

　　由于枚举类型输出时，输出的是它的内部编码。为使输出更加直观，程序用了一个 switch 语句输出每种颜色。但这也使程序看上去比较啰唆。一种改进方案是将所有的颜色组成一个字符串数组，输出时，输出对应的数组元素。这种实现方案见代码清单 9-2。

代码清单 9-2　例 9.1 的程序（方案二）

```c
/*  文件名：9-2.c
    例 9.1 的程序（方案二）    */
```

```
#include <stdio.h>

int main()
{
    enum colorT { Red, Yellow, Blue, White, Black };
    enum colorT ball[3];
    char *color[5] = {"Red", "Yellow", "Blue", "White", "Black"};
    int i;

    for (ball[0] = Red; ball[0] <= Black; ++ball[0])
        for (ball[1] = Red; ball[1] <= Black; ++ball[1])
            if (ball[0] != ball[1])
                for (ball[2] = Red; ball[2] <= Black; ++ball[2])
                    if (ball[0] != ball[2] && ball[2] != ball[1]) {
                        for (i = 0; i < 3; ++i)
                            printf("%-10s\t",color[ball[i]]);
                        printf("\n");
                    }

    return 0;
}
```

9.2　类型别名

　　有些程序员原来可能用的不是 C 语言，而是 Pascal 语言或 FORTRAN 语言。习惯用 Pascal 语言的程序员可能更喜欢用 INTEGER 而不是 int 来表示整型，习惯用 FORTRAN 语言的程序员可能习惯用 REAL 而不是 double 来表示实型。C 语言提供了一个 typedef 指令，用这个指令可以重新命名一个已有的类型名。例如，给整型取一个别名 INTEGER，可以用以下语句

```
typedef int INTEGER;
```
一旦重新命名了类型 int，就可以用两种方法定义一个整型变量，除了可以用

```
int a;
```
之外，也可以用

```
INTEGER a;
```
　　利用 typedef 还可以使程序更加简洁，为某些类型提供了一个简洁的缩写。例如代码清单 9-1 中定义了一个枚举类型 colorT，定义该类型的变量时除了类型名以外，还必须带上保留词 enum，如

```
enum colorT color1;
```
此时可以重新命名类型名

```
typedef enum colorT COLOR;
```
以后定义此枚举类型的变量就可以用

```
COLOR color1;
```

9.3　结构体

结构体

现代程序设计语言的一大特点是能够将各自独立的数据或操作组成为一个整体。过程和函数可以将一组操作封装成一个整体。在数据处理方面，数组可以将类型相同的一组有序数据封装成一个整体。需要时可以从数组中选出元素，并单独进行操作。也可以将它们作为一个整体，同时进行操作。此外，有时还需要能够将一组无序的、异质的数据看作一个整体进行操作。在程序设计语言中，这样的一组数据被称为**记录**。在 C 语言中，称为**结构体**（或结构）。

9.3.1　结构体的概念

假设在一个学生管理系统中，要为每位学生在期末打印一张较为全面的成绩单，包括学号、姓名、各门功课的成绩。如果这学期学的课程有语文、数学和英语，那么相关数据可表示成表 9-1 所示的形式。

表 9-1　学生成绩单示例

学号	姓名	语文成绩	数学成绩	英语成绩
00001	张三	96	94	88
00003	李四	89	70	76
00004	王五	90	87	78

每个学生的相关数据（表 9-1 中的一行）称为一条**记录**。从表中可以看出，每条记录由若干个部分组成，每一部分提供了关于学生某个方面的信息，所有部分组合起来形成了一条完整的学生信息。每个组成部分通常被称为**字段**，或者被称为**成员**。譬如，上例中的学生记录由 5 个字段组成：学号和姓名字段是字符串，而 3 个成绩字段都是整型数。

虽然记录是由若干个单独的字段组成的，但它表达了一个整体的含义。在表 9-1 中每一行的各个字段的内容组成了一个有意义的数据，第一行提供了张三的信息，第二行提供了李四的信息，第三行提供了王五的信息。

问题是如何在程序中保存这些信息呢？由于组成记录的各个字段数据类型都不同，所以数组不能胜任此项工作。在这种情况下，就需要有一种新的类型来处理学生信息。将每个学生的信息定义为这种类型的一个变量。这种类型称为结构体类型。

在 C 语言中使用结构体需要如下两个步骤。

（1）**定义一个新的结构体类型**。结构体是一个统称，此结构体不同于彼结构体，每个结构体都有自己的组成内容。如对应于学生的结构体，可能由学号、姓名、班级、各门课程的成绩组成，而教师信息也必须用一个结构体来描述，它的组成部分可能有工号、部门、职称、专业和工资。因此使用结构体需要先定义一个新的结构体类型。结构体类型定义告诉编译器该结构体类型的变量是由哪些字段组成的，并指明字段的名称以及字段中信息的类型。结构体类型的定义指出了该类型的变量由哪些部分组成，但并不分配任何存储空间。

（2）**定义结构体类型的变量**。完成了结构体类型的定义后，可以定义该类型的变量。一旦定义了该类型的变量，编译器就会参照相应的结构体类型定义分配相应的空间，此时才可将数据存入其中。

这两个步骤是完全不同的操作，刚接触程序设计的人通常忘记这两步都是必不可少的。在定义了一个新类型后，他们会认为该类型就是一个变量了，并在程序中使用。然而结构体类型只为定义它的变量提供了一个模板，它本身并没有存储空间。

9.3.2　结构体类型的定义

结构体类型定义的格式如下

```
struct 结构体类型名{
    字段声明;
};
```

其中，**struct** 是 C 语言定义结构体类型的保留字，字段声明指出了组成该结构体类型的每个字段的类型。例如，存储上述学生信息的结构体类型的定义如下

```
struct studentT {
    char no[10];
    char name[10];
    int chinese;
    int math;
    int english;
};
```

在定义结构体类型时，字段名可与程序中的变量名相同。在不同的结构体中也可以有相同的字段名，而不会发生混淆。例如，定义一个结构体类型 studentT，它有一个字段是 name；在同一个程序中，还可以定义另一个结构体类型 teacherT，它也有一个字段叫 name。

结构体成员的类型可以是任意类型，可以是整型、实型，也可以是数组，当然也可以是其他结构体类型。如果希望在 **studentT** 类型中增加一个生日字段，日期可以用年、月、日 3 个部分表示，那么日期也可以被定义成一个结构体

```
struct dateT{
    int month;
    int day;
    int year;
};
```

在 studentT 中，可以有一个成员，它的类型是 dataT

```
struct studentT {
    char  no[10];
    char  name[10];
    struct dateT birthday;
    int chinese;
    int math;
    int english;
};
```

一般情况下，结构体的分量有不同的类型。但某些情况下，结构体的所有分量都是同样的类

型。如二维平面上的一个点，它是由两个坐标组成的。两个坐标都是 double 类型的。表示一个二维平面上的点时，是应该定义成结构体呢，还是定义成一个 double 型的数组？记住，**结构体通常表示的是一个复杂对象，而数组通常表示一组对象**。二维平面上的一个点是一个对象，所以还是把它定义成一个结构体

```
struct pointT{
    double x, y;
};
```

9.3.3 结构体类型变量的定义

结构体类型变量有两种定义方式：

* 先定义类型然后定义变量；
* 定义类型的同时定义变量。

1. 先定义类型然后定义变量

定义了一个结构体类型后，就可以定义该类型的变量了。结构体类型的变量定义方式与普通的内置类型的变量定义完全相同。可以定义该结构体类型的变量、指针或数组；可以定义为全局变量，也可以定义为局部变量；可以指定各种存储类别，也可以申请动态的结构体变量。结构体变量的定义格式为

```
存储类别 struct  结构体类型名  变量列表；
```

例如，有了 studentT 这个类型，就可以通过下列代码定义该类型的一个变量 student1、数组 studentArray 和指针 sp

```
struct studentT student1, studentArray[10], *sp;
```

也可以定义一个静态的 studentT 类型的变量 student2

```
static struct studentT student2;
```

一旦定义了一个结构体类型变量 student1，就可以从两个角度来看待它。从整体的角度来看待，即在概念上从一个较远的距离来观察，则得到像下面这样的一个箱子 student1：

```
student1  [        ]
```

但如果从近处细看，会发现标签为 student1 的箱子内部还有着 5 个单独的箱子,可以单独处理每个小箱子：

```
student1  [ no   name   chinese   math   english ]
```

事实上，一旦定义了一个结构体类型的变量，系统在分配内存时就会分配一块连续的空间，依次存放它的每一个分量。这块空间总的名字是该变量的名字，每一小块还有自己的名字，即字段名。

studentArray 是具有 10 个 studentT 类型的值的数组，并在内存中准备了存储 10 个 studentT 类型的变量的空间。该空间可以有如下的内容：

00001	张三	96	94	88
00003	李四	89	70	76
……	……	……	……	……

sp 是一个指向 studentT 类型的指针，可以指向 student1，也可以指向 studentArray 中的某个元素。如

```
sp = &student1;
```
让 sp 指向 student1。也可以用

```
sp = studentArray;
```
让 sp 指向数组 studentArray 的起始地址。或用

```
sp = (struct studentT *) malloc(sizeof(struct studentT));
```
让 sp 指向一个 studentT 类型的动态变量。或用

```
sp = (struct studentT *) calloc(n, sizeof(struct studentT));
```
让指针指向一个由 n 个元素组成的动态的 studentT 类型的数组。

当对 sp 执行加 1 操作时，sp 的值增加一个 studentT 类型的数据的长度。

例 9.2　测试结构体变量占用的空间量。

解决这个问题的程序见代码清单 9-3。程序定义了一个结构体类型 studentT 的变量 student1、一个 10 个元素的 studentT 类型的数组以及一个指向结构体 studentT 类型的指针，然后用 sizeof 运算获取它们占用的空间量并输出。

代码清单 9-3　测试结构体变量占用的空间

```
/*     文件名：9-3.c
测试结构体变量占用的空间       */
#include <stdio.h>

int main()
{
    struct studentT {
        char  no[10];
        char  name[10];
        int chinese;
        int math;
        int english;
    };
    struct studentT student1,studentArray[10], *sp = &student1;

    printf("student1 占用了 %d 个字节\n",  sizeof(student1));
    printf("studentArray 占用了 %d 个字节\n", sizeof(studentArray));
    printf("指针 sp 占用了 %d 个字节\n",  sizeof(sp));

    return 0;
}
```

代码清单 9-3 的程序的输出是

```
student1 占用了 32 个字节
```

```
studentArray 占用了 320 个字节
指针 sp 占用了 4 个字节
```

结构体 studentT 类型有 5 个字段，这 5 个字段占用空间之和正好是 32 个字节。studentArray 有 10 个元素，所以占用了 320 个字节。而指向结构体的指针与其他类型的指针一样，只占 4 个字节。

有时会发现，结构体变量占用的空间会大于各字段占用空间之和，这是因为系统分配内存时有最小分配单元的规定。假如将 studentT 的定义改为

```
struct studentT {
    char  no[10];
    char  name[10];
    char cdata;
    int chinese;
    int math;
    int english;
};
```

你会发现结构体 studentT 类型的变量不是占用 33 个字节，而是占用了 36 个字节。

在代码清单 9-3 中，结构体类型 studentT 定义在 main 函数中，那么它的作用域只是在 main 函数中。只有在 main 函数中才能定义 studentT 类型的变量。如果程序包括多个函数，这些函数都要用到 studentT 类型的变量，则可以与全局变量一样，把结构体类型的定义放在函数定义的外面。这样，定义在它后面的函数都可以使用该结构体类型。

2. 定义类型的同时定义变量

结构体类型变量也可以在定义结构体类型的同时定义，格式如下

```
struct 结构体类型名{
    字段声明;
}  结构体变量列表;
```

或

```
struct {
    字段声明;
}  结构体变量列表;
```

这两种方法的区别在于前者可以继续用结构体类型名定义其他变量，后者却不能。

3. 为结构体变量或数组赋初值

结构体类型变量和其他类型的变量一样，也可以在定义时为它赋初值。但是结构体类型变量的初值不是一个，而是一组，即对应于每个字段的值。C 语言用一对花括号将这一组值括起来，表示一个整体，值与值之间用逗号分开。例如

```
struct studentT student1 = {"00001",  "张三", 96, 94, 88 };
```

也可以为数组赋初值，所有的数组元素用一对花括号括起来，元素之间用逗号分开。数组的每个元素也用一对花括号括起来，例如

```
struct studentT studentArray[10] = {{"00001",  "张三", 96, 94, 88},
                                    {"00001",  "张三", 96, 94, 88}, …… };
```

4．用类型别名重新命名结构体类型名

定义结构体类型的变量时每次都必须带上保留词 struct，这会使程序员觉得很啰唆，此时可以给这种类型取一个别名。例如

```
typedef struct student STUDENT;
```
以后定义这种类型的变量时就可以用
```
STUDENT student1;
```
申请动态变量时可以用
```
sp = (STUDENT *) malloc(sizeof(STUDENT));
```

9.3.4 结构体类型变量的使用

结构体类型是一个统称，程序员所用的每个结构体类型都是根据需求自己定义的，C 语言编译器无法预知程序员会定义什么样的结构体类型。因此，除了同类型的变量之间相互赋值之外，C 语言无法对结构体类型的变量做整体操作，例如加、减、乘、除或比较操作，因为 C 语言编译器无法知道如何将两个结构体类型的变量相加或相减，同类变量赋值是将右边变量的内容原式原样复制给左边的变量。

1．同类型的结构体之间的赋值

当两个结构体类型的变量属于同一个结构体类型时，可以互相赋值。例如，对于 studentArray 的元素，可以用

```
studentArray[0]= studentArray[5];
```
赋值，其含义是将 studentArray[5]的字段值对应赋给 studentArray[0]。这个语句相当于执行了 5 个操作

```
strcpy(studentArray[0].no, studentArray[5].no);
strcpy(studentArray[0].name, studentArray[5].name);
studentArray[0].chinese = studentArray[5].chinese;
studentArray[0].math = studentArray[5].math;
studentArray[0].english = studentArray[5].english;
```

如果两个结构体变量属于不同的结构体类型时，则不能互相赋值，而且这种赋值也是没有意义的。

从上述讨论中也可以看出数组和结构体类型的变量的另一个区别，那就是**数组名不是左值，而结构体类型的变量是左值**。

2．通过结构体变量访问结构体中的字段

结构体类型的变量的访问主要是访问它的某一个字段。例如，对结构体类型变量的赋值是通过对它的每一个字段的赋值来实现的，结构体类型变量的输出也是通过输出它的每一个字段的值来实现的。当通过语句

```
struct studentT student1;
```
定义了变量 student1 后，可以用 student1 表示该结构体的整体，但如果想了解 student1 的某个方面的内容，如他的语文成绩等，就可以打开该结构体类型的变量并对它的字段进行单独的操作。表示结构体类型的变量中的某一个字段，需要写下整个结构体类型的变量的名称，后面跟运算符 "."以及该字段的名称。因此，为表示 student1 的语文成绩，可以写成

```
student1.chinese
```
结构体中的字段可以单独使用，它相当于普通变量。

　　如果结构体类型的变量的成员还是一个结构体，则可以一级一级用"."分开，逐级访问。例如
```
student1.birthday.year
```
　　结构体类型的变量的输入是通过输入它的每一个成员来实现的。例如，输入 student1 的内容可用
```
scanff("%s %s %d %d %d %d %d %d", student1.no, student1.name, &student1.chinese, &student1.math,
    &student1.english, &student1.birthday.year, &student1.birthday.month,&student1.
    birthday.day);
```
也可以通过对每一个字段赋值来实现结构体的赋值，如 student1.birthday.year = 1990。

　　同理，结构体类型的变量的输出也是输出它的每一个分量。如需要输出变量 student1，可以用
```
printf("%s %s %d %d %d %d %d %d", student1.no, student1.name, student1.chinese, student1.math,
    student1.english, student1.birthday.year, student1.birthday.month,student1.
    birthday.day);
```

3. 用指针间接访问结构体的成员

　　与普通变量一样，结构体除了可以通过变量名直接访问外，也可以通过指针间接访问。指向结构体的指针可以指向一个同类的结构体变量，也可以指向一个通过动态内存申请到的一块用于存储同类型的结构体变量或结构体数组的空间。例如，执行了
```
typedef  struct student  STUDENT;
STUDENT  student1, *sp = &student1;
```
或
```
STUDENT *sp = (STUDENT *) malloc(sizeof(STUDENT));
```
就可以通过指针间接访问该指针指向的结构体，例如，要引用 sp 指向的结构体对象的 chinese 的值，可以表示为
```
(*sp).chinese
```
注意，括号是必需的，因为点运算符的优先级比 * 运算符高；如果不加括号，编译器会理解成 sp.chinese 是一个指针，然后访问该指针指向的内存地址。

　　这种表示方法显得笨拙。指向结构体的指针随时都在使用，使用者在每次选取时都使用括号会使结构体指针的使用变得很麻烦。为此，C 语言提出了另外一个更加简洁明了的运算符->。它的用法如下
```
指针变量名->字段名
```
表示指针变量指向的结构体的指定字段。例如，sp 指向的结构体中的 chinese 字段可表示为 sp->chinese。C 语言的程序员一般都习惯使用这种表示方法。

　　例 9.3　结构体操作示例。输入一个结构体 studentT 类型的变量，用指向结构体的指针输出该变量值。

　　程序的实现见代码清单 9-4。

代码清单 9-4　用指针操作结构体变量

```
/* 文件名：9-4.c
   用指针操作结构体变量        */
```

```
#include <stdio.h>

int main()
{
    struct studentT {
        char no[10];
        char name[10];
        int chinese;
        int math;
        int english;
    };

    struct studentT student, *sp;

    printf("请输入学生的学号 姓名 语文成绩　数学成绩　英语成绩：");
    scanf("%s %s %d %d %d",student.no, student.name,
        &student.chinese, &student.math, &student.english);

    sp = &student;
    printf("%15s%15s%10d%10d%10d\n",sp->no, sp->name, sp->chinese,
        sp->math, sp->english);

    return 0;
}
```

程序运行过程如下

请输入学生的学号 姓名 语文成绩　数学成绩　英语成绩：0010　　　　Tom　　　　80　　　　98　　　　79

通过指针还可以访问结构体数组，使用方法与内置类型指针访问内置类型数组完全相同。在对结构体类型的指针执行算术运算时，对指针加 1 就是加一个结构体变量的大小。如对结构体 studentT 类型的指针加 1，指针的绝对值就增加了 32。

例 9.4　用指针访问结构体数组。

代码清单 9-5 中定义了一个有 3 个元素的结构体 studentT 类型的数组，并在定义时赋了初值。然后定义一个 studentT 类型的指针，用指针输出数组元素值。

代码清单 9-5　用指针操作结构体数组

```
/* 文件名：9-5.c
   用指针操作结构体数组          */
#include <stdio.h>

int main()
{
    struct studentT {
        char no[10];
        char name[10];
        int chinese;
```

```
        int math;
        int english;
    };

    typedef struct studentT STUDENT;
    STUDENT  studentArray[3] = {{"1","Tom",70,94,88}, {"2", "Bob",85, 97,68},
                                {"3", "Adam", 77,69,75}};

    STUDENT  *sp;

    for (sp = studentArray; sp < studentArray + 3; ++sp)
    printf("%15s%15s%10d%10d%10d\n",sp->no, sp->name, sp->chinese,
        sp->math, sp->english);

    return 0;
}
```

程序的输出是

```
1      Tom     70      94      88
2      Bob     85      97      68
3      Adam    77      69      75
```

9.3.5 结构体与函数

1. 结构体作为函数参数

结构体和指向结构体的指针都可以作为函数的参数。尽管结构体和数组一样也是由许多分量组成的，但结构体的传递和普通内置类型一样都是值传递。当调用一个形式参数是结构体的函数时，首先会为作为形式参数的结构体分配空间，然后将作为实际参数的结构体中的每个分量复制到形式参数的每个分量中，以后实际参数和形式参数就没有任何关系了。如果要把一个结构体类型的参数作为输出参数，那么可以用指向结构体的指针作为参数。

例 9.5 某应用经常用到二维平面上的点。点的常用操作包括设置点的位置，获取点的 x 坐标，获取点的 y 坐标，显示点的位置，计算两个点的距离。试定义点类型，并实现这些函数。

平面上的点可以由两个坐标表示，因此点类型可定义如下

```
struct pointT {
    double x, y;
};
```

由于 pointT 类型在所有函数中都要用到，于是把它定义在所有函数的外面。点操作函数的实现也非常简单。注意 setPoint 函数，由于该函数需要设置点类型的变量值，所以这个点类型的参数必须用指针传递，其他参数都是输入参数，用值传递。有了这些函数，就可以对点进行操作。这些函数及其应用如代码清单 9-6 所示。

代码清单 9-6　对平面上点操作的函数及应用

```
/* 文件名：9-6.c
   对平面上点操作的函数及应用   */
#include <stdio.h>
```

```c
#include <math.h>

struct pointT{
    double x,y;
};

void setPoint(double x, double y, struct pointT *p) ;
double getX(struct pointT p) ;
double getY(struct pointT p) ;
void showPoint(struct pointT p) ;
double distancePoint(struct pointT p1, struct pointT p2) ;

int main()
{
    Struct pointT p1, p2;

    setPoint(1,1,&p1);
    setPoint(2,2,&p2);

    printf("%f  %f\n", getX(p1), getY(p2) );
    showPoint(p1);
    printf(" -> " );
    showPoint(p2);
    printf(" = %f\n", distancePoint(p1, p2) );

    return 0;
}

void setPoint(double x, double y, struct pointT *p)
{
    p->x = x;
    p->y = y;
}

double getX(struct pointT p)
{
    return (p.x);
}

double getY(struct pointT p)
{
    return (p.y);
}

void showPoint(struct pointT p)
{
    printf( "(%f ,%f )", p.x ,p.y );
}

double distancePoint(struct pointT p1, struct pointT p2)
```

```
{
    return sqrt((p1.x-p2.x)*(p1.x-p2.x) + (p1.y-p2.y) * (p1.y-p2.y));
}
```

程序的运行结果如下

```
1.000000  2.000000
(1.000000, 1.000000)->(2.000000, 2.000000)=  1.414214
```

2．结构体作为函数的返回值

如果函数的执行结果是一个结构体类型的变量，则可以将函数的返回值设计成该结构体类型。返回结构体类型的变量与返回内置类型的变量一样都会创建一个临时变量，用该变量取代函数调用。如代码清单 9-6 中的 setPoint 函数也可以设计成

```
pointT  setpoint(double x, double y)
{
    pointT  tmp;
    tmp.x = x;
    tmp.y = y;
    return tmp;
}
```

当程序中需要为结构体 pointT 类型的变量 p1 和 p2 赋值时，可以用语句

```
p1 = setPoint(1, 1);
p2 = setPoint(2, 2);
```

从程序运行效率的角度考虑，设计成指针传递比设计成返回结构体效率高。当采用指针传递时，函数体就是两个实数的赋值；而设计成返回结构体时，函数首先定义了一个结构体类型的局部变量 tmp，然后对两个实数进行赋值，函数运行结束时还需要创建一个结构体类型的临时变量，这些额外的操作都需要时间。

例 9.6　设计一个函数，计算一组学生的语文、数学和英语的平均成绩。

设计一个函数首先需要设计函数的原型。该函数的输入是一组学生信息，即一个 studentT 类型的数组，输出是 3 门课程的平均成绩。如何设计输出是这个函数设计的主要问题。方法之一是采用解一元二次方程函数同样的方法，用指针传递。在主函数中定义 3 个保存平均值的变量，将这 3 个变量地址传递给函数。在函数中用间接访问将平均值存放在这 3 个地址中。有了结构体以后又可以有一种新的解决方案，即构建一个包含这 3 个平均值的结构体类型，让函数返回这个结构体类型的变量。更进一步思考，其实没有必要新建一个结构体类型，可以借用 studentT 类型，让函数返回一个 studentT 类型的变量，其中的 chinese、math 和 english 包含 3 个平均成绩。具体实现见代码清单 9-7。

代码清单 9-7　计算学生平均成绩的函数及使用

```
/*  文件名：9-7.c
    计算学生平均成绩     */
#include <stdio.h>

struct studentT {
    char no[10];
```

```
    char name[10];
    int chinese;
    int math;
    int english;
};
typedef struct studentT  STUDENT;
STUDENT avg(STUDENT s[], int size);

int main()
{
    STUDENT  studentArray[3] = {{"1","Tom",70,94,88}, {"2", "Bob",85, 97,68},
                                {"3", "Adam", 77,69,75}};
    STUDENT result;

    result = avg(studentArray, 3);
    printf("%10d%10d%10d\n", result.chinese, result.math, result.english);

    return 0;
}

STUDENT avg(STUDENT s[], int size)
{
    STUDENT tmp;
    int i;

    tmp.chinese = tmp.math = tmp.english = 0;
    for ( i = 0;i < size; ++i) {
        tmp.chinese += s[i].chinese;
        tmp.math += s[i].math;
        tmp.english += s[i].english;
    }
    tmp.chinese /= size;
    tmp.math /= size;
    tmp.english /= size;

    return tmp;
}
```

main 函数定义了一个有 3 个元素的 studentT 类型的数组，并在定义时为元素赋了初值。然后调用 avg 函数计算出 3 个学生各门课的平均成绩，将返回值保存在变量 result 中。程序的输出是

```
77        86        77
```

在这个程序中，结构体 studentT 类型定义在所有函数外面，表示这是一个全局性的类型，程序中的所有函数都可以使用这个类型。

例 9.7　设计一个函数，计算一组点的中心点 $\left(\dfrac{\sum_{i=0}^{n-1} x_i}{n}, \dfrac{\sum_{i=0}^{n-1} y_i}{n} \right)$ 的值。

首先考虑函数参数。函数的输入是一组二维平面上的点，即结构体 printT 类型的数组。返回值是中心点坐标，也是一个结构体 pointT 类型的值。其中，x 是输入这组点的 x 坐标的平均值，y 是输入点 y 坐标的平均值。函数的实现及应用见代码清单 9-8。

代码清单 9-8　计算一组二维平面上点的中心点的函数及应用

```c
/*  文件名: 9-8.c
    计算一组二维平面上点的中心点    */
#include <stdio.h>

struct  pointT {
    double x;
    double y;
};
typedef struct pointT POINT;
POINT center(POINT  in[], int size);

int main()
{
    POINT pa[10] = {{1,1}, {2,2},{3,3}, {4,4},{5,5},{6,6},{7,7},{8,8},{9,9},{10,10}};
    POINT mid;

    mid = center(pa, 10);

    printf("中心点位置是（%f, %f) \n", mid.x, mid.y);

    return 0;
}

POINT center(POINT  in[], int size)
{
    POINT  result;
    int k;

    result.x = 0;
    result.y = 0;
    for ( k = 0; k < size; ++k) {
        result.x += in[k].x;
        result.y += in[k].y;
    }
    result.x /= size;
    result.y /= size;

    return result;
}
```

程序的执行结果是

中心点位置是（5.500000, 5.500000）

例 9.8　第 7 章介绍了一个求解一元二次方程的函数。由于一元二次方程有两个解，而函数只能有一个返回值。为解决这个问题，我们采用了指针传递。在 main 函数中，为了保存方程的两个根，要准备好两个变量，如 x1 和 x2。调用函数时，将 x1 和 x2 的地址传给函数，函数中将计算得到的方程的根存入这两个地址。函数调用结束后回到 main 函数时，变量 x1 和 x2 中包含了方程的根。

有了结构体后，这个问题就有了另一种解决方法。可以将方程的两个根组成一个结构体类型，作为解方程函数的返回类型。按照这个思路实现的解方程函数及应用见代码清单 9-9。

代码清单 9-9　求解一元二次方程的函数及应用

```
/*  文件名: 9-9.c
    求解一元二次方程的函数     */
#include <stdio.h>
#include <math.h>

struct rootT {
    double x1;
    double x2;
};
typedef struct rootT  ROOT;

ROOT SolveQuadratic(double a, double b, double c, int *error);

int main()
{
    double a,b,c;
    ROOT result;
    int flag;

    printf("请输入 a,b,c: ");
    scanf("%lf %lf %lf", &a, &b, &c);

    result = SolveQuadratic(a, b, c, &flag);
    switch (flag) {
        case 0: printf( "方程有两个不同的根: x1 = %f  x2 = %f\n",
                    result.x1, result.x2); break;
        case 1: printf( "方程有两个等根: %f", result.x1); break;
        case 2: printf("方程无根"); break;
        case 3: printf( "不是一元二次方程");
    }

    return 0;
}

/* 这是一个解一元二次方程的函数, a,b,c 是方程的系数, *error 存放方程解的情况
```

函数的返回值是计算得到的根。*error 的含义为：

    0--有两个不同的根

    1--有两个相等的根，在 px1 中

    2--根不存在

    3--降级为一元一次方程   */

```c
ROOT SolveQuadratic(double a,double b,double c, int *error)
{
    ROOT result;
    double disc, sqrtDisc;

    if(a == 0) {                /*  不是一元二次方程   */
        *error = 3;
        return result;
    }

    disc = b * b - 4 * a * c;
    if( disc < 0 ) {            /*  无根  */
        *error = 2;
        return result;
    }

    if ( disc == 0 ) {          /*  等根  */
        result.x1 = -b /(2 * a);
        *error = 1;
        return result;
    }

    /*  两个不同的根  */
    sqrtDisc = sqrt(disc);
    result.x1 = (-b + sqrtDisc) / (2 * a);
    result.x2 = (-b - sqrtDisc) / (2 * a);
    *error = 0;

    return result;
}
```

函数的某次执行过程为

```
请输入 a,b,c: 1  -3  2
方程有两个不同的根: x1 = 2.000000   x2 = 1.000000
```

9.4 链表

9.4.1 链表的概念

链表的概念

链表是一种常用的数据结构，通常用来存储一组同类数据，也是结构体和动态变量的重要应用。第 7 章已经介绍了用于存储和处理批量数据的工具——

数组。但数组在使用时必须事先确定元素的个数，系统可以为数组准备一块存储所有数组元素的空间。动态数组也是如此，在申请时数组规模必须已经确定。在某些直到运行时元素个数还不能确定的场合，特别是个数变化很大的时候，数组较难满足用户的要求。此时，链表是一个很好的替代方案。

链表是一种可以动态地进行内存分配的结构，它不需要事先为所有元素准备好一块连续空间，而是在需要新增加一个元素时，动态地为它申请存储空间，做到按需分配。但是这样就无法保证所有的元素都是连续存储的，如何从当前的元素找到它的下一个元素呢？链表提供了一条"链"，这就是指向下一个结点的指针。图 9-1 给出了最简单的链表——单链表的结构。

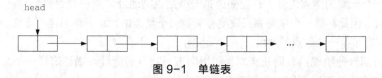

图 9-1 单链表

图 9-1 中的每个结点存储一个元素，每个结点由两个部分组成：真正存储数据元素的部分和存储下一结点地址的部分。变量 head 中存放着存储第一个元素的结点的地址，从 head 可以找到第一个结点，第一个结点中存放着第二个结点的地址，因此从第一个结点可以找到第二个结点。以此类推，可以找到第三个、第四个结点，一直到最后一个结点。最后一个结点的第二部分存放一个空指针，表示其后没有元素了。因此，链表就像一根链条一样，一环扣一环，直到最后一环。抓住了链条的第一环，就能找到所有的环。

链表有多种形式。除了单链表外，还有双链表、循环链表等。双链表的每一个结点不仅记住后一结点的地址，还记住前一结点的地址。双链表如图 9-2 所示。循环链表有单循环链表和双循环链表。单循环链表类似于单链表，只是最后一个结点的下一结点是第一个结点，使整条链形成了一个环，如图 9-3 所示。在双循环链表中，最后一个结点的下一结点是第一个结点，第一个结点的前一结点是最后一个结点，如图 9-4 所示。

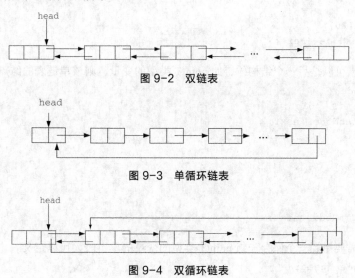

图 9-2 双链表

图 9-3 单循环链表

图 9-4 双循环链表

在实际应用中，可以根据应用所需的操作选择相应的链表。如果在应用中，常做的操作是找后一结点，而几乎不找前一结点，则可选择单链表。如果既要找前一结点也要找后一结点，则可选择双链表。

本书只介绍最简单的链表，即单链表，使读者对链接存储有基本的了解。

单链表的实现

9.4.2 单链表的存储

在单链表中，每个数据元素被存放在一个结点中。每个结点保存一个数据元素以及存储下一个元素的结点地址。只要知道第一个结点的地址，就能找到整个链表的所有结点。因此存储一个单链表只需要存储第一个结点的地址，即只需要定义一个指向结点的指针，该指针保存了第一个结点的地址。

每个结点由两部分组成：数据元素本身和指向下一结点的指针。描述这样一个结点的最合适的数据类型就是结构体。可以把结点类型定义为

```
struct linkNode {
    datatype  data;
    struct linkNode *next;
};
```

这里 datatype 表示需要存储的数据元素的类型。第二个成员是指向自身类型的一个指针，存储下一个结点的地址。这种结构称为**自引用结构**。如果单链表中的每个数据元素都是一个整型数，那么该单链表的结点类型可定义为

```
struct linkNode {
    int  data;
    struct linkNode *next;
};
```

如果单链表中的每个数据元素都是一个长度为 20 的字符串，那么该单链表的结点类型可定义为

```
struct linkNode {
    char  data[20];
    struct linkNode *next;
};
```

单链表的数据元素可以是另一个结构体，如 pointT 类型的变量，则该单链表的结点类型可定义为

```
struct pointNode {
    struct pointT  point;
    struct pointNode *next;
};
```

或定义为

```
struct pointNode{
    double x;
    double y;;
    struct pointNode *next;
};
```

如果程序中需要用到一个保存一组 pointT 类型的变量的单链表，可以定义

```
struct pointNode *head;
```

head 就表示了这个单链表。

9.4.3　单链表的操作

单链表最基本的操作包括：

- 单链表的插入；
- 单链表的删除；
- 创建一个单链表；
- 访问单链表的每一个结点。

1. 单链表的插入

先看一看插入操作。假如已经指明在哪个结点后插入一个结点，如在链表中的地址为 p 的结点后面插入另一个元素 x，这个过程如图 9-5 所示。

插入一个结点必须完成下列几个步骤：

- 申请一个结点；
- 将 x 放入该结点的数据部分；
- 将该结点链接到结点 p 后面。

例如，如果结点类型为 ListNode，这一连串工作可以用下面几条语句来实现

```
tmp = (struct ListNode*)malloc(sizeof(struct ListNode));    /* 创建一个新结点  */
tmp->data = x;                                /* 把 x 放入新结点的数据成员中  */
tmp->next = p->next;                           /* 把新结点和 p 的下一结点相连  */
p->next = tmp;                                /* 把 p 和新结点连接起来  */
```

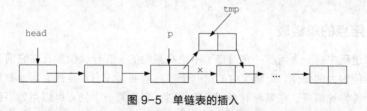

图 9-5　单链表的插入

　　　　第 3、4 个语句的次序不能颠倒。如果把这两个语句的次序颠倒，原来 p 后面的结点都会丢失，读者可自己想一想原因。

2. 单链表的删除

删除操作只需修改一条链即可，图 9-6 显示了如何在链表中删除结点 x。如果 p 为 x 前面的那个结点，让 p 的 next 链绕过 x 就可以了。这个操作可以由下面的语句来完成

```
p->next = p->next->next;
```

这条语句确实在单链表中实现了删除，但它有一个严重的问题，那就是内存泄露，没有回收被删结点的空间。完整的删除应该有两个工作：

- 从链表中删去该结点；
- 回收结点的空间。

因此删除操作需要 3 条语句

```
delPtr = p->next;              /*  保存被删结点的地址    */
p->next = delPtr->next;        /*  将此结点从链中删除    */
free(delPtr);                  /*  回收被删结点的空间    */
```

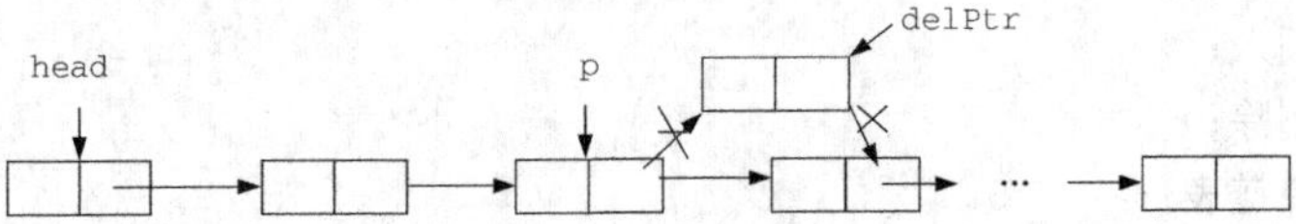

图 9-6　单链表的删除

3．创建一个单链表

创建一个单链表就是在一个空的单链表中插入一个个元素。利用插入功能可以创建一个单链表。

4．访问单链表的每一个结点

单链表中的结点之间是单线联系的，访问单链表时必须有一个指针变量，该变量首先指向第一个结点，访问了第一个结点后，让它指向第二个结点，以此类推，直到访问了最后一个结点后，该结点后面的结点不存在了，访问才结束。

访问单链表的每一个结点的操作可以用下列语句段实现，假设指向单链表第一个结点的指针是 head。

```
p = head;
while (p) {
    访问 p->data;
    P = p->next;
}
```

9.4.4　带头结点的单链表

在上述删除过程中有一个问题：它假定了不论被删除的 x 在什么位置，在它前面总是有一个结点，这样才允许绕过去的操作。而链表中的第一个结点前面是没有结点的，因此删除链表中的第一个结点就成了一种特殊情况，在编程时必须特殊处理。删除第一个结点可以用如下语句

```
delPtr = head;           /*  保存被删结点的地址    */
head = head->next;       /*  将第二个结点设为链表的第一个结点    */
free(delPtr);            /*  回收被删结点的空间    */
```

相应地，插入过程也假设插入必须是在某个已存在的结点之后。如果要将结点插入为链表的第一个结点，处理的过程又不同了。插入第一个结点的语句为

```
tmp = (struct ListNode*)malloc(sizeof(struct ListNode));   /* 创建一个新结点  */
tmp->data = x;                                /*  把 x 放入新结点的数据成员中  */
tmp->next = head;                             /*  把 head 作为新结点的下一个结点  */
head = tmp;                                   /*  将新结点设为 head  */
```

所以，尽管基本算法工作得很好，但是还有很多令人烦恼的特殊情况要单独处理。

特殊情况经常给算法设计带来很多麻烦，忘记处理特殊情况是程序的常见错误之一。解决这个问题通常采用避免特殊情况的方法。对于上述问题的一种解决方案就是引入一个头结点。

头结点是链表中额外加入的一个特殊结点，它不存放数据，只是作为链表的开始标记，位于

链表的最前面，它的指针部分指向存储第一个元素的结点，这样就保证了链表中每个结点前面都有一个结点，如图 9-7 所示。

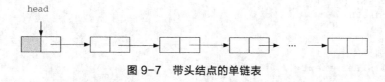

head

图 9-7　带头结点的单链表

注意

现在就不再有特殊情况了。第一个结点也能和其他结点一样通过让 p 指向它前面的结点（即头结点）来删除它。同样，只要设 p 等于头结点并调用插入方法，也就可以把一个元素当作链表的新的首元素插入到链表中，只使用一个额外的结点就可以使代码大大简化。在更复杂的应用中，使用头结点不仅能简化代码，而且还会提高速度，这是因为不需要再判别是否是对链表的首结点进行操作，而减少测试量就是节约时间。

9.4.5　单链表示例

例 9.9　创建并访问一个带头结点的、存储整型数据的单链表，数据从键盘输入，0 为输入结束标志。

首先，确定单链表的结点类型。该结点可定义为

```
struct linkRec {
  int  data;
  struct linkRec *next;
};
```

创建一个单链表由如下步骤组成：

- 定义一个单链表；
- 创建一个空的单链表；
- 依次从键盘读入数据链入单链表的表尾。

在程序中使用一个单链表只需要定义一个指向头结点的指针，假如该指针被命名为 head。空的单链表是一个只有头结点的单链表。创建一个空的单链表需要申请一个结点，该结点的数据字段不存储有效数据，next 指针值为空指针，让 head 指向该结点。依次从键盘读入数据链入单链表的表尾，可由一个循环组成。该循环的每个循环周期从键盘读入一个整型数，如果读入的数不是 0，则申请一个结点，将读入的数放入该结点，将结点链到链表的尾。如果读入的是 0，设置最后一个结点的 next 为 NULL，链表创建完成。为了节省插入时间，我们用一个指针指向链表的最后一个结点。

读链表的工作比较简单，就像我们数链条上有多少环一样，从第一个环开始，依次找到第二个环、第三个环……在此过程中用到了一个重要的工具，那就是我们的手，我们的手总是抓住当前数到的环。在链表的访问中，这个工具就是指向当前被访问的链表结点的指针。该指针首先指向链表的第一个结点，看看该结点是否存在。如果存在，则访问此结点，然后让指针移到下一个结点。如果不存在，则访问结束。

实现程序如代码清单 9-10 所示。

代码清单 9-10　单链表的建立与访问

```
/* 文件名：9-10.c
   单链表的建立与访问   */
#include <stdio.h>

struct linkRec {
    int  data;
    struct linkRec *next;
};

int main()
{
    int x;                            /*   存放输入的值   */
    struct linkRec *head, *p, *rear;  /* head 为表的头指针，rear 指向创建链表时的表尾结点 */

    head = rear = (struct linkRec *)malloc(sizeof(struct linkRec)); /* 创建空链表  */

    /* 创建链表的其他结点   */
    while (1) {
        scanf("%d", &x);
        if (x == 0) break;
        p = (struct linkRec *)malloc(sizeof(struct linkRec));    /*  申请一个结点   */
        p->data = x;                                     /*   将 x 的值存入新结点   */
        rear->next = p;                                  /*   将 p 链到表尾  */
        rear = p;                                        /*   p 作为新的表尾   */
    }

    rear->next = NULL; /* 设置 rear 为表尾，其后没有结点了 */

    /* 读链表  */
    printf("链表的内容为：\n");
    p = head->next;              /* p 指向第一个结点  */
    while (p != NULL) {
        printf("%d\t", p->data);
        p = p->next; /* 使 p 指向下一个结点  */
    }
    printf("\n");

    return 0;
}
```

例 9.10　约瑟夫环问题：n 个人围成一圈，从第一个人开始报数 1、2、3，凡报到 3 者退出圈子。找出最后留在圈子中的人的序号。如果将 n 个人用 0 到 n−1 编号时，则当 n = 5 时，第一个出局的是 2，第二个出局的是 0，第三个出局的是 4，第四个出局的是 1，最后剩下的是编号为 3 的人。试编写一个用单循环链表解决约瑟夫环的程序。

例 9.10

解决约瑟夫环问题，首先要考虑的是如何在程序中表示 n 个人围成一圈。n 个人围成一圈意味着 0 号后面是 1 号，1 号后面是 2 号，……，n−1 号后面是 0 号。这正好用一个单循环链表表示，而且该单循环链表不需要头结点。当 *n*=5 时，该循环链表如图 9-8 所示。

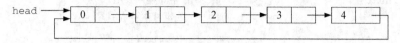

head →

图 9-8　约瑟夫环的存储

解决约瑟夫环的问题分成两个阶段：首先根据 *n* 创建一个单循环链表，然后模拟报数过程，逐个删除结点，直到只剩下最后一个结点为止。

创建一个循环链表和例 9.9 中创建一个单链表基本类似，只有两个小区别：一是约瑟夫环不需要头结点，有了头结点反而会增加报数阶段处理的复杂性；二是最后一个结点的 next 指针不再为 NULL，而是指向第一个结点。

报数阶段本质上是结点的删除，报到 3 的结点从环上删除。报数的过程是指针移动的过程，让指针停留在被删结点的前一结点，删除它后面的结点。

在删除过程中有一个问题：如何知道循环链表中只剩下最后一个结点？一种方法是设置一个记录循环链表中元素个数的变量。每删除一个元素，变量值减 1。再仔细想想，其实并不需要这个计数的变量。在单循环链表中，最后一个结点的 next 指向第一个结点。当循环链表中只剩下一个结点时，这个结点既是第一个结点也是最后一个结点，它的 next 指向自己。

解决约瑟夫环问题的程序如代码清单 9-11 所示。

代码清单 9-11　求解约瑟夫环问题的程序

```
/* 文件名: 9-11.c
  求解约瑟夫环问题    */
#include <stdio.h>

struct node{
    int data;
    struct node *next;
};
typedef struct node NODE;

int main()
{
    NODE *head, *p, *q;                            /* head 为链表头    */
    int n, i;

    /* 输入 n  */
    printf("\ninput n:");
    scanf("%d", &n);

    /* 建立链表 */
    head = p = (NODE *)malloc(sizeof(NODE)); /*创建第一个结点, head 指向表头, p 指向表尾*/
    p->data = 0;
    for (i=1; i<n; ++i) {                     /*  构建单循环链表  */
        q = (NODE *)malloc(sizeof(NODE));     /* q 为当前正在创建的结点  */
```

```
        q->data =i;
        p->next = q;                    /* 将 q 链入表尾  */
        p = q;                          /* 将 q 设为新的表尾  */
    }
    p->next = head;                     /* 头尾相连  */

    /* 删除过程  */
    q=head;                             /*head 报数为 1  */
    while (q->next != q) {              /* 表中元素多于一个  */
        p = q->next;                    /* p 报数为 2 */
        q = p->next;                    /* q 报数为 3 */
        p->next = q->next;              /*  绕过结点 q  */
        printf("%d\t", q->data);        /* 显示被删者的编号  */
        free(q);                        /* 回收被删者的空间  */
        q = p->next;                    /*让 q 指向报 1 的结点 */
    }

    /* 打印结果 */
    printf("\n 最后剩下：%d\n", q->data);

    return 0;
}
```

当环中有 5 个人时，执行如代码清单 9-11 所示的程序的结果为

```
input n: 5
2  0  4  1
最后剩下的是：3
```

9.5　共用体

共用体

9.5.1　共用体概念和共用体类型的定义

　　C 语言中有一个看上去与结构体非常类似的类型，称为**共用体**或**联合体**。定义共用体类型时，用关键字 union 代替关键字 struct。如有定义

```
struct CharAndInt {
    int data;
    char s[4];
};
```

```
union CharOrInt {
    int data;
    char  s[4];
};
```

　　这两个定义本身看上去很类似，只是把 struct 改成了 union，但本质完全不同。结构体表示该类型的变量由一组分量组成，每个结构体类型的变量包含所有的分量。如结构体 CharAndInt 类型的变量由两部分组成，在内存占 8 个字节，前面 4 个字节存放一个整型数，后面 4 个字节存放一个 4 个字符组成的字符数组。而共用体表示所有分量共享同一块空间。共用体 CharOrInt 类型的变量只占 4 个字节，这 4 个字节有时被解释成一个整型数，有时被解释成一个 4 个字符组成的字符数

组，使几个不同类型的变量共享同一块内存空间。这两种类型的变量在内存中的布局如图 9-9 所示，假设分给变量的起始地址是 1000。

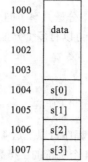

（a）结构体 CharAndInt

（b）共用体 CharOrInt

图 9-9　结构体变量和共用体变量在内存中的布局

代码清单 9-12 测试了这两个类型占用的内存量。

代码清单 9-12　测试 CharAndInt 和 CharOrInt 占用的空间量

```c
/* 文件名: 9-12.c
   测试 CharAndInt 和 CharOrInt 占用的空间量     */
#include <stdio.h>

struct CharAndInt {
    int data;
    char s[4];
};
union CharOrInt {
    int data;
    char s[4];
};

int main()
{
    printf("CharAndInt 占用%d个字节\n", sizeof(struct CharAndInt));
    printf("CharOrInt 占用%d个字节\n", sizeof(union CharOrInt));

    return 0;
}
```

在 VS2010 中，程序的输出为

```
CharAndInt 占用 8 个字节
CharOrInt 占用 4 个字节
```

由此可见，在共用体 CharOrInt 中两个分量共享了同一块空间。

共用体中不只是允许有两个分量，它可以有多个分量，这些分量共享同一块空间。如

```
union  testT {
    int  intd;
    float floatd;
    char  s[4];
};
```

这个类型的变量同样只占 4 个字节。程序可以把这 4 个字节看成一个整型数，也可以解释成一个 float 类型的数值，甚至可以作为一个 4 个字符的字符数组处理。

9.5.2　共用体类型变量的定义及初始化

在定义了共用体类型后，就可以定义该类型的变量，也可以定义指向共用体的指针。如

```
union CharOrInt  u1, u2, *p;
```

定义了两个共用体类型 CharOrInt 的变量 u1、u2 以及一个指向共用体 CharOrInt 的指针 p。与结构体变量定义一样，也可以在定义类型的同时定义共用体变量。如

```
union CharOrInt {
    int data;
    char  s[4];
}   u1, u2, *p;
```

定义共用体类型的变量时，系统为该变量分配空间。分配的空间量是所有分量中占用空间量大的那个分量。如定义

```
union IntOrDouble {
    int data1;
    double data2;
};
```

这个类型的变量在内存占 8 个字节。当把 IntOrDouble 类型的变量解释成 double 类型时，取整个内存的 8 个字节。当把 IntOrDouble 类型的变量解释成 int 类型时，取其中的 4 个字节。

定义共用体类型的变量时，也可以对它赋初值。初值放在一对花括号中。尽管共用体也有很多成员，但这些成员共享的是同一块空间，所以某一时刻只能把它看成是某一个成员的类型，只能对一个成员赋值。C 语言规定，初值的类型必须是第一个成员的类型。如

```
union CharOrInt  u1={97},u2={98};
```

因为 charOrInt 的第一个成员是整型，所以初值必须是一个整型数，而不能是一个字符串。

9.5.3　共用体变量的使用

共用体变量的使用是引用它的分量，引用方法与结构体类型的变量相同，都是用点运算符。如

```
u1.data = 100;
u2.s[0]= 'a';
```

```
printf("\n%d\n%c:",u1.data, u1.s[0]);
```

等都是合法的引用，但注意不能引用共用体变量名本身。如

```
u1 = 100;
```

是错误的，因为编译器不知道如何解释 u1 中的内容。

　　共用体也可以通过指针访问，访问的方式与指向结构体的指针相同，用 "->" 运算符，如 p->data。

　　在引用共用体类型的变量时，需要注意以下几个特点。

　　（1）由于共用体中的分量共享一块空间，某一时刻只能存放一个数据成员的值。也就是说，某一时刻只有一个成员有效。

　　（2）共用体类型的变量使用时起作用的成员是最后一次存入的成员。在存入新的成员之后，原有成员值也就消失了。如执行下列语句后，u1.data 的值不再是 100 了。

```
u1.data = 100;
u1.s[2]= 'a';
```

　　（3）共用体变量的地址和它所有分量的地址都是相同的，如&u1、&u1.data 以及 u1.s 的值是一样的。

　　共用体类型也可作为函数的参数。与结构体类型一样，共用体参数也是采用值传递。

　　例 9.11　共用体变量的基本操作：定义一个共用体类型 CharOrInt 及一个该类型的变量。输出该变量占用的空间，检查变量及各分量的地址及值，以及测试共用体作为函数的参数，见代码清单 9-13。

代码清单 9-13　共用体变量的基本操作

```c
/* 文件名：9-13.c
   共用体变量的基本操作   */
#include <stdio.h>
#include <string.h>

union  CharOrInt{
    int data;
    char s[4];
};

int f(union CharOrInt u)
{
    return u.data;
}

int main()
{
    union CharOrInt u1 = {97}, *u2=&u1 ;

    printf("CharOrInt 占用的空间是%d 个字节\n",sizeof(u1));
    printf("u1 地址是%d,   u1.data 地址是%d,   u1.data 地址是%d\t",
        &u1, &u1.data, u1.s);
```

```
    printf("\n%d\n",u2->data);
    printf("\n%d\n",f(u1));
    strcpy(u1.s, "abc");
    printf("\n%s\n:",u2->s);

    return 0;
}
```

程序的输出为

```
CharOrInt 占用的空间是 4 个字节
u1 地址是 4257716,   u1.data 地址是 4257716,   u1.data 地址是 4257716
97
97
abc
```

程序首先定义了一个共用体类型 CharOrInt。该类型有两个成员，一个整型成员和一个由 4 个字符组成的字符数组。也就是说，该类型的变量可以解释成一个整型数，也可以解释成一个有 4 个元素的字符数组。main 函数中定义了一个 CharOrInt 类型的变量 u1，给它赋了初值 97。注意初值的类型与第一个成员类型相同。main 函数还定义了一个 CharOrInt 类型的指针 u2，让它指向 u1。程序首先测试了 u1 占用的内存量，输出的是 4 个字节。这是因为在 VS2010 中 int 占 4 个字节，4 字符的字符数组也占 4 个字节。然后输出了 u1 的地址及其两个成员的地址，这 3 个地址值是相同的，都是4257716。再接下去测试了通过指针访问，输出 u2 指向的 data。由于 u2 指向的是 u1，所以输出的就是 u1 的 data 值 97。再往后测试了将共用体变量作为函数的参数，将 u1 传给了函数 f。函数 f 返回 u1 的 data 值，所以输出也是 97。最后将字符串"abc"复制给 u1 的 s，通过指针 u2 输出 s 的值是 abc。

例 9.12　设计一个程序管理教工和学生的信息。教工信息包括：工号、姓名、职业、部门。工号是一个整型数。姓名是一个字符串。职业用于区分学校的各类成员，用编号表示。如果是教师，职业为编号 T；如果是机关人员，职业编号为 A；如果是后勤成员，职业编号为 S。部门是一个字符串。学生信息包括：学号、姓名、类别、班级。学号是一个整型数。姓名是一个字符串。类别用于区分不同学生，用编号表示，博士生编号为 P，硕士生编号为 G，本科生编号为 U。班级是一个整型数。需要把教工和学生信息放入同一张表中。

解决本问题的关键在于如何将这两类信息放在同一个表中。观察教工和学生信息的组成可以发现，两类信息的分量个数是相同的。除了最后一个分量之外，其他分量的类型也都是相同的。对教工而言，最后一个分量是字符串；对学生而言，最后一个分量是整型数。

如何将它们合二为一？共用体提供了一个很好的解决方案。可以将这两个信息组成一个共用体。如果处理的是教工信息，则把共用体解释成一个字符串。如果处理的是学生信息，则把共用体解释成整型数。为此可以得到这张表的结构，如图 9-10 所示。每条信息都是一个结构体，结构体的最后一个分量是一个共用体。程序的实现见代码清单 9-14。程序输入 10 条信息，并将 10 条信息显示在屏幕上。

no	name	type	class / dept
1001	Li	T	Dept of CS
1102	Wang	U	170051
…	…	…	…

图 9-10　学校成员信息表

代码清单 9-14 学校人员管理

```c
/* 文件名：9-14.c
   学校人员管理    */
#include <stdio.h>
#define MAX 10

int main()
{
    struct People {
        int no;
        char name[10];
        char type;
        union Position {
            int Class;
            char dept[10];
        } position;
    } people[MAX];
    int i;

    for (i = 0; i < MAX; ++i){
        printf("请输入第%d个人的工号/学号:", i+1);
        scanf("%d", &people[i].no);
        getchar();                              /* 跳过输入中的回车*/
        printf("请输入第%d个人的姓名: ", i+1);
        gets(people[i].name);
        printf("请输入第%d个人的类型: ", i+1);
        people[i].type = getchar();
        getchar();                              /* 跳过输入中的回车*/
        switch (people[i].type){
            case 'T':case 'A': case 'S':
                printf("请输入第%d个人的部门: ", i+1);
                gets(people[i].position.dept);
                break;
            default:
                printf("请输入第%d个人的班级: ", i+1);
                scanf("%d",&people[i].position.Class);
        }
}

    printf("学号/工号    姓名        类别    班级/部门\n" );
    for (i = 0; i < MAX; ++i) {
        printf("%-11d%-14s%", people[i].no, people[i].name);
        switch (people[i].type){
            case 'T': printf("%-10s","教师"); break;
            case 'A': printf("%-10s","机关人员");break;
            case 'S': printf("%-10s","后勤人员");break;
            case 'P': printf("%-10s","博士生");break;
```

```
        case 'G': printf("%-10s","硕士生");break;
        default: printf("%-10s","本科生");
    }
    switch (people[i].type){
        case 'T':case 'A': case 'S':              /*   处理教工   */
                printf("%-10s\n", people[i].position.dept);
                break;
        default:                                  /*   处理学生   */
                printf("%-10d\n", people[i].position.Class);
        }
    }

    return 0;
}
```

代码清单 9-14 中有以下 2 个需要注意的地方。

（1）为了便于修改，程序定义了一个符号常量 MAX。当程序需要处理的人数发生变化时，只需要修改此符号常量的定义。

（2）在输入"工号/学号"以及输入"类型"后都有一个 getchar()。如果没有这个 getchar()，输入姓名和部门时会将上一个输入结束的回车键作为本次的输入，导致真正的姓名和部门信息无法输入。如果把输入"工号/学号"时的格式控制字符串改为"%d\n"，那么它后面的 getchar 可以删除。想一想，为什么？

程序的某次执行结果为

学号/工号	姓名	类别	班级/部门
2	Li ming	教师	CS
5	Wang lin	博士生	170504
3	Ma li	后勤人员	DM
7	Qian neng	教师	EE
9	Zhao qin	硕士生	160901
1	Zhang yin	硕士生	160901
8	Wang min	博士生	170504
10	Mo lin	博士生	170504
4	Sun lin	硕士生	160504
6	Wu lin	本科生	170201

例 9.13 VS2010 中，int 占 4 个字节。如果需要知道某个整数的每个字节的值是多少，可以定义一个共用体

```
union CharOrInt {
    int data;
    unsigned char  s[4];
};
```

对每个 data 的值，输出数组 s 的值。

这是共用体中一个有趣的应用。程序的实现见代码清单 9-15。

代码清单 9-15   测试整型数每个字节的值

```
/*   文件名：9-15.c
```

```
        测试整型数每个字节的值          */
#include <stdio.h>

int main()
{
    union CharOrInt {
        int data;
        unsigned char  s[4];
    };
    union CharOrInt u1= {65535}, u2 = {131071};

    printf("%x  %x  %x  %x\n", u1.s[3], u1.s[2], u1.s[1], u1.s[0]);
    printf("%x  %x  %x  %x\n", u2.s[3], u2.s[2], u2.s[1], u2.s[0]);

    return 0;
}
```
    程序的输出为

```
0   0    ff    ff
0   1    ff    ff
```

65535 的二进制表示是 00000000 00000000 11111111 11111111，所以第一、二个字节是十六进制的 0，第三、四个字节是十六进制的 ff。同理，131071 的二进制表示是 00000000 00000001 11111111 11111111，所以第一个字节是十六进制的 0，第二个字节是十六进制的 1，第三、四个字节是十六进制的 ff。

在有些计算机系统中，输出的次序正好相反，为

```
ff   ff    0    0
ff   ff    1    0
```

这是因为不同的计算机系统对整型数会有不同的存放模式。有些计算机系统将整型数的最低字节放在第一个有效字节，最高字节放在最后一个有效字节。如整数 65535 被存放在内存地址 100 时，在某些计算机中，内存映像为

注意

100	ff
101	ff
102	0
103	0

而在另外一些计算机系统中，内存映像为

100	0
101	0
102	ff
103	ff

读者可以模仿代码清单 9-15，编写一个检查 float 类型或 double 类型的值在内存是怎样表示的。

9.6　编程规范及常见问题

9.6.1　结构体中每个字段的类型都不相同吗

结构体用于需要多个元素描述一个复杂对象的情况，它并不在乎字段类型是否一致。例如在学生记录中，每个学生的信息包括学号、姓名、各科成绩，这时各字段的类型就不一致。如果要描述的对象是二维平面上的一个点，描述二维平面上的一个点需要两个字段，即 x 坐标和 y 坐标，这两个字段的类型是一样的，都是 double 类型。

9.6.2　单链表中为什么要引入头结点

在单链表中插入和删除一个结点都需要知道它前面的一个结点是什么，而链表中的第一个结点前面是没有结点的，因此将一个结点插入为链表的第一个结点或删除链表中的第一个结点的处理方式与其他结点的处理方式不同。编程时必须考虑这两种情况。

为了统一这两种情况的处理过程，单链表在第一个结点前面加了一个头结点，头结点不存放任何数据，只是使第一个结点的前面也有一个结点。这样就消除了插入或删除第一个结点的特殊情况，使程序得以简化。

9.6.3　引入结构体有什么用处

结构体将一组变量组合起来，给它一个统一的名字。对程序功能而言，结构体并没有带来任何便利，没有结构体依然可以实现程序的功能，但结构体可以提高程序的可读性，使读程序的程序员可以知道这些变量描述的是同一个对象的不同方面。

引入结构体可以将一组逻辑上相关的变量组合成一个有机的整体，用以表达更复杂的对象，也可以使程序的可读性更好。

9.6.4　结构体和共用体的区别

结构体和共用体类型定义的形式非常类似，但本质却完全不同。

结构体是将描述一个对象的方方面面组合在一起，使一个复杂对象也可以用一个变量来表示。结构体的各个分量在内存中都有自己的存储空间。结构体类型的变量占用的空间是所有分量占用空间之和。

共用体中各个分量共享同一块空间。也就是说，可以让编译器用不同的方法解释同一块内存空间中的内容。共用体类型的变量占用的空间是所有分量中占用空间最大者占用的空间量。

9.6.5　结构体和共用体类型定义时能否省略类型名

结构体和共用体类型定义时可以省略类型名。在这种情况下，该类型的变量必须在定义类型时同时定义，否则无法定义该类型的变量。

尽管定义结构体和共用体类型时可以不指定名字，但指定结构体类型名和共用体类型名是一个良好的程序设计习惯，它使得在程序的其他地方也可以定义该类型的变量。

9.6.6　结构体类型定义与结构体变量定义的区别

初学者经常会把结构体类型定义和结构体变量定义混为一谈，定义了结构体类型后就把类型名当变量名使用。其实，结构体类型定义和结构体变量定义是完全不同的。

结构体类型定义是告诉编译器该类型的变量由哪几部分组成、每部分是什么类型、需要多少空间等。当定义结构体变量时，编译器会根据结构体类型的定义为该变量分配空间。

9.7　小结

在编程过程中，经常会遇到一些无法用内置类型表示的对象。本章提供了一些工具，对取值范围有限可数的对象，可以定义相应的枚举类型。对于需要由一组不同的属性来描述的复杂对象，可以定义一个结构体类型。结构体可以将一组无序的、异质的数据组织成一个聚集类型，用来描述一个复杂对象。共用体可以用不同的方式解释同一块内存空间中的数据。

自定义类型在使用时比较啰唆。例如，用到结构体类型是都要写上保留词 struct，用到共用体类型都要写上保留词 union。为了简化描述，可以用 C 语言提供的类型别名。

在使用结构体时需要注意结构体与数组的区别。它们的共同点是都是由一组数据组成，但数组中的每个分量都是一个独立的个体，而结构体的所有分量共同描述了一个对象。**数组通常模拟现实世界中对象的集合，而结构体则用来模拟一个复杂的对象**。同时，可以将数组和结构体结合起来，表示任意复杂度的数据或数据集合。

有了结构体后，存储一组数据不一定采用数组，可以用一个更灵活的工具，即链表。链表适合于处理一组数据，处理的数据量在编程时无法确定，甚至在程序运行时也无法确定，因而无法定义规模比较合适的数组。链表采用动态变量，在需要添加一个元素时申请一个存储它的动态变量，用指针把这些变量串联起来，真正做到按需分配内存。

9.8　自测题

1. 从结构体变量中选取分量用哪个运算符？
2. 通过指向结构体的指针间接访问某个分量用哪个运算符？
3. 如果 p 是一个指向结构体的指针，结构体中包含一个字段 test。通过指针 p 访问 test 时，表达式 *p.test 有何问题？请写出正确的表达式。
4. 结构体类型定义的作用是什么？结构体变量定义的作用是什么？
5. 代码清单 9-14 中的共用体类型的变量 position 占用几个字节？
6. 枚举类型的变量占用几个字节？
7. 为什么共用体各分量的地址是相同的？

8. 下面枚举类型的定义有什么问题？

enum test {A, B, C, D = 1, E, F};

9.9 实战训练

1. 用结构体表示一个复数，编写实现复数的加法、乘法、输入和输出的函数，并测试这些函数。

- 加法规则：$(a+bi)+(c+di)=(a+c)+(b+d)i$。
- 乘法规则：$(a+bi) \times (c+di)=(ac-bd)+(bc+ad)i$。
- 输入规则：分别输入实部和虚部。
- 输出规则：如果 a 是实部，b 是虚部，输出格式为 $a+bi$。

2. 编写函数 Midpoint(p1, p2)，返回线段 p1、p2 的中点。函数的参数及结果都应该为 pointT 类型，pointT 的定义如下

```
struct pointT {
    double x, y;
};
```

3. 可以用分数形式表示的数称为有理数。5/4 是一个有理数，它等于 5 除以 4。但有些数就不是有理数，比如 π 和 2 的平方根。在计算时，使用有理数比使用浮点数更有优势，有理数是精确的，而浮点数不是。例如 1/3 表示成 float 类型是 0.333333。因此，设计一个专门处理有理数的工具是非常有用的。

- 试定义类型 rationalT，用来表示一个有理数。
- 函数 CreateRational(num, den)，返回一个 rationalT 类型的值，num/den。
- 函数 AddRational(r1,r2)，返回两个有理数的和。有理数的和可以用下面的方程来表示：

$$\frac{num1}{den1} + \frac{num2}{den2} = \frac{num1 \times den2 + num2 \times den1}{den1 \times den2}$$

- 函数 MultiplyRational(r1,r2)，返回两个有理数的乘积。乘积可以用下面的方程来表示：

$$\frac{num1}{den1} \times \frac{num2}{den2} = \frac{num1 \times num2}{den1 \times den2}$$

- 函数 GetRational(r)，返回有理数 r 的实型表示。
- 函数 PrintRational(r)，以分数的形式将数值显示在屏幕上。

关于有理数的所有计算结果都应化为最简形式，例如，1/2 乘以 2/3 的结果应该是 1/3 而不是 2/6。

4. 编一个程序用数组解决约瑟夫环的问题。

5. 模拟一个用于显示时间的电子时钟。该时钟以时、分、秒的形式记录时间。试编写 3 个函数：setTime 函数用于设置时钟的时间，increase 函数模拟时间过去了 1 秒，showTime 显示当前时间，显示格式为 hh：mm：ss。

6. 在动态内存管理中，假设系统可供分配的空间被组织成一个链表，链表的每个结点表示一块可用的空间，包括可用空间的起始地址和终止地址。初始时，链表只有一个结点，即整个堆空间

的大小。当遇到一个 malloc 或 calloc 函数时，在链表中寻找一个大于申请字节数的结点，从这个结点中扣除所申请的空间。当遇到 free 函数时，将归还的空间形成一个结点，连入链表。经过了一段时间的运行，链表中的结点会越来越多。设计一个函数完成碎片的重组工作，即将一系列连续的空闲空间组合成一块空闲空间。

7. 定义一个有 3 种颜色：红、黄、蓝组成的枚举类型。编一个程序，输出从一个有两个红球、两个黄球和两个蓝球的袋子中随机摸出 3 个球的所有组合。

8. 编写一个归并两个不带头结点的整型单链表的函数 merge 以及测试该函数的 main 函数。这两个单链表中的元素是按递增次序排列的，要求归并后的单链表也是按递增次序排列的。

9. 假如 head 是一个按递增次序排列的带头结点的整型单链表，编写两个函数 insert 和 search 以及测试这两个函数的 main 函数。insert 函数在单链表中插入一个新的元素，并保证插入后的单链表还是递增的。search 函数查找给定的整数存放在单链表的第几个结点中。如果给定的整数在单链表中不存在，则返回-1。

10. 设计一个函数，在一个不带头结点的单链表 head 中的第 n 个位置插入一个元素 x。如果表中有 num 个元素，n 的合法值是 0 到 num。0 表示插入到链表的最前面，num 表示插入到链表的最后面。

11. 如果需要了解一个 float 类型的值在内存究竟是怎样存储的，可以设计一个共用体

```
union  intOrFloat {
    int intd;
    float floatd;
};
```
并定义一个该类型的变量，如 test。输入 test.floatd，以八进制或十六进制输出 test.intd。

第 10 章

位运算与位段

C 语言不仅具备高级语言的功能，也具有低级语言的特点。高级语言中数据处理的最小单位一般都是字节，而低级语言可以对每一个二进制位进行处理。与低级语言类似，C 语言也提供了对二进制位的处理，可以将一个二进制位作为一个逻辑值进行运算，也可以自由地将若干位组合成有意义的信息。本章将介绍 C 语言中的位运算，具体包括：

■ 位运算；
■ 位段。

10.1 位运算

C 语言可以对二进制位进行运算，称为**位运算**。巧妙使用位运算可以加快程序的运算速度。

参加位运算的数据类型只能是整型或字符型。位运算对两个整型数据或两个字符型数据的对应位进行操作，即运算数 1 的第一位与运算数 2 的第一位进行运算，运算数 1 的第二位与运算数 2 的第二位进行运算，依次类推。

C 语言提供了 6 个位运算符，如表 10-1 所示。其中，～是一元运算符，其他都是二元运算符。

表 10-1　位运算符及含义

运算符	&	|	^	～	<<	>>
含义	按位与	按位或	按位异或	按位取反	左移	右移

10.1.1 "按位与"运算

如果参加运算的两个二进制位都为 1，结果为 1，否则结果为 0，运算规则如下。

0 & 0 = 0

0 & 1 = 0

1 & 0 = 0

1 & 1 = 1

例如，4 & 6 的结果是 4。在 VS2010 中，整型数占 4 个字节，4 & 6 的计算过程如下。

```
    00000000 00000000 00000000 00000100
&   00000000 00000000 00000000 00000110
------------------------------------------------------
    00000000 00000000 00000000 00000100
```

再如，128 & 127 的计算结果是 0，计算过程如下。

```
    00000000 00000000 00000000 10000000
&   00000000 00000000 00000000 01111111
------------------------------------------------------
    00000000 00000000 00000000 00000000
```

按位与运算的特点是：1 & x 等于 x，0 & x 等于 0。所以按位与运算有如下所述两个主要用途。

（1）利用 0 & x 等于 0，将一个数值中的某些位清 0。

（2）利用 1 & x 等于 x，检验一个数值中某些位的值。

当需要将一个数值 x 中的某些位清 0 时，可以设计一个数值 y，对应 x 中需要清 0 的位置上的值设为 0，其他位置的值设为 1，因为 1 与任何数进行与运算结果都是另外一个数的值，所以其他位置的值得以保留；而 0 与任意数进行与运算的结果都是 0，所以指定位会被清 0。

例 10.1 将短整型数 32767 的高字节中的位数全部清 0，保留低字节部分的值。

要完成这个任务，可以将 32767 与短整型数 0xff 进行按位与运算，结果是 255，运算过程如下。

```
    01111111 11111111
&   00000000 11111111
----------------------------
    00000000 11111111
```

完成该任务的程序如代码清单 10-1 所示。

代码清单 10-1　将短整型数的高位清 0，只保留低 8 位

```c
/* 文件名：10-1.c
   将短整型数的高位清 0，只保留低 8 位      */
#include <stdio.h>

int main()
{
    unsigned short x =32767, y = 0xff;

    printf("%u", x & y);

    return 0;
}
```

程序的输出是 255。如果想保留短整型数的奇数位，则可以将这个数与 0x5555 进行按位与运算，读者可自行修改代码清单 10-1，完成这个计算。

例 10.2 设计一个程序，检验短整型数 32767 的最高位值是 0。

若要检验一个数值中某个位的值，可以设计一个数，对应于所要检验的位的值是 1，其他位的值是 0，将这个数与所要检验的数执行按位与运算，如果结果为 0，则检验位的值为 0，否则为 1。

因为需要检验的是短整型数的最高位。在 VS2010 中，短整型数占 2 个字节，这个数可设计为 0x8000。实现这个功能的程序见代码清单 10-2。

代码清单 10-2　检验短整型数 32767 的最高位值

```
/* 文件名：10-2.c
   检验短整型数 32767 的最高位值   */
#include <stdio.h>

int main()
{
    unsigned short x =32767, y = 0x8000;

    if (x & y) printf("最高位是1\n");
    else printf("最高位是0\n");

    return 0;
}
```

按位与运算的应用很多，一个重要的应用就是 Internet。在 Internet 中，每台主机上的网络接口都有一个 IP 地址。IP 地址为 32 位，分为网络号和主机号两部分，网络号在前，主机号在后。但网络号占多少位、主机号占多少位是不确定的，而是根据网络的实际情况分配。网络指定了一个子网掩码，子网掩码也是 32 位，对应网络号部分的每一位值为 1，对应主机号部分的值为 0。例如，一个标准的 C 类网络中的 IP 地址，网络号占 3 个字节，主机号占 1 个字节，它的子网掩码为 255.255.255.0，表示前三个字节对应的十进制值为 255，第四个字节的值为 0。十进制的 255 正好是二进制的 8 个 1，需要知道某个 C 类地址的网络号，如 202.120.2.34，可以将这个地址与 255.255.255.0 执行按位与运算，得到的结果 202.120.2.0 就是这个地址所在网络的网络号。

10.1.2 "按位或"运算

按位或运算中，如果参加运算的两个二进制位都为 0，结果为 0，否则结果为 1，运算规则如下。

0 | 0 = 0

0 | 1 = 1

1 | 0 = 1

1 | 1 = 1

例如，4 | 6 的结果是 6，计算过程如下。

```
  00000000 00000000 00000000 00000100
| 00000000 00000000 00000000 00000110
---------------------------------------------
  00000000 00000000 00000000 00000110
```

再如，短整型数 0x1fff | 0xfff1 的计算结果是 0xffff，运算过程如下。

```
  00011111  11111111
| 11111111  11110001
--------------------------
  11111111  11111111
```

或运算的特点是 1 | x 等于 1，0 | x 等于 x，所以按位或的主要用途是将某个位的值置成 1。

当需要将某一位设成 1 时，可以将这一位与 1 进行或运算。当需要保留某一位的值时，可以让它与 0 进行或运算。

例 10.3 设计一程序，将一个字符型数据的最后 4 位设为 1，其他位保持原状。

若要将某一位的值置成 1，只需要将这一位与 1 进行或运算，所以完成这个任务的方法是将这个数与 0x0f 进行按位或运算。如果该字符是'a'，'a'的 ASCII 码是 97，二进制为 01100001。01100001 | 00001111 的结果是 01101111，即十进制的 111，而 111 正好是'o'的 ASCII 码。实现该计算过程的代码如代码清单 10-3 所示。

代码清单 10-3 将字符型变量 x 的最后 4 位设为 1，其他位保持原状

```
/* 文件名：10-3.c
   将字符型变量 x 的最后 4 位设为 1，其他位保持原状      */
#include <stdio.h>

int main()
{
    unsigned char x = 'a', y = 0x0f;

    printf("%c\n", x | y);

    return 0;
}
```

将某些位设为 1 的操作在某些系统软件中经常会用到，例如系统的一些状态字或控制位通常用 1 表示 on，用 0 表示 off，如果需要将其中的某些位设为 on，就可通过进行按位或运算实现。

10.1.3 "按位异或"运算

如果参加按位异或运算的两个二进制位的值相同，结果为 0，否则结果为 1，运算规则如下。

0 ^ 0 = 0

0 ^ 1 = 1

1 ^ 0 = 1

1 ^ 1 = 0

例如，4 ^ 6 的结果是 2，计算过程如下。

```
    00000000 00000000 00000000 00000100
^   00000000 00000000 00000000 00000110
----------------------------------------------------
    00000000 00000000 00000000 00000010
```

再如，短整型数 0x1f1f ^ 0xf1f1 的结果是 0xeeee，计算过程如下。

```
    00011111  00011111
^   11110001  11110001
----------------------------------
    11101110  11101110
```

按位异或的最大用途是将某一位取反。由于 1 ^ x 正好是将 x 取反，而 0 ^ x 正好是 x 的值，所以如果想将一个二进制值中的某些位取反，可以设计一个数，对应于需要取反的位的值为 1，其他位的值为 0。例如若要将二进制值 01010101 变成 10100101，即将前四位取反，可以将这个位串与 11110000 进行按位异或运算，如果需要将每一位都取反，可以让它与 11111111 进行异或运算。

例 10.4　交换两个变量 a、b 的值。

在程序中经常用到的操作是交换两个变量 a、b 的值，此时需要用到一个临时变量 c，执行语句 "c = a; a = b; b = c;" 即可完成这个任务。利用按位异或操作，可以不用临时变量 c，仅通过对 a、b 本身的操作完成值的交换。

交换 a、b 的值，只要执行语句 "a = a ^ b; b = b ^ a; a = a ^ b;" 即可。因为 x ^ x = 0，其中的第二个赋值语句等效于如下语句：

$$b = b \char`\^ (a \char`\^ b) = b \char`\^ b \char`\^ a = 0 \char`\^ a = a$$

即把 a 的值赋给了 b；第三个赋值语句等效于如下语句：

$$a = (a \char`\^ b) \char`\^ (b \char`\^ (a \char`\^ b)) = (a \char`\^ b) \char`\^ a = a \char`\^ a \char`\^ b = 0 \char`\^ b = b$$

即把 b 的值赋给了 a。

例 10.4 的实现见代码清单 10-4。

代码清单 10-4　用异或运算交换两个整型变量的值

```c
/* 文件名： 10-4.c
   用异或运算交换两个整型变量的值     */
#include <stdio.h>

int main()
{
    int a =10, b = 22;

    a = a ^ b;
    b = b ^ a;
    a = a ^ b;
    printf("%d  %d\n", a, b);

    return 0;
}
```

程序的输出如下。

22　10

10.1.4　"按位取反"运算

按位异或运算可以将指定的某几位取反，也可以让一个数的每一位都取反。如果需要将一个整型数的每一位都取反，可以将它与 0xffffffff 进行异或运算。要将每一位都取反，还有一个更简单的方法，即直接进行按位取反运算。

取反运算是一元运算，可把某个数的每一位都取反，运算规则如下。

~0 = 1

~1 = 0

例如，一个 unsigned char 类型的值 0377 取反后的值为 0，因为 0377 的二进制为 11111111，每一位都取反就变成了 8 个 0。再如，一个无符号的短整型数 65535 取反后结果也是 0，因为 65535 的二进制表示是 16 个 1，取反后即变成 16 个 0。

注意取反和一元算术运算符 "-"（负号）的区别。取反操作是把每一位都取反，即 0 变 1，1 变 0。而-运算是把正数变成负数，负数变成正数。例如短整型变量 x 的值为 32767，则-x 的值为 -32767，而~x 的值为-32768，因为 32767 的二进制表示是 01111111 11111111，取反后的值是 10000000 00000000，高位为 1，C 语言把它解释成负数的补码，这个内码对应的整数是-32768。代码清单 10-5 演示了这个过程。

代码清单 10-5　–运算与～运算的区别

```
/* 文件名：10-5.c
   –运算与～运算的区别　*/
#include <stdio.h>

int main()
{
    short x =32767;

    printf("-32767 的值是%d\n", -x);
    printf("～32767 的值是%d\n", ～x);

    return 0;
}
```

1. 取反和异或的差异

如果某个系统中整型数用 16 位表示，若要把一个整型数 a 的每一位的值取反，可以进行如下运算。

a = a ^ 0xffff

0xffff 的二进制值是 1111111111111111，1 与任何数进行异或运算结果都是另一个运算数的取反，所以进行运算后 a 的每一位的值都被取反。

但如果在一台用 32 位表示整型数的计算机上运行这个程序，不管 a 的值是多少，执行这个运算后，a 的前面两个字节都会保持原状，没有取反，例如 a 的值为 0x1f1ffff1，执行这个运算后 a 的值为 0x1f1f000e，运算如下。

```
  00011111 00011111 11111111 11110001
^ 00000000 00000000 11111111 11111111
---------------------------------------
  00011111 00011111 00000000 00001110
```

为了保证在用 32 位表示整型数的计算机上执行这个操作可以得到正确的结果，需要把这个表达式改为如下形式。

```
a = a & 0xffffffff
```

这限制了程序的可移植性。当需要在某个计算机上运行这个程序时，要先了解一下这个机器上整型数用几位表示，然后修改这个表达式，才能得到正确结果。

而用取反操作在任何系统中都能得到正确的答案，因为不管是 16 位还是 32 位，取反操作总是把每一位都取反。

2．取反运算的必要性

如果某个系统中的整型数用 16 位表示，若要使一个整型数 a 的最低位保持不变，其他位的值取反，可以进行如下运算

```
a = a ^ 0xfffe
```

式中，0xfffe 的二进制值是 1111111111111110，0 与任何数进行异或运算的结果都是另一个数的值，所以最低位将保持不变；1 与任何数进行异或运算的结果都是另一个运算数的取反，所以其他位的值都被取反。

但如果在一台用 32 位表示整型数的计算机上运行这个程序，不管 a 的值是多少，执行了这个运算后，a 的前面两个字节都会保持原状，没有取反。假如 a 的值为 0x1f1ffff1，执行这个运算后 a 的值将为 0x1f1f000f，计算过程如下：

```
  00011111 00011111 11111111 11110001
^ 00000000 00000000 11111111 11111110
---------------------------------------
  00011111 00011111 00000000 00001111
```

为了保证在用 32 位表示整型数的计算机上执行这个运算得到的结果也是正确的，需要把这个表达式改为

```
a = a & 0xfffffffe
```

同样，这也限制了程序的可移植性、这种情况可以用取反运算解决，在任何系统中都可以得到正确结果，表达式为

```
a = a ^ ~1
```

如果计算机用 16 位表示整型数，1 的内部表示为 00000000 00000001，对 1 取反的结果是 11111111 11111110，即 0xfffe。如果计算机用 32 位表示整型数，1 的内部表示为 00000000 00000000 00000000 00000001，对 1 取反的结果是 11111111 11111111 11111111 11111110，即 0xfffffffe。

10.1.5 "左移"运算

左移是将一个数的二进制值中的每个位向左移动若干位。例如如下示例，表示将 a 的二进制值中的每一位向左移动两位，右边补 0，左移后溢出的高位被舍弃。

```
a = a << 2;
```

如果 a 的值为 15，二进制值为 00001111，执行这个运算后，a 的值为 60，二进制值为 00111100。如果 a 的值是-1，执行 a = a << 2 后 a 的值是-4，那是因为在 VS2010 中，-1 的二进制值为 11111111 11111111 11111111 11111111，左移 2 位后变成 11111111 11111111 11111111 11111100，即 -4。如果 a 的值为 1073741823，执行 a = a << 2 后 a 的值也是-4，那是因为 1073741823 的二进制值是 00111111 11111111 11111111 11111111，左移 2 位后的结果是 11111111 11111111 11111111 11111100，即-4。

在十进制值中，一个数字向左移动 1 位，表示乘 10。在二进制值中，向左移动 1 位表示乘 2，如 15 向左移动 2 位表示 15 * 2 * 2 = 60，-1 左移 2 位变成了-4。由于移位操作比乘法操作执行速度快，有经验的 C 程序员经常会用左移运算代替乘 2 的运算，以提高程序的运行速度。

例 10.5 设计一程序，计算 2^n。

完成这个任务的一般做法是执行 n-1 次乘法，一种更快的实现方式是使用左移运算。左移 1 位相当于乘 2，所以计算 2^n 只需要将 1 向左移 n 位。按照这个思路实现的程序如代码清单 10-6 所示。

代码清单 10-6 用位运算计算 2^n

```
/*  文件名: 10-6.c
    用位运算计算 2ⁿ    */
#include <stdio.h>

int main()
{
    int n;

    printf( "请输入 n: ");
    scanf("%d", &n);
    printf( "2 的 n 次方是: %d\n", 1 << n);

    return 0;
}
```

10.1.6 "右移"运算

右移是将一个数的二进制值中的每个位向右移动若干位。例如 a = a >> 2，表示将 a 的二进制值中的每一位向右移动两位，溢出的低位被舍弃。

右移时需要注意左边补充的值的问题。对于无符号整数和正整数，左边补 0。如果 a 的值为 15，二进制值为 00000000 00000000 00000000 00001111，执行 a = a >> 2 后，a 的值为 3，二进制值为 00000000 00000000 00000000 00000011。0xffffffff >> 2 的结果是 1073741823，二进制值为 00111111 11111111 11111111 11111111。如果执行右移运算的是负数，左边移入的是 0 还是 1，取决于所用的系统，如果系统采用逻辑右移，则补充的是 0；如果系统采用的是"算术右移"，则补充的是 1。VS2010 采用的是算术右移。如表达式-4 >> 2 的结果是-1，这是因为-4 的二进制值为 11111111 11111111 11111111 11111100，向右移 2 位时，右边的 2 个 0 被移出，左边补充 2 个 1，即 11111111 11111111 11111111 11111111，十进制值为-1。

在十进制值中，一个数字向右移动 1 位，表示除以 10。在二进制值中，向右移动 1 位表示除以 2。所以 15 向右移动 2 位表示 15 / 2 / 2 = 3。同样，由于移位操作比除法操作执行速度快，有经验的 C 程序员经常会用右移运算代替除 2 的运算，以提高程序的运行速度。

例 10.6 假如房间里有 8 盏灯，用计算机控制，每个灯用一个二进制位表示，0 表示关灯，1 表示开灯。程序可以设置 8 盏灯的初始状态，可以将原来开着的灯关掉或将原来关着的灯打开。

记录 8 盏灯的状态可以用一个字符类型的变量，在大多数计算机系统中，一个字符占 8 位：将 8 盏灯的状态由低到高依次记录在一个字符类型的变量中，最低位是第一盏灯的状态，倒数第二位表示第二盏灯的状态，依次类推。0 表示灯关着，1 表示灯开着。设置灯的状态就是设置相应位的值，这可以用或运算实现。改变某盏灯的状态，可以用异或运算实现。具体实现见代码清单 10-7。

代码清单 10-7 用位运算实现灯的状态控制

```c
/*  文件名：10-7.c
    用位运算实现灯的状态控制       */

#include <stdio.h>

int main()
{
    int n1, n2, n3, n4, n5, n6, n7, n8, num, newStatus;
    char flag = 0;          /* 灯的状态  */

    printf( "请输入第 1 - 8 盏灯的初始状态（0 代表关，1 代表开）: ");
    scanf("%d%d%d%d%d%d%d%d", &n1, &n2, &n3, &n4, &n5, &n6, &n7, &n8);

    /*  设置初始状态 */
    flag = n1;
    flag |= (n2 << 1);
    flag |= (n3 << 2);
    flag |= (n4 << 3);
    flag |= (n5 << 4);
    flag |= (n6 << 5);
    flag |= (n7 << 6);
    flag |= (n8 << 7);

    printf( "请输入改变状态的灯的编号：");
```

```
    scanf("%d", &num);
    --num;
    flag ^= (1 << num );
    newStatus = flag & (1 << num);
    newStatus = newStatus >> num;
    printf( "新的状态是: %d\n", newStatus);

    return 0;
}
```

10.1.7　位运算与赋值运算

与算术运算符一样，二元的位运算符也可以和赋值运算符组成复合的赋值运算符，形成如 &=、|=、^=等运算符，如 a = a ^ b 可以写成 a ^= b，a = a >> 2 可以写成 a >>= 2。

10.1.8　不同长度的数据进行位运算

如果参加位运算的两个数据长度不同，如 int 类型的数据和 char 类型的数据，系统会将二者按右端对齐，如果是正数或无符号数，左边补 0；如果是负数，左边补 1。代码清单 10-8 做了一个简单的测试。

代码清单 10-8　不同长度的数据进行位运算示例

```
/*　文件名：10-8.c
    不同长度的数据进行位运算示例       */
#include <stdio.h>

int main()
{
    int a = -1;
    unsigned char c1 = 0xff;
    char c2 = 0xff;

    printf( "unsigned -1 & 0xff : %d\n");
    printf( "signed -1 & 0xff : %d\n");

    return 0;
}
```

程序定义了一个整型变量 a，它的值是-1。-1 的内部表示是 11111111 11111111 11111111 11111111。然后定义了一个无符号的字符型变量 c1，它的二进制值为 11111111。由于 c1 是无符号的，所以在与 a 进行按位与运算时前面补充 0，变成 00000000 00000000 00000000 11111111。计算结果为 00000000 00000000 00000000 11111111，即 255。c2 是有符号的字符型变量，在位运算时 C 语言把它的值解释成-1。当 a 与 c2 执行与运算时，c2 前面补充 1，变成 11111111 11111111 11111111 11111111，计算结果为 11111111 11111111 11111111 11111111，即-1。所以代码清单 10-8

中程序的输出如下。

```
unsigned -1 & 0xff : 255
signed -1 & 0xff: -1
```

10.2 位段

位段

10.2.1 位段的概念及定义

位运算可以对内存中的某些位进行操作，如设置某一位或多个位的值、读取某一位或多个位的值，但操作起来比较麻烦。例如要将一个字节的最高位置成 1，可以定义一个字符型的变量 ch 存储该字节，然后执行 ch 与二进制值 1000000 的按位或运算。

位段是在结构体中用二进制位作为单位指定其成员所占的内存。利用位段可以用较少的位数存储数据，并且对位进行操作不需要用位运算，可以直接利用结构体的分量进行操作。例如 10.1.1 小节中介绍的得到一个 Internet 的 IP 地址中的网络号示例，提取网络号必须知道这个子网的子网掩码，假设一个 C 类地址为 202.120.33.220，已知该子网的子网掩码是 255.255.255.240，将 IP 地址和子网掩码进行按位与运算，获得对应的子网号为 202.120.33.208。提取主机号可以将 IP 地址与 0.0.0.15 进行按位与运算，结果是 12。

有了位段就不需要用位运算了。可以定义一个位段存储 IP 地址的最后一个字节，代码如下，表示字段 subnet 占 4 位，字段 host 也占 4 位

```
struct  IP {
    unsigned char host :  4;
    unsigned char subnet :  4;
};
```

然后定义一个 IP 类型的变量 lastByte，将 IP 地址的最后一个字节存入 lastByte，要得到网络号的最后一字节值，可以访问 lastByte. Subnet；要得到主机号，可以访问 lastByte. Host。

结构体中的位段分量的定义格式是在分量名后面紧跟冒号，然后是成员的位数。例如如下示例，表示分量 c1 是 unsigned char 类型，但只占一个字节中的 2 个二进制位

```
unsigned char c1:2;
```

当多个这样的位段连在一起时，可以共享一个字节。例如如下定义，分量 c1、c2、c3 和 c4 分别表示在一个字符类型的变量中占 1、2、1、1 位

```
struct  sample {
    int no;
    unsigned char  c1:1;
    unsigned  char  c2:2;
    unsigned  char  c3:1;
    unsigned  char  c4:1;
    unsigned  short a1:3;
    unsigned  short a2:2;
    unsigned  short a3:3;
```

```
    unsigned short a4:5;
    unsigned short a5:5;
};
```

存储这 4 个分量一共需要 5 位，所以它们共享了一个字节，因为 char 类型占 1 个字节。这个字节的状态如下。

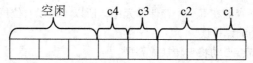

a1、a2、a3、a4、a5 分别表示占用一个 unsigned short 类型中的 3、2、3、5、5 个位。short 类型占 2 个字节，a1、a2、a3 和 a4 一共占 13 位，剩下 3 位不够放 a5，所以 a5 另外分配了一个 short 类型的空间。存储 a1、a2、a3、a4 的两个字节的状态如下，

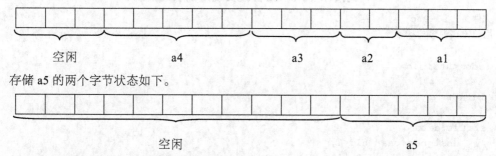

存储 a5 的两个字节状态如下。

在使用位段时有如下几个需要注意的方面。

（1）在存储空间内，位段的空间分配方向因机器而异，有些是从左到右分配，有些是从右到左分配。但这些细节与程序员无关。

（2）位段成员的类型必须是无符号的各类整型或无符号的字符型。位段成员的类型是分配内存时的分配单位。在 VS2010 中，如指定类型是 unsigned char，则以一个字节为分配单位；如指定类型是 unsigned short，则以 2 个字节为分配单位；如指定类型是 unsigned int，则以 4 个字节为分配单位。连续的同类型的位段可以放在一个分配单位中。如 struct sample 中的 a1 占 3 个位，而存放 c1 到 c4 的字节中也有 3 个位空闲，但因为类型不同，所以必须重新分配一块 unsigned short 类型的空间。

（3）一个位段必须存储在一个存储单元中，不能跨两个存储单元。例如，结构体 sample 类型中，尽管存储了 a1、a2、a3 和 a4，该 short 类型的空间中还剩 3 个位，但由于 a5 需要 5 个位，所以必须另外分配一个 short 的空间存放完整的 a5。而不能将 a5 的 3 个位与 a1、a2、a3 和 a4 存放在一起，将另 2 个位存放在另一个存储单元中。

（4）不能定义位段数组。

（5）位段指定的位数必须小于等于该类型所占的位数。如 struct sample 中的 c1、c2、c3 和 c4 的长度不得大于 8，a1、a2、a3、a4 和 a5 的长度不得大于 16。

10.2.2　位段的引用

位段的引用与普通的结构体成员相同。在定义了结构体类型的变量后，可以通过"变量名.分量

名"的形式引用，也可以通过指向结构体的指针访问。引用的方法也是通过"指针变量->分量名"。例如定义了结构体类型 sample 的变量 s1，则可以通过 s1.a1、s1.c2 的形式访问这些分量。因为 a1 是 unsigned short 类型，a1 的取值范围是 0～31，因为它只占 5 个位，最大的数值为 11111，如果执行 s1.a1 = 33，则 s1.a1 的值为 1，因为 33 的二进制值是 100001，而 a1 只有 5 位，高位 1 被丢弃了。

在使用包含位段的变量时有以下几点必须注意。

（1）由于多个位段可能存储在同一个存储单元中，所以不可以对位段执行取地址操作。如执行 &s1.a2，将会导致出现一个编译错误。

（2）引用位段时，系统会自动将它转换成整型。

（3）位段可以用%d、%u、%x、%o 和%c 的格式输出。

例 10.6 中的电灯开关控制示例也可以改用位段实现，如代码清单 10-9 所示。

代码清单 10-9　用位段实现灯的状态控制

```
/*  文件名：10-9.c
    用位段实现灯的状态控制      */

#include <stdio.h>

int main()
{
    struct data {
        unsigned char n1: 1;
        unsigned char n2: 1;
        unsigned char n3: 1;
        unsigned char n4: 1;
        unsigned char n5: 1;
        unsigned char n6: 1;
        unsigned char n7: 1;
        unsigned char n8: 1;
    } flag;
    int n1, n2,n3,n4,n5,n6,n7,n8;

    printf( "请输入第 1 - 8 盏灯的初始状态（0 代表关， 1 代表开）: ");
    scanf("%d%d%d%d%d%d%d%d", &n1, &n2, &n3, &n4, &n5, &n6, &n7, &n8);

    flag.n1 = n1;
    flag.n2 = n2;
    flag.n3 = n3;
    flag.n4 = n4;
    flag.n5 = n5;
    flag.n6 = n6;
    flag.n7 = n7;
    flag.n8 = n8;

    printf("%d %d %d %d %d %d %d %d\n", flag.n1, flag.n2, flag.n3, flag.n4,
```

```
    flag.n5, flag.n6, flag.n7, flag.n8);

    return 0;
}
```

结构体 data 表示一组开关，每个开关占 1 位，一共占 1 个字节。要修改某个开关的状态，可以直接对相应的字段进行赋值，而不需要使用位运算。

想一想，如果这组灯是彩色的，它的颜色可以是赤、橙、黄、绿、青、蓝、紫，该怎样修改这个程序？

10.3　编程规范及常见问题

10.3.1　检验某数中指定位的值

检验某变量中指定位的值可用 3 种方法。假设需要检验一个短整型数由高到低第 5 位的值，可以有如下 3 种方法。

第一种方法是执行按位与运算。设计一个数 y，对应于需要检查的位的值为 1，其他位为 0。本例中 y 的值为 0x0800。执行 x & y，如果结果为 0，则指定位的值为 0，反之为 1。

第二种方法是执行左移运算。通过左移运算将指定位移到最高位。本例中可将 x 左移 4 位，则第 5 位移到了最高位。如果左移后的值是负数，表示高位为 1，即指定位的值是 1，否则指定位的值是 0。

第三种方法是采用共用体和位段。将所需检验的数据和一个位段封装在一个共用体中，将所需检验的位作为一个独立的位段。对本例而言，该共用体设计如下

```
union {
    unsigned short x;
    struct {
        unsigned short  dummy1:11;
        unsigned short  flag:1;
        unsigned short  dummy2:4;
    } y;
} z;
```

如果需要检验某个数第 5 位的值，可以将这个数赋给 z.x，然后检查 z.y.flag 的值。

10.3.2　将数据中的某一位的值置成 0

将某一位的值置成 0 有两种方法，假设需要将一个短整型数 x 由高到低第 5 位的值置成 0，方法如下。

第一种方法是执行按位与运算。设计一个数 y，对应于指定位的值为 0，其他位为 1。假设本例中 y 的值为 0xf7ff。执行 x & y，其他位保持原状，指定位的值正好可被置成 0。

第二种方法是采用共用体和位段。定义一个类似于 10.3.1 小节中的共用体，直接将分量 flag 置成 0 即可。

10.3.3　将数据中的某一位的值置成 1

将某一位的值置成 1 有两种方法，假设需要将一个短整型数 x 由高到低第 5 位的值置成 1，方法如下。

第一种方法是执行按位或运算。设计一个数 y，对应于指定位的值为 1，其他位为 0。本例中 y 的值为 0x0800。执行 x | y，其他位将保持原状，指定位将被置成 1。

第二种方法是采用共用体和位段。定义一个类似于 10.3.1 中的共用体，直接将分量 flag 置成 1 即可。

10.3.4　将数据中的某一位的值取反

将某一位的值取反有两种方法，假设需要将一个短整型数 x 由高到低第 5 位的值取反，方法如下。

第一种方法是执行异或运算。设计一个数 y，对应于指定位的值为 1，其他位为 0。本例中 y 的值为 0x0800。执行 x ^ y，其他位将保持原状，指定位的值将被反转。

第二种方法是采用共用体和位段。定义一个类似于 10.3.1 小节中的共用体，直接检查分量 flag 的值，并对它赋值即可。

10.4　小结

对二进制位进行操作是 C 语言的特点之一。这一特点使得 C 语言具备了低级语言的功能，使得 C 语言适用于开发系统软件。

C 语言提供了两种位操作手段。一种是通过位运算进行操作，即按位执行逻辑运算。位运算可用于整型和字符型的数值。利用位运算可以实现汇编语言的某些功能，如置位、位清零、移位等。利用左移和右移可以快速地实现乘 2 和除以 2 的操作。另一种是通过位段将某个二进制位或某些二进制位作为一个变量直接操作。位段本质上是结构体成员，不过它不是按字节而是按二进制位分配空间。它的使用方法与结构体相同。利用位段可以实现数据的压缩存储，提高空间的利用率，同时提高程序的执行效率。

10.5　自测题

1. 计算下列位运算表达式的值，假设所有数值都占 2 个字节。

   ① 128 & 127

   ② 0x1f1f | 0xf1f1

   ③ 0x1f1f ^ 0xf1f1

   ④ ~65535

   ⑤ 1024 >> 2

   ⑥ 1024 << 2

2. 如有定义如下。

   unsigned char ch;

   设计完成如下操作的表达式。

（1）将 ch 的每一位取反。

（2）将 ch 的奇数位的值置成 0，其他位保持原状。

（3）将 ch 的偶数位的值置成 1，其他位保持原状。

3．下面的位段定义有什么问题？

```
struct  sample {
    char  a:10;
    char  b:5;
    char c:2;
};
```

4．写出下面程序段的执行结果，并编程验证你的结果。计算机采用的是 ASCII 编码。

```
int  a = 10;
char b = 'a';
printf("%x", a| b);
```

5．写出下面程序段的执行结果，并编程验证你的结果。计算机采用的是 ASCII 编码。

```
int  a = 10;
char b = 'A';
printf("%x", a| b);
```

10.6　实战训练

1．编写一个程序，输入任意两个整数，输出对这两个数分别执行按位与运算、按位或运算、按位异或运算的结果。

2．编写一个程序，输入一个字符，分别对这个字符执行左移一位和右移一位的操作，输出结果。

3．编写一个程序，输入一个整型数，分别对这个数执行循环左移一位和循环右移一位的操作，输出结果。

4．编写一个函数返回一个整型数的奇数位组成的数值。如函数名为 getOdd，getOdd(127)的返回值是 15。这是因为 127 的二进制值为 00000000 00000000 00000000 01111111，有下划线的位是奇数位，即程序执行结果的二进制值为 0000 0000 0000 1111，即 15。

5．编写一个整型数乘法的函数 int multi(int a, int b)，用移位和加法实现 a * b。如 b=13，即二进制的 1101，则 $a*b = a*2^3+a*2^2+a = (a*2+a)*2*2+a$。如 b = 15，即二进制的 1111，则 $a*b = a*2^3+a*2^2+a*2+a =((a*2+a)*2+a)*2+a$。

6．设计一个程序，将输入整型数的低 8 位清 0。如输入为 277，输出为 256。

7．设计一个程序，将输入整型数的低 8 位的值置成 1。如输入是 1025，输出为 1279。

8．设计一个程序，输入两个整型数 a、b，输出 a 的从低到高第 b 位的值。如输入是 240 和 4，输出为 1，因为 240 的二进制值是 11110000，第 4 位正好是最后一个 1。如输入是 240 和 3，则输出为 0，因为第 3 位正好是 240 的二进制值中最前面的一个 0。

9．设计一个程序，统计输入整型数的补码中 0 的个数是多少。

第 11 章

文件

目前为止，程序处理的信息都存放在内存中。内存的特点是访问速度快，但程序执行结束后所有信息都会消失。在很多应用中，信息需要能长期保存，如在一个学校管理系统中，学生入校时必须存入学生信息，这些信息至少必须保存到学生离校。需要长期保存的信息必须存储在外存储器上，本章将讨论对外存储器中信息的访问，具体包括：

- 内存与外存；
- 文件的概念；
- 文件缓冲与文件指针；
- 文件的打开与关闭；
- ASCII 文件的读写；
- 二进制文件的读写；
- 文件的顺序访问；
- 文件的随机访问；
- 文件操作与控制台操作。

11.1　内存与外存

内存与外存是计算机的两类不同的存储介质。内存存储正在运行的程序代码及处理数据，程序运行结束后，这些信息都会从内存中消失。外存是外存储器，用于存储长期保存的信息，如程序员编写的源程序是以文件的形式存放在外存上。

常用的外存有磁带、磁盘、光盘、U 盘等。相比于内存，外存有价格低廉、存储量大和永久保存等优点，但也有访问速度慢、不可直接与程序交互等缺点。

磁带是 20 世纪 50 年代初出现的一种外存，是一种典型的顺序存取设备。读者不一定见过计算机上的磁带，但想必一定见过录音带或录像带，计算机磁带和它们非常类似，不同的是录音带和录像带上的信息是连续存放的，而计算机磁带上的信息被组织成一个个数据块，每次读写操作都是读写一个数据块，如图 11-1 所示。

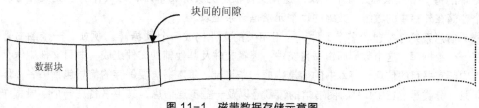

图 11-1　磁带数据存储示意图

　　磁带机上有一个读写头，读写磁带信息时，首先要转动磁带，让读写头对准读写信息，对当前位置进行读写。例如要读取第 10 个数据块上的数据，磁带先要转动，跳过前面 9 个数据块，才能读写第 10 个数据块。就如听录音带中的第 10 首歌，先要快进跳过前面 9 首歌，道理是一样的。读写信息的位置距离读写头越远，信息存取时间也就越长。磁带数据的查找和修改都很不方便，所以通常用来存储备份数据。

　　磁盘是一种既支持顺序存储也支持直接存取的外存设备，所谓直接存取，是指在读写某一块数据时不需要先读取其他数据块。它的存取速度比磁带快得多。磁盘又分为软盘和硬盘。软盘由一个盘片组成。硬盘由很多盘片组成，这些盘片被封装在一个硬盒中。磁盘表面上有很多同心圆的轨道，称为磁道，信息被存储在磁道上。硬盘中所有磁盘片上同一位置的磁道称为一个柱面。每条磁道又被分成若干段，每一段称为一个扇区。一个扇区相当于磁带上的一个数据块，也称为磁盘块，是磁盘读写的单位。

　　目前的磁盘大多采用可移动式磁头，它的工作原理如图 11-2 所示。整个磁盘由多个盘片组成。每个盘面对应有一个读写头。读写头装在一个读写臂上，可以在读写臂上移动对准不同的磁道。当读写磁盘的某个扇区时，读写头移动到相应的磁道，同时磁盘在转动，当读写头遇到对应扇区时，开始读写对应扇区。与磁带不同，磁盘可以随机读写某一个扇区。

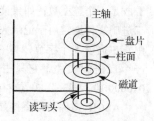

图 11-2　磁盘结构示意图

　　磁盘操作是机械的，它的速度主要取决于磁盘的转动速度和磁头的移动速度。

11.2　文件的概念

11.2.1　什么是文件

　　文件是以计算机外存储器为载体存储在计算机上的信息集合。文件可以是文本文档、图片、程序等。例如，程序员编写的 C 语言程序都被存储为一个文件，经过编译后的目标代码也被存储为一个文件。这些文件由一个个独立的字节组成，是一个字节流，所以也称为**流式文件**。另外一些文件是某些信息系统中需要长期保存的信息，这些信息往往分门别类地保存在一个个文件中，每个文件保存一组同类信息，每条信息称为一个**记录**；记录可以是一个简单类型的值，也可以是一个结构体类型的复杂数

什么是文件

据。记录的每一个分量称为一个**字段**。这些文件被称为**具有记录结构的文件**。这类文件可以看成是一个存储在外存中的数组，数组的每个元素是一条记录。

一个信息系统往往包含多个文件，一组相关的文件构成一个**数据库**。例如，一个图书管理系统中有一个数据库，这个数据库由书目文件、读者文件及其他辅助文件组成。书目文件中保存的是图书馆中所有书目的信息，每本书的信息构成一条记录。每本书需要保存的信息包括书名、作者、出版年月、分类号、ISBN 号、图书馆的馆藏号以及一些流通信息，其中书名是一个字段，作者也是一个字段。

每个文件都以一个特定的字符 EOF 作为结束标志。EOF 是 C 语言定义的一个符号常量，C 语言判断文件处理是否结束都是检查是否处理到 EOF。

C 语言只支持流式文件，如果需要处理具有记录结构的文件，需要程序员自己想办法解决。

11.2.2 ASCII 文件与二进制文件

根据程序对字节序列的解释，C 语言的文件又分为 ASCII 文件和二进制文件。

ASCII 文件也称为文本文件，如 C 语言的源文件。ASCII 文件将文件中的每个字节解释成一个字符的 ASCII 值。

二进制文件将每个字节仅看成是一个二进制比特串，由程序解释二进制文件中的比特串的含义，如经过编译以后得到的目标文件。如果要将二进制文件中的比特串 0000 0000 0000 0000 1111 1111 1111 1111 解释成一个整型数，可以将这 4 个字节读入一个整型变量，程序就会将这 4 个字节看成是一个整型数；如果读入一个 float 类型的变量，程序就将这 4 个字节看成是一个单精度数。二进制文件通常用于记录数据在内存中的映像。例如将整型数 65535 写入 ASCII 文件，则在文件中它占据了 5 个字节，其中的值分别是字符'6'、'5'、'5'、'3'、'5'的 ASCII 值。但假如将 65535 写入一个二进制文件，它只占 4 个字节（假如整型数的长度是 4 个字节），这 4 个字节是数字 0x0000ffff，即采用 32 位存储时 65535 的补码表示。

ASCII 文件可以直接显示在显示器上，而直接显示二进制文件通常是没有意义的。如 C 语言的源文件是一个 ASCII 文件，可以直接显示在显示器上。而目标文件和可执行文件是二进制文件，显示这些文件看到的会是一堆乱码。

11.3 文件缓冲与文件指针

程序只能访问内存中的信息，而不能直接访问外存中的信息。

当程序需要读取文件中的某个信息时，操作系统会将包含此信息的一批数据（磁盘上的一个扇区或磁带上的一个数据块）从外存读入内存的某个区域，再将需要的信息从内存的这个区域读入程序。此时发生了一次外存的访问。存储这批数据的内存空间称为该文件的缓冲区。如果程序需要读取的数据已经在缓冲区中，则不会发生外存的访问。

输出也是如此。如果程序向外存中的文件输出一个信息，此信息会被写在该文件对应的缓冲区中，而不是真正写到外存中。如果缓冲区被放满了或文件操作结束了，操作系统就会将缓冲区中的信息真正写到外存的文件中。这个过程可见图 11-3。

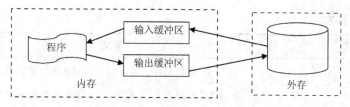

图 11-3　文件输入/输出过程

　　程序访问文件时，必须知道该文件对应的缓冲区在什么地方、缓冲区是空的还是满的、当前读写的信息处于文件中的什么位置等信息。C 语言将这些信息定义成一个名字为 FILE 的结构体类型，每个被访问的文件都有一个对应的 FILE 类型的变量，当程序需要访问某个文件时，必须定义一个对应这个文件的指针，如

```
FILE  *fp;
```

当将 fp 与某个文件关联后，通过 fp 可以访问该文件中的信息。

　　因此，要访问一个文件，首先要定义一个文件指针，并将指针与对应的文件相关联，这个操作称为打开文件。一旦文件被打开，就可以对它执行读写操作。文件访问结束时，要断开文件和文件指针的关联，这称为关闭文件。一旦文件被关闭，该文件指针又可以与其他文件关联，可通过它访问其他文件。

　　总结来讲，访问一个文件由如下 4 个步骤组成：

- 定义一个文件指针；
- 打开文件；
- 读写文件中的数据；
- 关闭文件。

11.4　文件的打开与关闭

11.4.1　打开文件

文件的打开与关闭

　　打开文件是指将文件指针与某一外存中的文件关联起来，并为文件的读写做好准备，例如为文件准备缓冲区、记录读写位置等。

　　C 语言中打开文件用 fopen 函数，它有两个参数，第一个参数是所要打开的文件的名称，第二个参数是文件打开模式，表示程序对文件需要执行的操作，明确是需要将文件中的信息读入程序，还是将程序中的某些信息写入文件。函数会为此文件准备一块 FILE 类型的内存空间，并将该空间的地址作为函数的返回值，如

```
FILE *fp;
fp = fopen("file1", "r");
```

表示打开文件 file1。"r" 表明对文件需要做读操作，即将文件中的信息读入程序，fp 指向保存文件 file1 信息的变量的地址，一旦打开了文件，就可以通过文件指针访问该文件。

　　除 "r" 之外，文件还可以其他方式打开。文件打开方式及其含义如表 11-1 所示。

表 11-1　文件打开方式

文件打开方式	含义
"r"（只读）	打开文本文件，对此文件只能执行读操作
"w"（只写）	打开文本文件，对此文件只能执行写操作
"a"（追加）	打开文本文件，向文件尾添加数据
"rb"（只读）	打开二进制文件，对此文件只能执行读操作
"wb"（只写）	打开二进制文件，对此文件只能执行写操作
"ab"（追加）	打开二进制文件，向文件尾添加数据
"r+"（读写）	打开文本文件，对此文件能执行读/写操作
"w+"（读写）	创建新的文本文件，对此文件能执行读/写操作
"a+"（读写）	打开文本文件，对此文件能执行读/写操作
"rb+"（读写）	打开二进制文件，对此文件能执行读/写操作
"wb+"（读写）	创建新的二进制文件，对此文件能执行读/写操作
"ab+"（读写）	打开二进制文件，对此文件能执行读/写操作

从文件打开方式可以看出，程序可以从文件中读取数据，也可以将程序中的信息写入文件，还可以修改文件中的某些信息。

在选择文件打开方式时，应注意如下几个问题。

（1）用"r"或"rb"打开文件时，表示需要从该文件读取数据到程序中的某个变量。所需打开的文件必须是一个磁盘上存在的文件。

（2）用"w"或"wb"打开文件时，表示需要将程序中的某些信息写入文件。如果指定的文件不存在，则自动创建该文件；如果文件存在，会先将文件清空。

（3）用"a"或"ab"打开文件，表示需要将程序中的信息添加到文件的尾端。指定的文件必须是一个已经存在的文件。

（4）用"r+"、"w+"、"a+"、"rb+"、"wb+"、"ab+"打开的文件均可以读，也可以写。用"r+"和"rb+"打开的文件必须是一个已经存在的文件。程序可以从文件中读取数据，也可以修改文件中的某些信息。用"w+"和"wb+"打开时会创建一个新文件或将原来文件的内容先清空。用"a+"和"ab+"打开文件时，新写入的信息只能添加到文件尾，但可以读取或修改其他位置上的信息。

如果以"r"方式打开一个文件，但是该文件并不存在，或者以"w"方式打开一个文件，但用户对文件所在的目录并无写的权限，那么将无法打开这个文件。如果文件打开不成功，程序中后续的对文件操作的语句都会出错，因此执行了打开文件的操作后，应该检查文件打开是否成功，以确定后面对文件操作的语句是否能够执行。**在打开文件后检查文件打开是否成功是一个良好的程**

序设计习惯. 如何检查文件打开是否成功？如果文件打开不成功，fopen 函数会返回一个空指针 NULL。

例 11.1　如果程序需要对文件执行如下操作，请选择文件打开方式。

（1）将程序的执行结果输出到一个文件中，文件内容能直接显示在屏幕上。

（2）程序将修改一个二进制文件中的某些内容。

（3）某个学校的学生管理系统中需要将新入学的学生信息添加到学生文件中。

（4）某程序需要修改一个 C 语言的源文件。

一般来讲，将程序的执行结果输出到一个文件中意味着该文件必须是一个空文件，否则无法区分文件中哪些数据是本次运行的输入，哪些是文件中本来就有的数据，所以必须用写方式打开文件。该文件的内容能直接在显示器上显示，所以必须是一个 ASCII 文件。因此可选用"w"方式打开。

如果程序需要修改一个文件中的某些内容，那么该文件必须是一个已存在的文件。修改一个已存在的二进制文件可以用"rb+"打开。注意不能用"wb+"打开，因为写方式打开会将文件原有信息清空。

将新入学的学生信息添加到学生文件中可以用追加方式打开。一般信息系统中的文件都采用二进制文件，所以可选用"ab"方式打开。

要修改一个 C 语言的源文件，那么该文件必定存在，C 语言的源文件是一个 ASCII 文件，所以修改一个已存在的 ASCII 文件可以用"r+"方式打开。

11.4.2　关闭文件

当文件访问结束时，应该断开文件与文件指针的关联，以防误用这个文件。断开关联可以用函数 fclose。如果 fp 是文件 file1 的指针并且以"r"方式打开，当不再从 file1 读数据时，可以调用

```
fclose(fp);
```

关闭 fp 对应的文件。

如果文件打开方式是可以修改文件中的信息，如"w""a""rb+"等，关闭文件时，系统会将该文件对应的缓冲区中的内容全部写入文件。

关闭文件后，文件流对象和该文件不再有关，此时可以将此文件流对象与其他文件相关联，访问其他文件。例如可以执行

```
fp = fopen("file2", "w+");
```

以后对 fp 的操作是对文件 file2 的操作，而与文件 file1 完全无关。

事实上，当程序执行结束时，系统会自动关闭所有文件。尽管如此，显式地关闭文件是一个良好的程序设计习惯。特别是在一些大型的程序中，文件访问结束后关闭文件尤为重要。

11.5　ASCII 文件的读写

文件的读写类似于控制台的输入/输出，也通过函数实现。用于 ASCII 文件读写的函数有 fputc、fgetc、fgets、fputs、fprintf、fscanf。

对于这些函数，读者一定都很眼熟。去掉第一个字母 f，这些函数就是常用的控制台输入/输出函数，它们的用法也与控制台输入/输出函数类似，都适用于 ASCII 文件的输入/输出。

11.5.1 字符读写函数

字符读写函数

1. fputc 函数

fputc 函数的功能类似于 putchar 函数，可将一个字符写入文件。它的一般形式如下

ch = fputc(字符常量或字符变量，文件指针);

该函数的作用是将字符变量中的值或字符常量写入文件指针指向的文件。如果输出成功，函数将返回被输出的字符；如果输出失败，返回符号常量 EOF。

例 11.2 将字符 a～h 写入空文件 file，字符之间隔一个空格。

使用文件首先需要确定文件打开方式。该文件中存放的是可显示字符，所以是 ASCII 文件。要将信息写入文件，而且是空文件，可以用 "w" 方式打开。将一个字符写入文件可以调用函数 fputc。按照上述思路实现的程序如代码清单 11-1 所示。

代码清单 11-1　按字符写 ASCII 文件示例

```
/*   文件名：11-1.c
     按字符写 ASCII 文件示例      */
#include <stdio.h>

int main()
{
    char ch;
    FILE *fp;

    if ((fp = fopen("D:\\file", "w")) == NULL) {
        printf("cannot open file\n");
        return 1;
    }
    for (ch = 'a'; ch <= 'h'; ++ch) {
        fputc(ch, fp);
        fputc(' ', fp);
    }
    fclose(fp);

    return 0;
}
```

打开文件时需要检查文件打开是否成功，这是通过检查 fopen 的返回值是否为 NULL 实现的。程序用一个 for 循环输出 a～h，每输出一个字符后紧接着输出一个空格。程序运行过程中没有任何显示信息，但运行结束后，在 D 盘的根目录下出现了一个文件 file，用户可以用任何文字编辑软件打开这个文件。文件中的内容为

a b c d e f g h

在 Windows 系统中，D 盘根目录下的文件 file 表示为 "D:\file"。但在 fopen 函数中，这个文件名被表示成 "D:\\file"，多了一个 "\" 符号，这是因为 C 语言中的 "\" 符号表示转义序列的开始，要让 "\" 作为一个普通字符，必须写成 "\\"。同理，如果打开的文件是 "D:\test\test.txt"，那么 fopen 函数中的第一个参数必须写成 "D:\\test\\test.txt"。

2. fgetc 函数

fgetc 函数的功能类似于 getchar 函数，可从文件读取一个字符。它的一般格式为

```
ch = fgetc(文件指针);
```

该函数是从文件指针指向的文件读入一个字符作为函数的返回值。fgetc 函数可以读入任何字符，包括文件结束标志 EOF。所以当读到文件结束时，该函数会读入一个 EOF。

例 11.3 设计一个程序，将例 11.1 生成的文件中的内容显示在屏幕上。

设计此程序，首先需要确定文件打开方式。该文件中存放的是可显示字符，所以是 ASCII 文件。要从文件读入信息，可以用 "r" 方式打开。

从文件读入一个字符可以用函数 fgetc。读文件时一般并不知道文件中有多少个字符，但文件有一个结束字符 EOF，读到 EOF 即表示文件读完了，所以读文件通常用 while 循环，循环条件是读入的字符不是 EOF。

按照上述思路实现的程序如代码清单 11-2 所示。

代码清单 11-2　按字符读 ASCII 文件示例（方案一）

```c
/*   文件名：11-2.c
     按字符读 ASCII 文件示例     */
#include <stdio.h>

int main()
{
    char ch;
    FILE *fp;

    if ((fp = fopen("D:\\file", "r")) == NULL) {
        printf("cannot open file\n");
        return 1;
    }
    ch = fgetc(fp);
    while (ch != EOF) {
        putchar(ch);
        ch = fgetc(fp);
    }
    putchar('\n');
    fclose(fp);

    return 0;
}
```

执行此程序后，屏幕上显示文件 file 的内容为

```
a b c d e f g h
```

将读入一个字符的函数放在 while 循环的循环控制行中，可以使程序更加简单。这种实现方式见代码清单 11-3。

代码清单 11-3　按字符读 ASCII 文件示例（方案二）

```c
/*    文件名：11-3.c
    按字符读 ASCII 文件示例    */
#include <stdio.h>

int main()
{
    char ch;
    FILE *fp;

    if ((fp = fopen("D:\\file", "r")) == NULL) {
        printf("cannot open file\n");
        return 1;
    }

    while ((ch = fgetc(fp)) != EOF)
        putchar(ch);
    putchar('\n');
    fclose(fp);

    return 0;
}
```

11.5.2　字符串读写函数

1. fputs 函数

fputs 函数的功能类似于 puts 函数，可将一个字符串写入文件，一般格式为

```
fputs(字符串，文件指针);
```

字符串读写函数

该函数的功能是向文件指针指向的文件写入一个字符串，可以是字符串常量，也可以是字符数组或指向字符的指针。写文件时，字符串结束符 '\0' 不写入文件。

例 11.4　设计一个程序，将 5 个字符串 "aaa"、"bbb"、"ccc"、"dd ff"、"eee" 添加到例 11.2 生成的文件 file 尾端。

将信息添加到一个 ASCII 文件尾端，可以用文件打开方式 "a" 打开文件，然后写入 5 个字符串。程序的实现见代码清单 11-4。需要写入文件的这组字符串保存在一个指向字符的指针数组中。

代码清单 11-4　在 ASCII 文件尾添加 5 个字符串

```c
/*    文件名：11-4.c
    在 ASCII 文件尾添加 5 个字符串    */
#include <stdio.h>
```

```
int main()
{
    char *s[5] = {"aaa", "bbb", "ccc", "dd ff","eee"};
    FILE *fp;
    int i;

    if ((fp = fopen("D:\\file", "a")) == NULL) {
        printf("cannot open file\n");
        return 1;
    }
    for (i = 0; i < 5; ++i)
        fputs(s[i], fp);
    fclose(fp);

    return 0;
}
```

猜一猜，执行此程序后文件 file 的内容是什么？是

```
a b c d e f g h
aaa
bbb
ccc
dd ff
eee
```

吗？不是！而是

```
a b c d e f g h aaabbbcccdd ffeee
```

在写文件时，并不会在 fputs 中自动加换行。如果想使得每个输出占一行，必须在输出的字符串中加一个 '\n'。如 "aaa\n"，则 aaa 后将会换行。

2. fgets 函数

fgets 函数的功能类似于 gets 函数，可从文件中读入一个字符串。它的一般格式如下：

```
fgets(字符数组名，要求读入的字符数 n，文件指针);
```

该函数的功能是从文件指针指向的文件读入一个长度为 n-1 的字符串。如果在读完 n-1 个字符前遇到了 EOF，则读入结束。函数的返回值是字符数组的起始地址，如果读到文件尾，则返回空指针 NULL。

例 11.5　从例 11.4 生成的文件中读入字符串，每次读 4 个字符。

由于是从文件中读数据，所以可以用 "r" 方式打开文件。读入字符串可以用 fgets 函数。程序的实现见代码清单 11-5。

代码清单 11-5　从例 11.4 生成的文件中读入字符串，每次读 4 个字符

```
/*    文件名：11-5.c
    从例 11.4 生成的文件中读入字符串，每次读 4 个字符    */
#include <stdio.h>
```

```
int main()
{
    char s[5], *p;
    FILE *fp;
    int i;

    if ((fp = fopen("D:\\file", "r")) == NULL) {
        printf("cannot open file\n");
        return 1;
    }
    p = fgets(s, 5, fp);
    while (p != NULL) {
        puts(s);
        p = fgets(s, 5, fp);
    }
    fclose(fp);

    return 0;
}
```

程序的输出如下。

```
a b
c d
e f
g h
aaab
bbcc
cdd
ffee
e
```

11.5.3 数值读写函数

1. fprintf 函数

数值读写函数

fprintf 函数的功能类似于 printf 函数。printf 函数可将数据显示在显示器上，fprintf 函数可将数据写入某个 ASCII 文件。fprintf 函数必须指明数据写入哪个文件，因此它比 printf 函数多了一个形式参数，即文件指针。fprintf 函数的格式如下，其中的格式控制字符串与 printf 函数中的格式控制字符串的含义完全相同。

```
fprintf（文件指针，格式控制字符串，输出列表）;
```

例如将一个整型变量 a 的值和一个实型变量 x 的值写入文件指针 fp 指向的文件，可执行如下命令

```
fprintf(fp, "%d %f", a, x);
```

fprintf 函数处理过程与 printf 函数相同。它先将整型变量 a 中的补码转换成一个十进制数，

把每一位变成一个字符写入文件；然后再将浮点变量 x 的值转换为十进制表示，把每一位变成一个字符写入文件，所以 fprintf 函数处理的是 ASCII 文件。例如，整型变量 a 的值是 576，double 类型变量 x 的值是 137.64，如果 fp 指向的文件是一个空文件，则执行此函数调用后文件中的内容如下

```
576 137.64
```

例 11.6　设计一程序，将整数 1～10 依次写入一个空的 ASCII 文件 file，每个整数之间插一个空格。

要将信息写入 ASCII 文件，而且是空文件，可以用 "w" 方式打开。将一个整数写入文件可以调用函数 fprintf。按照上述思路实现的程序如代码清单 11-6 所示。注意：题目要求每次写入一个整数后，都要写入一个空格，可以通过在 fprintf 中的格式控制字符串添加一个空格来实现。

代码清单 11-6　将整数 1～10 依次写入一个空的 ASCII 文件 file

```c
/*    文件名: 11-6.c
    将整数 1～10 依次写入一个空的 ASCII 文件 file    */
#include <stdio.h>

int main()
{
    FILE *fp;
    int k;

    if((fp = fopen("D:\\file.txt", "w")) == NULL) {
        printf("cannot open file\n");
        return 1;
    }

    for (k = 1; k <= 10; ++k)
        fprintf(fp, "%d ", k);

    fclose(fp);

    return 0;
}
```

执行这个程序后，在 D 盘的根目录下即可生成一个 file.txt，文件中的内容如下。

```
1 2 3 4 5 6 7 8 9 10
```

想一想，如果将 fprintf 函数中的格式控制字符串改为 "%d"，也就是去除格式控制字符串中的空格，文件的内容会有哪些变化？

除了输出整型数、实型数以外，与 printf 函数一样，fprintf 函数也能输出字符和字符串，也可以指定输出精度、输出宽度等。例如例 11.4 也可以用 fprintf 实现，实现过程见代码清单 11-7。

代码清单 11-7 在 ASCII 文件尾添加 5 个字符串的另一实现方法

```
/*    文件名：11-7.c
      在 ASCII 文件尾添加 5 个字符串    */
#include <stdio.h>

int main()
{
    char *s[5] = {"aaa", "bbb", "ccc", "dd ff","eee"};
    FILE *fp;
    int i;

    if ((fp = fopen("D:\\file", "a")) == NULL) {
        printf("cannot open file\n");
        return 1;
    }
    for (i = 0; i < 5; ++i)
        fprintf(fp , "%s", s[i]);
    fclose(fp);

    return 0;
}
```

2. fscanf 函数

fscanf 函数功能类似于 scanf 函数，scanf 函数从控制台读入数据，fscanf 函数从 ASCII 文件读入数据。fscanf 函数必须指明从哪个文件中读取数据，因此它比 scanf 函数多了一个形式参数，即文件指针。fscanf 函数的格式为

```
fscanf ( 文件指针，格式控制字符串，输入列表 );
```

例如需要从文件指针 fp 指向的文件中读取一个整数存入变量 x，可用以下语句

```
fscanf(fp, "%d", &x);
```

除了多了一个文件指针参数外，fscanf 函数的使用方法与 scanf 函数完全相同。

例 11.7 从例 11.6 生成的文件中读入 10 个整数，并显示在显示器上。

要从 ASCII 文件读入数据，所以可以用 "r" 方式打开。从文件读入一个整数可以调用 fscanf 函数。按照上述思路实现的程序如代码清单 11-8 所示。

代码清单 11-8 从 ASCII 文件 file 读入 10 个整数

```
/*    文件名：11-8.c
      从 ASCII 文件 file 读入 10 个整数    */
#include <stdio.h>

int main()
{
    FILE *fp;
    int k, a;
```

```
    if((fp = fopen("D:\\file.txt", "r")) == NULL) {
        printf("cannot open file\n");
        return 1;
    }

    for (k = 1; k <= 10; ++k){
        fscanf(fp, "%d ", &a);
        printf("%d ", a);
    }

    fclose(fp);

    return 0;
}
```

　　每次调用 fscanf 函数，都会从文件读入一个整数。与 scanf 函数相同，读入时以空白字符作为分隔符。执行程序后，屏幕上显示为

```
1 2 3 4 5 6 7 8 9 10
```

　　对于从文件读取字符串，fscanf 函数比 fgets 函数更加灵活，因为 fgets 函数只能读入固定长度的字符串。假如要将例 11.4 生成的文件中的数据以空格作为分隔符读入程序，fgets 函数就无能为力了，此时可以用 fscanf 函数，其实现见代码清单 11-9。

**　　代码清单 11-9　将例 11.4 生成的文件中的信息以空格为分隔符读入并显示为一行**

```
/*    文件名: 11-9.c
      将例 11.4 生成的文件中的信息以空格为分隔符读入并显示为一行      */
#include <stdio.h>

int main()
{
    char s[50] ;
    FILE *fp;
    int i;

    if ((fp = fopen("D:\\file", "r")) == NULL) {
        printf("cannot open file\n");
        return 1;
    }
    for (i = 0; i < 10; ++i) {
        fscanf(fp, "%s ", s);
        printf("%s\n", s);
    }
    fclose(fp);

    return 0;
}
```

注意　fscanf 函数的格式控制字符 "%s" 后面有一个空格，如果没有这个空格，在 fscanf 语句后必须调用一次 fgetc 函数。

程序的输出如下。

```
a
b
c
d
e
f
g
h
aaabbcccdd
ffeee
```

11.6　二进制文件的读写

11.5 节介绍的文件读写函数的功能类似于控制台输入/输出，它们自动完成了机器内部表示和人们日常表示之间的转换，写文件函数会将数值在内存中的映像转换成可显示字符写入文件；读文件函数会将文件中的字符串表示的各类数据转换成机器的内部表示存入相应的变量。

二进制文件保存的是数据在机器内部的映像，将数据在机器内部的映像原式原样写入文件可以用 fwrite 函数；将文件中的二进制比特串原式原样写入某个变量可以用函数 fread。

11.6.1　fwrite 函数

二进制文件的读写

fwrite 函数用于写二进制文件，它可以将一个变量或一个数组在内存中的表示原式原样地写到文件中去。假如 x 是一个整型变量，它的值是-1，如果用 fprintf 函数将 x 写入某个文件，则它在文件中占 2 个字节。第一个字节是字符 "-" 的内码。如果系统采用 ASCII 编码，第一个字节的值为 00101101，第二个字节是字符 "1"，即 00110001。观察代码清单 11-6 生成的文件 file.txt，可以发现它的大小是 21 个字节，即一个字符串 "1 2 3 4 5 6 7 8 9 10" 占用的空间量。但如果采用 fwrite 函数将 x 写入文件，则它在文件中占 4 个字节，因为 VS2010 中的整型数据占 4 个字节，这 4 个字节的值为 1111 1111 1111 1111 1111 1111 1111 1111，即-1 的补码。

fwrite 函数的格式为

```
fwrite(buffer, size, count, fp);
```
其中，buffer 是需要写入的变量在内存中的起始地址，size 是变量类型占据的字节数，count 是写入变量的个数，fp 是文件指针。如需要将整型变量 x 写入文件，可用如下语句

```
fwrite(&x, sizeof(int), 1, fp);
```
如果要将一个 10 个元素的整型数组 a 中的所有元素写入文件，可用如下语句

```
fwrite(a, sizeof(int), 10, fp);
```

注意

a 前面没有取地址符&，那是因为 a 是数组名，本身就是一个地址。

例 11.8　设计一个程序，将整数 1～10 依次写入一个空的二进制文件 file1。

要将信息写入二进制文件，而且是空文件，可以用 "wb" 方式打开。将一个整数在内存中的映像写入文件可以调用 fwrite 函数。按照上述思路实现的程序如代码清单 11-10 所示。注意与代码清单 11-6 的区别，每次写入一个整数后不再需要写入一个空格，因为每个整数在文件中占用的字节数是固定的，无须用空格作为整数之间的分隔符。

代码清单 11-10　将整数 1～10 依次写入一个空的二进制文件 file1

```
/*    文件名：11-10.c
      将整数 1～10 依次写入一个空的二进制文件 file1    */
#include <stdio.h>

int main()
{
    FILE *fp;
    int k;

    if((fp = fopen("D:\\file1", "wb")) == NULL) {
        printf("cannot open file\n");
        return 1;
    }

    for (k = 1; k <= 10; ++k)
        fwrite(&k, sizeof(int), 1, fp);

    fclose(fp);

    return 0;
}
```

执行程序后，D 盘的根目录下会生成一个 file1，文件中的内容为 1～10 这 10 个数据在内存中的映像。如整数 1 被存储为 00000000 00000000 00000000 00000001。如果直接用文本编辑器打开文件 file1，则会显示一堆乱码。观察文件的大小，file1 占据了 40 个字节。

如果这 10 个数据事先已经存放在一个数组中，则可以只用一个 fwrite 函数调用，具体实现如代码清单 11-11 所示。

代码清单 11-11　将整数 1～10 依次写入一个空的二进制文件 file1

```
/*    文件名：11-11.c
      将整数 1～10 依次写入一个空的二进制文件 file1    */
#include <stdio.h>
```

```
int main()
{
    FILE *fp;
    int a[10] = {1,2,3,4,5,6,7,8,9,10};

    if((fp = fopen("D:\\file1 ", "wb")) == NULL) {
        printf("cannot open file\n");
        return 1;
    }

    fwrite(a, sizeof(int), 10, fp);

    fclose(fp);

    return 0;
}
```

执行结果与代码清单 11-10 完全相同。

11.6.2　fread 函数

　　fread 函数用于读二进制文件。它可以从文件中读入一个变量或一组同类的变量。如 x 是一个整型变量，通过 fread 函数从文件读入数据到 x 将会读入 4 个字节。由于 x 是整型变量，所以程序会将这 4 个字节解释成一个整型数的内部表示。如果文件中的 4 个字节值为 1111 1111 1111 1111 1111 1111 1111 1111，则读入后的 x 值是-1。

　　fread 函数的格式为

```
fread(buffer, size, count, fp);
```
其中，buffer 是读入数据在内存中的存放地址，size 是变量类型占据的字节数，count 是读入变量的个数，fp 是文件指针。如需要从文件读入一个整型数存入变量 x，可用如下语句

```
fread(&x, sizeof(int), 1, fp);
```
　　如果要从文件读入 10 个整型数存入整型数组 a，可用如下语句

```
fread(a, sizeof(int), 10, fp);
```
　　例 11.9　设计一个程序，将例 11.8 中写入文件 file1 的 10 个整数显示在显示器上。

　　读一个二进制文件可以用"rb"方式打开。读入一个整数在内存中的映像，可以调用 fread 函数。按照上述思路实现的程序如代码清单 11-12 所示。

代码清单 11-12　从二进制文件 file1 读入 10 个整数

```
/*    文件名：11-12.c
    从二进制文件 file1 读入 10 个整数    */
#include <stdio.h>

int main()
{
```

```
    FILE *fp;
    int k, a;

    if((fp = fopen("D:\\file1 ", "rb")) == NULL) {
        printf("cannot open file\n");
        return 1;
    }

    for (k = 1; k <= 10; ++k) {
        fread(&a, sizeof(int), 1, fp);
        printf("%d ", a);
    }

    fclose(fp);

    return 0;
}
```

执行这个程序后，屏幕显示为

```
1 2 3 4 5 6 7 8 9 10
```

也可以将 10 个数据一次性读入一个 10 个元素的整型数组，实现方式如代码清单 11-13 所示。

代码清单 11-13　从二进制文件 file1 读入 10 个整数

```
/*   文件名: 11-13.c
     从二进制文件 file1 读入 10 个整数    */
#include <stdio.h>

int main()
{
    FILE *fp;
    int k, a[10];

    if((fp = fopen("D:\\file1 ", "rb")) == NULL) {
        printf("cannot open file\n");
        return 1;
    }

    fread(a, sizeof(int), 10, fp);
    for (k = 0; k < 10; ++k) {
        printf("%d\t", a);
    }
```

```
    fclose(fp);

    return 0;
}
```

11.7　文件的顺序访问

11.7.1　什么是文件的顺序访问

按文件中的内容顺序进行读写称为顺序访问。代码清单 11-1～代码清单 11-13 中的程序都是对文件进行顺序访问，写文件时，把数据按顺序写在一个空文件中或从文件尾开始写；读文件时，从文件的第一个数据开始往后依次读取一定数量的数据或读取文件中的全部数据。利用 11.5 节或 11.6 节中介绍的函数可以实现 ASCII 文件和二进制文件的顺序访问。

在对文件执行顺序访问时，要读取文件中的某个数据，一定要先读取它前面的所有数据。要把某个数据写在文件的某个位置，也必须先写完它前面的所有数据。

例 11.10　读入例 11.8 生成的文件中的第 5 和第 6 个整数，并把它们显示在显示器上。

例 11.8 生成的是一个二进制文件，本题要从文件中读入数据，所以用"**rb**"方式打开文件。需要读入的是第 5 和第 6 个数据，所以文件打开后，先执行 4 次读整型数的操作，这可以用一个重复 4 次的 for 循环实现；然后再调用读入一个整型数的函数，读入第 5 个整数，并把它显示在显示器上；重复这个动作，读入并显示第 6 个整数，至此，程序完成预定任务。完整的实现见代码清单 11-14。

代码清单 11-14　从二进制文件 file1 中读取第 5、第 6 整数

```
/*    文件名：11-14.c
    从二进制文件 file1 中读取第 5、第 6 整数    */
#include <stdio.h>

int main()
{
    FILE *fp;
    int i, x;

    if((fp = fopen("D:\\file1 ", "rb")) == NULL) {
        printf("cannot open file\n");
        return 1;
    }

    for (i = 0; i < 4; ++i)
        fread(&x, sizeof(int), 1, fp);

    fread(&x, sizeof(int), 1, fp);
    printf("%d\n", x);
```

```
    fread(&x, sizeof(int), 1, fp);
    printf("%d\n", x);

    fclose(fp);
    return 0;
}
```

代码清单 11-14 中，当需要读取第 k 个整数时，需要先读前面 k-1 个整数。如果文件很大，包含了成千上万个整数，读取 k 个整数将会花费大量的时间，所以更好的解决方案是采用文件的随机访问。

11.7.2 feof 函数

例 11.7 和例 11.9 分别将例 11.6 和例 11.8 写入文件的 10 个整数读出并显示在显示器上。这两个例题的实现代码中用一个重复 10 次的 for 循环读入 10 个整数。但大多数情况下，读文件时往往并不知道文件中有多少信息。那么如何知道该调用几次读文件的函数才能保证文件中的数据全部读完？

如果用 fgetc 函数读 ASCII 文件，读到文件尾时返回值是 EOF。如果用 fgets 读 ASCII 文件，读到文件尾时返回值是 NULL。如果用 fscanf 或 fread 函数读文件，该如何判断已经读到文件结束？其实 fscanf 也有一个返回值，读到文件尾会返回 NULL。但对于 fscanf 或 fread 函数，更通用的方法是用 feof 函数判断是否到了结尾。

如果读文件操作遇到文件结束，此时调用 feof 函数将会返回 1，否则返回 0。feof 函数的格式为

```
feof(fp)
```

对于例 11.6 生成的 ASCII 文件 file 和例 11.8 生成的二进制文件 file1，如果程序员在编程时并不知道文件中有多少个整数，则可以用一个死循环读文件。循环体中先调用 fread 或 fscanf 函数读文件，调用结束后立即调用 feof 函数，如果返回 1，表示已读到文件结束，则跳出循环。

读取 ASCII 文件和二进制文件的全部信息并显示在屏幕上的程序分别如代码清单 11-15 和代码清单 11-16 所示。

代码清单 11-15　从 ASCII 文件 file 中读取所有整数

```
/*   文件名：11-15.c
     从 ASCII 文件 file 中读取所有整数     */
#include <stdio.h>

int main()
{
    FILE *fp;
    int k;

    if((fp = fopen("D:\\file ", "r")) == NULL) {
        printf("cannot open file\n");
```

```
        return 1;
    }

    while(1) {
        fscanf(fp, "%d",&k );
        if (feof(fp)) break;
        printf("%d\t", k);
    }

    fclose(fp);

    return 0;
}
```

代码清单 11-16　从二进制文件 file1 中读取所有整数

```
/*   文件名：11-16.c
     从二进制文件 file1 中读取所有整数   */
#include <stdio.h>

int main()
{
    FILE *fp;
    int k;

    if((fp = fopen("D:\\file1 ", "rb")) == NULL) {
        printf("cannot open file\n");
        return 1;
    }

    while(1) {
        fread(&k, sizeof(int), 1, fp);
        if (feof(fp)) break;
        printf("%d\t", k);
    }

    fclose(fp);

    return 0;
}
```

11.8　文件的随机访问

文件中的数据量一般都非常大，程序不一定需要访问文件的所有数据，更多时候是需要访问文件中的某些数据。如果访问文件中的某个信息必须先访问它前面的所有信息，将会使文件操作的时间变得不可忍受。因此必须提供一种

文件的随机访问

机制可以随机读写文件中的某些信息。随机读写文件中某个位置的数据称为文件的随机访问。

　　文件的随机访问可以用于 ASCII 文件，也可以用于二进制文件，但通常都是用于二进制文件。文件随机访问必须知道需要读写的数据在文件中的位置，在 ASCII 文件中，这个信息很难获得。例如已知一个 ASCII 文件存放了 10 个整数，程序需要读取第 5 个整数，第 5 个整数在文件中的位置在哪里呢？如果这 10 个整数是 1 到 10，整数之间用空格分隔，那么第 5 个整数的位置是第 8 个字节（从 0 开始编号）；假如文件中的数据是 11～20，那么第 5 个整数的位置是第 12 个字节。可见位置不仅取决于是第几个整数，而且还与数据值有关。但如果是采用二进制文件，则只需要知道要读写的是第几个整数。如果每个整数占 4 个字节，需要读取第 5 个整数即可以从第 16 个字节开始读取 4 个字节。如果能提供直接读写文件中第 n 个字节开始的数据的功能，就实现了随机访问。

11.8.1　文件定位指针

　　如 11.4 节所述，为了从文件中读取数据，需要将文件以 "r" 或 "rb" 方式打开，然后用读文件函数（如 fgetc 或 fread）读取文件中的数据。这些函数从文件起始位置开始顺序地读取数据，直到找到所需的数据或文件结束为止。例如，以输入方式打开一个文件后，第一次读文件时读入了文件中最前面的 4 个字节，则第二次对此文件执行读操作时，就从第 5 个字节开始读。

　　为什么 C 语言会知道第二次读应该从第 5 个字节开始读？这是因为每个文件指针指向的 FILE 类型的变量中都保存了一个下一次读写的位置，这个位置称为**文件定位指针**。

　　文件定位指针是一个 long 类型的数据，记录了下一次读写操作应该读写文件中的第几个字节。当以 "r"、"rb"、"r+" 或 "rb+" 方式打开文件时，文件定位指针指向文件中的第 0 个字节，读文件是从文件头开始读。当以 "w"、"wb"、"w+" 或 "wb+" 方式打开文件时，文件定位指针也是定在文件的第 0 个字节，写文件也是从第 0 个字节开始写。即使文件中原来是有信息的，这些信息将被覆盖。以写方式打开的文件关闭时，会在最后加上 EOF，文件原有内容被清空。当以 "a"、"ab"、"a+" 或 "ab+" 方式打开文件时，文件定位指针指向文件尾端，所以新写入的信息被添加到文件尾。

　　既然文件读写的位置是由文件定位指针指定，只要能设置文件定位指针的值，就能实现文件的随机访问。C 语言提供了 3 个与文件定位指针操作有关的函数，分别为 rewind、fseek 和 ftell。rewind 函数将文件定位指针的值设成 0，可以从头开始重新读写文件。fseek 函数可以将文件定位指针设为任意值，只要用 fseek 函数将文件定位指针值设为所需访问的位置，就能实现文件的随机访问。ftell 函数返回文件定位指针的当前值。

11.8.2　rewind 函数

　　rewind 函数的作用是将文件定位指针重新返回到文件的开头，即第 0 个字节。这个函数没有返回值。

　　例 11.11　设计一程序，将例 11.7 写入文件 file1 的整数读两遍，第一遍将读入的数据显示在显示器上，第二遍将读入的数据写入 ASCII 文件 file2。

因为 file1 是一个二进制文件，所以程序以 "rb" 的方式打开 file1。文件 file2 是 ASCII 文件，所以以 "w" 的方式打开。将 file1 从头读到尾，将每个读入的数据显示在显示器上。然后调用 rewind 函数将文件定位指针返回到文件头，重新读 file1，将读入的数据写入 file2。程序的实现见代码清单 11-17。

代码清单 11-17　从二进制文件 file1 中读取所有整数显示在显示器上以及写入 ASCII 文件 file2

```
/*    文件名：11-17.c
      从二进制文件 file1 中读取所有整数显示在显示器上以及写入 ASCII 文件 file2    */
#include <stdio.h>

int main()
{
    FILE *fp1, *fp2;
    int k;

    if((fp1 = fopen("D:\\file1 ", "rb")) == NULL) {
        printf("cannot open file1\n");
        return 1;
    }

    while(1) {
        fread(&k, sizeof(int),1,fp1 );
        if (feof(fp1)) break;
        printf("%d ", k);
    }

    rewind(fp1);
    if((fp2 = fopen("D:\\file2.txt ", "w")) == NULL) {
        printf("cannot open file2\n");
        return 1;
    }
    while(1) {
        fread(&k, sizeof(int),1,fp1 );
        if (feof(fp1)) break;
        fprintf(fp2, "%d ", k);
    }
    fclose(fp1);
    fclose(fp2);

    return 0;
}
```

执行程序，屏幕显示为

```
1 2 3 4 5 6 7 8 9 10
```

同时在 D 盘的根目录下生成了一个文件 file2.txt。用文本编辑器打开此文件，显示的内容为

```
1 2 3 4 5 6 7 8 9 10
```

11.8.3　fseek 函数

fseek 函数用于设置文件定位指针的值，它的格式为

```
fseek(fp, n, start);
```

其中，fp 是文件指针，n 是文件定位指针移动的字节数，start 表示从何处开始移动。start 的值如表 11-2 所示。

表 11-2　start 的值

起始点	符号常量	对应的值
文件开始	SEEK_SET	0
文件定位指针当前位置	SEEK_CUR	1
文件末尾	SEEK_END	2

将文件定位指针移到文件头，可以用如下语句

```
fseek(fp, 0, SEEK_SET);
```

将文件定位指针移到文件尾，可以用如下语句

```
fseek(fp, 0, SEEK_END);
```

将文件定位指针移到当前位置后面第 10 个字节，可以用如下语句

```
fseek(fp, 10, SEEK_CUR);
```

将文件定位指针移到当前位置前面第 10 个字节，可以用如下语句

```
fseek(fp, -10, SEEK_CUR);
```

例 11.12　设计一程序，将例 11.8 写入文件 file1 中的 3 改成 30，并将修改后的文件内容显示在显示器上。

因为需要修改二进制文件 file1 并读取该文件，必须以"rb+"方式打开 file1。首先将文件定位指针移到存储 3 的字节编号，即第 $2*sizeof(int)$ 个字节，并在此位置写入 30。然后调用 rewind 函数或 fseek 函数将文件定位指针返回到文件头，重新读 file1，并将读入的数据显示在显示器上。程序的实现见代码清单 11-18。

代码清单 11-18　修改二进制文件 file1 并读取所有整数显示在显示器上

```
/*    文件名：11-18.c
    修改二进制文件 file1 并读取所有整数显示在显示器上        */
#include <stdio.h>

int main()
{
    FILE *fp;
```

```
    int k;

    if((fp = fopen("D:\\file1 ", "rb+")) == NULL) {
        printf("cannot open file1\n");
        return 1;
    }

    fseek(fp, 2 * sizeof(int), SEEK_SET);
    k = 30;
    fwrite(&k, sizeof(int),1,fp );

    fseek(fp, 0, SEEK_SET);      /* 或 rewind(fp); */

    while(1) {
        fread(&k, sizeof(int),1,fp );
        if (feof(fp)) break;
        printf("%d ", k);
    }

    fclose(fp);

    return 0;
}
```

执行程序，屏幕显示为

```
1 2 30 4 5 6 7 8 9 10
```

同时 D 盘根目录下的文件 file1 中的 3 也被修改成 30。

有了 fseek 函数，例 11.10 的问题也有了更好的解决方案，程序不再需要先读入前面 4 个整数，而只需要用 fseek 函数使文件定位指针直接指向第 5 个整数，然后发出两次读整数并显示的操作，即可读入并显示 5 和 6。这种实现方式见代码清单 11-19。

代码清单 11-19　从二进制文件 file1 中读取第 5、第 6 整数

```
/*    文件名：11-19.c
    从二进制文件 file1 中读取第 5、第 6 整数      */
#include <stdio.h>

int main()
{
    FILE *fp;
    int i, x;

    if((fp = fopen("D:\\file1 ", "rb")) == NULL) {
        printf("cannot open file\n");
        return 1;
    }
```

```
        fseek(fp, 4 * sizeof(int), SEEK_SET);
        fread(&x, sizeof(int), 1, fp);
        printf("%d\n", x);
        fread(&x, sizeof(int), 1, fp);
        printf("%d\n", x);

        fclose(fp);
        return 0;
}
```

在 fseek 函数中，移动的字节数是 4 * sizeof（int），在 VS2010 中也可以写成 16，因为每个整型数占 4 个字节，4 个整型数正好是 16 个字节，但建议写成 4 * sizeof（int），这样有利于程序的移植。例如将这个程序放到一个整型数占 8 个字节的机器上，写成 16 将导致错误的结果，读到的将是第 3、4 个整数，而不是第 5、6 个整数；而写成 4 * sizeof（int），则可以在任何机器上都得到正确的结果。

11.8.4　ftell 函数

ftell 函数的作用是获取文件定位指针的值，该函数的格式为

```
ftell(fp);
```

其中 fp 是文件指针。函数的返回值是一个 long 类型的数据，表示下一次读写的是文件的第几个字节。

例 11.13　设计一个程序，读取例 11.12 修改的文件 file1，并将每个数据以及它在文件中的位置显示在显示器上。

因为需要读取二进制文件 file1，必须以 "rb" 方式打开 file1，从头到尾读 file1，并将读入的数据及位置显示在显示器上。程序的实现见代码清单 11-20。

代码清单 11-20　读取二进制文件 file1 的所有数据及位置

```
/*  文件名：11-20.c
    读取二进制文件 file1 的所有数据及位置      */
#include <stdio.h>

int main()
{
    FILE *fp;
    int k,int pos;

    if((fp = fopen("D:\\file1 ", "rb")) == NULL) {
        printf("cannot open file1\n");
        return 1;
    }

    while(1) {
        pos = ftell(fp);
        fread(&k, sizeof(int),1,fp );
        if (feof(fp)) break;
        printf("%d %d\n ", pos, k);
    }
```

```
    fclose(fp);

    return 0;
}
```

执行程序，屏幕显示如下

```
0  1
4  2
8  30
12 4
16 5
20 6
24 7
28 8
32 9
36 10
```

由上述输出可见，整型数在文件中占用了四个字节的空间。

*11.9　文件操作与控制台操作

读者是否觉得 11.5 节中介绍的 ASCII 文件读写函数都似曾相识？事实上，C 语言将控制台读写也看成是 ASCII 文件的读写，将每个控制台设备看成是一个 ASCII 文件。

在程序开始运行时，系统会自动打开如下 3 个标准的 ASCII 文件。

- stdin：标准输入。
- stdout：标准输出。
- stderr：标准出错。

这些文件分别对应于键盘和显示器，从键盘读数据就是从文件 stdin 读数据，将数据显示在显示器上则是向文件 stdout 写数据。如向显示器输出一个字符 'a'，可以用如下语句

```
fputc('a',stdout);
```

为了方便控制台读写，C 语言对控制台读写进行了简化。事实上，向显示器写一个字符的函数 putchar 只是 C 语言预先定义的一个宏，格式如下

```
#define putchar(c)  fputc(c, stdout)
```

其他控制台输入/输出函数也是类似。

控制台输入/输出的过程与文件读写一样，也通过缓冲区实现。键盘对应有一个缓冲区。显示器也有一个对应的缓冲区。

当程序调用 scanf 或 gets 等函数时，从键盘对应的缓冲区中读取数据。如果缓冲区中没有数据，程序会暂停，等待用户从键盘输入。当用户输入了一串字符并按回车键 enter 后，这串字符及回车键将被传送到键盘对应的缓冲区。程序继续执行，从缓冲区读取所需的数据。

输出时，通过 printf 或 puts 等函数输出的信息被写入显示器对应的缓冲区，而不是直接显示在显示器上。如下几种情况会触发缓冲区中的信息真正显示在显示器上，并清空缓冲区，也称为刷新缓冲区。

（1）程序正常结束。作为 main 函数返回工作的一部分，将清空所有输出缓冲区，并将缓冲区中的信息显示在显示器上。

（2）当缓冲区已满时，在写入下一个值之前，会将缓冲区内容显示在显示器上，清空缓冲区，并将下一个值放入缓冲区。

（3）遇到某些特殊的字符，如 '\n'，也会刷新缓冲区。

（4）在执行键盘输入操作时，会刷新显示器的缓冲区。

例 11.14　写出执行如下程序时屏幕上的显示信息，假设输入的是 abcd。

```c
#include <stdio.h>

int main()
{
    char ch;

    while ((ch = getchar()) != '\n')
        putchar(ch);

    return 0;
}
```

因为程序先用 getchar 读一个字符，再用 putchar 输出一个字符，输入/输出交替进行，某些读者可能会认为，程序执行时屏幕上的信息为

```
aabbccdd
```

但事实上，程序运行时屏幕显示为

```
abcd
abcd
```

为什么会是这样？因为输入/输出是有缓冲区的。当遇到第一个 getchar 时，因为输入缓冲区是空的，程序暂停，等待用户输入；当用户输入一个 a 时，由于没有按 enter 键，a 没有进入缓冲区，程序也无法继续执行。当用户输入了 abcd 并按了 enter 键这 5 个字符才进入输入缓冲区，程序可以继续运行。第一个 getchar 读到了字母 a，第一个 putchar 输出了字母 a。注意输出也是有缓冲区的，所以 a 并没有显示在显示器上，而是放在了输出缓冲区中。第二次调用 getchar 时，由于输入缓冲区中有信息，所以直接从缓冲区中读入 b，第二个 putchar 将 b 放入了输出缓冲区。第 3、第 4 个字符也是如此。第 5 次调用 getchar 时，读入了 enter，while 循环的条件为"假"，所以循环结束。接着 main 函数执行也结束。此时输出缓冲区中的值是 abcd，系统将把 abcd 显示到显示器上。

11.10　编程规范及常见问题

11.10.1　良好的文件使用习惯

打开文件后检查打开是否成功是很有必要的。如果打开文件没有成功，程序后面出现的所有对该文件的操作都会出错，导致程序异常终止。

文件使用结束后关闭文件也是一个良好的程序设计习惯。对于输出文件或输入/输出文件，文件关闭时系统才会将文件对应的缓冲区中的内容真正写入文件，如果没有正常关闭文件，可能会造成文件数据的不完整。

11.10.2　文件打开方式选择

在使用输入/输出操作时，初学者经常迷惑的是该以什么方式打开文件，是输入文件还是输出文件。

记住，决定文件打开方式时，要立足于程序。如果数据是流入程序的某个变量，则应该用"读方式"打开。如果数据流出程序，流到某个外围设备，则应该用"写方式"打开。

11.10.3　文件指针与文件定位指针

本章提到了两个指针——文件指针与文件定位指针。这两个指针完全不同。

文件指针是一个结构体 FILE 类型的指针，FILE 是 C 语言预先定义好的一个结构体类型，用于保存被访问文件的整体信息，包括文件名称、文件状态、文件对应的缓冲区等。C 语言通过文件指针操作相应的文件。

文件定位指针是一个长整型的变量，保存下一次文件读写的位置。当对文件执行读写操作时，系统根据这个指针值访问文件中的相应位置的相应信息。

11.10.4　流与文件

用过 C 语言的程序员经常会听到一个名词——数据流。C 语言的数据流指的是外围设备与程序间的信息传递，如果信息从外围设备流向程序，称为输入流；如果信息从程序流向外围设备，称为输出流。输入流的源点和输出流的终点可以是一个外围设备或文件。

11.11　小结

文件是软件中不可缺少的一部分。需要长期保存的信息必须保存在文件中。C 语言的文件处理是以函数的形式提供的。这些函数被包含在库 stdio 中。

C 语言的文件分为 ASCII 文件和二进制文件。读写 ASCII 文件与读写键盘和显示器类似，采用的函数有 fputc、fgetc、fputs、fgets、fprintf 和 fscanf。ASCII 文件中的内容可以直接在显示器上显示。二进制文件保存的是数据在内存中的映像。二进制文件的读写采用函数 fread 和 fwrite。

文件读写与控制台读写最大的区别是文件中的某些数据可以反复被读写。读写文件中任意位置的数据称为随机访问。随机访问的关键在于指定读写位置，C 语言提供了 3 个相关的函数，即 rewind、fseek 和 ftell。

程序中用到文件时必须定义一个 FILE 类型的指针，通过打开文件将指针与某个文件相关联，一旦文件被打开，对文件指针的操作就是对关联的文件的操作。文件打开后，可以通过读写文件的函数从文件读取数据，或将数据写到文件中。文件访问结束后要关闭文件，切断文件指针与文件的关联。

11.12　自测题

1. 什么是打开文件？什么是关闭文件？为什么需要打开和关闭文件？
2. 为什么要检查文件打开是否成功？如何检查？
3. ASCII 文件和二进制文件有什么不同？
4. 既然程序执行结束时系统会关闭所有打开的文件，为什么程序中还需要用 close 函数关闭文件？
5. 什么时候用输入方式打开文件？什么时候应该用输出方式打开文件？
6. 什么是文件指针？什么是文件定位指针？
7. 用 fprintf 和 fwrite 函数将一个整型数写入文件有什么区别？
8. 下面的程序段有什么问题？

```
FILE  *fp;
fp = fopen(("file", "w");
fputc('a', "file");
```

11.13　实战训练

1. 编写一个文件复制程序 copyfile，要求在命令行界面中通过输入如下命令

```
copyfile src_name obj_name
```

将名为 src_name 的文件复制到名为 obj_name 的文件中。

2. 编写一个文件追加程序 addfile，要求在命令行界面中通过输入如下命令

```
addfile src_name obj_name
```

将名为 src_name 的文件追加到名为 obj_name 文件的后面。

3. 文件 a 和文件 b 都是二进制文件，其中包含的都是一组按递增次序排列的整型数。编一个程序将文件 a、b 的内容归并到文件 c。在文件 c 中，数据仍按递增次序排列。

4. 假设文件 txt 中包含一篇英文文章，编一程序统计文件 txt 中有多少行、多少个单词、有多少字符。假定文章中的标点符号只可能出现逗号或句号。

5. 编写一个程序，用 sizeof 操作来获取计算机上各种数据类型所占空间的大小，并将结果写入文件 size.data。直接显示该文件就能看到结果。例如，显示该文件的结果可能如下。

```
char        1
int         4
long int    8
...
```

6. 编写一个程序，读入一个由英文单词组成的文件，统计每个单词在文件中的出现频率，并按字母顺序输出这些单词及出现的频率。假设单词与单词之间是用空格分开的。

7. 编写一个程序，输入任意多个实型数据存入文件，最后将这批数据的均值和方差也存入文件。

8. 从键盘输入一个字符串，将其中的小写字母全部转换成大写字母，并将转换后的字符串写入文件 test。

9. 文件 employee 中保存着一组职工信息。职工信息是一个结构体，结构体成员有工号、姓名、出生年份、工种和月工资。设计一个程序将 employee 中 1970 年以后出生的员工信息（包含 1970 年）复制到文件 tmp 中，并输出 1970 年以后出生的员工的月工资总额。

第 12 章

软件开发过程

到目前为止，本书已经介绍的大部分程序都是一些短小的程序，用来说明 C 语言中的某些功能是如何实现和使用的。集中介绍单个语句格式或者其他一些语言细节对于初学编程的读者来说是很有意义的，这样能使其专注于理解每个概念，了解它是如何工作的，而不必涉及大段程序中的内在复杂性。但是，真正具有挑战性的是如何掌控这种复杂性。为了达到这个目的，就必须写一些大的程序，将一些概念和工具结合起来，完成较大的任务。

本章将介绍如何开发一个较大的程序，如何保证程序的正确性，具体包括：

■ 结构化程序设计思想；

■ 自顶向下分解示例——"猜硬币"游戏；

■ 模块划分示例——石头、剪刀、布游戏；

■ 设计自己的库示例——随机函数库的设计与实现；

■ 随机函数库的应用示例——模拟龟兔赛跑；

■ 软件开发过程；

■ 软件开发过程示例——学生管理系统的设计与实现；

■ 软件开发示例——网上书店的设计。

12.1 结构化程序设计思想

结构化程序设计思想

随着所需解决的问题越来越复杂，软件程序规模也越来越大，如何保证程序的正确性越来越引起人们的注意。1969 年，著名的计算机科学家 Dijkstra 提出了结构化程序设计，其主要思想是以模块化设计为中心，将待开发的软件系统划分为若干个相互独立的模块，每个模块解决一个小问题，将原来解决较为复杂的问题化简为解决一系列简单的小问题。由于模块相互独立，因此在设计其中一个模块时，不会受到其他模块的牵连，使完成每一个模块的工作变得单纯而明确。模块的独立性还为扩充已有的系统、建立新系统带来了不少的方便，因为可以充分利用现有的模块作积木式的扩展，为设计一些较大的软件打下良好的基础。

具体而言，结构化程序设计的基本思想是在设计阶段采用"自顶向下，逐步求精"的方法，将大问题划分成一系列小问题，把小问题再进一步划分成小小问题，直到问题小到可以直接写出解决该小问题的程序。解决一个小问题的程序就是一个函数，解决大问题的函数通过调用解决小问题的函数完成自己的任务。每个函数具备只有一个入口和一个出口的特性，仅由顺序、选择和循环 3 种基本程序结构组成。这就降低了程序出错的几率，提高了程序的可靠性，保证了程序的质量。

面对一个需要开发的程序，首先自顶向下分解，将整个程序分解成一系列的函数。所以一个较大的程序都会包含多个函数。当分解出来的函数数量较少时，可以将这些函数和 main 函数放在一个源文件中。如果函数数量很大，把所有函数放在一个源文件中会增加调试的难度，一般的做法是将这些函数分成若干组，每个组的函数组成一个源文件，单独调试每个源文件中的函数，再以源文件为单位保证每个函数的正确性，从而保证整个程序的正确性。把函数分组称为模块划分。

在将大型程序进行分解时，经常会分解出一些多个函数都会调用到的工具函数，这些公共的工具函数可以组成一个库，就如 C 语言的标准库 stdio 和 math 等，需要用到这些工具函数的模块都可以包含这个库。

本章的后面几节将会通过一系列的示例介绍如何实现自顶向下分解、如何划分模块、如何设计和实现一个自己的库以及如何使用自己的库。

12.2　自顶向下分解示例："猜硬币"游戏

在自顶向下的分解过程中，找出正确的分解是一项很困难的任务。如果分解很合理，会使程序结构更清晰，作为一个整体也比较容易理解。如果分解不合理，会妨碍分解的结束。虽然本章和后面几章将会给出一些示例，为读者提供一些有用的指导，但对于特定的分解并没有必须遵守的严格规则，只能通过实践来逐步掌握这个过程。

为了说明这个过程，本节将介绍一个猜硬币正反面游戏的程序实现。这是一个很多读者都很熟悉的一个游戏，游戏要求完成下列功能：

- 提供游戏指南；
- 计算机随机产生正反面，让用户猜，报告对错结果；重复此过程，直到用户不想玩了为止。

12.2.1　顶层分解

首先从主程序开始考虑，程序要做什么？程序按序做两件事，就是显示游戏指南和模拟玩游戏的过程。于是，可以写出主程序的伪代码，表示如下

```
main( )
{
    显示游戏指南;
    玩游戏;
}
```

主程序的两个步骤是相互独立的，没有什么联系，而且都有自己独立的功能，因此可设计成如下两个函数

```
void prn_instruction()
void play()
```

至此完成第一步的分解，可以完成 main 函数了，见代码清单 12-1。

代码清单 12-1　猜硬币正反面游戏的主程序

```
/*   文件名：12-1.c
     猜硬币正反面游戏的主程序    */
int main()
{
    prn_instruction();
    play();

    return 0;
}
```

只要 prn_instruction 和 play 能正确完成它们的工作，main 函数也应该能工作正常。这步工作是成功分解的关键，只要沿着这条路走下去，程序员往往会发明新的函数来解决这些任务中的新的有用的片段，然后利用这些片段实现这个解决方案的层次结构中的每一层。

12.2.2　prn_instruction 函数的实现

prn_instruction 函数的实现非常简单，只要一系列的输出语句把程序指南显示一下，不需继续分解，具体实现见代码清单 12-2。

代码清单 12-2　prn_instruction 函数的实现

```
/* 函数名：prn_instruction
   作用：输出帮助信息
   用法：prn_instruction();       */
void prn_instruction()
{
    printf("这是一个猜硬币正反面的游戏。\n");
    printf("我会扔一个硬币，你来猜。\n");
    printf("如果猜对了，你赢，否则我赢。\n");
}
```

12.2.3　play 函数的实现

根据用户的要求，play 函数重复执行下列过程：随机产生正反面，让用户猜，报告对错结果，然后询问是否要继续玩，根据用户的输入决定是继续玩还是结束。用伪代码表示如下

```
void play()
{
    char flag = 'y';        /*  flag 为是否继续玩的标志    */

    while (flag == 'Y' || flag == 'y') {
        coin = 生成正反面;
        输入用户的猜测;
        if（用户猜测 == coin）
            报告本次猜测结果正确;
        else 报告本次猜测结果错误;
        询问是否继续游戏;
    }
}
```

在此伪代码中，尚未完成的任务如下：

- 生成正反面；
- 输入用户的猜测；
- 报告本次猜测结果正确；
- 报告本次猜测结果错误；
- 询问是否继续游戏。

报告本次猜测正确与否很简单，只要直接输出结果即可。

询问是否继续游戏也很简单，先输出一个提示信息，然后输入用户的选择并存入变量 flag。

在了解了 C 语言的随机函数后，生成正反面的工作也就变得简单了。首先用数字编码表示正反面信息。如果用 0 表示正面，1 表示反面，那么生成正反面就是随机生成 0 和 1 两个数。这可以用一个简单的表达式 rand() % 2 或 rand()*2/(RAND_MAX+1)实现。

最后剩下的问题就是输入用户的猜测。如果不考虑程序的健壮性，这个问题也可以直接用一条输入语句即可解决。如果猜是正面，输入 0。如果猜是反面，输入 1。但想让程序更可靠一点，就必须考虑得全面一些。比如，用户不守游戏规则，既不输入 0 也不输入 1，而是输入一个其他值，程序该怎么办？因此这个任务还可以进一步细化，可以把它再抽象成一个函数 get_call_from_user。该函数从键盘接收一个合法的输入，返回给调用者，因此它没有参数，但有一个整型的返回值，这个返回值只能是 0 或 1。

经过上述分析，并假设有了这个 get_call_from_user 函数以后，就可以完成 play 函数了，详见代码清单 12-3。

代码清单 12-3　play 函数的实现

```
/*  函数名：play
    作用： 玩游戏的过程
    用法：play();        */
void play()
{
    int coin ;
    char flag = 'Y';

    srand(time(NULL));                           //设置随机数种子
    while (flag == 'Y' || flag =='y') {
        coin = rand() * 2 / (RAND_MAX + 1);      //生成扔硬币的结果
        if (get_call_from_user() == coin)
            printf("你赢了");
        else  printf("我赢了");
        printf("\n 继续玩（Y 或 y),输入任意其他字符表示不玩：");
        scanf("\n%c", &flag);
    }
}
```

12.2.4　get_call_from_user 函数的实现

实现 get_call_from_user 函数是本程序的最后一项任务。这个函数接收用户输入的一个整型数，如果输入的数不是 0 或 1，则要求重新输入，否则返回输入的值。函数的实现如代码清单 12-4 所示。

代码清单 12-4　get_call_from_user 函数的实现

```
/* 文件名：12-4.C
   函数名：get_call_from_user()
   作用：  从键盘获取用户选择的正反面
   用法：userChoice = get_call_from_user();      */
int get_call_from_user()
{
    int  guess;                       /* 0 = head, 1 = tail*/

    do { printf("\n 输入你的选择（0 表示正面，1 表示反面）:");
         scanf("%d", &guess);
    } while (guess != 0 && guess != 1);

    return guess;
}
```

最后把这些函数放在一个源文件中，至此，猜硬币的游戏程序全部完成，如代码清单 12-5 所示。

代码清单 12-5　猜硬币游戏的完整实现

```
/*  文件名：12-5.c
    猜硬币正反面游戏的程序   */
#include <stdio.h>
#include <stdlib.h>
#include <time.h>
void prn_instruction();
void play();
int get_call_from_user();

int main()
{
    prn_instruction();
    play();

    return 0;
}
```

```
/*函数名: prn_instruction
   作用:输出帮助信息
   用法: prn_instruction();          */
void prn_instruction()
{
    printf("这是一个猜硬币正反面的游戏。\n");
    printf("我会扔一个硬币,你来猜。\n");
    printf("如果猜对了,你赢,否则我赢。\n");
}


/*    函数名: play
      作用: 玩游戏的过程
      用法: play();         */
void play()
{
    int coin ;
    char flag = 'Y';

    srand(time(NULL));                                      /*设置随机数种子*/
    while (flag == 'Y' || flag =='y') {
       coin = rand() * 2 / (RAND_MAX + 1);                  /*生成扔硬币的结果*/
       if (get_call_from_user() == coin)
           printf("你赢了");
       else  printf("我赢了");
       printf("\n 继续玩(Y 或 y),输入任意其他字符表示不玩: ");
       scanf("\n%c", &flag);
    }
}

/*  函数名: get_call_from_user()
    作用:从键盘获取用户选择的正反面
    用法: userChoice = get_call_from_user();      */
int get_call_from_user()
{
    int  guess;                                            /* 0 = head, 1 = tail*/

    do { printf("\n 输入你的选择(0 表示正面, 1 表示反面):");
         scanf("%d", &guess);
    } while (guess != 0 && guess != 1);

    return guess;
}
```

　　在玩游戏时,玩家需要输入他的选择。如果选择是正面,则输入如下

`1enter`

如果选择反面，则输入如下

```
0enter
```

函数 get_call_from_user 中的 scanf 调用将 1 或 0 读入变量 guess，而 enter 仍然留在键盘对应的缓冲区中。

play 函数中对于选择是否继续玩游戏的实现语句如下

```
scanf("\n%c", &flag);
```

为什么不用 getchar？格式控制字符串为什么是"\n%c"？如果用 getchar，程序在显示了"继续玩（Y 或 y），输入任意其他字符表示不玩："后，没有等用户输入选择就会自动结束。那是因为 getchar 函数读入了缓冲区中的 enter。由于读入的字符既不是 Y 也不是 y，所以程序结束。

如果此处希望用 getchar 读入选择，那么应该用两个 getchar 调用，第一个 getchar 读入缓冲区中的 enter，第二个 getchar 暂停程序运行，等待用户输入。用如下语句

```
scanf("%c", &flag);
```

输入时也是如此，会将 enter 输入给变量 flag，程序自动终止。代码清单 12-5 用的格式控制字符串是"\n%c"，格式控制字符串中的其他字符必须原式原样输入，所以对应于这个格式控制字符串必须先输入 enter，再输入真正要输入的字符。此时缓冲区中的 enter 字符正好对应了格式控制字符串中的 "\n"，然后缓冲区为空，等待用户的输入。

程序的运行结果如下

```
这是一个猜硬币正反面的游戏。
我会扔一个硬币，你来猜。
如果猜对了，你赢，否则我赢。

输入你的选择（0 表示正面，1 表示反面）:1
我赢了
继续玩（Y 或 y），输入任意其他字符表示不玩：y
输入你的选择（0 表示正面，1 表示反面）:6
输入你的选择（0 表示正面，1 表示反面）:1
你赢了
继续玩（Y 或 y），输入任意其他字符表示不玩：n
```

12.3　模块划分示例："石头、剪刀、布"游戏

"石头、剪刀、布"游戏

猜硬币游戏只由 4 个函数组成，这 4 个函数可以放在一个源文件中。然而，当程序很复杂或由很多函数组成的时候，要在一个源文件中处理众多的函数并保证它们的正确性是很困难的。这时可将这些函数分成多个源文件，每个源文件包含一组相关的函数。编写源文件的程序员必须保证位于其中的每个函数的正确性，从而保证整个程序的正确性。由整个程序的一部分组成的较小的源文件称为**模块**。如果在设计的时候考虑得非常仔细，还可以把同一模块作为许多不同应用程序的一部分，达到代码重用的目的。

当面对一组函数时，如何把它们划分成模块是一个问题。模块划分没有严格的规则，但有一个基本原则，即同一模块中的函数功能较类似，互相之间的联系较密切，例如有较多的信息交互或互

相调用。不同模块中的函数联系很少，互相之间几乎没有交互。当把一个程序分成模块的时候，选择合适的分解方法来减少模块之间相互依赖的程度是很重要的。下面通过一个石头、剪刀、布游戏的实现程序来说明这个过程。

石头、剪刀、布是孩子们中很流行的一个游戏。在这个游戏中，孩子们用手表示石头、剪刀、布，如果选择是一样的，表示平局，否则就用如下规则决定胜负：

- 布覆盖石头；
- 石头砸剪刀；
- 剪刀剪碎布。

现在把这个过程变成计算机和游戏者之间的游戏。游戏的过程如下：游戏者选择出石头、剪刀或布，计算机也随机选择一个，评判结果，输出结果，继续游戏，直到游戏者选择结束为止。在此过程中，游戏者也可以阅读游戏指南或了解当前战况。

12.3.1 自顶向下分解

首先进行第一层分解。根据题意，main 函数的运行过程如下

```
main()
{
    while(用户输入 != 退出) {
        switch(用户的选择)
        { case 布，石头，剪刀：
                计算机选择；
                评判结果；
                报告结果；
          case 显示游戏战况：显示目前的战况；
          case 帮助：显示帮助信息；
        }
    }
    显示战况；
}
```

从这个过程中可以提取出第一层所需的如下所述 6 个函数：

- selection_by_player：获取用户输入；
- selection_by_machine：获取计算机选择；
- compare：评判结果；
- report：报告结果；
- prn_game_status：显示目前战况；
- prn_help：显示帮助信息。

这 6 个函数都比较简单，不需要继续分解，因此，自顶向下分解到此结束。

同时，为了提高程序的可读性，定义两个枚举类型——用户合法的输入 p_r_s 和评判的结果 outcome。这两个枚举类型分别定义如下

```
enum p_r_s {paper, rock, scissor, game, help, quit} ;
enum outcome {win, lose, tie } ;
```

p_r_s 类型中的 6 个值分别表示用户的选择是布、石头、剪刀、查看游戏战况、查看游戏指南和退出游戏。outcome 的 3 个值分别对应赢了、输了和平局。

12.3.2　模块划分

模块划分

当组成一个程序的函数较多时，需要把这些函数分成不同的源文件，交给不同的程序员去完成。如前所述，模块划分的原则是：同一模块中的函数功能比较类似，联系比较密切，而不同模块中的函数之间的联系尽可能小。按照这个原则，可以把整个程序分成如下 4 个模块：

- 主模块；
- 获取选择的模块；
- 比较模块；
- 输出模块。

描述完成整个任务的 main 函数一般作为一个独立的模块，称为主模块（main.c）。获取用户选择和获取计算机选择的功能很类似，于是被放入一个模块，即获取选择模块（select.c），它包括 selection_by_player 和 selection_by_machine 两个函数。compare 函数与别的函数都没太密切的关系，于是被放入一个单独的模块，即比较模块（compare.c）。输出模块（print.c）包括所有与输出相关的函数，有 report、prn_game_status 和 prn_help 函数。

接下来可以考虑第二层函数的设计与实现，先考虑每个模块中函数的原型。

选择模块包括 selection_by_player 和 selection_by_machine 两个函数。selection_by_player 从键盘接收用户的输入并返回此输入值，因此它不需要参数，但有一个 p_r_s 类型的返回值。selection_by_machine 函数由计算机产生一个石头、剪刀、布的值，并返回，因此，它也不需要参数，但有一个 p_r_s 的返回值。

比较模块包括 compare 函数。该函数对用户输入的值和计算机产生的值进行比较，确定输赢。因此它要有两个参数，都是 p_r_s 类型的，它也应该有一个返回值，就是判断的结果，即 outcome 类型。当玩家赢时，返回 win。玩家输时，返回 lose。平局时，返回 tie。

输出模块包括所有与输出相关的函数，有 report、prn_game_status 和 prn_help 函数。prn_help 显示用户输入的指南，告诉用户如何输入它的选择。因此，它没有参数也没有返回值。report 函数报告输赢结果，并记录输赢的次数。因此需要提供一个信息，即本次比赛的比较结果。事实上，程序还有一个显示游戏战况的功能。要显示游戏战况，必须有战况的记录，最合适的记录战况的地方就在 report 函数中，在报告本次战况的同时记录战况的统计信息。因此，report 函数除了显示本次的输赢结果外，还必须将本次的比赛结果记入统计结果值中，它必须有 4 个参数，即输赢结果、输的次数、赢的次数和平局的次数，第一个是输入参数，后面都是输出参数。report 函数没有返回值。prn_game_status 函数报告至今为止的战况，显示战况必须知道迄今为止的统计结果，因此需要 3 个参数，即输的次数、赢的次数和平的次数，但没有返回值。

观测 report 和 prn_game_status 函数的原型，发现这两个函数有 3 个共同的参数，而这 3 个参数与其他模块的函数无任何关系，其他模块的函数不必知道这些变量的存在。这样的变量可设计成模块的**内部状态**，即模块内的函数需要共享与模块外的函数无关的变量。内部状态可以作为该模块的全局变量，这样 report 和 prn_game_status 函数中都不需要这 3 个参数。可以把这 3 个变量对其他模块及函数的用户隐藏了起来。

综上所述，可以得到该程序中各函数的原型如下。

```
enum p_r_s selection_by_player()
enum p_r_s selection_by_machine()
enum outcome compare(enum p_r_s, enum p_r_s)
void prn_help()
void report(enum outcome)
void prn_game_status()
```

12.3.3 头文件的设计

1. 头文件的格式

一般来讲，每个模块都可能调用其他模块的函数，以及本模块自己定义的一些类型或符号常量。为方便起见，这里把所有符号常量定义、类型定义和函数原型声明写在一个头文件（即.h 文件）中，让每个用到这些信息的模块都 include 这个头文件。这样，每个模块就不必要再写那些函数的原型声明了。

但这样做又会引起另一个问题，当把这些模块链接起来时，编译器会发现这些类型定义、符号常量和函数原型的声明在程序中会反复出现多次，编译器会认为某些符号被重复定义，因而会报错。

解决这个问题需要用到一个新的编译预处理命令，格式如下

```
#ifndef   标识符
...
#endif
```

这个预处理命令表示：如果指定的标识符没有被定义，则执行后面的语句，直到#endif；如果该标识符已经被定义，则中间的这些语句都不执行，直接跳到#endif。这一编译预处理命令称为**头文件保护符**。所以头文件都有如下结构

```
#ifndef   _name_h
#define   _name_h
    头文件真正需要写的内容
#endif
```

其中，_name_h 是程序员选择的代表这个头文件的一个标识。根据上述原则，石头、剪刀、布游戏程序的头文件如代码清单 12-6 所示。

代码清单 12-6   石头、剪刀、布游戏程序的头文件

```
/*  文件名: p_r_s.h
    本文件定义了两个枚举类型, 声明了本程序包括的所有函数原型    */
#ifndef P_R_S
#define P_R_S
    #include <stdio.h>
    #include <stdlib.h>
    #include <time.h>


    enum p_r_s {paper, rock, scissor, game, help, quit} ;
```

```
enum outcome {win, lose, tie } ;

enum outcome compare(enum p_r_s player_choice, enum p_r_s machine_choice);
void prn_final_status();
void prn_game_status();
void prn_help();
void report(enum outcome result);
enum p_r_s selection_by_machine( );
enum p_r_s selection_by_player( );
#endif
```

头文件 **p_r_s.h** 声明了所有分解出来的函数原型，定义了两个枚举类型，并包含了程序用到的所有库。这样每个模块不用再包含其他头文件，只需要包含 **p_r_s.h** 一个头文件即可。

当编译第一个模块时，编译器发现没有见过符号 **P_R_S**，于是定义了符号 **P_R_S**，并声明了所有函数原型，定义了两个枚举类型。当第二个模块编译时，又遇到这个头文件。此时，编译器发现 **P_R_S** 已经被定义，因此跳过中间所有定义和声明，避免了重复定义及重复声明的问题。

2．将头文件引入项目

如果项目中用到头文件，必须把这个头文件加入到项目中去。

把头文件加入项目和把源文件加入项目的处理方法完全相同。如果头文件不存在，可以选择菜单中的"项目-添加新项"，出现图 12-1 所示的界面，在中间窗格中选择"头文件（.h）"选项，并在下面的输入框中输入头文件名，例如"a.h"，将会出现图 12-2 所示的界面，在左侧窗格中可以看到头文件下面有一个名为"a.h"的文件，在右侧窗格中可以输入头文件的内容。注意：头文件名的后缀是".h"。

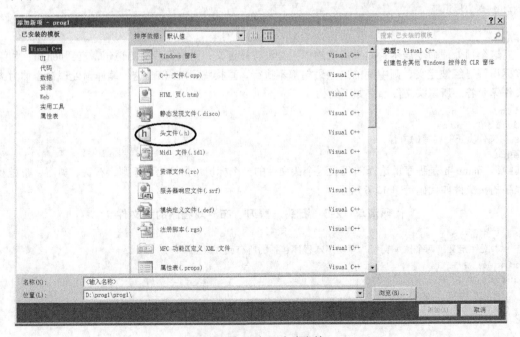

图 12-1　添加一个头文件

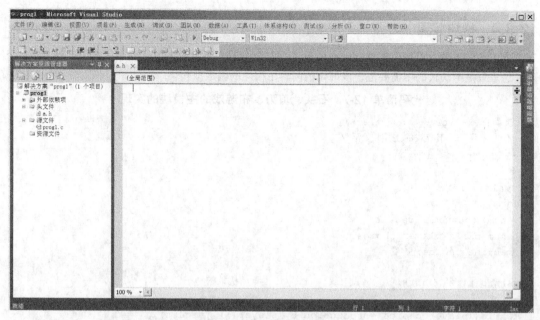

图 12-2 输入头文件内容命令

如果头文件已经存在，可以在菜单上选择"项目-添加已有项"命令，打开如图 12-3 所示的对话框，选择选择需要加入的头文件后单击"添加"按钮即可。

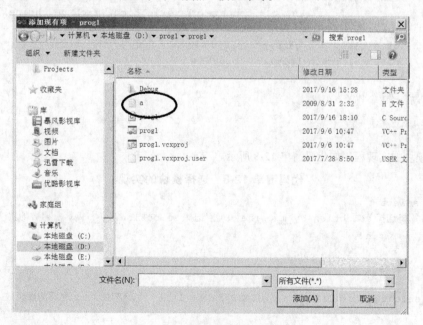

图 12-3 添加已存在的头文件

12.3.4　模块实现

有了这些函数，就可以实现 main 函数了。包含 main 函数的主模块程序如代码清单 12-7 所示。这里只是把伪代码中需要进一步细化的内容用相应的函数取代。

代码清单 12-7　石头、剪刀、布游戏的主模块的实现

```
/*  文件：12-7.c
    石头、剪刀、布游戏的主模块    */
#include "p_r_s.h"

int main(void)
{
    enum   outcome  result;
    enum p_r_s player_choice,
    machine_choice;

    srand(time(NULL));                      /* 设置随机数的种子   */

    while((player_choice = selection_by_player()) != quit)
        switch(player_choice) {
            case paper:
            case rock:
            case scissor: machine_choice = selection_by_machine();
                          result = compare(player_choice, machine_choice);
                          report(result);  break;
            case game: prn_game_status();  break;
            case help: prn_help();   break;
        }
    prn_game_status();

    return 0;
}
```

选择模块的实现程序如代码清单 12-8 所示。

代码清单 12-8　选择模块的实现

```
/*  文件：select.c
    包括计算机选择 selection_by_machine 和玩家选择 selection_by_player 函数的实现    */
#include "p_r_s.h"

enum p_r_s selection_by_machine( )
{
    int select = (rand( ) * 3 / (RAND_MAX + 1));      /*产生 0～2 之间的随机数    */

    printf(" I am ");
```

```
    switch(select){
        case 0: printf("paper. "); break;
        case 1: printf("rock. "); break;
        case 2: printf("scissor. "); break;
    }

    return ((enum p_r_s) select); /* 强制类型转换, 将 0~2 分别转换成 paper, rock, scissor */
}

enum p_r_s selection_by_player()
{
    char c;
    enum p_r_s player_choice;

    prn_help();                    /*   显示输入提示   */
    printf("please select:"); scanf
    ("%c ", &c);
    switch(c) {
        case 'p':  player_choice = paper;
                   printf("you are paper. ");
                   break;
        case 'r':  player_choice = rock;
                   printf( "you are rock. ");
                   break;
        case 's':  player_choice = scissor;
                   printf( "you are scissor. ");
                   break;
        case 'g':  player_choice = game;   break;
        case 'q':  player_choice = quit;  break;
        default :  player_choice = help;  break;
    }

    return player_choice;
}
```

比较模块的实现程序如代码清单 12-9 所示, 该模块在实现比较时用了一个技巧。在本例中, 计算机有 3 种选择, 玩家也有 3 种选择, 比较时应该有 9 种情况。但 compare 函数用了一个相等比较 player_choice == machine_choice, 一下子就包含了 3 种情况, 而且可以使后面的 switch 语句中的每个 case 子句都能通过一个比较区分两种情况。

代码清单 12-9   比较模块的实现

```
/*   文件: compare.c
     包括 compare 函数的实现    */
#include "p_r_s.h"
```

```
enum outcome compare(enum p_r_s player_choice, enum p_r_s machine_choice)
{
    enum outcome result;

    if (player_choice == machine_choice)   return tie;
    switch(player_choice) {
        case paper: result = (machine_choice == rock) ? win : lose;  break;
        case rock: result = (machine_choice == scissor) ? win : lose;  break;
        case scissor: result = (machine_choice == paper) ? win : lose;  break;
    }

    return result;
}
```

输出模块的实现程序如代码清单 12-10 所示。

代码清单 12-10　输出模块的实现

```
/*  文件名：print.c
    包括所有与输出有关的模块,有 prn_game_status、prn_help 和 report 函数   */
#include "p_r_s.h"

static int win_cnt = 0, lose_cnt = 0, tie_cnt = 0;        /*模块的内部状态*/

void prn_game_status()
{
    printf("\nGAME STATUS:\n");
    printf("win: %d\n", win_cnt);
    printf("Lose: %d\n ", lose_cnt );
    printf("tie:  %d\n ", tie_cnt);
    printf("Total: %d\n ", win_cnt + lose_cnt + tie_cnt);
}

void prn_help()
{
    printf("\nThe following characters can be used:\n");
    printf("  p  for paper\n");
    printf("  r  for rock\n");
    printf("  s  for scissors\n");
    printf("  g  print the game status\n");
    printf("  h  help, print this list\n");
    printf("  q  quit the game\n");
}

void report(enum outcome result)
{
```

```
switch(result) {
  case win:   ++win_cnt;
              printf("You win. \n");
              break;
  case lose:  ++lose_cnt;
              printf("You lose.\n");
              break;
  case tie:   ++tie_cnt; printf("A tie.\n");
  }
}
```

最后，将这 4 个源文件放在一个项目下面，即可得到一个石头、剪刀、布游戏的可执行文件。

代码清单 12-7～代码清单 12-10 中的 include 指令中，文件名使用双引号引起来的，表示这个头文件不是 C 语言提供的，而是程序员自己写的。

12.4　设计自己的库示例：随机函数库的设计和实现

现代程序设计中，编写一个有意义的程序不可能不调用库函数，每一个程序中至少都包含一个库 stdio。

系统提供的库包含的都是一些通用的、很多程序都会用到的函数。如果编程工作中经常要用到一些特殊的工具，可以设计自己的库。例如 12.2 节和 12.3 节中的两个程序都用到了随机数的功能，虽然 C 语言有随机数生成工具，但使用较麻烦，因此可以设计一个使用更加方便的随机数库，供这两个程序使用。

库的概念

在设计库时，要为每个库确定一个主题。一个库中的函数应该是处理同一类问题的，例如标准库 stdio 包含输入/输出函数，math 包含数学运算函数。

设计一个库还要考虑到它的通用性。库中的函数应来源于某一应用，但不应该局限于该应用，而且要高于该应用。在某一应用中提取库内容时应尽量考虑到兼容更多的应用，使其他应用也能共享这个库。

当库的内容选定后，设计和实现库还有如下两个工作要做：

* 设计库的接口；
* 设计库中函数的实现。

使用库的目的是降低程序设计的复杂性，使程序员可以在更高的抽象层次上构建功能更强的程序。对库的使用者来讲，他只需要知道库提供了哪些函数、这些函数的功能以及如何使用这些函数，至于这些函数是如何实现的，库的用户不必知道。按照这个原则，库被分成了库的用户需要知道的部分和库的用户不需要知道的部分，前者包括库中函数的原型、这些函数用到的符号常量和自定义类型，这部分内容称为库的接口，即库的设计者和库的使用者之间的一个界面。在 C 语言中库的接口被表示为头文件（.h 文件）。后者包括库中函数的实现，在 C 语言中被表示成源文件。库的这种实现方法称为**实现隐藏**，把库的实现细节对库用户隐藏了起来。

12.4.1　随机函数库的功能设计

随机函数库的设计
与实现

　　首先考虑库的功能。在掷硬币的例子中，用到了随机生成 0 和 1 的功能。为此，可以设计库中有一个随机生成 0 或 1 的函数。但除了掷硬币的程序外，其他程序也可能用到随机数，例如在石头、剪刀、布的游戏中，需要随机生成 0~2 之间的值，为了使库也能用在其他应用中，库中也应该也包含随机生成 0~2 的函数。事实上，这些功能可以用一个函数概括，即生成 low 到 high 之间的随机整数。因此，从掷硬币程序出发，推而广之，得到一个通用的工具：int RandomInteger (int low, int high)。顺理成章地，在某些应用中可能还需要一个生成某一范围的随机实数的工具 double RandomDouble (double low, double high)。

　　在随机数的应用中，需要设置随机数的种子。随机数种子的选择也是一个复杂的过程。需要包含头文件 time，要用到取系统时间函数 time 等。更复杂的是如何向用户解释为什么要初始化随机数的种子，为什么要选择时间作为随机数的种子。为了避免让使用随机数的用户了解这么多复杂的细节，可以在库中设计一个初始化函数 RandomInit()实现设置随机数种子的功能，而且只告诉库的用户在第一次使用 RandomInteger 或 RandomDouble 函数之前必须要调用 RandomInit 函数做一些初始化的工作，至于初始化工作到底要做些什么，怎么做，用户就不必知道了。除了这两个函数外，随机数还有很多应用，如产生概率事件、产生服从某一分布的随机变量的值等。这些函数的实现较为复杂，需要有随机过程方面的专门知识，这里不再一一介绍。

12.4.2　接口文件的设计

　　如果所设计的库就包含 RandomInit()、RandomInteger、RandomDouble 这 3 个函数，接下去就可以设计库的接口。库接口文件的格式和 12.3.3 小节提到的接口文件一样，主要包含库中的函数原型声明、有关每个函数的注释以及有关常量定义和类型定义。因此，可得到随机数函数库的接口文件 Random.h，如代码清单 12-11 所示。

代码清单 12-11　随机数函数库的接口

```
/*  文件名: Random.h
    随机函数库的头文件       */
#ifndef _random_h
#define _random_h


/* 函数: RandomInit
   用法: RandomInit()
   作用: 此函数初始化随机数发生器，需要用随机数的程序在第一次生成随机数前，必须先调用一次本函数
*/
void RandomInit();

/* 函数: RandomInteger
```

```
  用法: n = RandomInteger(low, high)
  作用: 此函数返回一个 low 到 high 之间的随机数, 包括 low 和 high
*/
int RandomInteger(int low, int high);

/* 函数: RandomDouble
  用法: n = RandomDouble(low, high)
  作用: 此函数返回一个大于等于 low, 且小于 high 的随机实数
*/
double RandomDouble(double low, double high);

#endif
```

头文件中的注释是写给库的用户看的, 所以这里着重介绍函数的功能以及如何使用这些函数。

12.4.3 实现文件的设计

库的实现在另一个.c 文件中。一般库的实现文件和头文件的名字是相同的, 例如头文件为 Random.h, 则实现文件为 Random.c。

实现文件也是从注释开始的, 先简单介绍库的功能; 然后列出实现这些函数所需的头文件, 例如这些函数用到了 stdlib 和 time, 必须 include 这些头文件。最后, 每个实现文件要包含自己的头文件, 以便编译器能检查源文件中的函数定义和头文件中的函数原型声明的一致性。在每个函数实现的前面也必须有一段注释。它和头文件中注释的用途不同, 头文件中的注释是告诉库的用户如何使用这些函数, 而实现文件中的注释是告诉库的维护者这些函数是如何实现的, 以便维护者将来容易修改。Random.c 的实现程序如代码清单 12-12 所示。

代码清单 12-12 随机数函数库的实现

```
/*  文件名: Random.c
    该文件实现了 Random 库     */
#include <stdlib.h>
#include <time.h>
#include "Random.h"

/* 函数: RandomInit
   该函数取当前系统时间作为随机数发生器的种子    */
void RandomInit()
{
    srand(time(NULL));
}

/*  函数: RandomInteger
    该函数将 0 到 RAND_MAX 的区间的划分成 high-low+1 个子区间。
    当产生的随机数落在第一个子区间时, 则映射成 low。当落在最后一个子区间时,
    映射成 high。当落在第 i 个子区间时 ( i 从 0 到 high-low), 则映射到 low + i */
```

```
int RandomInteger(int low, int high)
{
    return (low + (high - low + 1) * rand() / (RAND_MAX + 1));
}


/* 函数：RandomDouble
    该函数将产生的随机数映射为[0，1]之间的实数，
    然后转换到区间[low，high]
*/
double RandomDouble(double low, double high)
{
    double d = (double)rand() / (RAND_MAX + 1));
    return (low + (high - low + 1) * d;
}
```

有了 Random 库，用户就可以进一步远离系统的随机数生成器，提供更方便的随机数生成工具。读者可以自行修改 12.2 节和 12.3 节中的程序，使它们应用 Random 库，而不是直接调用系统提供的随机数生成器。

12.5 随机函数库的应用示例：模拟龟兔赛跑

模拟龟兔赛跑

龟兔赛跑是人尽皆知的故事，可以让计算机来重演这个过程。

12.5.1 自顶向下分解

首先建立一个数学模型。把兔子和乌龟在赛跑过程中的行为抽象出几种状态，并按照兔子和乌龟的习性确定每种状态的发生概率。根据观察，假设乌龟和兔子在赛跑过程中的状态及发生概率如表 12-1 所示。

表 12-1　乌龟和兔子的状态及发生概率

动物	跑动类型	占用时间	跑动量	动物	跑动类型	占用时间	跑动量
乌龟	快走	50%	向前走 3 点	兔子	睡觉	20%	不动
	后滑	20%	向后退 6 点		大后滑	20%	向后退 9 点
	慢走	30%	向前走一点		快走	10%	向前走 14 点
					小步跳	30%	向前走 3 点
					慢后滑	20%	向后退 2 点

在程序中，分别用变量 tortoise 和 hare 代表乌龟和兔子的当前位置。开始时，大家都在起点，即位置为 0。然后模拟在每一秒时间内乌龟和兔子的动作。乌龟和兔子在每一秒时间内的动作是不确定的，乌龟可能是快走、后滑或慢走，兔子可能是睡觉、大后滑、快走、小步跳或慢后滑，因此是一个随机事件，可以很容易就想到随机数，可以用随机数来决定乌龟和兔子在每一秒的动作，根

据动作决定乌龟和兔子的位置的移动。因此可得到第一层的分解，代码如下。

```
main()
{
    int hare = 0, tortoise = 0, timer = 0;    /* timer 是计时器，从 0 开始计时   */

    while (hare < RACE_END && tortoise < RACE_END) {  /*  RACE_END 是跑道长度   */
        tortoise += 乌龟根据它这一时刻的行为移动的距离;
        hare += 兔子根据它这一时刻的行为移动的距离;
        输出当前计时与兔子和乌龟的位置;
        ++timer;
    }
    if (hare > tortoise)
        printf("\n hare wins!");
    else printf("\n tortoise wins!");
}
```

从这段伪代码中可以看出，有 3 个工作需要进一步分解，分别为确定乌龟的移动距离、确定兔子的移动距离和输出当前位置，可以进一步提取出如下 3 个函数：

- 乌龟在这一秒的移动距离：int move_tortoise();
- 兔子在这一秒的移动距离：int move_hare();
- 输出当前计时和兔子乌龟的位置：void print_position(int timer,int tortoise, int hare)。

第 3 个函数是非常简单的输出，可以直接写出来，不需要进一步分解。前两个函数的处理非常类似，都是先要确定它们的动作，然后根据动作决定移动的位置。关键是如何确定它们的动作，这和随机数有关。这个问题需要进一步详细讨论。

12.5.2　模块划分及实现

由于 move_tortoise()和 move_hare()行为非常类似，它们和 print_ position 的行为完全不同，因此该程序可以划分成主模块、移动模块和输出模块 3 个模块。

龟兔赛跑的实现

有了第一层分解出来的函数和 Random 库，可以实现主模块。主模块的实现程序如代码清单 12-13 所示。

代码清单 12-13　主模块的实现

```
/*  文件名：main.c
    主模块的实现     */
#include "Random.h"                      /* 包含随机数库  */
#include <stdio.h>

const int RACE_END = 70;                 /*  设置跑道的长度  */

int move_tortoise();
int move_hare();
void print_position(int, int, int);
```

```
int main()
{
    int hare = 0, tortoise = 0, timer = 0;    /*hare 和 tortoise 分别是兔子和乌龟的位置，  */
                                               /*  timer 是计时器，统计比赛用时    */
    RandomInit();                              /* 随机数初始化    */
    printf("timer  tortoise  hare\n");         /* 输出表头     */

    while (hare < RACE_END && tortoise < RACE_END) {   /* 当兔子和乌龟都没到终点时  */
        tortoise += move_tortoise();           /* 乌龟移动    */
        hare += move_hare();                   /* 兔子移动    */
        print_position(timer, tortoise, hare);
        ++timer;
    }

    if (hare > tortoise)
        printf("\n hare wins!\n");
    else printf("\n tortoise wins!\n");

    return 0;
}
```

接下来关键的问题是如何确定乌龟和兔子在某一时刻的动作，首先应该想到利用随机数。以乌龟为例，它的 3 种状态和概率如下

```
快走 50%
后滑 20%
慢走 30%
```

由于随机数的产生是均匀的，它们的出现是等概率的，为此可以生成 0～9 的随机数。当生成的随机数为 0～4 时，认为是第 1 种情况，5～6 是第 2 种情况，7～9 是第 3 种情况。这样就可以根据生成的随机数确定乌龟的动作。同理可以生成兔子的动作。根据这个原理可以得到 move_tortoise 和 move_hare 的实现程序如代码清单 12-14 所示。

代码清单 12-14　移动模块的实现

```
/* 文件名：move.c
   移动模块的实现      */
#include "Random.h"                            /* 本模块用到了随机函数库 */


int move_tortoise()
{
    int probability = RandomInteger(0,9);     /* 产生 0～9 的随机数 */

    if (probability < 5) return 3;            /* 快走  */
    else if (probability < 7) return -6;      /* 后滑  */
        else return 1;                        /* 慢走   */
}
```

```
int move_hare()
{
    int probability = RandomInteger(0,9);

    if (probability < 2) return 0;                     /*  睡觉  */
    else if (probability < 4) return -9;               /*  大后滑  */
        else if (probability < 5) return 14;           /*  快走  */
            else if (probability < 8) return 3;        /*  小步跳  */
                else return -2;                        /*  慢后滑  */
}
```

显示当前计时和兔子、乌龟的位置的函数的实现如代码清单 12-15 所示。

代码清单 12-15　输出模块的实现

```
/*  文件名：print.c
    输出乌龟和兔子在 timer 时刻的位置   */
#include <stdio.h>

void print_position(int timer, int t, int h)
{
    if (timer % 6 == 0)    /*  每隔 6 秒空一行   */
        putchar('\n');
    printf("%d\t%d\t%d\n", timer, t, h );
}
```

12.6　软件开发过程

软件危机与软件工程

12.6.1　软件危机

在计算机发展的早期（20 世纪 60 年代中期以前），软件基本上都是为每个具体应用量身定做的，而且规模较小，程序编写者和使用者往往是同一个（或同一组）人。这种个体化的软件开发环境常常使得软件设计成为人们头脑中进行的一个隐含过程。所谓的软件也就只是一份源代码清单。

20 世纪 60 年代中期到 70 年代中期是软件发展的第二个时代，这个时代出现了通用的软件产品，但软件开发还是沿用早期的开发方法。通用软件用户量大，而且不同的用户可能会有一些不同的要求，这就需要对程序的某些地方进行修改。而修改程序首先必须读懂程序，这使得软件维护耗费了大量的人力和物力，甚至很多程序的个体化特性使得它们最终成为不可维护的。于是人们惊呼"软件危机"了。

1968 年，北大西洋公约组织的计算机科学家在西德召开国际会议，讨论软件危机问题。在这次会议上正式提出并使用了"软件工程"这个名词，一门新兴学科就此诞生了。

软件工程的主要思想就是把软件看成是一个产品。开发软件就是制造一个产品。在现代化工业中，生产一个产品需要先对产品进行总体设计，再设计每一个零件，所有的设计都要有设计文档。然后可以根据设计文档生产零件。每个生产出来的零件都要经过质量检验，然后再把这些零件组装成一个最终产品。产品出厂前，还需要对产品进行质量检验。

在软件工程时代，软件不再是一个源代码，还要包括软件的各类设计文档、测试文档。这些文档给软件的维护带来了很大的便利。

12.6.2　软件工程

软件工程用现代化大工业的生产管理方法管理软件从定义、开发到维护的完整过程。软件工程将软件的生命周期分成如下所述7个阶段：

- 问题定义；
- 可行性分析；
- 需求分析；
- 概要设计；
- 详细设计；
- 编码和单元测试；
- 总体测试。

每一阶段都要给出这个阶段的总结性文档，每个阶段的文档是下一阶段的工作基础。每个阶段的工作评审通过后，才能开展下一阶段的工作。当软件出现问题或需要增加功能时，可以先阅读这些文档得到修改的思路，而不是直接读那些难懂的源代码。每个阶段的任务以及得到的成果如下所述。

1．问题定义

问题定义阶段必须回答的关键问题是：要解决的问题是什么？在这个阶段，系统分析员会走访用户，在与用户讨论的基础上写出一份关于问题性质、工程目标、工程规模的报告，这份报告必须得到客户的确认。

2．可行性研究

在确定了基本要求后，可行性分析阶段研究这个问题是否可以解决，是否值得去做。一般从如下所述3个方面去论证：

（1）技术可行性：现有的技术能实现用户的要求吗？

（2）经济可行性：有足够的开发经费吗？系统的经济效益能超过开发成本吗？

（3）操作可行性：系统的操作方式在这个用户组织内行得通吗？

必要时还可能需要从法律、社会效益等更广泛的方面研究是否可行。

3．需求分析

这个阶段的任务仍然不是寻求具体的解决方案，而是准确地确定"目标系统应该是什么样子的"。需求分析阶段要明确定义系统需要做什么，而不关心系统如何实现这些功能。

这个阶段仍然需要系统分析员与用户密切沟通。用户了解自己需要解决什么问题，但通常不能准确表达他们的需求，更不知道如何利用计算机解决这个问题。软件开发人员知道如何编程解决某个问题，但往往不了解用户的具体要求。因此在这个阶段，系统分析员应与用户密切配合，充分交流信息，得出双方一致认可的逻辑模型，包括系统工作过程、输入/输出数据的要求等。

需求分析阶段的最终成果是软件规格说明书，它准确地记录目标系统的需求。这份文档是后期系统设计阶段的依据。

4. 概要设计

这个阶段是产品的总体设计阶段。在这个阶段，系统设计师首先需要设计出实现这个系统的几个可能方案。通常应该设计出低成本、中成本、高成本 3 种方案，分析每种方案的优缺点，并推荐一个最佳方案。此外还应该制定出实现最佳方案的详细计划。

概要设计阶段需要确定解决问题的策略以及目标系统中应该包含的程序，给出程序的总体结构，也就是程序由哪些模块组成、每个模块应该完成哪些功能以及模块与模块之间的关系。

5. 详细设计

详细设计阶段要完成设计组成产品的每个零件。概要设计阶段以抽象概括的方法给出了问题的解决方案，详细设计阶段的任务是将这些解法具体化。也就是回答"应该怎样具体实现这个系统"。

这个阶段的任务还不是编写程序，而是设计出每个程序的详细规格说明，相当于其他工程领域的图纸设计。程序规格说明应该给出每个程序详细的功能要求以及实现这些要求的数据结构和算法。

6. 编码和单元测试

这个阶段是根据程序规格说明书写出程序，并测试每一个程序。

程序员自己测试程序时，一般可采用"白盒法"。白盒法是将程序看成一个透明的白盒子，测试人员知道程序的结构和处理算法，并按照程序的逻辑设计测试案例和测试数据。

质量检验人员可以用"黑盒法"测试程序。黑盒法是将程序看成一个黑盒子，完全不考虑程序的内部结构和处理流程，只检查程序的功能是否符合程序规格说明书的要求。

7. 总体测试

总体测试是对由各个模块组装起来的完整程序进行测试，测试软件是否达到预定的功能、性能等目标。总体测试一般以需求分析阶段给出的软件规格说明书为标准。作为整个软件的组成部分，所有测试方案、测试案例、测试结果都应该作为文档保存下来。

12.7　软件开发过程示例：学生管理系统的设计与实现

随着在校学生人数的不断增长，学生信息的管理也必须采用计算机化。如果某个学校的学生管理系统必须满足以下需求：

（1）输入学生基本信息：学生基本信息包括学号、姓名、性别和班级；

（2）输入学生考试成绩：任课教师输入某门课程学生成绩；

（3）显示学生信息：包括概要信息和学习状况。

试设计该系统。

学生管理系统的
概述与需求分析

计算机发展到如今的阶段，这个软件在技术上无疑是可行的，它也是有必要开发的。所以这里直接进入需求分析阶段。

12.7.1　需求分析

需求分析明确定义系统需要做什么，而不关心系统如何实现这些功能。开发人员必须与用户充分沟通确定系统的逻辑模型，包括系统的工作流程、输入/输出的数据等。

根据用户给出的要求，并通过与用户沟通，可得到学生管理系统更具体明确的需求，系统有如下几个功能。

1．学生基本信息输入

学生的基本信息包括学号、姓名、性别和班级。学号是一个整数。姓名是长度为 10 的字符串。性别用一个字符表示，男生用 M，女生用 F。班级是一个长度为 10 的字符串。学号是一个流水号。第一个入学的学生学号为 1，第二个为 2，以此类推。

一般学生都是成批入学，进入这个功能可以输入一批学生的基本信息，直到用户选择输入结束。由于学号是流水号，可以由系统自动生成，输入时只需要输入姓名、性别和班级。

进入此功能，屏幕上显示新输入学生的学号，然后提示用户输入姓名、性别和班级。完成输入后，显示该生的信息供用户检查是否有错。如果有错，则重新输入，否则询问是否输入下一个学生信息。如果用户选择不再输入，则退出此功能。

2．输入学生某门课的考试成绩

考试成绩是由任课老师输入的。每次输入的是同一门课的成绩，所以不管有多少学生参加考试，课程名字只需要输入一次。

进入该功能，首先提示输入课程名，然后逐个输入学生的学号和成绩，直到用户选择输入结束。

3．显示学生信息

进入该功能，系统提示输入学生的学号，然后显示学生的基本信息和所有课程的成绩。

12.7.2　概要设计

概要设计阶段需要确定开发方案。首先确定开发环境。这里选择 Windows 操作系统下用 C 语言开发。然后设计系统的总体结构，主要包括功能分解、软件结构、数据库设计，并确定软件的测试计划。

学生管理系统的
概要设计

1．程序的整体结构

学生管理系统的功能非常明确，包括学生基本信息输入、考试成绩输入和学生信息查询。学生的基本信息和考试成绩必须长期保存，所以必须存放在外存上。外存上的信息以文件方式存储，在系统正式投入运行时必须保证文件中没有任何学生信息，一般会设计一个初始化功能完成这个功能。学生管理系统的这几个功能互相独立，每个功能可以设计为一个独立的函数。main 函数把这些功能集成在一起。系统的整体结构如图 12-4 所示。

图 12-4　学生管理系统总体结构

2. 数据库设计

概要设计的另一个重要工作是设计数据库。数据库是一组保存数据的文件。一个文件一般保存一类数据。

在学生管理系统中需要保存的数据是每个学生的信息。每个学生的信息包括基本信息和考试成绩信息两个部分。

基本信息是每个学生都必须有的信息，包括学号、姓名、性别和班级。每个学生的考试成绩信息可能都不相同，有些学生选修的课程比较多，有些学生选修的课程比较少，所以如何保存考试成绩信息是一个难点。

如果把所有信息放在一个文件中，每个记录是一个学生的信息，那么每个学生应该留多少个保存成绩的空间呢？很难确定。回顾一下本书前面的内容，有没有什么工具可以保存一组数量变化很大的数据？有，就是单链表，可以把单链表的思想扩展到文件，将每个学生的考试成绩组织成一个单链表，每次考试的成绩是单链表的一个结点，所有单链表的结点可以存储在一个文件中。于是可见本系统需要两个文件，一个保存学生的基本信息，另一个保存考试成绩。

考试成绩被组织成一个单链表，每个学生必须记住自己的单链表的第一个结点地址。于是可得图 12-5 所示的文件结构，Student 文件中的记录和 score 文件中的记录可以被定义成两个结构体。

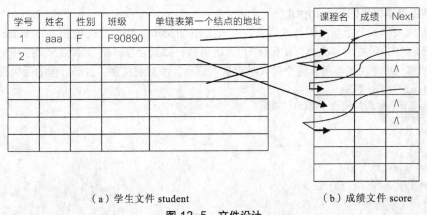

（a）学生文件 student　　　　　　　　　　（b）成绩文件 score

图 12-5　文件设计

student 文件中的学生信息按学号排列，学号在输入时自动生成。字段"单链表第一个结点地址"存放的是文件 score 中的字节编号。文件 score 中的字段 next 也是如此。输入学生基本信息时，在文件 student 中添加一条记录。在输入一个考试成绩后，在文件 score 中添加一条记录。

在程序工作过程中，需要随机访问某个学生的基本信息或某个学生某门课程考试的成绩，所以这两个文件都必须是二进制文件。

单链表中最后一个结点的指针是空指针，空指针一般用 NULL 表示，NULL 对应的值是 0。而文件中，字节的编号是从 0 开始，所以 0 是一个合法的地址。为此选择一个不合法的地址值-1 表示空指针。

这个方案可行，但查询学生所有信息的操作将非常耗时，因为读取每个成绩都可能是一次 I/O 操作。想一想，有没有更好的解决方案。

3. 测试计划设计

概要设计阶段的测试计划需要给出整个系统每个模块的测试方案，并设计测试用例。概要设计阶段的测试用例一般采用黑盒法，即将系统的实现看成一个黑盒子，仅根据功能去设计测试用例。

选择测试数据时，通常将程序的输入划分成若干个数据类，如正确的输入、错误的输入、边界情况等。观察正确的输入是否得到正确的结果，错误的输入是否得到了相应的出错信息。如输入了一个正确的学生信息，在查询时能否看到正确的输出；输入学生成绩时输入了一个不存在的学号，程序是否输出相应的出错信息。

12.7.3　详细设计

详细设计阶段的根本目标是确定如何具体地实现所要求的系统，可以按照结构化程序设计的自顶向下过程分解每个子系统，给出设计蓝图。程序员可以根据这个蓝图写出具体的程序代码。

学生管理系统的
详细设计

1. 总控模块 main

总控模块控制整个软件的工作过程，由 main 函数完成。程序显示功能菜单，输入用户选择的功能，调用相应的函数，然后重新显示菜单，输入用户选择，直到用户选择退出系统。

2. 学生基本信息的输入 input

该功能模块输入一批学生的基本信息，存入文件 student。程序首先检查文件 student 是否存在，如果不存在，则提示 "先执行初始化"，退出函数；如果存在，则以添加方式打开文件，计算本次输入的第一个学生的学号，逐个输入学生基本信息，添加到文件。这个过程的伪代码如下

```
if  (student 文件不存在)
        输出 "先执行初始化"，函数执行结束
以'ab'方式打开文件
获取文件的大小
计算起始学号
while  （需要继续输入）{
    生成学号
    设置单链表起始地址为-1
    do {
        输入姓名、性别、班级
        显示该生信息
    } while  （输入有误）
    写入文件
    询问是否需要继续输入
}
```

这段伪代码中，所有工作都可以由 C 语言的语句直接完成，所以无需进一步分解。

3. 输入考试成绩

该功能模块输入某次考试后的学生成绩。先输入课程名，然后输入一个个学生的成绩。每个学

生的成绩形成 score 文件中的一个记录，添加到 score 文件尾，并将此记录插入该生对应的单链表。这个过程的伪代码如下

```
if (student 文件不存在)
        输出"先执行初始化"，函数执行结束
以'rb+'方式打开文件 student
以'ab'方式打开文件 score
计算最大的学号
获取文件 score 最后一个字节地址
输入课程名
while (1){
    输入学号
    if (学号 == -1) break
    if (输入学号 > 最大学号)continue
    输入成绩
    将此成绩信息添加到 score 文件尾
    读入该生基本信息
    将此结点插入成该学生的单链表的第一个结点
    将该生基本信息重新写入文件 student
}
```

这段伪代码中，所有工作都可以由 C 语言的语句直接完成，所以无须进一步分解。

4. 学生信息查询

该功能模块按学号查询某个学生的基本信息及所有科目的成绩。先输入所要查询的学号，从文件 student 中读取基本信息，显示在显示器上。然后沿着指向单链表第一个结点的指针从文件 score 读取一个个考试信息，并以列表的形式显示在显示器上。这个过程的伪代码如下

```
if (student 文件不存在)
        输出"无学生信息"，函数执行结束
以'rb'方式打开文件 student
以'rb'方式打开文件 score
输入所需查询的学号
if (查询学号 > 最大学号)
        输出"无此学号"，函数执行结束
从文件 student 读入此学生的基本信息，显示在显示器上
next = 单链表第一个结点地址
while (next != -1){
    从文件 score 的第 next 字节读入一个记录
    显示课程名及考试成绩
    next = 新读入记录的 next
}
```

这段伪代码中，所有工作都可以由 C 语言的语句直接完成，所以无须进一步分解。

5. 初始化模块

初始化模块创建两个空文件 student 和 score。初始化过程会删除系统中已有的数据，所以

要谨慎使用。为保证安全性，在执行初始化之前进行再次确认是很有必要的。这个过程的伪代码如下

输出提示信息并鸣笛报警
如果不想初始化，退出本函数
以 wb 方式打开文件 student 和 score

12.7.4 编码与测试

编码与测试阶段将详细设计阶段形成的文档变成真正的程序，并调试程序保证程序的正确。各程序的实现见代码清单 12-16～代码清单 12-21。

代码清单 12-16　学生管理系统的头文件

```c
/* 文件名：student.h
   学生管理系统的头文件      */
#ifndef _STUDENT
#define _STUDENT

#include <stdio.h>

struct studentT{
    long int no;
    char name[10];
    char sex;
    char classes[10];
    long int firstScore;
};

struct scoreT {
    char course[20];
    int score;
    long int next;
};

void input();
void quiry();
void score();
void initialize();

#endif
```

本系统定义了两个结构体类型。studentT 是文件 student 中的记录类型，scoreT 是文件 score 中的记录类型。系统中的所有模块几乎都要用到这两个类型，于是把这两个类型及所有的函数原型声明定义在头文件中。

代码清单 12-17　学生管理系统的主模块

```
/* 文件名: main.c
   学生管理系统的主模块 */
#include "student.h"

int main()
{
    int selector;

    while(1) {
     printf("1 -- 输入学生基本信息\n");
     printf("2 -- 输入考试成绩\n");
     printf("3 -- 查询学生信息\n");
     printf("4 -- 系统初始化\n");
     printf("0 -- 退出\n");
     scanf("%d%*c", &selector);

     switch(selector) {
         case 1: input(); break;
         case 2: score();break;
         case 3: quiry(); break;
         case 4: initialize(); break;
         case 0: return 0;
     }
   }
}
```

　　主模块包含一个 main 函数，这是系统的总控模块，负责接收用户选择的功能，并调用相应的函数。程序的主体是一个 while 死循环，循环体先显示整个系统的功能菜单，输入用户的选择，用一个 switch 语句区分不同的选择。

代码清单 12-18　初始化模块

```
/* 文件名: initialize.c
   初始化模块 */
#include "student.h"

void initialize()
{
    FILE *fp;
    char flag;

    printf("初始化操作将会删除所有信息！继续初始化请输入 y: \a\a\a");
    flag = getchar();
    if (flag != 'y' && flag != 'Y') return;
```

```
    fp = fopen("D:\\stu\\student", "wb");
    fclose(fp);
    fp = fopen("D:\\stu\\score", "wb");
    fclose(fp);
}
```

　　初始化操作将删除系统文件中的所有数据。执行程序，首先在显示器上显示一个提示信息及报警声，并询问是否真正需要初始化。输出报警声是采用转义字符 '\a' 实现的。如果需要初始化，则以 "wb" 方式打开文件 student 和 score。这样，这两个文件就变成了空文件。

<h3 align="center">代码清单 12-19　输入学生基本信息模块</h3>

```
/* 文件名: input.c
   输入学生基本信息模块 */
#include "student.h"
#include <io.h>

void input()
{
    FILE *fp;
    long int no;
    struct studentT s;
    int flag = 1;
    int correct;

    if (access("D:\\stu\\student", 0)==-1) {    /*  student 文件不存在    */
        printf("请先执行初始化\n");
        return ;
    }

    fp = fopen("D:\\stu\\student", "ab");
    fseek(fp, 0, SEEK_END);
    no = ftell(fp)/sizeof(struct studentT); /* 根据 student 文件的长度计算学号   */

    while (flag ) {
        s.no = ++no;
        s.firstScore = -1;                      /*   保存成绩的链表为空表   */
        do {                                    /*   输入一个正确的学生信息   */
            printf("请输入姓名: ");
            gets(s.name);
            printf("请输入性别（M:男，F:女): ");
            s.sex = getchar(); getchar();
            printf("请输入班级: ");
            gets(s.classes);
            printf("%d\t%s\t%c\t%s\n",s.no, s.name, s.sex, s.classes);
            printf("信息正确吗? (0:正确, 1:不正确):");
            scanf("%d", &correct); getchar();
```

```
    } while (correct);
    fwrite(&s, sizeof(struct studentT), 1, fp);
    printf("还需要输入学生信息吗（1：要，0：不要）：");
    scanf("%d", &flag); getchar();
  }

  fclose(fp);
}
```

input 函数首先检查文件 student 是否存在，如果不存在，必须先要进行初始化创建文件。检查文件是否存在由一个 C 语言标准函数 access 实现，如果文件不存在，函数会返回-1。使用这个函数必须包含头文件 io.h。如果文件 student 存在，则以添加方式打开此文件，根据文件的长度计算本次输入的第一个学生的学号。学生基本信息的输入由一个 while 循环完成，每个循环周期输入一个学生信息并添加到文件。

代码清单 12-20 输入考试成绩模块

```
/* 文件名：score.c
   输入考试成绩模块 */
#include "student.h"
#include <io.h>

void score()
{
    struct scoreT sco;
    struct studentT stu;
    FILE *studentp, *scorep;
    long int max;

    if (access("D:\\stu\\student", 0) == -1) {          /*  student 文件不存在    */
        printf("请先执行初始化！\n");
        return ;
    }
    studentp = fopen("D:\\stu\\student", "rb+");
    scorep = fopen("D:\\stu\\score", "ab");

    fseek(studentp,0,SEEK_END);
    max = ftell(studentp) / sizeof (struct studentT);   /* 计算最大的学号    */
    fseek(scorep, 0, SEEK_END);

    printf("请输入课程名称：");
    gets(sco.course);
    while (1) {                                         /*  每个循环周期处理一个学生成绩    */
        printf("请输入学号：(输入-1 表示结束）");
        scanf("%d", &stu.no);
        if (stu.no == -1) break;                        /* 输入结束   */
```

```
        if (stu.no > max) continue;              /* 输入学号超过最大学号，重新输入    */
        printf("请输入成绩: ");
        scanf("%d",&sco.score);
        /*  寻找输入学号对应的学生基本信息  */
        fseek(studentp, (stu.no - 1) * sizeof(struct studentT), 0);
        fread(&stu, sizeof(struct studentT), 1, studentp);
        sco.next = stu.firstScore;               /* 新输入的成绩信息插入为链表的第一个结点   */
        stu.firstScore = ftell(scorep);
        fseek(studentp, (stu.no - 1) * sizeof(struct studentT), 0);
        fwrite(&stu, sizeof(struct studentT), 1, studentp);
        fwrite(&sco, sizeof(struct scoreT), 1, scorep);
    }
    fclose(studentp);
    fclose(scorep);
}
```

　　输入学生成绩前先要检查文件 student 是否存在。如果存在，则以 "rb+" 的方式打开文件 student，因为需要修改选修此课程的学生信息；以 "ab" 的方式打开文件 score，因为新的成绩记录要添加到文件 score 中。首先输入课程名称，然后用一个 while 循环输入选修此课程的学生成绩。每个循环周期输入一个学生的成绩。对每个学生，先输入学号，检查学号是否是-1，-1 是 while 循环的哨兵，学号是-1 表示输入结束，跳出 while 循环；如果不是-1，则检查是否是一个合法的学号，及输入的学号是否大于最大学号。如果学号非法，则回到循环体开始处重新输入学号。当输入的是一个正确的学号时，接下去输入该学生的考试成绩。将课程名、成绩组成一个新的 score 记录添加到文件 score，并将此记录插入对应的单链表。在单链表中，将新结点插入为单链表的第一个结点，修改学生记录，添加成绩纪录。至此一个学生的成绩处理结束。

代码清单 12-21　查询学生信息模块

```
/* 文件名: quiry.c
   查询学生信息模块 */
#include "student.h"
#include <io.h>

void quiry()
{
    struct scoreT sco;
    struct studentT stu;
    long int next;
    FILE *studentp, *scorep;

    if (access("D:\\stu\\student", 0)==-1) {            /*  student 文件不存在    */
        printf("无学生信息! \n");
        return ;
    }
    studentp = fopen("D:\\stu\\student", "rb");
```

```
    scorep = fopen("D:\\stu\\score", "rb");

    printf("请输入学号: ");
    scanf("%d", &stu.no);
    fseek(studentp, 0, SEEK_END);
    if (stu.no * sizeof(struct studentT) > ftell(studentp)) {   /* 检查学号的合法性 */
        printf("无此学号?\n");
        return;
    }
    fseek(studentp, (stu.no - 1) * sizeof(struct studentT), 0);/* 读取该生的基本信息  */
    fread(&stu, sizeof(struct studentT), 1, studentp);
    printf("%d\t%s\t%c\t%s\n",stu.no, stu.name, stu.sex, stu.classes);
    next = stu.firstScore;
    while (next != -1) {                                        /* 读对应的单链表     */
        fseek(scorep, next, 0);
        fread(&sco, sizeof(struct scoreT), 1, scorep);
        printf("%-20s%d\n", sco.course, sco.score);
        next = sco.next;
    }
    fclose(studentp);
    fclose(scorep);
}
```

查询模块首先检查文件 student 是否存在，如文件 student 不存在，则系统中没有学生信息，查询结束；否则以"rb"的方式打开文件。然后输入所需查找的学号并检查学号的正确性；根据学号从文件 student 中读取该学生的基本信息并显示在显示器上。然后读取文件 score 中第 firstScore 个字节的记录，这就是对应单链表的第一个结点；显示课程名和成绩。然后沿着 next 找到第二个结点，读取该记录并显示。继续读单链表的结点，直到结点的 next 值为-1 为止。

至此，学生管理系统的编码和调试阶段完成了。最后经过系统测试，成为一个可以使用的软件。

该系统还有很多不尽人意的地方，如成绩输入时，没有检查成绩值是不是在 0 到 100 分之间；再如查询时，人们更喜欢的查询途径是通过姓名。读者可以修改此程序，使它成为一个更实用的程序。

12.8　软件开发示例：网上书店的设计

现在用户买书都喜欢上网上书店，所以有用户希望能做一个网上书店的软件。这个软件的可行性也是毋庸置疑的。下面从需求分析开始介绍这个系统的设计过程。如果读者有兴趣，也可以自己实现这个系统。

12.8.1　需求分析

需求分析阶段首先需要与用户沟通。老板对系统如何工作并不关心，他只关心书店的盈利情况，进货用了多少钱，营业收入是多少。员工关心的是销售过程有关的工作，他需要查询库存情况，当库存量太少时需要进货。对顾客而言，希望能有各种方便灵活的查询途径，查询书店中有没有自己需要的图书，以及购买所需要的图书。

对各类人员的需求进行进一步的了解，可以更明确地确定系统的需求。老板需要查询某月盈利情况，所以系统中要保存每个月的进货用了多少钱、营业收入是多少钱的信息。员工需要查询每本书的库存情况，所以系统中必须有每本书库存量的信息。由于有很多同名的书，所以按书名查找不是一个很好的方案。可以选择每本书的唯一标识 ISBN 号作为查询途径。进货时，需要输入本次的进货数量和付款总金额，增加库存量及本月支出。顾客需要的功能主要是查询与购书，查询时希望有更多的途径，经过沟通，得知顾客希望能根据书名、作者、关键字或 ISBN 号进行查询；购书时，可以输入 ISBN 号及数量，减少库存量，增加本月收入。

在需求分析阶段还需要确定输入/输出的各类数据的范围。

12.8.2　概要设计

有了明确的需求以后，可以开始设计这个系统了。这里选择的开发环境还是 Windows 操作系统和 C 语言，不涉及其他支持软件。

1. 程序结构设计

首先设计程序的总体结构。需求分析中的每个需求都必须有一个对应的程序模块，程序应该包括的功能模块如下所述

* 查询本月盈利。
* 进货。
* 按 ISBN 号查询。
* 按书名查询。
* 按作者查询。
* 按关键字查询。
* 销售。

再进一步分析，要实现这些功能还包含了如下一些隐含的功能。

* 系统初始化：创建系统的所有文件。
* 用户权限管理：不同的用户有不同的权限。如查询盈利情况是只有老板才有的权利，进货是员工才有的权利。因此可以把用户分成老板、员工和普通顾客 3 类。老板和员工的信息必须记录在系统中。不在系统中的用户都是普通顾客。
* 建立 ISBN 号索引：员工和顾客都需要用 ISBN 号查询。如何快速实现查询？解决方法是对 ISBN 号建一个索引，即记录每个 ISBN 号对应的书的存储位置。索引中的 ISBN 号是有序排列的。
* 建立书名、作者、关键字的倒排文档：顾客需要从书名、作者、关键字进行查找。如何提供快速查找？与 ISBN 号一样，必须建立一个索引。但 ISBN 号与图书是一一对应的，而一个作者可以写很多图书，关于某一方面的书也可以有很多，此时可以用到一个工具——倒排文档。

根据上述分析可得图 12-6 所示的系统总体结构图，其中的查询模块又可细分为图 12-7 所示。

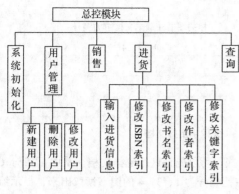

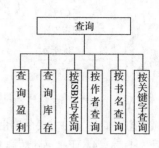

图 12-6 系统总体结构图   图 12-7 查询模块

2. 数据库设计

系统中主要包括如下 3 类信息。

- 用户信息：用户名、密码、真实姓名、角色（系统管理员、老板、普通员工）。系统管理员可以添加或修改用户信息。老板可以查询所有信息。普通员工可以查询除财务以外的所有信息。
- 图书信息：书名、作者、ISBN 号、出版社、关键字、库存量、售价。
- 财务信息：日期、本月收入、本月支出。

在设计存储结构时，一般每类信息被设计成一个文件，所以书店系统中至少有 3 个文件。但在需求中还要按书名、作者、关键字和 ISBN 号查找，所以还必须有一些辅助文档。这些辅助文档称为倒排文档。

系统中每类信息被保存成一个文件，例如所有图书信息被保存成一个文件，每本书的信息是文件的一个记录。这个文件称为顺排文档，如图 12-8 所示。

书名	作者	关键字	库存量
C++程序设计	张三	C++、程序设计	50
算法与数据结构	李四	算法、数据结构	20
C++实战训练	王五、李四	C++、算法	12
C++入门	张三	C++	21
……	……	……	……

图 12-8 顺排文档

倒排文档就是倒过来存储，用于从某一个属性找到包含这个属性的所有记录。在本系统中有一个查询要求是根据关键字查找，如查找所有有关 C++的书。显然在书目信息文件中一条一条记录去比对是不可行的。一种解决方案就是把与 C++有关的书的信息记录在一个文件里，记录这个信息的文件称为倒排文档，如图 12-9 所示。

关键字	相关图书在顺排文档中的编号
C++	1、3、4
程序设计	1
算法	2、3
数据结构	2

图 12-9　关键字倒排文档

如果顾客想查询与 C++有关的图书有哪些，可以先查这个倒排文档。从中可知与 C++有关的图书有编号为 1、3、4，于是可到顺排文档中把编号为 1、3、4 的图书读取出来，显示给用户。

为了加快查找速度，对每个查找途径都要建立一个倒排文档。倒排文档中的记录按关键字有序排列。查找时，可以把倒排文档作为一个有序表查找。

但是信息系统中的信息量一般都很大，即使用二分查找，查找次数也是相当可观的。更何况每次比较都需要一次外存访问，这个查找时间是不可容忍的。解决这个问题的方法是对每个倒排文件再加一个索引。索引的组织方法有很多，最简单的是分块索引，把倒排文档中的信息分成定长或不定长的块。以定长为例，如果以倒排文档中的 100 个记录为一块，索引文件中记录每一块最后一个记录的关键字，如图 12-10 所示。

关键字
程序设计
计算机网络
软件工程
……

图 12-10　关键字倒排文件的索引

如图 12-10 表示，关键字倒排文档中的第 100 个记录的关键字是"程序设计"，第 200 个关键字是"计算机网络"，……，当以关键字查找时，首先查找索引，如果查找的关键字小于"程序设计"，则可知这个关键字对应的记录在倒排文档的第 1～100 号记录中，于是进一步查找倒排文档的第 1～100 号记录。如果不是，继续检查关键字是否小于"计算机网络"，如果是，可以确定关键字对应的记录应该在第 101～200 号之间。经过查询索引，可以将倒排文档中的查询缩小到一定的范围内。

总结来讲，网上书店系统共有 3 个主要的数据文件和 4 个倒排文件，3 个主要数据文件如下所述。

- 财务信息文件：年月、本月收入、本月支出。
- 用户信息文件：用户名、密码、真实姓名、角色。
- 书目信息文件 ：书名、作者（可以有多个）、ISBN 号、出版社、关键字（可以有多个）、库存量、售价。

4 个倒排文件是 ISBN 号、书名、作者、关键字，每个倒排文件都有一个对应的索引文件。添加一本新书时，需要往每个倒排文档中添加一条或多条信息，这是比较花费时间的事，所以在模块划分时，把进货和修改倒排索引分成了 2 个阶段，先处理完进货，然后修改倒排，把本次进货的信息加入倒排文档。在修改倒排文档时，需要知道从第几本书开始倒排，把这个信息记录在每个倒排文件的开始处。所以倒排文件中的信息分成两个部分，开始是一个整型数，表示最后一个参加倒排的书的编号；另一部分是一个个倒排信息。

每个倒排记录对应的书编号的数目可能是不一样的，例如，与"C++"有关的书有 3 本，与"数据结构"有关的书只有 1 本。设计倒排文件时如何解决这个问题呢？读者可自己想想解决方案。

12.8.3　详细设计

详细设计阶段更详细地考虑每个模块的实现方案。

1. 总控模块

总控模块负责控制整个系统的工作过程，由 main 函数完成。

假设员工人数不多，作为优化的一部分，可以将所有用户信息读入内存。模块的工作过程如下

```
将用户文件读入数组 user
输入用户码、密码
按用户码查找数组 user
if （是合法用户）
    role = 用户角色
else  role = 普通顾客
while (1) {
    显示所有功能菜单
    输入用户选择
    if  （选择退出） break
    检查用户是否有此权限
    根据选择调用相应的函数
}
将 user 写回用户文件
```

2. 初始化模块

初始化模块负责将系统设置为初始状态，即书目信息为空，只有一个默认的系统管理员。所有倒排文档中开始处的整型数设为-1。具体初始化过程如下所述

```
创建所有文件
在用户文件中添加一个默认的系统管理员账号
在 4 个倒排文件中添加一个-1，表示上次倒排的最后一条书目的位置是-1
```

3. 用户管理模块

用户管理模块负责实现添加用户、修改用户和删除用户，工作流程如下

```
while (1) {
    显示功能菜单
    接受用户选择
    if （选择退出) return
    根据选择分别调用新增用户、修改用户和删除用户函数
}
```

这里将新增、修改和删除用户函数详细设计留给读者自己解决。由于在 main 函数中已经把用户文件的信息读入数组 user，所以新增、修改和删除用户只需要修改数组 user。

4. 销售模块

销售模块负责处理顾客买书的过程。ISBN 号是能唯一确定一本书的信息，所以本模块选择 ISBN 号作为所买书的标志。当然读者也可以用其他方法确定所需购买的书。购书处理过程如下。

输入 ISBN 号和数量
减少对应书目的库存
获取当前系统时间，并转换成年月
计算数量*售价，增加当月的收入

5. 进货模块

进货模块负责处理进货过程，进货后，库存量增加，本月支出也将增加，具体处理过程如下

```
获取当前系统时间，并转换成年月
输入 ISBN 号，按 ISBN 号查询书目文件
if （书已存在） {
    显示书目信息
    输入数量和总价
    修改这本书的库存
}
else {
    输入书目信息
    输入数量和总价
    在书目文件中添加一条记录
}
修改财务文件中的本月支出
```

6. 修改 ISBN 倒排

当添加了一本新书后，这本书的 ISBN 号必须添加到 ISBN 倒排文档，这样才能保证可以通过 ISBN 号找到这本书。将新加入的书目信息加入 ISBN 号索引的过程如下

```
从 ISBN 倒排文件头上读入一个 int 类型的数 n
if （书目文件的长度/每本书的长度 <= n) return
书目文件的文件定位指针 = 每本书的长度 *（n+1)
定义一个存放新增加的 ISBN 倒排信息的有序数组或链表 tmp
读入一本书的信息
while (! eof) {
    将对应的 ISBN 号添加到 tmp
    读入一条书目信息
}
归并 tmp 和 ISBN 倒排文档中的信息
n = 书目文件的长度/每本书的长度 - 1
将 n 重新写入倒排文档
修改此倒排文件的索引
```

上述还有些步骤需要进一步细化，如，如何归并 tmp 和倒排文档中的信息，如何修改倒排索引，这里将这些问题留给读者自己解决。

其他倒排过程与 ISBN 号倒排过程类似，注意作者倒排和关键字倒排时需要注意每本书有多个作者和多个关键字的情况。

7. 盈利查询

本模块提供查询某个月盈利情况的信息，具体过程如下

```
输入年月
```

读入财务文件的第一条记录
根据第一条记录确定查询年月对应的记录位置
读取该记录并显示

8. 作者查询

本模块查询某个作者的所有书籍，处理流程如下

```
输入作者名
在作者倒排索引中查找第一个大于等于该作者的记录位置 n
作者倒排文件的文件定位指针 =（n - 1）* 作者倒排文件记录的长度
for (k = 0; k < 100 || 作者倒排文件结束; ++k) {
    读作者倒排文件
    if （读入的作者 < 查找的作者）return
    if （读入的作者 == 查找的作者）break
}
if （k == 100）return
对条目中对应的每一个书目的位置，在书目文件中读取该书目信息并显示
```

其他查询与作者查询的流程完全相同。

12.9 编程规范及常见问题

12.9.1 头文件的格式

头文件的内容必须包含在一对编译预处理命令内，即#ifndef 和#endif。

每个头文件必须选择一个该项目中唯一的一个符号常量作为该头文件的标识，头文件的格式如下

```
#ifndef    符号常量
    #define    符号常量
    …
#endif
```

#ifndef 和#endif 这对编译预处理命令的含义是：如果符号常量没有被定义，执行#ifndef 和#endif 之间的所有语句，否则直接跳到#endif，即中间的语句都不执行。这样可以防止同一程序的各个模块中重复包含同一个头文件而带来的问题。

头文件中遗漏这一对编译预处理命令是常见的错误之一。

12.9.2 实现一个库为什么需要两个文件

实现一个库需要头文件和实现文件两个文件。用两个文件的目的是想把库的实现细节对库的用户隐藏起来，库的用户只需要知道库提供了哪些工具和这个工具是如何使用的。设计者把这些信息写在一个头文件中，库中工具的真正实现过程被写在一个源文件中，供实现库的程序员或维护库的程序员使用。

为了表示这两个文件描述的是同一个库的不同方面，在文件命名时一般为头文件和实现文件取相同的名称，如头文件名为"a.h"，那么实现文件名为"a.c"。

12.9.3　慎用全局变量

全局变量为函数间的信息交互提供了一条直通路，但它也破坏了函数的独立性。在一个有成百上千个函数的大程序中随便应用全局变量是很危险的，会使程序的正确性很难保证。

模块的内部状态是全局变量的应用之一　。模块的内部状态是指模块中很多函数需要共享的信息，而这些信息与其他模块完全无关。这样的信息通常可以定义成这个模块的静态全局变量。

12.10　小结

本章介绍了如何利用结构化程序设计技术来解决一个大问题，详细介绍了如何把一个大的程序分解成若干个函数、如何把这些函数组织成一个个模块、如何从程序中抽取出库以及如何设计和使用库，特别介绍了如何在模块中保存内部状态；最后以一个学生成绩管理系统和书店管理系统为例，介绍了完整的软件开发过程。

12.11　自测题

1. 判断题：每个模块对应于一个源文件。
2. 用自己的话描述逐步细化的过程。
3. 为什么库的实现文件要包含自己的头文件？
4. 为什么头文件要包含#ifndef…#endif这个编译预处理指令？
5. 什么是模块的内部状态？内部状态是怎样保存的？
6. 为什么要使用库？
7. 软件就是一个程序吗？

12.12　实战训练

1. 每本书中都会有很多图或表，图要有图号，表要有表号，图号和表号都是连续的，如一本书中的图号可以编号为图1、图2、图3……设计一个库seq，它可以提供这样的标签系列。该库提供给用户3个函数，分别为 void SetLabel(const char *)、void SetInitNumber(int)和 char * GetNextLabel()。第一个函数设置标签，如果 SetLabel("图")，则生成的标签为图1、图2、图3……如果 SetLabel("表")，则生成的标签为表1、表2、表3……如不调用此函数，则默认的标签为 "lable"。第二个函数设置起始序号，如 SetInitNumber(0)，则编号从0开始生成；SetInitNumber(9)，则编号从9开始生成。第三个函数是获取标签号。例如，如果一开始设置了 SetLabel("图")和 SetInitNumber(0)，则第一次调用 GetNextLabel()返回"图0"，第二次调用 GetNextLabel()返回"图1"，以此类推。
2. 试将第9章程序设计题的第1题改写成一个库。
3. 试将第9章程序设计题的第3题改写成一个库。
4. 设计一个类似于 string 的字符串处理库，该库提供一组常用的字符串的操作，包括字符串复制、字符串拼接、字符串比较、求字符串长度和取字符串的子串。

5. π 的近似值的计算有很多种方法，其中之一是用随机数。对于图 12-11 所示的圆和正方形，如圆的半径为 r，它们的面积之比关系如下。

$$\frac{圆面积}{正方形面积} = \frac{\pi r^2}{4r^2} = \frac{\pi}{4}$$

从中可得
$$\pi = \frac{4倍的圆面积}{正方形的面积}$$

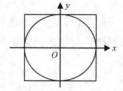

图 12-11 正方形和它的内切圆

可以通过如下的方式计算 π 的近似值：假设圆的半径为 1，产生 -1～1 之间的两个随机实数 x 和 y。这个点是正方形中的一个点。如果 $x^2 + y^2 \leqslant 1$，则点落在圆内。重复 n 次上述动作，并记录点落在圆内的次数 m，则通过 $\pi = \frac{4m}{n}$ 可得 π 的近似值。重复的次数越多，得到的 π 值越精确。这种技术称为蒙特卡洛积分法。用本章所学的随机函数库实现该程序。

6. 设计一个工资管理系统，实现的功能有添加员工、删除员工、调整员工工资、输出工资单。每个员工包含的信息有工号、姓名、工资，工号自动生成。员工离职后，工号不能再被使用。

第 13 章

通用算法设计

程序设计的难点不在于编程，而在于如何设计解决问题的算法。本章将介绍求解问题的 6 种常见的通用算法设计思想。当遇到一个问题时，可根据问题的特点并借鉴本章提到的通用算法，设计一个可行的解决问题的算法。具体包括：

■ 枚举法；

■ 贪婪法；

■ 分治法；

■ 动态规划；

■ 回溯法。

13.1 枚举法

枚举法

枚举法适合于解的候选者是有限、可枚举的场合。

枚举法就是对可能是解的众多候选者按某种顺序进行逐一枚举和检验，从中找出符合要求的候选解作为问题的解。基于枚举法的算法一般都比较直观，容易理解。但由于要检查所有候选解，因此时间性能较差。

例 13.1 有这样的一个算式：ABCD×E=DCBA，其中，A、B、C、D、E 代表不同的数字。编一个程序找出 A、B、C、D、E 分别代表的是什么数字。

既然 A、B、C、D、E 都是数字，也就是 0~9 之间的一个值，那么就可以分别枚举出 A、B、C、D、E 的每一个可能的值，检查算式 ABCD×E=DCBA 是否成立。如果成立，输出 A、B、C、D、E 的值。枚举 A、B、C、D、E 的可能值可以用重复 N 次的循环。ABCD 和 DCBA 都是 4 位数，所以 A 和 D 的值不能为 0，它们的可能值是 1~9。同理，因为 A、B、C、D 代表的是不同的数字，所以 E 不能是 1，如果 E 为 1，那么 A 和 D 必定相同，B 和 C 也必定相同。所以 E 的可能值是 2~9。B、C 的可能值是 0~9。枚举 A、B、C、D、E 的可能值可以用一个 5 层嵌套的 for 循环，最外层枚举 A，第二层枚举 B，第三层枚举 C……按照这个思路实现的程序如代码清单 13-1 所示。

代码清单 13-1　求 A、B、C、D、E 的值（方案一）

```
/* 文件名：13-1.c
   求解 ABCD×E=DCBA    */
#include <stdio.h>
```

```
int main()
{
    int A, B, C, D, E, num1, num2;

    for (A = 1; A <= 9; ++A)
        for (B = 0; B <= 9; ++B) {
            if (A == B) continue;                      /* A、B 不能相等    */
            for (C = 0; C <= 9; ++C) {
                if (C == A || C == B) continue;    /* C 不能等于 A, 也不能等于 B  */
                for (D = 1; D <= 9; ++D) {
                    if (D == A || D == B || D == C) continue; /* D 不能等于 A、B、C */
                    for (E = 2; E <= 9; ++E) {
                        if (E == A || E == B || E == C || E == D) continue;
                            /*E 不能等于 A、B、C、D*/
                        num1 = A*1000 + B * 100 + C * 10 + D ; /* 构成数字 ABCD */
                        num2 = D * 1000 + C * 100 + B * 10 + A; /* 构成数字 DCBA */
                        if (num1 * E == num2 )
                            printf("%d * %d = %d\n", num1, E, num2);
                    }
                }
            }
        }

    return 0;
}
```

程序的输出为

```
2178 * 4 = 8712
```

本题还可以用另一种解决方法。因为 ABCD 和 DCBA 都是 4 位数，于是可以检查每一个 4 位数是否符合要求。最小的 4 个数字都不同的 4 位数是 1023，最大的 4 个数字都不同的 4 位数是 9876。枚举所有的 4 位数可以用一个 for 循环，让循环变量从 1023 枚举到 9876。

在代码清单 13-2 中，循环变量 num1 枚举每一个可能的 4 位数。在循环体中，首先检查 4 位数的 4 个数字是否相同。如果相同，则放弃该数字。如果 4 个数字都不同，则将该 4 位数颠倒，构造 num2。最后对每一个可能的 E 检查 num1 * E 是否等于 num2，如果成立，则找到了一个可行解。

代码清单 13-2　求 A、B、C、D、E 的值（方案二）

```
/* 文件名: 13-2.c
   求解 ABCD×E=DCBA  */
#include <stdio.h>

int main()
{
    int num1, num2, A, B, C, D, E;

    for (num1 = 1023; num1 <= 9876; ++num1) {    /* 枚举每个可能的 4 位数   */
        A = num1 / 1000;                          /* 取出每一位数字 A、B、C、D */
```

```
      B = num1 % 1000 / 100;
      C = num1 % 100 / 10;
      D = num1 % 10;
         if (D == 0 || A == B || A == C || A == D || B == C || B == D || C == D)
            continue;
      num2 = D * 1000 + C * 100 + B * 10 + A;              /*  构造 num2  */
      for (E = 2; E <= 9; ++E) {                           /*  检查每个可能的   */
         if (E == A || E == B || E == C || E == D) continue;
                                                   /*  E 不能等于 A、B、C、D  */
         if (num1 * E == num2 )
            printf("%d * %d = %d\n", num1, E, num2) ;
      }
   }

   return 0;
}
```

例 13.2　阶梯问题：有一个长阶梯，若每步上两个台阶，最后剩 1 阶；若每步上 3 阶，最后剩 2 阶；若每步上 5 阶，最后剩 4 阶；若每步上 6 阶，最后剩 5 阶；每步上 7 阶，最后正好 1 阶都不剩。编一个程序，计算该楼梯至少有多少阶。

这是一个典型的枚举法的程序。根据题意，这个阶梯最少有 7 阶。从 7 开始枚举，7、8、9、10、……，直到找到了一个数 n，正好满足 n 除以 2 余 1，n 除以 3 余 2，n 除以 5 余 4，n 除以 6 余 5，n 除以 7 余 0。再仔细想想，其实没有必要顺序枚举每个数。因为这个数正好能被 7 整除，所以只要枚举从 7 开始的、能被 7 整除的数即可，即 7、14、21、……。根据这个思路，可以得到代码清单 13-3 的程序。

代码清单 13-3　阶梯问题的程序

```
/* 文件名: 13-3.c
   阶梯问题     */

#include <stdio.h>

int main()
{
   int n;

   for (n = 7; ; n += 7)
      if (n % 2 == 1 && n% 3 == 2 && n % 5 == 4 && n % 6 == 5)  break;

   printf( "满足条件的最短的阶梯长度是:%d\n" , n );

   return 0;
}
```

该程序运行的结果为

满足条件的最短的阶梯长度是：119

代码清单 13-3 中的 for 循环貌似是一个死循环，因为循环控制行中的表达式 2 为空。但事实上循环是会终止的，循环唯一的出口是循环体中的 break 语句。

例 13.3 用 150 元钱买了 3 种水果，各种水果加起来一共 100 个，西瓜 10 元一个，苹果 3 元一个，橘子 1 元 1 个。设计一个程序，输出每种水果各买了几个。

这个问题可用枚举法来解决。它有两个约束条件，第一是 3 种水果一共 100 个，第二是买 3 种水果一共花了 150 元。也就是说，如果西瓜有 *mellon* 个，苹果有 *apple* 个，橘子有 *orange* 个，那么 *mellon* + *apple* + *orange* 等于 100，10 * *mellon* + 3 * *apple* + *orange* 等于 150。

最直观的解决方法是与例 13.1 类似，用一个三层嵌套的 for 循环。最外层枚举西瓜数，第二层枚举苹果数，第三层枚举橘子数。每种水果至少有 1 个，最多有 98 个，所以 3 个循环变量都是从 1 变化到 98。最里层的循环体检查是否满足两个约束条件，如果条件满足，输出 3 个循环变量的值。程序的实现见代码清单 13-4。

代码清单 13-4 水果问题的程序（方案一）

```c
/* 文件名：13-4.c
   水果问题求解     */
#include <stdio.h>

int main()
{
    int  mellon, apple, orange;                    /* 分别表示西瓜数、苹果数和橘子数  */

    for (mellon=1; mellon<99; ++mellon)            /* 枚举可能的西瓜数 */
        for (apple=1; apple < 99; ++apple)         /* 枚举可能的苹果数 */
            for (orange =1; orange < 99; ++ orange ) /* 枚举可能的橘子数 */
                if (mellon+apple+orange == 100 &&
                    mellon * 10 +apple * 3 + orange == 150){ /* 满足两个约束条件  */
                    printf( "mellon: %d  ", mellon);
                    printf( "apple: %d  " , apple);
                    printf("orange: %d  \n" , orange);
                }

    return 0;
}
```

程序运行结果为

```
Mellon: 2  apple: 16   orange: 82
Mellon: 4  apple: 7    orange: 89
```

在这个程序中，两个约束条件的测试次数是 98 * 98 * 98 次。

代码清单 13-4 的程序有没有改进的余地？有！简单分析一下就可以知道，最里层的循环是不需要的。既然水果总数是 100 个，当西瓜数和苹果数确定后，橘子数就可以算出来了。橘子数等于 100-西瓜数-苹果数。另外，西瓜数也没有必要从 1 枚举到 98，因为一共只有 150 元钱，全部用来买西瓜也只能买 15 个。苹果数也是如此。所以在枚举时需要进行分析和优化。

按一个约束条件列出所有可行的情况，然后对每个可能的解检查它是否满足另一个约束条件。例如，按照第二个约束条件，至少必须买一个西瓜，至多只能买 14 个西瓜，因此可能的西瓜数的变化范围是 1～14，而不是 1～98。当西瓜数确定后，剩下的钱是 150 减去 10 乘以西瓜数，这些钱可以用来买苹果和橘子，至少必须买一个苹果，至多只能买（150-10×西瓜个数-1）个苹果，剩余的钱都可以用来买橘子，一共可以买（150-10×西瓜数-3×苹果数）个橘子。这就是一个候选方案，对此方案检查是否满足第一个约束条件，即所有水果数之和为 100 个，如果满足，则输出此方案。按照上述思路可以得到代码清单 13-5 所示的程序。

代码清单 13-5　水果问题的程序（方案二）

```c
/* 文件名：13-5.c
   水果问题求解    */
#include <stdio.h>

int main()
{
    int  mellon, apple, orange;                      /* 分别表示西瓜数、苹果数和橘子数  */

    for (mellon=1; mellon<15; ++mellon)              /* 枚举可能的西瓜数   */
        for (apple=1; apple < 150 - 10 * mellon; ++apple) {  /* 枚举可能的苹果数 */
            orange = 150-10*mellon-3*apple;          /* 剩下的钱全买了橘子 */
            if (mellon+apple+orange == 100){         /* 3 种水果数之和是否为 100  */
                printf( "mellon: %d  ", mellon);
                printf( "apple: %d  " , apple);
                printf("orange: %d  \n" , orange);
            }
        }

    return 0;
}
```

在设计一个算法时，要时刻记住提高它的效率。

例 13.4　最长连续子序列和的问题：给定（可能是负的）整数序列 A_1，A_2，A_3···寻找 $\sum_{k=i}^{j} A_k$ 值为最大的序列。如果所有整数都是负的，那么最长连续子序列的和是零。设计一个函数找出给定序列中的最长连续子序列以及和值。

例如，假设输入是-2, 11, -4, 13, -5, 2，那么答案是 20，它所选的连续子序列包含了第 2～4 项。又如，输入 1, -3, 4, -2, -1, 6，则答案是 7，这个子序列包含最后 4 项。

最简单的解决方法是直接枚举每个子序列，计算子序列的和值，从中找出和值最大的，程序实现如代码清单 13-6 所示。

　　函数的输入是一个待查找的数组 a，输出有 3 个值，即最大子序列的起始位置 start、最大子序列的终止位置 end 以及最大子序列的和值。将 start 和 end 设计为函数的输出参数，和值为函数的返回值。输出参数采用指针传递，所以函数的返回类型是 int，有 4 个参数，前两个参数表示一个数组，后两个参数是返回的起始位置和终止位置。

　　函数的主体是一对用来遍历所有可能的子序列的循环，循环变量 i 控制子序列的起始位置，i 从 0 变到 size-1，循环变量 j 控制子序列的终止位置，它的值从 i 变化到 size-1。对于每个从 i 开始到 j 结束的子序列，用一个循环变量为 k 的计数循环计算它们的和。如果和是目前所遇到的最大的和，就更新 maxSum 和、start 及 end 的值。最后返回 maxSum。

代码清单 13-6　用枚举法实现最大连续子序列和函数及应用

```c
/* 文件名： 13-6.c
   用枚举法求最大连续子序列和    */
#include <stdio.h>
int maxSubsequenceSum(int a[], int size, int *start, int *end);

int main()
{
    int a[] = {-2, 11, -4, 13, -5, 2 };
    int b[] = {1, -3, 4, -2, -1, 6};
    int sum, start, end;

    sum = maxSubsequenceSum(a, 6, &start, &end);
    printf("{-2, 11, -4, 13, -5, 2 }中的最大和值从 %d 开始到 %d 结束, 和值是 %d\n",
            start, end, sum);
    sum = maxSubsequenceSum(b, 6, &start, &end);
    printf(" {1, -3, 4, -2, -1, 6}中的最大和值从 %d 开始到 %d 结束, 和值是 %d\n",
            start, end, sum);

    return 0;
}



int maxSubsequenceSum(int a[], int size, int *start, int *end)
{
    int maxSum = 0, i, j, k;                     /*maxSum:当前的最大子序列和  */

    for (i = 0; i < size; i++ )                  /*子序列的起始位置    */
        for(j = i; j < size; j++ ) {             /*子序列的终止位置    */
            int thisSum = 0;
            for(k = i; k <= j; k++ )             /*求从 i 开始到 j 结束的序列和    */
                thisSum += a[ k ];
            if( thisSum > maxSum ) {             /* 找到一个更好的序列    */
```

```
                    maxSum = thisSum;
                    *start = i;
                    *end = j;
                }
            }
        }

    return maxSum;
}
```

程序的输出如下

```
{-2, 11, -4, 13, -5, 2 }中的最大和值从 1 开始到 3 结束，和值是 20
{1, -3, 4, -2, -1, 6}中的最大和值从 2 开始到 5 结束，和值是 7
```

　　这个算法的优点就是极其简单，一看就明了它的实现原理。一个算法越简单，它可以被正确编程的可能性就越大，然而通常效率不够高。

　　这个算法的运行时间完全由循环变量为 i 的 for 循环确定。如果子序列长度为 n，则该循环的循环体将被执行 n 次。该循环的循环体也是一个 for 循环（循环变量为 j 的循环），该循环的循环体被执行 n-i 次。j 循环的循环体是一个复合语句，它由一个赋值、一个循环和一个条件语句组成，最里层循环的循环体 thisSum += a[k]的执行次数是 $\sum_{i=1}^{N}\sum_{j=i}^{N}\sum_{k=i}^{j}1 = N（N+1）（N+2）/6$。

　　这个算法有没有改进的余地？当然有。仔细观察代码清单 13-6 中的算法，会发现有一些不必要的计算。在计算第 i~j 个元素的子序列和时，算法用了一个循环。事实上，枚举从 i 开始的子序列的次序是[i,i]、[i,i+1]、[i,i+2]…，[i,N-1]。对每个 j，在计算[i,j]的子序列和之前已经得到了[i,j-1] 的子序列和。而 $\sum_{k=i}^{j}A_k = A_j + \sum_{k=i}^{j-1}A_k$，因此，计算[i,j]的子序列和没有必要用一个循环，只需要再做一次加法即可。如果利用这个事实，就得到了如代码清单 13-7 所示的改进算法，这个算法利用两重循环而不是三重循环。

代码清单 13-7　最大连续子序列和的改进算法

```
/* 文件名： 13-7.c
   用枚举法求最大连续子序列和的改进算法    */
#include <stdio.h>
int maxSubsequenceSum(int a[], int size, int *start, int *end);

int main()
{
    int a[] = {-2, 11, -4, 13, -5, 2 };
    int b[] = {1, -3, 4, -2, -1, 6};
    int sum, start, end;

    sum = maxSubsequenceSum(a, 6, &start, &end);
    printf("{-2, 11, -4, 13, -5, 2 }中的最大和值从 %d 开始到 %d 结束，和值是 %d\n",
            start, end, sum);
    sum = maxSubsequenceSum(b, 6, &start, &end);
    printf(" {1, -3, 4, -2, -1, 6}中的最大和值从 %d 开始到 %d 结束，和值是 %d\n",
```

```
                    start, end, sum);

    return 0;
}


int maxSubsequenceSum(int a[], int size, int *start, int *end)
{
    int maxSum = 0;                          /*  已知的最大子序列和  */
    int i, j;

    for(i = 0; i < size; i++ ) {             /*  子序列的起始位置  */
        int thisSum = 0;                     /*  从 i 开始的子序列和  */
        for(j = i; j < size; j++ ) {         /*  子序列的终止位置  */
            thisSum += a[j];                 /*  计算从 i 开始到 j 结束的序列和  */
            if( thisSum > maxSum )  {
                maxSum = thisSum;
                *start = i;
                *end = j;
            }
        }
    }
    return maxSum;
}
```

代码清单 13-6 中最里层的循环被代码清单 13-7 中的一个加法所替代。

13.2 贪婪法

贪婪法

贪婪法也称贪心算法，用于求问题的最优解。此问题的解决过程由一系列阶段组成，贪婪法在求解过程的每一阶段都选取一个在该阶段看似最优的解，把每一阶段的结果合并起来形成一个全局解。贪婪法并不能使所有问题都得到最优解。

贪婪法是一种很实用的方法，日常生活中的很多问题都是用贪婪法解决的。例如，如何把孩子培养成一个优秀的人才就是一个求最优解的问题，很多家长采用的就是贪婪法，就是在孩子成长的每一阶段都让他受最好的教育。再如，在平时购物找零钱时，为使找零的硬币数最少，是从最大面值的硬币开始，按递减顺序考虑各种面值的硬币，先尽量用最大面值的硬币，当剩下的找零值比最大硬币值小的时候才考虑第二大面值的硬币，当剩下的找零值比第二大面值的硬币值小的时候才考虑第三大面值的硬币。这就是在采用贪婪法。贪婪法在这种场合总是最优的，因为银行对其发行的硬币种类和硬币面额进行了巧妙的设计，如果不经过特别设计，贪婪法不一定能得到最优解。例如，硬币的面额分别为 25、21、10、5、2、1 时，贪婪法就不一定能得到最优解，如要找 63 分钱，用贪婪法得到的结果是 25、25、10、1、1、1，一共要 6 枚硬币。但最优解是 3 枚 21 分的硬币。

例 13.5 用贪婪法解硬币找零问题。

假设有一种货币，它有面值为 1 分、2 分、5 分和 1 角的硬币，最少需要多少个硬币来找出 K 分钱的零钱。按照贪婪法的思想，需要不断地使用面值最大的硬币。如要找零的值小于最大的硬币值，则尝试第二大的硬币，以此类推。依据这个思路，可得到代码清单 13-8 所示的程序。

代码清单 13-8　贪婪法解硬币找零问题的程序

```c
/* 文件名：13-8.c
   贪婪法解硬币找零问题   */
#include<stdio.h>

#define ONEFEN  1
#define TWOFEN  2
#define FIVEFEN  5
#define ONEJIAO  10

int main()
{
    int money;
    int onefen = 0, twofen = 0, fivefen = 0, onejiao = 0;

    printf( "输入要找零的钱?（以分为单位）: ");
    scanf("%d",&money);

    /*  从大到小不断尝试每一种硬币   */
    if (money >= ONEJIAO) {
        onejiao = money / ONEJIAO;
        money %= ONEJIAO;
    }
    if (money >= FIVEFEN) {
        fivefen = 1;
        money -= FIVEFEN;
    }
    if (money >= TWOFEN) {
        twofen = money / TWOFEN;
        money %= TWOFEN;
    }
    if (money >= ONEFEN)  onefen = 1;

    /*  输出结果  */
    printf("1角硬币数: %d\n", onejiao);
    printf("5分硬币数: %d\n", fivefen);
    printf("2分硬币数: %d\n", twofen);
    printf("1分硬币数: %d\n", onefen);

    return 0;
}
```

例 13.6 给定一组由不重复的个位数组成的数字，例如 5、6、2、9、4、1，找出由其中 3 个数字组成的最大的 3 位数。

这是一个很经典的用贪婪法解决的问题。解决问题的过程可以分为 3 个阶段。第一阶段是找百位数。要使得这个 3 位数最大，百位数必须选所有数中最大的。第二阶段是找十位数。要使得这个 3 位数最大，十位数必须选剩余数中最大的。第三阶段是找个位数。要使得这个 3 位数最大，个位数必须选剩余数中最大的。依据这个思路可得到代码清单 13-9 所示的程序。

代码清单 13-9　找出由 5、6、2、9、4、1 中的 3 个数字组成的最大的 3 位数的程序

```
/*文件名：13-9.c
找出由 5、6、2、9、4、1 中的 3 个数字组成的最大的 3 位数的程序*/
#include <stdio.h>

int main()
{
    int num = 0, max = 10, current, n, digit ;
    int a[6] = {5, 6, 2, 4, 9, 1};

    for (digit = 100; digit > 0; digit /= 10) {
        current = 0;
        for (n = 0; n < 6; ++n)
            if (a[n] > current && a[n] < max)
                current = a[n];
        num += digit * current;
        max = current;
    }

    printf("%d\n", num );

    return 0;
}
```

解决问题的 3 个阶段通过外层的 for 循环控制，第一个循环周期 digit=100，表示找百位数；第二个循环周期 digit=10，表示找十位数；第三个循环周期 digit=1，表示找个位数。每次都是找剩余元素中的最大值，这是通过里层的 for 循环实现的。程序用 max 表示上一次找到的数字，本次要找的是小于 max 的最大数字。这个最大的数字存储在变量 current 中。在寻找下一个数字前，要用 current 更新 max。

代码清单 13-9 的输出如下

965

例 13.7 最少背包问题：假设有许多盒子，每个盒子能保存的总重量为 10。有 n 个物品 i_1，i_2，$\cdots$，i_n，它们的重量分别是 w_1，w_2，$\cdots$，w_n，用尽可能少的盒子盛放所有物品，任何盒子的重量不能超过它的容量。例如，如果物品的重量为 4、4、6 和 6，最佳的方案是用两个盒子。

使有贪婪法得到的不一定是最优方案。要得到最优方案，必须枚举所有的组合情况。

用贪婪法找背包问题解的思路是依次放入每个物品。在放入一个物品时，在所有盒子中找一个能放入此物品且剩余容量最小的盒子，把物品放入此盒子。如果不存在这样的盒子，则启用一个新盒子。按照这个思路，如果物品的重量为 4、4、6 和 6，则需要 3 个盒子。处理第一个物品时，所有盒子都是空盒，则启用一个新盒子。处理第 2 件物品时，第一个盒子还剩 6，物品重量是 4，能够放下，所以也放入第一个盒子。此时第一个盒子的剩余容量为 2。第三件物品重量是 6，必须启用一个新盒子。第四件物品重量也是 6，第一、二个盒子都放不下，也只能启用一个新盒子。所以按照贪婪法，最少的盒子数是 3 个。用贪婪法解决背包问题的程序见代码清单 13-10。

代码清单 13-10　贪婪法解背包问题的程序

```c
/* 文件名: 13-10.c
   贪婪法解背包问题   */
#include <stdio.h>

int main()
{
    int numOfItem, min = 0, i,j, remain,idx;          /* min: 已用盒子数*/
    int *item, *box;

    printf("请输入物品数: ");
    scanf("%d", &numOfItem);

    item = (int *) calloc(sizeof(double), numOfItem);   /* 存储 n 个物品的重量*/
    box = (int *) calloc(sizeof(double), numOfItem);    /* n 个盒子*/

    printf("请输入%d个物品重量: ", numOfItem);
    for (i = 0; i < numOfItem; ++i) scanf("%d", &item[i]);

    box[0] = 10 - item[0];
    for (i = 1; i < numOfItem; ++i) {              /* 依次放入每件物品*/
        remain = 10;
        idx = -1;
        for (j = 0; j <= min; ++j)                 /* 在启用的盒子中找最适合的盒子 */
            if (box[j] >=item[i] && box[j] < remain) {
                idx = j;
                remain = box[j];
            }
        if (idx == -1) {                           /* 启用一个新盒子 */
            ++min;
            box[min] = 10 - item[i];
        }
```

```
        else box[idx] -= item[i];
    }

    free(item);
    free(box);

    printf("最少需要%d 个盒子\n", min+1);

    return 0;
}
```

13.3 分治法

分治法

分治法也许是使用最广泛的算法设计技术，其基本思想是将一个大问题分成若干个同类的小问题，然后由小问题的解构造出大问题的解。把大问题分成小问题称为"分"，从小问题的解构造大问题的解称为"治"。

分治法通常都是用递归算法实现的。如果把解决问题的过程抽象为一个函数，同类小问题的解可以通过递归调用该函数求得。

例 13.8 快速排序。快速排序是分治法的一个典型应用示例，求解问题的主要思路如下所述。

- 将待排序的数据放入数组 a 中，从 a[low]到 a[high]。
- 如果待排序元素个数为 0 或 1，排序结束。
- 从待排序的数据中任意选择一个数据作为分段基准，将它放入变量 k。
- 将待排序的数据分成两组，一组比 k 小，放入数组的前一半；一组比 k 大，放入数组的后一半；将 k 放在中间位置。
- 对前一半和后一半分别重复用上述方法排序。

在快速排序的实现过程中主要解决如下两个问题。

- 如何选择作为分段基准的元素？不同的选择对不同的排序数据有不同的时间性能。常用的有 3 种方法，第一种是选取第一个元素；第二种是选取第一个、中间一个和最后一个中的中间元素；最后一种是随机选择一个元素作为基准元素。采用第一种方法实现的程序比较简单，但当待排序数据比较有序或本身就是有序时，其时间性能很差，如果待排序数据很乱、很随机，则时间性能较好。后两种方法能较好地适用各种待排序的数据，但程序更复杂。为简单起见，这里选用第一种方法。

- 如何分段？分段也有多种方法，最简单的是再定义一个同样大小的数组，顺序扫描原数组，如果比基准元素 k 小，则从新数组的左边开始放，否则从新数组的右边开始放，最后将基准元素放到新数组唯一的空余空间中。这种方法的空间性能较差，如果待排序的元素数量很大，浪费的空间也是很大的。在快速排序中通常采用一种很巧妙的方法，该方法只用一个额外的存储单元。

如果有一个函数 divide 能实现分段，并返回基准元素的位置，快速排序的函数将非常简单，程序实现如代码清单 13-11 所示。

代码清单 13-11 快速排序函数

```
/* 快速排序程序：将数组 a 从 low 到 high 之间的元素按递增次序排列
   用法：quicksort(a, 0, n-1);      */
void quicksort(int a[], int low, int high)
{
    int mid;

    if (low >= high) return;        /* 待分段的元素只有1个或0个，排序结束    */
    mid = divide(a, low, high);     /* low 作为基准元素，划分数组，返回中间元素的下标  */
    quicksort( a, low, mid-1);      /* 排序左一半  */
    quicksort( a, mid+1, high);     /* 排序右一半  */
}
```

接下来的主要工作就是完成划分。首先设置两个变量 low 和 high，初始时，low 存储需要划分的数据段中的第一个元素的下标，high 存储需要划分的数据段的最后一个元素的下标。划分工作首先将 low 中的元素放在一个变量 k 中，这样 low 的位置就空出来了，然后重复下列步骤。

（1）从右向左开始检查，如果 high 中的值大于 k，该位置的值位置正确，high 减 1，继续往前检查，直到遇到一个小于 k 的值。

（2）将小于 k 的这个值放入 low 的位置，此时 high 的位置又空出来了。然后从 low 位置开始从左向右检查，直到遇到一个大于 k 的值。

（3）将 low 位置的值放入 high 位置，重复第 1 步。

重复上述步骤，直到 low 和 high 重叠，并将 k 放入此位置。

例如，数据 5、7、3、0、4、2、1、9、6、8 的划分步骤如下。

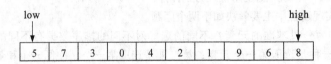

将 5 放入变量 k 中，low 指向的单元变成了一个空单元。high 从右向左进行扫描，遇到比 5 小的元素时停止（此处为元素 1），并将此元素放入 low 中，high 指向的单元变成一个空单元。

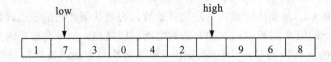

low 从左往右扫描，遇到比 5 大的元素时停止。此时遇到的是 7，将 7 放到 high 中，low 的位置又空出来了。

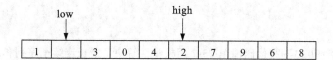

high 从右到左继续扫描，遇到比 5 小的元素时停止。此时遇到的是 2，将 2 放到 low 中，high 的位置又空出来了。

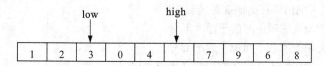

low 从左往右扫描，直到遇到 high，将 5 放入 low 的位置。

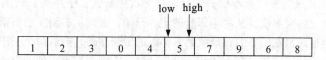

至此，一次划分结束。数据被分成了两半，一半是 1、2、3、0、4，另一半是 7、9、6、8。5 已经在正确的位置上了。

综合上述思路，可以得到如代码清单 13-12 所示的分段函数。

代码清单 13-12 分段函数的实现

```
/* 快速排序中的分段函数，将数组 a 的元素分成两段。小于 a[0]的放在数组的前一半，大于 a[0]的放在
数组的后一半，a[0]放在中间
  用法: divide(a, 0, n-1);      */
int divide( int a[], int low, int high)
{
    int k = a[low];

    do {
        while (low<high && a[high]>=k) --high;
        if (low < high) {
            a[low] = a[high];
            ++low;
        }
        while (low < high && a[low] <=k) ++low;
        if (low < high) {
            a[high] = a[low];
            --high;
        }
    } while (low != high);
    a[low] = k;
```

```
    return low;
}
```

例 13.9 代码清单 13-6 和代码清单 13-7 用枚举法解决了最长连续子序列和的求解问题，但是程序的时间性能较差。本例用分治法解决最长连续子序列和的问题。

用分治法解决问题就是将一个大问题分解成同类的小问题，最长连续子序列和也是如此。假设输入是 4、–3、5、–2、–1、2、6、–2，把这个输入划分成两部分，即前 4 个和后 4 个，这样最大和值的连续子序列可能出现在下面 3 种情况中，

- 情况 1：最大和值的子序列位于前半部分。
- 情况 2：最大和值的子序列位于后半部分。
- 情况 3：最大和值的子序列从前半部开始但在后半部结束。

这 3 种情况中的最大值就是本问题的解。

在前两种情况中，只需要在前半部分或后半部分找最长连续子序列，这通过递归调用就可解决。问题是第三种情况如何解决。从两半部分的边界开始，通过从右到左的扫描来找到左半段的最长序列。类似地，再通过从左到右的扫描找到右半段的最长序列，把这两个子序列组合起来，形成跨越分割边界的最长连续子序列。在上述输入中，通过从右到左扫描得到的左半段的最长序列和是 4，包括前半部分的所有元素。从左到右扫描得到的右半段的最长序列和是 7，包括–1、2 和 6。因此从前部分开始到后半部分结束的最长子序列和为 4+7=11。

总结来讲，用分治法解决最长子序列和问题的算法由如下 4 步组成。

（1）递归地计算整个位于前半部的最长连续子序列。

（2）递归地计算整个位于后半部的最长连续子序列。

（3）通过两个连续循环计算从前半部开始但在后半部结束的最长连续子序列的和。

（4）选择上述 3 个子问题中的最大值作为整个问题的解。

根据这个算法，可得到如代码清单 13-13 所示的程序。

代码清单 13-13　解决最大连续子序列和问题的函数

```
/* 文件名 13-13.c
   找出数组 a 的下标从 left 到 right 之间的和值最大的子序列
   用法: maxsum(a, 0, n-1, &start, &end);     */
int maxSum(int a[ ], int left, int right , int *start, int *end)
{
    int maxLeft, maxRight, center;  /* maxLeft 和 maxRight 分别为左、右半部的最长子序列和   */
    int leftSum = 0, rightSum = 0;         /* 情况 3 中，左、右部分的当前和值   */
    int maxLeftTmp = 0, maxRightTmp = 0;  /* 情况 3 中，中点至左右的最大和值   */
    int startL,startR, endL,endR;         /* 左、右部分的最大连续子序列的起点和终点   */
    int i;

    if (left == right) {                   /*  仅有一个元素,递归终止   */
        *start = *end = left;
        return a[left] > 0 ? a[left] : 0;
    }
```

```
    center = (left + right) / 2;
    /* 找前半部分的最大连续子序列   */
    maxLeft = maxSum(a, left, center,&startL, &endL);
    /* 找后半部分的最大连续子序列   */
    maxRight = maxSum(a,center + 1,right, &startR, &endR);

    /* 找从前半部分开始到后半部分结束的最大连续子序列   */
    *start = center;
    for (i = center; i >= left; --i){
        leftSum += a[i];
        if (leftSum > maxLeftTmp) {
            maxLeftTmp = leftSum;
            *start = i;
        }
    }
    *end = center + 1;
    for (i = center + 1; i <= right; ++i){
        rightSum += a[i];
        if (rightSum > maxRightTmp) {
            maxRightTmp = rightSum;
            *end = i;
        }
    }
    /* 找 3 种情况的最大值 */
    if (maxLeft > maxRight )
        if (maxLeft > maxLeftTmp + maxRightTmp) {
            *start = startL;
            *end = endL;
            return  maxLeft;
        }
        else return maxLeftTmp + maxRightTmp;
    else
        if (maxRight > maxLeftTmp + maxRightTmp) {
            *start = startR;
            *end = endR;
            return maxRight;
        }
        else return maxLeftTmp + maxRightTmp;
}
```

13.4   动态规划

在设计算法时经常会遇到一个复杂的问题分解出一系列同类子问题的情况，如果用分治法，会使得递归调用的次数呈指数增长，如 Fibonacci 数列的计算。

动态规划

Fibonacci 数列是递归定义的，它的定义如下。

$$\text{Fibonacci}(i) = \begin{cases} 0 & i = 0 \\ 1 & i = 1 \\ \text{Fibonacci}(i-1) + \text{Fibonacci}(i-2) & i > 1 \end{cases}$$

第 i 个 Fibonacci 数是前两个 Fibonacci 数之和，写一个计算 Fibonacci 数的递归过程似乎是很自然的事情。这个递归过程如代码清单 13-14 所示，它可以工作，但是有一个严重的问题，在运行速度相对比较快的计算机上计算 Fibonacci(40)也需要较长的时间。事实上，这个基本的计算只要 39 次加法，用这么多的时间是荒唐的。

代码清单 13-14 Fibonacci 函数的递归实现

```
/*文件名: 13-14.C */
int fib (int i)
{
    if (i == 0) return 0;
    if (i == 1) return 1;
    return fib(i-1)+ fib(i-2);
}
```

问题的根源是这个递归过程执行了冗余的运算，为计算 fib(n)，递归地计算 fib(n-1)，当这个递归调用返回时，再通过使用另一个递归调用计算 fib(n-2)。但是在计算 fib(n-1)的过程中已经计算了 fib(n-2)，因此对 fib(n-2)的调用是浪费、冗余的计算。就是说，事实上在计算 fib(n)时，对 fib(n-2)调用了两次而不是一次。

然而，事实比这个还要糟：每个对 fib(n-1)的调用和每个对 fib(n-2)的调用都会产生一个对 fib(n-3)的调用，这样其实对 fib(n-3)调用了 3 次。事实上，它还会更加糟糕：每个对 fib(n-2)或 fib(n-3)调用会产生一个对 fib(n-4)的调用，因此对 fib(n-4)调用了 5 次。这样得到一个连锁效应：每个递归调用会做越来越多的冗余工作。

设 C(N)表示在计算 fib(n)的过程中对 fib 函数的调用次数。显然 C(0)=C(1)=1 次调用。对于 N≥2，计算 fib(n)需要递归计算 fib(n-1)和 fib(n-2)，并将两个函数的调用结果相加，即 C(N)= C(N-1)+ C(N-2)+1。用归纳法很容易证明，对于 N≥3 这个递归公式的答案是 $C(N)=F_{N+2}+F_{N-1}-1$，这样递归调用的次数比所要计算的 Fibonacci 数还要大，而且按指数变化。对于 N=40，fib(40)=102 334 155，总的递归调用的次数大于 300 000 000。这个程序永远运行也不足为奇。递归调用次数的爆炸性增长，如图 13-1 所示。

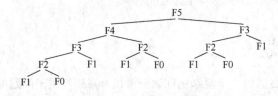

图 13-1 fib(5)的计算过程

为了节约重复求相同子问题的时间，可采用一个数组保存子问题的解，当遇到重复求解子问题时，不需要递归调用函数，而只需要取出保存的子问题的解，这就是动态规划的思路。

动态规划从小到大计算每个子问题的解，不管每个子问题的解对最终解是否有用，都把它保存于数组中。当解决大问题需要用到一些同类小问题的解时，不需要用递归调用去获得小问题的解，而可以直接从数组中取出小问题的解。例如要求 fib(n)，可以设置一个 n+1 个元素的整型数组 f 保存每个 Fibonacci 数。开始时设 f[0]=0，f[1]=1，然后从 f[0]、f[1]得到 f[2]，再从 f[1]、f[2]得到 f[3]，直到 f[n]。这样计算 fib(n)只用了 n-1 次的加法。读者可以自己实现这个过程。

下面用几个示例进一步说明动态规划的应用。

例 13.10 如果一种面值为 C_1，C_2，…，C_N（分）的硬币，最少需要多少个硬币来找出 K 分钱的零钱？

怎么来找出硬币找零问题的最优解呢？可以采用分治法的思路：如果可以用一个硬币找零，这就是答案；否则，对于每个可能的值 i，独立计算找 i 分钱零钱和 $K-i$ 分钱需要的最小硬币数。然后选择硬币数和最小的 i 这组的方案。

例如，如果有面值为 1、5、10、21、25 分的硬币，为了找出 63 分钱的零钱，可以分别尝试下述情况。

- 找出 1 分钱零钱和 62 分钱零钱分别需要的硬币数是 1 和 4。因此，63 分钱需要使用 5 个硬币。

- 找出 2 分钱和 61 分钱分别需要 2 和 4 个硬币，一共是 6 个硬币。

……

尝试所有可能性，可以看到一个 21 分和 42 分的分解，它可以分别用一个和两个硬币来找零，因此，这个找零问题就可以用 3 个硬币解决。

该方法可以用一个很简单的递归算法来实现，例如如下伪代码所示

```
int coin(int k)
{
    int i, tmp,
    int coinNum = k;

    if （能用一个硬币找零）return 1;
    for (i=1; i<k; ++i)
        if ((tmp = coin(i) + coin(k-i)) > coinNum)
            coinNum = tmp;
    return coinNum;
}
```

其中的 coinNum 是所需的最少硬币数。开始时，假设全用 1 分硬币找零。然后用一个 for 循环尝试每一个 i 和 k-i 的分解。用递归算法求得找零 i 分钱和 k-i 分钱的最优方案。如果比原来方案好，则替换原来的方案，即更新 coinNum。

此算法的效率很低，就如求 Fibonacci 数列一样，在求 coin(k)的过程中，某些 coin(i)会被反复调用多次。而且让 i 顺序增长也不合理。例如硬币的币值为 1、5、10、21、25，那么在分解了 1

和 k-1 后再分解成 2 和 k-2 是没意义的，因为没有币值为 2 的硬币，2 显然必须被分解成两个 1。一个较为合理的方法是按硬币额分解。例如，对于 63 分钱，可以给出以下找零办法：

- 一个 1 分的硬币加上找零 62 分钱；
- 一个 5 分的硬币加上找零 58 分钱；
- 一个 10 分的硬币加上找零 53 分钱；
- 一个 21 分的硬币加上找零 42 分钱；
- 一个 25 分的硬币加上找零 38 分钱。

该算法的问题仍然是由于重复调用带来的效率低下的问题。因此，可采用动态规划。从小到大求找零 k 分钱的方案。即先找出找零 0 分钱的方案，再找出找零 1 分钱的方案……把这些方案存放起来，当再次遇到找零 k 分钱时就不用重复计算了。

在本例中，用数组 coinUsed 保存子问题的解。coinsUsed[i]代表了找 i 分零钱所需的最小硬币数。而当 i 等于问题中要找的零钱时，coinsUsed[i]就是正在寻找的解。

如果数组 coins 存储硬币的币值，differentCoins 表示不同币值的硬币个数，即数组 coins 的规模，maxChange 是要找的零钱，则按照动态规划思想可设计出如下算法。

先找出 0 分钱的找零方法，把最小硬币数存入 coinUsed[0]。0 分钱的找零是 0 个硬币，因此 coinUsed[0]为 0。然后再依次找出 1 分钱、2 分钱……的找零方法存入 coinsUsed[1] coinsUsed[2]……对每个要找的零钱 i，可以通过尝试所有硬币，把 i 分解成某个 coins[j]和 i-coins[j]，由于 i-coins[j]小于 i，因此它的解已经存在，存放在 coinUsed[i-coins[j]]中，如果能够采用 coins[j]，所需硬币数为 coinUsed[i-coins[j]]+1。对所有 j，取最小的 coinUsed[i-coins[j]]+1 作为 i 分钱找零的答案，存入 coinUsed[i]。根据该算法得到的程序如代码清单 13-15 所示。

代码清单 13-15　硬币找零问题的解

```
/*  找出找零 maxChange 分钱的最优方案
    其中，数组 coin 存储不同的硬币币值，differentCoins 是不同的硬币数，即数组 coin 的规模
    返回值是所需找零的硬币数        */
int makechange( int coins[ ],  int differentCoins, int maxChange)
{
    int *coinUsed = (int *) calloc(sizeof(int), maxChange + 1);
    coinUsed[0] = 0;
    for (int cents = 1; cents <= maxChange; cents++) {   /* 尝试所有找零 */
        int minCoins = cents;                            /* 都用 1 分找零，硬币数最大 */
        for (int j = 1; j < differentCoins; j++) {       /* 尝试所有硬币 */
            if (coins[j] > cents) continue;              /* coin[j]硬币不可用 */
            if (coinUsed[ cents - coins[j] ] + 1 < minCoins)
                minCoins = coinUsed[ cents - coins[j] ] + 1; /* 用硬币 coins[j] */
        }
        coinUsed[cents] = minCoins;
    }
    int returnValue = coinUsed[maxChange];
    free(coinUsed);
```

```
        return returnValue;
}
```

代码清单 13-15 中的程序只给出了最少硬币数，而没有给出该方案中具体有哪些硬币组成。读者可自行修改此程序，使之应对相关问题。

13.5　回溯法

回溯法

回溯法也称试探法，用于求某个问题的可行解。

该方法首先暂时放弃问题规模大小的限制，从最小规模开始将问题的候选解按某种顺序逐一枚举和检验，选择一个可行解。如果所有候选解都不可行，则回到前一规模，尝试前一规模的其他候选解。如果当前候选解除了不满足规模要求外满足其他所有要求，则继续扩大当前候选解的规模，并继续试探。如果当前的候选解满足包括问题规模在内的所有要求，该候选解就是问题的一个解。回到前一规模称为回溯。扩大当前候选解的规模，并继续试探的过程称为向前试探。"分书问题"和"八皇后问题"都是典型的回溯法问题

例 13.11　分书问题：有编号为 0、1、2、3、4 的 5 本书，准备分给 5 个人 A、B、C、D、E，每个人的阅读兴趣用如下二维数组描述。

- Like[i][j] = true　　i 喜欢书 j
- Like[i][j] = false　　i 不喜欢书 j

写一个程序，输出一个皆大欢喜的分书方案。

解决该问题首先要解决这些信息的存储问题，可以用一个二维的布尔型数组 like 存储用户的兴趣；用一个一维的整型数组 take 表示某本书分给了某人。take[j] = i 表示第 j 本书给了第 i 个人。

解决问题的过程是依次给每个人分书，先给第一个人分书，选择一本第一个人喜欢的书分给他。在给第 i 个人分配了合理的书后，再尝试给第 i+1 个人分配书。给第 i 个人分配书就是依次枚举每本书，找一本他喜欢的并且没有被分配的书分给他。如果第 i 个人找不到合理的分配，也就是说他喜欢的书都已被分配给了别人，此时从第 i 个人回溯到第 i-1 个人，重新给第 i-1 个人分配书。也就是将原来分给第 i-1 个人的书收回，重新尝试其他书。

为此设计函数 trynext(i) 为第 i 个人分书。trynext（i）依次尝试把书 j 分给人 i。如果第 i 个人不喜欢第 j 本书，则尝试下一本书；如果喜欢，并且第 j 本书尚未分配，则把书 j 分配给 i。如果 i 是最后一个人，输出该方案，函数执行结束；否则调用 trynext(i+1) 为第 i+1 个人分书。如果尝试了所有书，都不适合分给 i，则回溯，让第 i-1 个人退回书 j，为第 i-1 个人尝试下一本书，即寻找下一个可行的方案。

如果用户的阅读兴趣描述如下。

$$\begin{bmatrix} 0 & 1 & 0 & 1 & 1 \\ 0 & 0 & 1 & 0 & 1 \\ 0 & 0 & 1 & 0 & 0 \\ 1 & 0 & 0 & 1 & 0 \\ 1 & 1 & 0 & 1 & 0 \end{bmatrix}$$

首先为第 0 个人分书，依次检查每本书，第 0 个人不喜欢第 0 本书，但喜欢第一本书，于是将

第一本书分给第 0 个人，即设 take[1] = 0。然后为第 1 个人分书，第 1 个人不喜欢第 0、1 本书，喜欢第 2 本书，于时将第 2 本书分给第 1 个人，即设 take[2] = 1。接下来再为第 2 个人分书。第 2 个人只爱第 2 本书，但第 2 本书已经分给了第 1 个人，于是回溯，看看第一个人有没有其他选择。让第 1 个人把第 2 本书还回来，继续检查其他书。假设第 1 个人还喜欢第 4 本书，于是把第 4 本书分给第 1 个人，然后继续为第 2 个人分书。这时第 2 个人可以分到第 2 本书。继续为第 3 个人分书，第 3 个人喜欢第 0 本书，于是他得到了第 0 本书。第 4 个人喜欢第 0、1、3 本书，但第 0、1 都已被分掉，最后他得到了第 3 本书。现在每个人都得到了自己喜欢的书，分书过程完成。

由于在每次 trynext 中都要用到数组 like 和 take，因此可将它们作为全局变量，以免每次函数调用时都要带一大串参数。trynext 函数见代码清单 13-16。

代码清单 13-16 分书问题

```c
/*  文件名：13-16.c
    找出分书问题的一个可行解      */
#include <stdio.h>

void trynext(int i);          /*  尝试为第 i 个人及以后的所有人分书，并输出可行方案   */

int like[5][5] = { {0,1,0,1,1}, {0,0,1,0,1},{0,0,1,0,0}, {1,0,0,1,0},{1,1,0,1,0} };
int take[5];

int main()
{
    int i;

    for (i=0; i<5; ++i)            /*  为数组 take 赋初值，-1 表示书没被分掉   */
        take[i] = -1;
    trynext(0);
    return 0;
}

/*  为第 i 个人分书。分配成功，返回 0，否则返回 1  */
int trynext(int i)
{
    int j, k;
    for (j=0; j<5; ++j){
      if (like[i][j] && take[j] == -1) {
          take[j] = i;
          if (i == 4)  {
              printf("书\t人\n");
              for (k=0; k<5; k++)
                  printf("%d\t%c\n", k, take[k]+'A');
              return 0;
          }
```

```
            if (trynext(i+1))/*第 i 个人放回第 j 本书, 重新选择*/
                take[j] = -1;
            else return 0;
        }
    }
    return 1;
}
```

　　函数 tryNext 为第 i 个人分书, 函数的返回值是一个整数。0 表示成功为第 i 个人及以后的所有人分书, 1 表示无法为第 i 个人分书。函数的主体是一个 for 循环, 该循环依次尝试第 j 本书, 如果 i 喜欢第 j 本书, 并且第 j 本书也没有分配给任何人, 即将第 j 本书分给第 i 个人。然后判断是否是最后一个人, 如果是最后一个人, 分书工作完成, 显示分配方案, 返回 0。否则调用 tryNext(i+1) 继续为第 i+1 个人分书, 如果 tryNext(i+1)返回 0, 表示为 i+1 及以后所有人分配了心仪的书, 分配完成, 返回 0; 如果 tryNext(i+1)返回 1, 表示无法为第 i+1 个人分书。于是让第 i 个人放弃第 j 本书, 尝试其他书。如果尝试了所有书都没有找到一本合适的, 返回 1, 表示为第 i 个人分书失败。

　　程序的输出如下。

书	人
0	D
1	A
2	C
3	E
4	B

　　代码清单 13-16 找到了一个可行的分书方案。如果希望找出所有可行的方案, 应该怎样修改这个程序? 只要对程序做小小的修改即可。在为每个读者找到一本合适的书后, 不要停止寻找, 继续为他尝试其他书。也就是把原来分配给他的书还回去, 继续尝试其他书。找出所有方案的程序见代码清单 13-17。

代码清单 13-17　分书问题

```
/*  文件名: 13-17.c
    找出分书问题所有解      */
#include <stdio.h>

void trynext(int i); /*  尝试为第 i 个人及以后的所有人分书    */

int like[5][5] = {{0,1,0,1,1}, {0,0,1,0,1},{0,0,1,0,0}, {1,0,0,1,0},{1,1,0,1,0}};
int take[5], n = 0; /* n是方案数   */

int main()
{
    int i;

    for (i=0; i<5; ++i) take[i] = -1;
    trynext(0);
```

```
        return 0;
}

void trynext(int i)
{
    int j, k;
    for (j=0; j<5; ++j){
      if (like[i][j] && take[j] == -1) {
          take[j] = i;
          if (i == 4)  {
                  n++;
                  printf( "\n第%d种方案: \n", n);
                  printf("书\t人\n");
                  for (k=0; k<5; k++)
                      printf("%d\t%c\n", k, take[k]+'A');
          }
          else  trynext(i+1);
          take[j] = -1;           /*为i寻找其他方案*/
      }
    }
}
```

程序的输出如下
第1种方案:
书　　　人
0　　　　D
1　　　　A
2　　　　C
3　　　　E
4　　　　B
第2种方案:
书　　　人
0　　　　E
1　　　　A
2　　　　C
3　　　　D
4　　　　B
第3种方案:
书　　　人
0　　　　D
1　　　　E
2　　　　C
3　　　　A
4　　　　B

例 13.12 "八皇后"问题：在一个 8×8 的棋盘上放 8 个皇后，使 8 个皇后中没有两个以上的皇后会出现在同一行、同一列或同一对角线上。设计一个函数，输出一个可行的方案。

按照回溯法，求解过程从空配置开始，先配置第一列，再配置第二列，……。在合理配置了第 1～m 列的基础上再配置第 m+1 列，直到第 8 列的配置也是合理时，就找到了一个解。

在每一列上有 8 种配置。开始时配置在第 1 行，以后改变时顺序选择第 2 行、第 3 行、……、第 8 行。如果配置到第 8 行时还找不到一个合理的配置，就要回溯，去改变前一列的配置。

可以将配置第 k 列及后面所有列的过程写成一个函数 queen(k)，找出"八皇后"问题的可行解只需要调用 queen(1)。当配置第 k 列时，前面的第 k-1 列都已配置成功。配置第 k 列时，依次检查第 1～8 行。如果找到一个可行的位置，而此时 k 等于 8，表示找到了"八皇后"问题的一个解，输出解。如果 k 不等于 8，则调用 queen (k+1)继续配置第 k+1 列。如果找遍了所有行都不可行，函数执行结束，回到调用它的函数，即 queen (k-1)，在第 k-1 列上重新找一个合适的位置。

与分书问题类似，函数返回一个整型值，如果找到一个可行解，返回 0；如果尝试了所有行都没有一个可行的位置，返回 1。这个过程可以抽象成如下伪代码

```
int queen (k)
{
  for (i = 1; i <= 8; ++i)
      if (第 k 列的皇后放在第 i 行是可行的) {
          在第 i 行放入皇后；
          if ( k == 8 ) 输出解，返回 0；
          if (queen(k+1))
              取消第 i 行的皇后；
          else 返回 0；
      }
      返回 1；
}
```

在真正编写程序前，还要解决两个问题：如何表示一个棋盘、如何测试解是否合理。表示棋盘的最直接的方法是采用一个 8×8 的二维数组，但仔细考查就会发现，这种表示方法很难检测新放入的皇后是否发生冲突。对于本题来说，关心的是"某一列上的一个皇后是否已经在某行和某条斜线上合理地安置好了"。因为在每一列上恰好放一个皇后，所以定义一个一维数组(设为 col[9])，col[j]表示在棋盘第 j 列上的皇后位置，如 col[3]的值为 4，就表示第 3 列的皇后在第 4 行。另外，为了使程序在找完了全部解后回溯到最初位置，设定 col[0]的初值为 0。当回溯到第 0 列时，说明程序已求得全部解（或无解），结束程序执行。

为了检查皇后的位置是否冲突，引入如下 3 个布尔型的工作数组。

● 数组 row[9]，row [A]=true 表示第 A 行上还没有皇后。

● 数组 digLeft[16]，digLeft [A]=true 表示第 A 条右高左低斜线上没有皇后，从左上角依次编到右下角（1～15）。第 i 行第 k 列所在的斜线编号为 k+i-1。

● 数组 digRight[16]，digRight [A]=true 表示第 A 条左高右低斜线上没有皇后，从左下角依次编到右上角（1～15）。第 i 行第 k 列所在的斜线编号为 8+k-i。

当在第 i 行第 k 列上放置了一个皇后时，必须设 row[i]=false，digLeft [k+i-1]=false，digRight [8+k-i] = false。

初始时，所有行和斜线上均没有皇后，3 个数组的值都为 true。从第 1 列的第 1 行开始配置第

1 个皇后。在第 k 列、第 col[k]行的位置放置一个合理的皇后时，将 row、digLeft 和 digRight 数组中对应第 k 列、第 col[k]行的位置设置为 false，表示已有皇后。当从第 k 列回溯到第 k-1 列，并准备调整第 k-1 列上的皇后的位置时，清除数组 row、digLeft 和 digRight 中设置的关于第 k-1 列、col[k-1]行有皇后的标志。一个皇后在第 k 列、第 col[k]行内的配置是否合理，由 row、digLeft 和 digRight 数组对应的位置值来决定。如果三者都为 true，则是合理的。在 C 语言中没有布尔类型，所以这 3 个工作数组都被定义为整型、1 表示 true，0 表示 false。具体程序见代码清单 13-18。

代码清单 13-18　求解"八皇后"问题的一个可行解的程序

```c
/* 文件名：13-18.c
   找出"八皇后"问题的一个可行解      */
#include <stdio.h>

int queen(int k);
int col[9];
int row[9], digLeft[17], digRight[17];

int main()
{
    int j;

    for(j = 0; j <=8; j++)
        row[j] = 1;
    for(j = 0; j <= 16; j++)
        digLeft[j] = digRight[j] = 1;
    queen (1);

    return 0;
}

//在 8×8 棋盘的第 k 列上找合理的配置
int queen(int k)
{
    int i, j;

    for (i = 1; i < 9; i++)                          /* 依次在 1～8 行上配置 k 列的皇后   */
        if (row[i] && digLeft[k+i-1] && digRight[8+k-i]) {      /* 可行位置    */
            col[k] = i;
            row[i] = digLeft[k+i-1] = digRight[8+k-i] = 0;   /* 置对应位置有皇后 */
            if (k == 8) {                             /* 找到一个可行解    */
                for (j = 1; j <= 8; j++)
                        printf("%d %d\t", j, col[j]) ;
                return 0 ;
            }
```

```
               if (!queen(k+1))  return 0 ;                    /* 递归至第 k+1 列 */
               /* 恢复对应位置无皇后，继续尝试其他行 */
               row[i] = digLeft[k+i-1] = digRight[8+k-i] = 1;
        }
    return 1;
}
```

程序的输出如下。

1 1   2 5   3 8   4 6   5 3   6 7   7 2   8 4

即皇后的位置如图 13-2 所示。

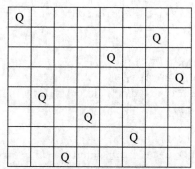

图 13-2 皇后的位置示意图

假如要找到所有可行的方案，可以与分书问题类似处理。在找到每一行的可行位置后，不要停止寻找，继续寻找其他可行的位置。找所有方案的"八皇后"问题程序见代码清单 13-19。

代码清单 13-19 求解"八皇后"问题的程序

```
/*  文件名：13-19.c
    找出"八皇后"问题的所有可行解    */
#include <stdio.h>

void queen_all(int k);
int col[9];
int row[9], digLeft[17], digRight[17];
int n = 0;          /*  可行方案数*/

int main()
{
    int j;

    for(j = 0; j <=8; j++) row[j] = 1;
    for(j = 0; j <= 16; j++)
        digLeft[j] = digRight[j] = 1;
    queen_all(1);

    return 0;
```

```
}

//在 8×8 棋盘的第 k 列上找合理的配置
void queen_a11(int k)
{
    int i, j;

    for (i = 1; i < 9; i++)                          /* 依次在 1 至 8 行上配置 k 列的皇后  */
        if (row[i] && digLeft[k+i-1] && digRight[8+k-i]) {  /* 可行位置   */
            col[k] = i;
            row[i] = digLeft[k+i-1] = digRight[8+k-i] = 0;   /* 置对应位置有皇后  */
            if (k == 8) {                            /* 找到一个可行解  */
                ++n;
                printf("%d:\t\t ", n);
                for (j = 1; j <= 8; j++)
                        printf("%d %d\t", j, col[j]) ;
                printf("\n ");
            }
            else  queen_a11(k+1);                     /* 递归至第 k+1 列 */
            row[i] = digLeft[k+i-1] = digRight[8+k-i] = 1; /* 恢复对应位置无皇后 */
        }
}
```

程序运行结果将输出 92 个可行的方案。

13.6　小结

本章简单介绍了算法设计中几种常用的方法及适用的范围，对每个算法都给出了一些示例说明它们的用法。读者在设计解决某个问题的算法时，可以先分析问题的性质，选择适当的算法设计思路实现算法设计。

选择适当的算法，并结合合适的数据结构，往往可以迅速而高效地解决问题。

13.7　实战训练

1. 已知 $xyz + yzz = 532$，x、y、z 个代表一个数字。编一程序求出 x、y、z 分别代表什么数字。

2. 已知一个 4 位数 $a2b3$ 能被 23 整除，编一程序求此 4 位数。

3. 编写一个函数，用动态规划求 Fibonacci 数。

4. 修改代码清单 13-12 中的硬币找零问题的程序，使之不仅能输出最少的硬币数，还能输出具体的找零方案。

5. 计算 a^n 可以采用分治法，表达式如下。

$$a^n = \begin{cases} a^{n/2} \times a^{n/2} & n \% 2 == 0 \\ a^{n-1/2} \times a^{n-1/2} \times a & n \% 2 == 1 \end{cases}$$

编写一函数计算 a^n。

附录 1　第 1 章自测题答案

1. 简述冯·诺依曼计算机的组成及工作过程。

解：

冯·诺依曼计算机由 5 大部分组成：运算器、控制器、存储器、输入设备和输出设备。

运算器是真正执行计算的组件。它在控制器的控制下执行程序中的指令，完成算术运算、逻辑运算和移位运算等。

存储器用来存储数据和程序。存储器可分为主存储器和外存储器。主存储器又称为内存，用来存放正在运行的程序和程序处理的数据。外存储器用来存放长期保存的数据。常用的外存储器有磁盘、光盘和 U 盘等。

控制器用于协调机器其余部分的工作。控制器依次读入程序的每条指令，分析指令，命令其他各部分共同完成指令要求的任务。

输入/输出设备又称外围设备，它是外部和计算机交换信息的渠道。输入设备用于输入程序、数据、操作命令、图形、图像和声音等信息。常用的输入设备有键盘、鼠标等。输出设备用于显示或打印程序、运算结果、文字、图形、图像等，也可以播放声音和视频等信息。常用的输出设备有显示器、打印机等。

2. 投入正式运行的程序就是完全正确的程序吗？

解：

正式投入运行的程序不一定是完全正确的程序。

程序的调试及测试不可能将程序所有的路径、所有可能输入的数据都执行一遍，因此只能发现并改正程序中的某些错误，而不能证明程序是正确的。所以，投入运行的程序不一定完全正确。在程序的使用过程中可能会不断发现程序中的错误，在使用时发现错误并改正错误的过程称为程序的维护。

3. 什么是高级语言？为什么高级语言具有较好的可移植性？

解：

高级语言是一种与机器的指令系统无关、表达形式更接近于科学计算的程序设计语言。计算机的专业人员事先写好了许多实用的程序，使程序员可以在程序中直接使用算术表达式、关系表达式和逻辑表达式，从而更容易被科技工作者掌握。程序员只要熟悉简单的几个英文单词、熟悉规定的几个语句格式就可以方便地编写高级语言的程序，而且不需要知道机器的硬件环境。

由于高级语言是独立于计算机硬件环境的一种语言，并不是计算机硬件认识的语言。硬件认识的语言称为这台机器的机器语言。高级语言的程序运行前需要先把它翻译成所在机器上的机器语言。只要在某台机器上配备了高级语言到这台机器上的机器语言之间的翻译，就可以在这台机器上运行这种高级语言的程序。因而同一个高级语言的程序可以在不同的计算机上运行，有较好的可移植性。

4．什么是源文件？什么是目标文件？什么是可执行文件？

解：

用程序设计语言描述的算法称为**程序**，程序通常以文件形式存储在计算机外存储器中。存储程序的文件通常称为**源文件**。系统用不同的后缀名区分不同语言写的源文件。C语言程序的源文件名的后缀必须是".c"。

计算机的硬件并不认识高级语言写的程序，为了让用高级语言编写的程序能够在不同的计算机系统上运行，必须将程序翻译成该计算机特有的机器语言。源程序对应的机器语言的程序称为目标程序，存储目标程序的文件称为**目标文件**。

虽然目标程序是用机器语言写的，但它还是不能直接运行，这是因为在现代程序设计中，程序员在编程序时往往会用到系统提供的工具或其他程序员提供的工具，程序运行时必然会用到这些工具的代码，于是需要将目标文件和这些工具的目标文件捆绑在一起，这个过程称为**链接**。存储链接以后代码的文件称为一个**可执行文件**。

5．编译器的任务是什么？

解：

高级语言是为了方便程序员编写程序而提出的一种独立于各种计算机的语言。在高级语言和机器语言之间执行这种翻译任务的程序叫作**编译器**。计算机的硬件只认识机器语言，并不认识高级语言写的程序。为了让用高级语言编写的程序能够在不同的计算机系统上运行，必须将高级语言写的程序翻译成该计算机特有的机器语言。

6．链接器的任务是什么？

解：

随着程序越来越大，如何重用代码变得越来越重要。在编程语言中，会提供一些常用工具的代码。程序员自己也可以写一些常用的工具代码。程序员在编程序时可以使用这些工具，这样可以减少编码量，提高代码的重用。

但程序运行时必须包含这些工具的代码，于是需要将目标文件和这些工具的目标文件捆绑在一起，这个过程称为**链接**。链接器是完成链接工作的程序。

7．什么是debug？

解：

debug也称为程序的调试过程。调试过程中，程序员用各种手段尽可能多地找出程序中的逻辑错误，并改正。

8．什么是语法错误？什么是逻辑错误？

解：

语法错误是程序中不符合程序设计语言规范的地方。一旦程序中有语法错误，编译器就无法把它翻译成目标代码。编译器编译程序时会找出所有的语法错误并输出这些出错信息。程序员可以根据编译器输出的出错信息修改程序，直到编译成功，生成目标文件。

逻辑错误是由于解决问题的算法设计有问题或对语句工作过程有误解而导致程序无法得到正确的结果。逻辑错误通过 debug 过程发现并改正。

9. 什么是算法？

解：

算法是一个使用计算机（更确切地讲是某种程序设计语言）提供的基本动作来解决某一问题的方案。

算法设计的难点在于计算机提供的基本功能非常简单，而人们要它完成的任务是非常复杂的。算法设计必须将复杂的工作分解成一个个简单的、计算机能够完成的基本动作。

10. 试列举常用的高级语言。

解：

常用的高级语言有：C、C++、Java、Pascal、Python 等。每种高级语言都有自己的特点，读者可根据所需要解决的问题选择合适的高级语言。

11. 算法有哪些常见的表示方法？

解：

常用的算法表示方法有：流程图、N-S 图、伪代码和自然语言。

附录 2　第 2 章自测题答案

1. 如果程序中需要用到三角函数，必须在预编译部分增加什么指令？

解：

C 语言提供了常用的数学计算函数。程序员在编程时需要用到数学中的一些常用函数时，如指数函数、对数函数、三角函数等，不需要自己编程实现，只需要调用 C 语言提供的函数。C 语言把这些函数集中在一个库中，这个库的名字是 math。

在 C 语言中，使用某个库中的函数必须包含库的头文件。当需要使用三角函数时，必须在编译预处理部分增加指令

```
#include <math.h>
```

2. 每个 C 语言程序都必须包含的函数是什么？

解：

C 语言的程序是由一组函数组成的。每个程序必须包含一个名字为 main 的函数，它是程序执行的入口。C 语言程序的执行就是从 main 函数的第一个语句执行到最后一个语句。main 函数中有可能包含调用其他函数的语句。

3. 简述程序调试的思想。

解：

调试程序最基本的思想就是观察程序的每一个步骤是否与程序员预期的结果相同。如果每个步骤都是预期的结果，那么程序将能得到正确的结果。

　　调试程序最基本的方法是单步执行。单步执行就是每执行一个语句后都暂停一下，程序员可以检查程序中的某些变量是否符合预期的结果。如果变量值正确，则继续往下执行一个语句，否则分析刚才执行的那条语句为什么没有得到正确的结果，对此语句进行改正。

　　4．什么是断点？在 VS2010 中如何设置断点？

　　解：

　　如果程序很短，可以用单步执行的方法调试程序。但如果程序很长，则会花费太多的时间，此时可以用设置断点的方法。

　　调试比较大的程序时，可以将程序按逻辑分成若干段，分段保证程序的正确性，分段的方法就是设置断点。程序员可以在每段后设置一个断点，运行到断点时程序会暂停，程序员可以检查程序中的某些变量是否符合预期的结果。如果这一段的运行结果与预期结果一致，则继续运行到下一断点，否则对上一段程序进行单步调试或设置更密集的断点。

　　集成开发环境一般都支持这类调试。VS2010 中的调试是由菜单项"调试"实现。该菜单项的下拉菜单中提供了单步测试、设置断点等功能。如果需要单步调试，可以选择"逐语句"或"逐过程"。"逐过程"就是把程序中的函数调用作为一个语句，不跟踪进入被调用的函数。选择"逐语句"时，遇到函数调用语句会进入被调用的函数。"逐语句"执行可以通过快捷键 F11，按一下快捷键 F11 执行一个语句。"逐过程"执行可以通过快捷键 F10，按一下快捷键 F10 执行一个语句。

　　如果需要设置断点，可以单击代码区中需要暂停代码左边的灰色竖条。在竖条中会出现一个红点，表示执行这个语句前会暂停。

　　设置了断点后，可以按快捷键 F5 启动调试。程序从 main 函数第一个语句开始执行，遇到第一个断点暂停。此时程序员可以检查各个变量的值，如需继续往下执行，再次按快捷键 F5。程序继续执行到下一个断点。如果后面没有断点，则执行到程序结束。

附录 3　第 3 章自测题答案

　　1．什么是常量？什么是变量？

　　解：

　　编写程序时已经确定且在程序运行过程中不会修改的值，称为**常量**。编写程序时尚未确定且在程序运行过程中可以改变的值，称为**变量**。

　　2．C 语言如何定义符号常量？

　　解：

　　对于程序中一些有特殊意义的常量，建议给它们取一个有意义的名字，便于读程序的程序员知道该常量的意义，有名字的常量称为**符号常量**。

　　C 语言定义符号常量采用编译预处理指令#define。定义的格式为

```
#define  符号常量名  字符串
```

如在程序中要为 π 取一个名字，可用以下定义

```
#define  PI  3.14159
```

　　预编译时，会将程序中所有的 PI 都替换成 3.14159。

3．一个字符型的值和一个短整型值相加后的结果是什么类型的？

解：

C 语言允许一个算术表达式中出现各种类型的数据。但事实上，C 语言只会执行同类型的整型或实型数的运算，运算结果与运算数的类型相同。如 int 与 int 运算，结果是 int 类型的。double 与 double 运算，结果是 double 类型的。如果表达式中的运算数类型不同，C 语言自动将它们转换成同一种类型。

字符型和短整型都是非标准整型。对于非标准整型，C 语言在运算时都会先把它们转换成标准整型。所以一个字符和一个短整型相加时会将它们都转换成 int，执行两个 int 类型数相加，结果是 int 类型。

4．二维平面上的点采用(x, y)表示。如果在程序执行时要以(2.3, 5.7)的形式输入一个点，其中 x 和 y 都是 double 类型的，如何设计 scanf 中的格式控制字符串？

解：

输入 double 类型的值需要用格式控制字符 "%lf"。输入中必须要输入的符号需要出现在格式控制字符串中的对应位置。如果要以（2.3,5.7）的形式输入 x 和 y 两个变量值，格式控制字符串应该设计成

```
"(%lf,%lf)"
```

对应的语句是

```
scanf("(%lf,%lf)" , &x, &y);
```

第一个%lf 对应于 x，第二个%lf 对应于 y。

5．如果要以(x, y)的形式输出二维平面上的点，如何设计 printf 中的格式控制字符串？

解：

如果 x 和 y 是 double 类型的，则对应的 printf 语句为

```
printf("(%f,%f)", x, y);
```

输出时，括号和逗号被原式原样输出，第一个%f 用 x 的值替代，第二个%f 用 y 的值替换。

6．如何定义两个名为 num1 和 num2 的整型变量？如何定义 3 个名为 x、y、z 的实型双精度变量？

解：

C 语言中，表示整型的类型名是 int，表示实型双精度的类型名是 double。所以，定义两个整型变量可以用

```
int num1, num2;
```

定义 3 个实型双精度变量可以用

```
double x, y, z;
```

7．定义一个字符类型的变量 ch，并将回车符作为它的初值。

解：

C 语言中，字符类型的类型名是 char。回车符是一个不可打印的字符。在程序中表示回车符需要用转义字符'\n'。所以定义一个字符变量 ch，并将回车作为初值可用下列语句

```
char ch = '\n';
```

8. 说明下列语句的效果，执行下面语句后 i、j、k 的值是多少？假设 i、j 和 k 定义为整型变量：

i = (j = 4) * (k = 16);

解：

这是一个嵌套的赋值语句，这个语句相当于 3 个赋值语句

```
j = 4;
k= 16;
i = j * k;
```

执行了这个语句后，i、j、k 的值分别为 64、4、16。

9. 怎样用一个简单语句将 x 和 y 的值设置为 1.0（假设它们都被定义为 double 型）？

解：

将变量 x 和 y 的值同时设为 1.0 可以用多重赋值语句

x = y = 1.0;

10. 如果 ch 是字符类型的变量，执行表达式 ch = ch +1 时发生了几次自动类型转换？

解：

执行 ch = ch + 1 时发生了两次自动类型转换。

由于 ch 是字符型，字符型数据参加运算时必须转换成 int 类型，然后执行与 1 的相加，此时发生了一次自动类型转换。

C 语言中的整型常量如果没有特殊说明都是 int 类型的，于是执行了两个 int 类型数据的相加，加的结果是 int 类型的。

计算结果需要存放在一个字符类型的变量中，此时又发生了一次自动类型转换，将整型的计算结果转换成字符型，存入变量 ch。

11. 如果 x 的值为 5，y 的值为 10，则执行表达式 z = (++x) + (y--)后，x、y、z 的值是多少？

解：

执行了这个表达式后，x 的值是 6，y 的值是 9，z 的值是 16。

对 x 和 y 的值应该没什么疑义。++x 是将 x 的值增加 1，所以 x 的值变成了 6。y--是将 y 的值减 1，所以 y 的值变成了 9。z 的值为什么是 16 而不是 15？那是因为表达式 y--的计算结果是减 1 以前的 y 值，即 10。所以 z 的值是 6+10=16。

12. 如果变量 x、y 和 z 都是 int 类型的，x 的值为 5， y 的值为 10， 则执行表达式 z = (x += 5) + (y /= 3)后，x、y、z 的值是多少？

解：

执行表达式后，x、y、z 的值分别是 10、3 和 13。

在执行这个表达式时，需要注意的是子表达式 y /= 3。因为 y 是整型，整型除整型的结果是整型，所以 y /= 3 的结果是 3，而不是 3.333333。

13. 如果变量 x、y 和 z 都是 int 类型的，x 的值为 5， y 的值为 11， 则执行表达式 z = x / 2.0 + y / 3.0 后，x、y、z 的值是多少？

解：

执行表达式后，x、y、z 的值分别是 5、11 和 6。

表达式中没有对 x 和 y 的赋值操作，只是引用了它们的值。所以执行了表达式后，x 和 y 的值没有变化。

C 语言中，任何实型常量都被看成是 double 类型的。在执行 x / 2.0 时，因为 2.0 是 double 类型，所以 x 的值被自动转换成 double，执行两个 double 类型数据的除法，结果是 double 类型的数 2.5。在执行 y/3.0 时也是如此，执行的是两个 double 类型数据的除法，结果是 double 类型的值 3.666667。然后执行 z=2.5+3.666667，这是两个 double 类型数相加，结果是 double 类型的数 6.166667。当把这个数赋给变量 z 时，由于 z 是 int 类型的，于是又发生了一次自动类型转换，将 6.166667 转换成整型数。double 类型转成 int 类型只需要去掉小数部分，所以 z 的值是 6。

14. 如果变量 x、y 和 z 都是 int 类型的，x 的值为 5，y 的值为 11，则执行表达式 z = x / 2 + y / 3 后，x、y、z 的值是多少？

解：

执行表达式后，x、y、z 的值分别是 5、11 和 5。

由于这个表达式中的所有值都是 int 类型的，int 类型除 int 类型的结果是 int 类型的。所以 x/2 的结果是 2，y/3 的结果是 3。z 的值为 2+3，等于 5。由于表达式中没有对 x 和 y 的赋值，所以 x 和 y 的值不变。

15. 若变量 k 为 int 类型，x 为 double 类型，执行了 k = 3.1415; x = k; 后，x 和 k 的值分别是多少？

解：

执行者这两个语句后，x 的值是 3.0，k 的值是 3。

因为 k 是整型，执行 k=3.1415 时发生了一次自动类型转换，将 3.1415 转换成了 int 类型，即去掉小数部分，所以 k 的值是 3。执行 x=k 时，因为 x 是 double 类型的，k 是整型的，所以又发生了一次自动类型转换，将 k 的值转换成 double 类型，所以 x 的值是 3.0。

16. 如果 x 是整型数，它的值是 32767，且所用的系统中整型用两个字节表示。在执行了 x += 3 后，x 的值是多少？

解：

执行了 x += 3 后，x 的值是-32766。

32767 的 16 位二进制表示是 <u>01111111 11111111</u>。执行 32767+3 的过程是

```
      01111111 11111111
+     00000000 00000011
─────────────────────────
      10000000 00000010
```

由于高位为 1，C 语言把它解释成一个负数的补码，这个补码对应的值是-32766。

17. 如果 x 是整型数，它的值是-1，则语句

```
printf("%d  %o  %x\n", x, x, x)
```

在 VS2010 中的输出结果是什么？

解：

语句的输出是

```
-1   037777777777   0xFFFFFFFF
```

在 VS2010 中，整型数占 4 个字节。-1 在机器内的表示是 11111111 11111111 11111111 11111111。"%d"表示以十进制输出，输出的是-1。

"%o"表示以八进制输出，二进制转八进制是从低位开始分成 3 位一组，把每组变成一个八进制的值。32 位可分成 11 组，第一组只有 2 位，值为 11，后面每组都由 3 位组成，值为 111。11 的八进制表示是 3，111 的八进制表示是 7，所以输出为 037777777777。

"%x"表示以十六进制输出。4 位二进制数表示一个十六进制值。所以每个字节可表示成两个十六进制值。本例中的每个字节值都是 8 个 1，对应于十六进制是两个 F，所以输出是 0xFFFFFFFF。

18. 某程序需要计算 $x = \dfrac{a+3}{b \times c}$，某程序员在程序中用表达式 $x = a + 3 / b * c$ 实现。试问有什么问题？

解：

C 语言在计算表达式 $x=a+3/b*c$ 时，按照优先级和结合性，先计算 $3/b$，然后将 $3/b$ 的结果与 c 相乘，最后将这个结果与 a 相加。这个过程与原表达式 $x = \dfrac{a+3}{b \times c}$ 是不相符的。这个表达式的意思是将 $a+3$ 的结果与 $b*c$ 的结果相除。正确的表达形式是

```
x = (a+3) / (b*c);
```

或

```
x = (a+3) / b / c;
```

19. 分别编写一个完成下列任务的语句。

① 将变量 x 的值加 10。

② 将变量 x 的值加 1，并将该值赋给变量 y。

③ 将 a、b 之和的 2 倍赋给变量 c。

④ 将 a + 5 除以 b – 7 的商赋给变量 c。

⑤ 将 a 除以 b 的余数赋给变量 c。

解：

解决这些问题的表达式如下：

① 将变量 x 的值加 10：　　　　　　　　　　　x += 10;

② 将变量 x 的值加 1，并将该值赋给变量 y：y = ++x;

③ 将 a、b 之和的 2 倍赋给变量 c：　c = 2 *(a + b);

④ 将 a + 5 除以 b – 7 的商赋给变量 c：　c = (a+5) / (b – 7);

⑤ 将 a 除以 b 的余数赋给变量 c：　c = a % b;

20. 如有定义

```
int a;
double x;
char ch;
```

试设计满足下列要求的语句。

① 在屏幕上显示变量 ch 中字符的内码。如 ch 的值是'A'，则输出为

字符 A 的 ASCII 编码是 65

② 在屏幕上显示 a + x 的结果值，要求结果为实数。如 a 的值是 5，x 的值是 3.7，则输出为

5 + 3.7 = 8.7

③ 在屏幕上显示 a + x 的结果值，要求结果为整数。如 a 的值是 5，x 的值是 3.7，则输出为

5 + 3.7 = 8

④ 在屏幕上显示变量 ch 中的字符后面第 a 字符的值。如 ch 的值是'A'，a 的值等于 3，则输出为

字符 A 后面第 3 个字符是 D

⑤ 如果 a 等于 5，x 等于 3.7，ch 等于'A'，输出为

a = 5
x = 3.7
ch = 'A'

解:

上述各问题的解如下:

① printf("字符%c 的 ASCII 编码是%d\n", ch, ch);

② printf("%d + %f = %f\n", a, x, a + x);

③ printf("%d + %f = %d\n", a, x, int(a + x));

④ printf("字符%c 后面第%d 个字符是%c\n", ch,a, ch+3);

⑤ printf("a = %d\n", a);

　printf("x = %f\n", x);

　printf("ch = %c\n", ch);

21. 某程序中有如下程序段

```
double x;
scanf ("%f", &x);
printf("%f", x);
```

该程序段输入 x 的值并将它回显在显示器，但程序执行的结果并不正确。请帮它找找问题。

解:

因为 x 是 double 类型的，double 类型的数据输入时采用的格式控制字符是"%lf"而不是"%f"。

附录 4　第 4 章自测题答案

1. 用条件表达式实现下列功能: 将变量 a、b 中较小的值加入变量 x。

解:

实现该功能的表达式是: x += (a < b? a : b);

2. 某程序需要实现下列功能: 当变量 a 的值小于 5 的时候，继续观察变量 b 的值。如果变量 b 的值大于 0，将 b 的值加入到 a。如果 b 的值小于等于 0，则什么都不做。当 a 的值大于等于 5 时，a 的值减去 5。某程序员写了如下语句

```
if (a < 5)
   if (b > 0) a += b;
```

```
else a -= 5;
```
试问该语句有没有实现既定功能，如果有问题，请指出错在哪里，该如何修改？

解：

该语句没有实现既定的功能。按照 C 语言的语法，else 子句与最近的一个没有配对的 if 语句配对。所以上述语句中的 else 子句是 if (b>0)的 else 子句，而不是 if (a < 5)的 else 子句。事实上，if (a < 5)没有 else 子句。

正确的写法是

```
if (a < 5) {
    if (b > 0) a += b;
}
else a -= 5;
```

上述语句中，用一对花括号限定了 if　(a < 5)的 then 子句的范围。

这个语句也可以写成

```
if (a >= 5 ) a -= 5;
else if (b > 0) a += b;
```

3. 某程序需要判断变量 x 的值是否等于 3 的特殊情况。当 x 等于 3 时输出 true，否则输出 false。某程序员写了下列语句，但不管 x 的值是多少，程序永远输出 true。为什么？

```
if (x = 3) printf( "true");
else printf( "false");
```

解：

C 语言中判断两个值相等采用的运算符是 "=="，而上述语句中用的是运算符 "="。

运算符 "=" 在 C 语言中表示赋值运算。它的作用是将右边的表达式的值赋给左边的变量，整个赋值表达式的结果是左边的变量。因而表达式 x=3 的结果是 x，而 x 的值是 3。在 C 语言中，任何非 0 值都被解释为 true，所以永远执行 then 子句，输出 true。

4. 用一个 if 语句重写下列代码

```
if (ch =='E')   ++c;
if (ch =='E') printf("%d", c);
```

解：

这个语句的含义是如果 ch 的值是'E'，把变量 c 的值加 1，然后输出变量 c 的内码。这两个动作可以组合在如下的一个语句中。

```
if (ch =='E') printf("%d", ++c);
```

这个语句利用了前缀++的特性。执行函数 printf 调用时，先计算++c，将变量 c 的值加 1，并将表达式的结果，即加 1 以后的 c 值输出。

5. 用一个 switch 语句重写下列代码。

```
if (ch == 'E' || ch =='e')
    ++countE;
else if (ch =='A' || ch =='a')
    ++countA;
else if (ch =='I' || ch =='I')
    ++countI;
```

```
else
    printf( "error\n");
```

解：

上述语句的功能是统计字母'E'、'A'、'I'的出现次数，不区分大小写。

这是一个典型多分支的情况，采用 switch 语句是一种更合理的方案。实现上述功能的 switch 语句如下：

```
switch (ch) {
    case 'E':
    case 'e': ++countE; break;
    case 'A':
    case 'a': ++countA; break;
    case 'I':
    case 'i': ++countI; break;
    default : printf("error\n");
}
```

由于大写和小写的处理过程是相同的，所以上述语句中将 case 'E'和 case 'e'写在一起，处理用的代码++countE 只需要出现一次。对'A'和'a'以及'I'和'i'的处理也是如此。

6. 修改下面的 switch 语句，使之更简洁。

```
switch (n) {
    case 0: n += x; ++x; break;
    case 1: ++x; break;
    case 2: ++x; break;
    case 3: m = m+n; --x; n = 2; break;
    case 4: n = 2;
}
```

解：

注意：上述语句中，++x 在情况 0、1、2 中都要执行，可以把这 3 种情况合并在一起，让++x 只出现一次。同理，表达式 n=2 在情况 3 和 4 中也都出现，也可以把它们合并在一起。更简洁的写法是：

```
switch (n) {
    case 0: n += x;
    case 1:
    case 2: ++x; break;
    case 3: m = m+n; --x;
    case 4: n = 2;
}
```

附录5　第5章自测题答案

1. 假设在 while 语句的循环体中有这样一条语句：当它执行时 while 循环的条件值就变为"假"，那么这个循环是将立即中止还是要完成当前周期呢？

解：

循环不会立即终止。while 循环的条件只有在进入循环体前才测试，在循环体执行过程中并不测试循环条件。所以当循环体中的某个语句将循环条件变为"假"时，并不影响当前循环体的执行。直到循环体执行结束回到循环控制行时，发现条件为"假"，循环才会终止。

2. 下面的 for 语句是一个合法的 C 语言的循环语句吗？如果合法，该循环是死循环吗？

```
int x = 5;
int y = -10;
for ( ; x = y; ) ++y;
```

解：

这是一个合法的 C 语言的循环语句，且不是死循环。

C 语言中的 for 循环的循环控制行中有 3 个表达式，但这 3 个表达式都允许空缺。上述 for 语句中，表达式 1 和 3 空缺，所以这是一个合法的 for 循环语句。

该循环的表达式 2 是一个赋值表达式，把 y 的值赋给 x，赋值表达式的结果是左边的变量 x。只要 x 的值为非 0，循环继续。判断该循环是否是死循环，需要判断 x 的值有无可能为 0。如果有可能，则循环会终止，否则就是死循环。

x 的值是 y 赋给它的，y 的初值是-10。在每个循环周期中，y 的值都会增加 1。执行了 10 个循环周期后，y 的值变成了 0，x 的值也变成了 0，此时 for 循环将终止。

3. 为什么在 for 循环中最好避免使用浮点型变量作为循环变量？

解：

for 循环一般用于计数循环，循环变量是一个计数器，记录已经执行的循环次数，所以用整型变量比较合适。

4. 下面哪一个循环重复次数与其他循环不同？

```
A.  i = 0;
    while( ++i < 100)
        printf("%d ", i);
B.  for( i = 0; i < 100; ++i)
        printf("%d ", i);
C.  for( i = 100; i >= 1; --i)
        printf("%d ", i);
D.  i = 0;
    while( i++ < 100)
        printf("%d ", i); ;
```

解：

A 循环的循环次数与其他循环不同。

A 循环中，i 的初值为 0。循环条件是++i < 100。即先将 i 加 1，然后测试 i<100。第一次测试循环条件时，i 的值变成了 1，第二次测试时变成了 2，……，第 99 次测试时变成了 99，第 100 次测试时变成了 100，此时循环条件为"假"，循环结束。所以循环执行了 99 个循环周期。

B 循环的循环变量从 0 变到 99，循环变量的值每次加 1，循环体一共执行了 100 次。

C 循环的循环变量从 100 变到 1，循环变量的值每次减 1，也正好是 100 次。

由此可见，不用再检查 D 循环了。已经可以断言 A 循环的循环次数与 B 和 C 都不同。

从 D 循环中可以看出，D 循环和 A 循环控制行很相似，唯一的区别是循环条件中，A 循环是

++i，而 D 循环是 i++。++i 是将 i 的值加 1，表达式的结果是加 1 以后的 i 值。所以在 A 循环中，第一次测试循环条件时，i 的值是 1。i-是将 i 的值减 1，但表达式的计算结果是减 1 以前的 i 值。所以在 D 循环中，第一次测试循环条件时测试的是 0<100。因此 D 循环也执行了 100 个循环周期。

5. 执行下列逗号表达式后，变量 a 和 b 的值是多少？

```
b = (a = 2, a += 5, ++a, a *= 2, a + 7)
```

解：

执行了上述表达式后，a 的值是 16， b 的值是 23。

整个赋值表达式的右边是一个逗号表达式。逗号表达式的计算过程是依次执行每个子表达式。整个逗号表达式的结果是最后一个子表达式的计算结果。

对上述逗号表达式，先执行 a=2。执行了这个子表达式后，变量 a 的值是 2。然后执行第二个子表达式 a += 5，结果使 a 的值变成了 7。再执行第三个子表达式，a 的值变成了 8。执行第四个子表达式，a 的值变成了 16。执行最后一个子表达式，a 的值没有变化。子表达式 a+7 的结果是 23。逗号表达式的结果是最后一个子表达式的值，所以最终赋给 b 的值是 23。

6. 下面 for 语句执行了几个循环周期？输出的结果是什么？

```
for (x = 0; x <= 100; ++x)
    if (x = 100) printf("quit\n");
    else printf("continue\n");
```

解：

上述循环语句的循环变量从 0 依次变到 100，循环体中也没有 break 语句，貌似执行了 101 个循环周期。但事实上，这个循环只执行了一个循环周期。

注意：循环体中的 if 语句的条件部分是 x=100，是一个赋值表达式。所以进入循环后，变量 x 的值被修改为 100。表达式 x=100 的运算结果是左边的变量，x 的值是 100。所以 if 的条件测试为"真"，于是执行 then 子句，输出

```
quit
```

回到循环控制行，执行表达式 3：++x，x 的值变成了 101。再次测试表达式 2，发现条件为"假"，循环终止。

附录 6 第 6 章自测题答案

1. 说明函数定义和函数原型声明的区别。

解：

函数定义要说明函数的输入/输出以及函数如何实现预定的功能。前者由函数头解决，后者由函数体解决。

在函数头中，用返回值指出了函数的执行结果是一个什么类型的值，用函数名体现函数的功能，用形式参数表示函数的输入。

函数体由变量定义和语句两个部分组成。变量定义部分定义了语句部分需要用到的变量，语句部分体现了如何从参数计算得到返回值的过程。

函数的执行称为**函数调用**。但在函数调用前必须告诉编译器函数正确的调用格式，使编译器

能够检查函数调用是否正确，是否正确地给出了函数运行时需要的数据，是否正确使用函数的运行结果值。这些信息是通过**函数原型声明**给出的。

函数原型是函数的头部信息。函数原型声明就是在函数头部后面加一个分号。

2. 什么是形式参数？什么是实际参数？

解：

函数的形式参数是定义函数时指明函数需要几个输入信息、每个输入信息是什么类型的。实际参数是某次函数执行时对应于每个形式参数的真正的输入值。

3. 什么是值传递？

解：

在值传递中，形式参数有自己的内存空间。函数参数传递时，将实际参数值作为形式参数的初值。传递结束后，形式参数和实际参数没有任何关系。函数内对形式参数的修改不会影响实际参数。

值传递时，实际参数可以是常量、变量、表达式，甚至是另一个函数调用。

4. 局部变量和全局变量的主要区别是什么？使用全局变量有什么好处，有什么坏处？

解：

局部变量是函数内部定义的变量，只能在函数内部使用。全局变量是在所有函数外定义的变量，所有定义在该变量后面的函数都能使用该全局变量。

使用全局变量可以加强函数之间的联系。函数之间的信息交互不用通过参数传递。一个函数修改了某个全局变量，另外一个使用该全局变量的函数也能看见。

但全局变量也破坏了函数的独立性。用同样参数对同一个函数的多次调用，可能因为执行时，全局变量值不一样而导致函数执行的结果不同。这将给保证函数的正确性带来一定的麻烦。

5. 变量定义和变量声明有什么区别？

解：

变量定义和变量声明最主要的区别在于有没有分配空间。

变量定义需要为所定义的变量分配空间，而变量声明仅指出本源文件中的程序用到了某个变量，该变量的类型是什么。至于该变量的定义可能出现在同一个项目中的其他源文件中，也可能出现在本源文件中尚未编译到的部分。

6. 为什么不同的函数中可以有同名的局部变量？为什么这些同名的变量不会产生二义性？

解：

局部变量的作用域是在它所定义的函数内，每个函数只能看到自己定义的局部变量和定义在这个函数前面的全局变量。所以，不同的函数可以有同样的局部变量名，而不会有二义性。

7. 普通的局部变量和静态的局部变量有什么不同？

解：

普通的局部变量存储在函数对应的帧中，它们随函数的执行而生成，函数执行的结束而消亡。

静态的局部变量不是存储在函数对应的帧中，而是存储在全局变量区。它在该函数第一次执行时生成，函数结束时并不消亡，要到整个程序执行结束时消亡。当再次执行该函数时，其他的局部变量又重新被生成了，而静态局部变量不重新生成。当函数访问静态的局部变量时，还是到第一次为该静态局部变量分配的空间中进行操作。这样，函数上一次执行时的某些信息可以被用在下一次函数执行中。

8. 如何让一个全局变量或全局函数成为某一源文件独享的全局变量或函数？

解：

将全局变量或全局函数成为某一源文件独享的全局变量或函数，是一个良好的程序设计习惯，可以减少源文件之间的互相干扰。

要做到这一点，只要将该全局变量或全局函数设为静态的，即在定义全局变量或函数时，在它们的前面加上保留词 static。

9. 如何引用同一个项目中的另一个源文件中的全局变量？

解：

引用同一个 project 中的另一个源文件中的全局变量可以用外部变量声明。

如果源文件 A 中定义了一个全局变量 x，源文件 B 也要用这个 x，那么在源文件 B 中可以写一个外部变量声明：extern x;表示用了一个在其他源文件中定义的全局变量 x，这样源文件 B 就可以用源文件 A 中定义的全局变量 x 了。

10. 设计实现下列功能的函数原型。

① 返回一个字符的 ASCII 值。

② 求 3 个整数的最大值。

③ 以八进制或十六进制输出一个整型数。

④ 比较 x^y 和 y^x 的大小。

解：

这些函数原型如下。

① 返回一个字符的 ASCII 值的函数应该有一个 char 类型的输入，函数的执行结果是输入字符的 ASCII 值，即一个整型数或一个短整型数。函数原型可设计为

```
int getAscii(char);
```

或

```
short getAscii(char);
```

② 求 3 个整数的最大值函数应该有 3 个整型参数，返回值是 3 个整型参数中的最大值，也是一个整型数。函数原型可设计为

```
int max(int, int, int);
```

③ 以八进制或十六进制输出一个整型数的函数应该有两个参数：需要输出的整型数以及用什么数制输出，函数只是把第一个参数以相应的数制显示在显示器上，没有什么计算结果，所以不需要返回值。函数原型可设计为

```
void printInt(int value, int base);
```

④ 比较 x^y 和 y^x 的大小的函数需要两个表示 x 和 y 的整型输入值，函数的执行结果是 x^y 和 y^x 到底谁大谁小，所以返回值是一个布尔值。但 C 语言没有布尔类型，布尔值是用整数表示的。0 表示 false，1 表示 true。所以可把函数的返回值设为整型。函数原型可设计为

```
int greater(int x, int y);
```

11. 请写出调用 f(12) 的结果。

```
int f(int n)
{
    if (n==1) return 1;
```

```
    else return 2 * f(n/2);
}
```

解：

这是一个递归函数，它的计算过程如下：

```
f(12) = 2*f(6)
      = 2 * (2 * f(3))
      = 2 * (2 * (2 * f(1)))
      = 2 * (2 * (2 * 1))
      = 8
```

12．写出下列程序的执行结果。

```c
int f(int n)
{
    if (n == 0 || n == 1)  return 1;
    else return 2 * f(n-1) + f(n-2);
}

int main()
{
    printf("%d\n", f(4));
    return 0;
}
```

解：

上述程序的功能是输出 f(4) 的值。f 函数是一个递归函数，要计算 f(4) 需要先计算 f(3) 和 f(2)，要计算 f(3) 需要先计算 f(2) 和 f(1)，要计算 f(2) 需要先计算 f(1) 和 f(0)。计算 f(1) 和 f(0) 不用递归，可以直接得到 f(1) 和 f(0) 的值都为 1。有了 f(1) 和 f(0)，可以计算 f(2)，f(2) 的值是 2*f(1)+f(0)，即 3。同理可得，f(3) 的值是 2*f(2)+f(1)，结果是 7。最后可以计算 f(4)，f(4) 的值等于 2*f(3)+f(2)，结果是 17。

所以程序的输出是 17。

13．某程序员设计了一个计算整数幂函数的函数原型如下，请问有什么问题？

```c
int power(int base, exp);
```

解：

计算整数幂函数的函数需要有两个参数：基数和指数。

在函数的形式参数表中，每个形式参数都必须指明类型。而在上述的函数原型中，形式参数 exp 没有指明类型。正确的写法是

```c
Int power(int base, int exp);
```

14．下面是一个计算 n! 的递归函数，试问有什么问题？

```c
long fact(int n)
{
    if  ( n < 0) return;
    if ( n == 0) return 1;
    return n * fact(n-1);
}
```

解：

这是一个有返回值的函数。每次调用这个函数都必须返回一个 long int 类型的数值。函数的返

回值是 return 语句中的表达式。但是在这个函数中，当 n < 0 时的 return 语句后面没有返回值。

　　15．写出下列程序的执行结果。

```
int main()
{
  int s = 0, i;

  for (i = 1; i <= 4; ++i)
      s += f(i);
  printf("%d\n"    , s);

  return 0;
}

int f(int n)
{
  static int s = 1;
  return s*= n;
}
```

　　解：

　　程序执行的结果是 f(1)+ f(2)+ f(3)+ f(4)。特别需要注意的是函数 f 中有一个静态的局部变量 s。

　　计算 f(1) 时，定义了静态的局部变量 s，并设初值为 1。执行 s*=n，并返回 s。此时 s 的值仍然为 1，返回值也是 1。计算 f(2) 时，由于静态变量 s 已经存在，所以跳过变量定义，直接执行 return 语句。此时 s 的值被修改为 2，并返回 2。同理计算 f(3) 时，将 s 修改为 6，并返回 6。计算 f(4) 时，将 s 修改为 24，返回 24。

　　所以程序输出的结果值是 1+2+6+24，即 33。

附录 7　第 7 章自测题答案

　　1．数组的两个特有性质是什么？

　　解：

　　数组的第一个特性是所有数组元素的类型是相同的，第二个特性是数组元素之间是有序的。

　　2．写出下列数组变量的定义。

　　① 一个含有 100 个浮点型数据的名为 realArray 的数组。

　　② 一个含有 16 个布尔型数据的名为 inUse 的数组。

　　③ 一个含有 1000 个字符串，每个字符串的最大长度为 20 的名为 lines 的数组。

　　解：

　　① 浮点数可以用 double 类型存储，也可以用 float 类型存储。一个含有 100 个浮点型数据的名为 realArray 的数组可以定义为

```
double realArray[100];
```
或
```
float realArray[100];
```

　　② C 语言没有布尔类型。布尔值是用整型表示，0 代表 false，1 代表 true。所以一个含有 16

个布尔型数据的名为 inUse 的数组可以定义为

int inUse[16];

③ 一个含有 1000 个字符串，每个字符串的最大长度为 20 的名为 lines 的数组可以定义成一个二维数组，数组的每一行代表一个字符串。该数组定义如下

char lines[1000][21];

3. 用 for 循环为 double 类型的数组赋如下所示的值。

Squares

0.1	1.1	3.1	6.1	10.1	15.1	21.1	28.1	36.1	45.1	55.1
0	1	2	3	4	5	6	7	8	9	10

解：

观察这个数组的每个元素值，发现有一个规律。每个元素的小数部分都为 1。squares[0]的值是 0.1。其余元素的整数部分是前一个元素的整数部分加上当前元素的下标值。如

squares[1] = squares[0]+1
squares[2]= squares[1]+2
squares[3]= squares[2]+3
…

于是可得通项：squares[k]= squares[k-1]+k，据此可写出如下的语句：

squares[0]= 0.1;
for (k = 1; k <= 10; ++k)
　　squares[k]= squares[k-1]+k;

4. 用 for 循环为 char 类型的数组赋如下所示的值。

array

a	B	c	D	e	F	…	w	X	y	Z
0	1	2	3	4	5	…	22	23	24	25

解：

观察这个数组，发现元素值正好是字母'a'到'z'。只是下标为奇数时是大写字母，下标为偶数时是小写字母。也就是说，每个下标为 k 的元素值是'A'或'a'的值加上 k。于是可以得到如下的为每个元素赋值的 for 语句

for (k = 0; k < 26; ++k)
　　if （k %2)　array[k] = 'A' + k;
　　else array[k] = 'a' + k;

5. 什么是数组的配置长度和有效长度？

解：

有时在编程序时无法确定所要处理的数据量，因此无法确定数组的大小。而 C 语言规定数组的大小必须是编译时的常量。也就是说，编程时必须确定数组的大小。

在这种情况下，可以按可能处理的最大的数据量定义数组。运行时，把需要处理的数据放在数组的前面部分，数组后面的空间就被浪费了。

定义数组时给定的数组规模称为数组的配置长度。在执行时真正存入数组中的元素个数称为数组的有效长度。

6. 什么是多维数组？

解：

数组元素本身又是一个数组的数组称为多维数组。最常用的多维数组是二维数组。

可以用两种观点来看二维数组。

第一种观点是将二维数组看成数学中的矩阵，它由行和列组成。引用矩阵中的每一个元素可以用所在的行、列号指定。如果定义数组 a 为

```
int a[4][5];
```

可以用 a[2][3]引用第二行第 3 列的元素。与一维数组相同，下标也是从 0 开始的。

第二种观点是将二维数组看成是一维数组的数组。对上述定义，可以用 a[0]，……，a[3]表示数组的每个元素。每个 a[i]是一个一维数组的名字，代表整个第 i 行，它有 5 个整型的元素。

7. 要使整型数组 a[10]的第一个元素值为 1，第二个元素值为 2，……，最后一个元素值为 10，某程序员写了下面语句，请指出错误。

```
for (i = 1; i <= 10; ++i) a[i] = i;
```

解：

C 语言的下标是从 0 开始的，10 个元素的数组的下标范围是 0～9，所以上述语句并没有达到预期的效果，而是把 1 赋给了 a[1]，2 赋给了 a[2]，……。a[0]没有得到初值，而应用 a[10]会导致内存溢出，使程序出现无法预计的结果。

8. 有定义 char s[10];执行下列语句会有什么问题？

```
strcpy(s, "hello world");
```

解：

这个程序将会导致内存溢出。因为字符串"hello,world"的长度是 11，C 语言中每个字符串后面都要加一个'\0'。所以存储这个字符串需要 12 个字节，而数组 s 只有 10 个字节。

9. 写出定义一个整型二维数组并赋如下初值的语句。

$$\begin{bmatrix} 1 & 0 & 0 & 0 \\ 0 & 2 & 0 & 0 \\ 0 & 0 & 3 & 0 \\ 0 & 0 & 0 & 4 \end{bmatrix}$$

解：

这个二维数组的对角线元素的值是 1、2、3、4，其他值都为 0。所以可以在定义数组时将所有元素都赋初值 0，然后对斜对角线元素赋值。如果数组名是 a，斜对角线上的元素 a[i][i]的值是 i+1。

根据上述分析，可以得到完成本题任务的语句如下

```
int a[4][4] = {0};
for ( i = 0; i < 4; ++i)
    a[i][i] = i + 1;
```

10. 定义了一个 26×26 的字符数组 s，写出为它赋如下值的语句。

```
a  b  c  d  e  f  ⋯⋯  x  y  z
b  c  d  e  f  g  ⋯⋯  y  z  a
⋯⋯      ⋯⋯      ⋯⋯        ⋯⋯
y  z  a  b  c  d  ⋯⋯  v  w  x
z  a  b  c  d  e  ⋯⋯  w  x  y
```

解：

观察这个二维数组的值，第一行是字母'a'到'z'，第二行是第一行循环前移 1 位，第三行是第二行循环前移 1 位，以此类推。第 i 行第 j 列的元素值为(i+j) % 26 + 'a'。为该字符数组赋值的语句为

```c
for  (i =0; i < 26; ++i)
    for (j =0; j <26; ++j)
        s[i][j] = (i + j) % 26 + 'a';
```

外层的 for 循环控制每一行，里层的 for 循环控制第 i 行的每一列。里层循环的循环体为第 i 行第 j 列元素赋值。

11. 写出下列字符串的比较结果。

① "abc" 与 "abcd"

② "Abc" 与 "abc"

③ "aabb" 与 "bbaa"

④ "aabb" 与 "aabba"

解：

下列字符串的比较结果是：

① "abc" 小于 "abcd"

② "Abc" 小于 "abc"

③ "aabb" 小于 "bbaa"

④ "aabba" 等于 "aabba"

12. 下面的程序段有没有错误？

```c
int a[10], i, j;
for (i = 0; i < 10; ++i){
    for (j = 9; j >= i; --j)
        printf("%d\t", a[j]);
    putchar('\n');
}
```

解：

有问题。程序定义了数组 a 后没有给它赋值，所以数组 a 的所有元素值都是随机数，输出 a 的元素值是没有意义的。

13. 下面的数组定义有没有问题？

```c
int n = 10;
double array[n];
```

解:

有问题。C 语言规定，定义数组时规模必须是常量，而本题中的数组规模是变量 n。

14. 某函数的参数是一个整型的二维数组。某程序员设计了如下的函数原型，请问有没有问题？

```
void f(int a[][], int row, int col);
```

解:

有问题。二维数组作为函数参数传递时，必须指定第二维的规模，而不能把列数作为一个独立的形式参数。

15. 设有定义

```
char str[5][100];
```

下列语句是否合法？

```
strcpy(str[3], "abcd");
```

解:

这个语句是合法的。二维数组是一维数组的数组，本例中，每个 str[i] 是一个由 100 个字符组成的字符数组，字符数组当然可以作为 strcpy 函数的第一个参数。

附录 8 第 8 章自测题答案

1. 下面的定义中所定义的变量类型是什么？

```
double *p1, p2;
```

解:

p1 是一个指向 double 类型的指针变量；p2 是一个 double 类型的变量。

2. 如果 arr 被定义为一个数组，描述以下两个表达式之间的区别。

```
arr[2]
arr+2
```

解:

如果 arr 是一个整型数组，那么 arr[2] 是一个整型变量，arr+2 是一个指向整型的指针。

arr[2] 是一个下标变量，表示这个数组中的第三个元素。第一个是 a[0]，第二个是 a[1]。

在 C 语言中，数组名用于保存数组的起始地址，所以数组名本身是一个指针，指向数组的下标为 0 的元素。如果数组是 int 类型的，则数组名是一个指向 int 的指针。如果数组是 double，那么数组名是一个指向 double 的指针。

指针可以执行加减运算。指针加 1 是加一个基类型的长度，减 1 也是如此。所以，arr+2 表示加 2 个基类型的长度。arr 指向 arr[0]，那么 arr+2 是指向 arr[2] 的指针。

3. 假设 double 类型的变量在计算机系统中占用 8 个字节，如果数组 doubleArray 的基地址为 1000，那么 doubleArray+5 的值是什么？

解:

doubleArray+5 的值是 1040。

doubleArray 是一个 double 类型的数组，那么数组名 doubleArray 本身是一个指向第一个元素的指针。指针的加法是考虑了基类型，加 1 是加一个基类型的长度。由于数组的起始地址是

1000，所以 doubleArray 的值也是 1000，doubleArray+5 就是加 5 个 double 类型的数据占用的字节数，所以是 1040。

4. 定义 int array[10], *p = array;后，可以用 p[i]访问 array[i]。这是否意味着数组和指针是等同的？

解：

数组和指针是完全不同的，数组变量存放了一组同类元素，指针变量中存放了一个地址。

由于在 C 语言中数组名是数组的起始地址，因此在将一个数组名赋给一个指针后，该指针指向了数组的起始地址，具备了数组名的行为。如果指针 p 是指向单个变量，如整型变量 x，则引用 p[i]将会导致程序出现无法预计的结果。

5. 以下程序段有什么问题？

```
int x, *p, **q;
p = q = &x;
```

解：

指针赋值时，赋值运算符左右两边的类型要一致。在本例中，x 是整型变量，p 是指向整型的一级指针，q 是一个指向整型的二级指针。因此，p 可以指向一个整型变量。而 q 只能指向一个指向整型的一级指针。

在本例中，x 的地址是一个指向整型的一级指针，将 x 的地址赋给 q 是错误的。同理，将 q 赋给 p 也是错误的。

6. 值传递和指针传递的区别是什么？

解：

值传递主要用作函数的输入。在值传递时，计算机为形式参数分配空间，将实际参数作为形式参数的初值。实际参数可以是常量、变量、表达式或另一个函数调用。函数中对形式参数的修改不会影响实际参数的值。

指针传递通常用作输出参数，将被调用函数中的运行结果传回调用函数。指针传递时，形式参数是一个指针变量。参数传递时，计算机为形式参数分配一块空间，即保存一个内存地址所需的空间，将实际参数的值（调用函数中的某个变量的地址）作为初值。函数中可以间接访问调用函数中的某个变量。

7. 如何知道动态变量的申请是否成功？

解：

申请动态变量的函数 malloc 和 calloc 的返回值是一个 void 类型的指针。如果申请成功，函数返回分配给该动态变量的内存地址。如果申请不成功，返回一个空指针，即 0。

所以检查动态变量申请是否成功，可检查其返回值是否为 0。

8. 如果 p 是指向整型的指针变量名，下面表达式中哪些可以作为左值？请解释。

```
p        *p       &p      *p+2      *(p+2)      &p+2
```

解：

p	*p	&p	*p+2	*(p+2)	&p+2
能	能	不能	不能	能	不能

左值必须有自己的地址，赋值号右边的表达式的计算结果将被存入左值对应的地址中。

p 是一个变量，有自己的地址，可以作为左值。因为 p 是一个指针变量，可以存入 p 的是一个整型变量的地址。

*p 可以作为左值。p 是一个指针，*p 是它指向的变量的地址，当然可以作为左值。对 *p 赋值就是赋给 p 指向的变量。

&p 不能作为左值。&p 是 p 的地址，是一个整数。

*p+2 不能作为左值。p 是一个整型指针，*p 是该指针指向的变量，即一个整型变量。*p+2 的结果是一个整型数。

（p+2）可以作为左值。如果 p 是指向某个整型数组的某个下标变量 a[k]，p+2 是指向 a[k+2] 的指针，（p+2）就是 a[k+2]，当然可以作为左值。

&p+2 不能作为左值。&p 是变量 p 的地址，是一个整数，加 2 以后还是一个整数。

9. 如果 p 是一个指针变量，访问 p 指向的单元中的内容应如何表示？访问变量 p 本身的地址应如何表示？

解：

访问 p 指向的单元中的内容应表示为 *p，访问变量 p 本身的地址应表示为 &p。

10. 如果申请了一个动态变量但没有释放它，会有什么后果？

解：

如果申请了一个动态变量而没有释放它会造成内存泄漏。即，这块空间成了三不管地带。申请动态变量的程序已经不用这块空间，而堆管理器认为这块空间仍在被使用。

如果一个程序有大量的内存泄漏，最终会耗完所有的堆空间中的内存。如果操作系统不支持虚拟内存，则后续的申请动态变量的操作都会失败。如果操作系统支持虚拟内存，系统运行速度会越来越慢。因为很多内存访问实际上转化成了外存访问。

11. 如有定义 char *s1 = "abcde";是否能调用函数 strcpy(s1, "123")？

解：

不能。

因为指针 s 指向的是一个常量，它的值是不能变的。而函数调用 strcpy(s,"123")是将字符串 "123"存储到 s 指向的单元。

12. 如果函数 sort(int a[], int size)是将数组 a 的元素按递增次序排序的，如有数组 int a = {1, 7, 4, 0, 9, 8, 2, 5, 4, 3}，能否执行函数调用 sort(a+3, 4)？如果可以，执行了 sort 函数后，a 数组的值是多少？

解：

可以调用 sort(a+3, 4)。执行了这个函数调用后，数组中的元素为 {1, 7, 4, 0, 2, 8, 9, 5, 4, 3}。

当发生调用时，函数内部将 a+3 作为一个数组的起始地址，也就是说这个数组从元素 0 开始，数组有 4 个元素。执行这个函数会排序数组中的 0、9、8、2。

附录9　第9章自测题答案

1. 从结构体变量中选取分量用哪个运算符？

解：

从结构体变量中取某个分量可以用 "." 运算符。例如，表示结构体变量 student 中的分量 name 可以用

```
student.name
```

2. 通过指向结构体的指针间接访问某个分量用哪个运算符？

解：

通过指向结构体的指针变量中取某个分量可以用 "->" 运算符。例如，指向结构体的指针 sp 指向的是结构体变量 student，表示 student 中的分量 name 可以用

```
sp->name
```

3. 如果 p 是一个指向结构体的指针，结构体中包含一个字段 test。通过指针 p 访问 test 时，表达式*p.test 有何问题？写出正确的表达式。

解：

表达式 *p.test 是有问题的。因为在 C 语言中，"." 运算符的优先级比 "*" 运算符高，所以 C 语言把这个表达式解释成

```
*（p.test）
```

即把 p 解释成一个结构体类型的变量，这个结构体中有一个指针类型的分量 test，访问 test 指向的变量。

访问指针 p 指向的结构体中的成员 test 的正确写法是

```
p->test
```

或

```
(*p).test
```

4. 结构体类型定义的作用是什么？结构体变量定义的作用是什么？

解：

结构体类型定义是告诉 C 语言这种类型的变量是如何组成的，有几个分量，每个分量是什么类型，需要多少空间。

结构体变量的定义是告诉 C 语言程序中需要存储和处理一个某结构体类型的变量，这时 C 语言根据结构体类型的定义为这个变量分配空间。

5. 代码清单 9-14 中的共用体类型的变量 position 占用几个字节？

解：

代码清单 9-14 中的共用体由两个分量组成。一个是 int 类型的 class，另一个是有 10 个元素的字符数组，这两个变量共享同一块空间。共用体变量占用的空间取决于两个分量中占用空间大的分量。

VS2010 中，int 占 4 个字节，10 个元素的字符数组占 10 个字节，所以 position 类型的变量占用 10 个字节。

6. 枚举类型的变量占用几个字节？

解：

在计算机内部，每个枚举类型的值被编码为一个 int 类型的值。在 VS2010 中，int 占 4 个字节，所以枚举类型的变量也占 4 个字节。

7. 为什么共用体各分量的地址是相同的？

解：

共用体的各个分量共享同一块空间，所以它们的地址是相同的。

8. 下面枚举类型的定义有什么问题？

```
enum test {A, B, C, D = 1, E, F};
```

解：

枚举类型的值在计算机内部被编码为一个 int 类型的数。如果没有特殊说明，编译器从 0 开始依次编号。如本例中，A 为 0，B 为 1，……。C 语言也允许程序员自己为某个枚举值指定编号，如本例中的 D=1，将 D 的编号指定为 1，后面依次编号，E 是 2，F 是 3。但这个编号和 B、C 的编号重叠了，编译器会报错。

如果把这个定义改成

```
enum   test { A, B, C, D = 10, E, F};
```

将是一个正确的定义。A、B、C 的内部编号依次是 0、1、2。D、E、F 的内部编号依次是 10、11、12。

附录 10　第 10 章自测题答案

1. 计算下列位运算表达式的值，假设所有数值都占 2 个字节。

① 128 &127

② 0x1f1f　| 0xf1f1

③ 0x1f1f　^ 0xf1f1

④ ~65535

⑤ 1024　>> 2

⑥ 1024 << 2

解：

① 128 &127 = 0

```
      00000000 10000000
&     00000000 01111111
      00000000 00000000
```

② 0x1f1f　| 0xf1f1 = 0xffff

```
      00011111 00011111
|     11110001 11110001
      11111111 11111111
```

③ 0x1f1f ^ 0xf1f1 = 0xeeee

00011111 00011111

^ 11110001 11110001

　　　　　　　　　　　　　　　　　　　　　　　

11101110 11101110

④ ～65535 = 0 或 0xffff0000

如果整数用 2 个字节表示，65535 的二进制值是 11111111 11111111。对每一位取反，结果是 00000000 00000000。

如果整数用 4 个字节表示，65535 的二进制值是 00000000 00000000 11111111 11111111。对每一位取反，结果是 11111111 11111111 00000000 00000000。

⑤ 1024 >> 2 = 256

1024 的二进制值是 100 00000000，右移两位的结果是 1 00000000，即 256。更简单的计算方法是：右移一位相当于是除 2，1024 右移 2 位相当于 1024/2/2，结果是 256。

⑥ 1024 << 2 = 4096

1024 的二进制值是 100 00000000。左移两位的结果是 10000 00000000，即 4096。更简单的计算方法是：左移一位相当于乘 2，1024 左移 2 位相当于 1024×2×2，结果是 4096。

2．如有如下定义：

```
unsigned  char  ch;
```

设计完成如下操作的表达式。

（1）将 ch 的每一位取反。

（2）将 ch 的奇数位的值置成 0，其他位保持原状。

（3）将 ch 的偶数位的值置成 1，其他位保持原状。

解：

（1）将 ch 的每一位取反：～ch

（2）将 ch 的奇数位的值置成 0，其他位保持原状，可以让这个数与 10101010 执行按位与运算，即 ch & 0xAA。

（3）将 ch 的偶数位的值置成 1，其他位保持原状：ch | 0xAA

3．下面的位段定义有什么问题？

```
struct  sample {
    char  a:10;
    char  b:5;
    char c:2;
};
```

解：

位段的长度不能超过它的类型。本题定义中，分量 a 的类型是 char，类型 char 的数据只占 8 个位，但定义中的 a 占 10 个位，这是不允许的。

如果 a 确实要占 10 个位，可将类型改为 short。

4. 写出下面程序段的执行结果，并编程验证你的结果。设计算机采用的是 ASCII 编码。

```
int   a = 10;
char b = 'a';
printf("%x", a| b);
```

解：

程序的执行结果是 0x6b。

在 VS2010 中，整数占 4 个字节。整数 a 的内部表示是 00000000 00000000 00000000 00001010。变量 b 的值是'a'的内码，即 97。用二进制表示是 01100001。执行 a | b 时，会将 b 扩展成 4 字节，前面 3 个字节的值是 0。执行 a | b 的过程如下。

```
      00000000 00000000 00000000 00001010
|     00000000 00000000 00000000 01100001
      00000000 00000000 00000000 01101011
```

验证结果的程序如下所示

```c
#include <stdio.h>

int main()
{
    int   a = 10;
    char b = 'a';
    printf("%x\n", a | b);

    return 0;
}
```

5. 写出下面程序段的执行结果，并编程验证你的结果。设计算机采用的是 ASCII 编码。

```
int   a = 10;
char b = 'A';
printf("%x", a| b);
```

解：

程序的执行结果是 0x4b。

与第 4 题相同，变量 b 的值是 A 的内码，即 65。执行 a | b 的过程如下。

```
      00000000 00000000 00000000 00001010
|     00000000 00000000 00000000 01000001
      00000000 00000000 00000000 01001011
```

验证结果的程序如下所示

```c
#include <stdio.h>

int main()
{
    int   a = 10;
    char b = 'A';
```

```
    printf("%x\n", a | b);

    return 0;
}
```

附录 11 第 11 章自测题答案

1. 什么是打开文件？什么是关闭文件？为什么需要打开和关闭文件？

解：

打开文件是指将文件指针与某一外存中的文件关联起来，并为文件的读写做好准备，例如为文件准备缓冲区、记录读写位置等。

关闭文件是切断文件指针与文件的关联，表示不再需要访问此文件。如果文件是以"写"或"添加"方式打开，关闭文件时会将缓冲区中的内容写入文件。

C 语言程序不能直接访问外存储器中的文件，文件访问通过一个 FILE 类型的结构体变量作为中介，打开文件是让文件和这个结构体变量关联起来，以后可以通过访问这个结构体变量访问对应的文件。

2. 为什么要检查文件打开是否成功？如何检查？

解：

文件打开不一定都能成功，当打开一个输入文件时，如果该文件不存在，则文件打开失败。当打开一个输出文件时，如果程序对文件所在的目录没有写的权限，文件打开也会失败。一旦文件打开失败，程序中的后续操作将无法进行。因此执行文件打开后必须检查打开是否成功。

当文件打开失败时，fopen 函数会返回一个空指针。所以检查文件打开是否成功，只需要检查 fopen 函数的返回值是否是空指针即可。

3. ASCII 文件和二进制文件有什么不同？

解：

ASCII 文件和二进制文件的区别在于 C 语言如何解释文件中的内容。

ASCII 文件也称为文本文件，如 C 语言的源文件。C 语言将 ASCII 文件中的每个字节解释成一个字符的 ASCII 值。

二进制文件是指将每个字节仅看成是一个二进制比特串，由程序解释二进制文件中的比特串的含义。如果要将二进制文件中的比特串 0000 0000 0000 0000 1111 1111 1111 1111 解释成一个整型数，可以将这 4 个字节读入一个整型变量，程序就将这 4 个字节看成是一个整型数。如果读入一个 float 类型的变量，程序就将这 4 个字节看成是一个单精度数。

ASCII 文件中的每个字节都是一个可显示字符的 ASCII 编码，所以可以直接显示在显示器上，而直接显示二进制文件通常是没有意义的。如 C 语言的源文件是一个 ASCII 文件，可以直接显示在显示器上。而目标文件和可执行文件是二进制文件，显示这些文件将会看到一堆乱码。

4.　既然程序执行结束时系统会关闭所有打开的文件，为什么程序中还需要用 close 函数关闭文件？

解：

在有些规模较大的程序中，某些文件会被反覆地打开或同时打开，如果某次打开后没有关闭，可能会使某些文件操作的结果不正确。特别是以"写"方式打开的文件，如果没有关闭，将导致最后写入的信息没有真正写到文件中。

5.　什么时候用输入方式打开文件？什么时候应该用输出方式打开文件？

解：

当程序需要从文件读取信息时，需要将文件以输入方式打开。如果需要把程序中的某些信息写到文件中去，需要以输出方式打开文件。

6.　什么是文件指针？什么是文件定位指针？

解：

程序不能直接访问外存中的信息。文件访问是通过缓冲区实现的。每个打开的文件在内存中都有一块对应的缓冲区，程序对文件的读写是对这块缓冲区的读写。缓冲区与文件的信息交互由系统自动完成，不需要程序的介入。

程序访问文件时，必须知道该文件对应的缓冲区在什么地方、缓冲区是空的还是满的、当前读写的信息处于文件中的什么位置等信息。C 语言将这些信息定义成一个名称为 FILE 的结构体类型。每个被访问的文件都有一个对应的 FILE 类型的变量。当程序需要访问某个文件时，必须定义一个对应这个文件的指针。打开文件时，会创建一个保存该文件信息的 FILE 类型的变量，并返回指向该变量的指针。这个指针称为文件指针。

文件定位指针记录文件中当前的读写位置，是一个 long int 类型的变量，表示将要读写的数据是文件中的第几个字节。当程序读写文件时，系统根据文件定位指针的值把信息写入文件的指定位置。

7.　用 fprintf 和 fwrite 函数将一个整型数写入文件有什么区别？

解：

fprintf 函数用于写 ASCII 文件。用 fprintf 函数将一个整型数写入文件时，会根据指定的格式控制字符将整数转换成可显示的十进制、八进制或十六进制表示。并将其中的每一位转换成一个字符。如整数 123 被转换成字符串"123"，然后写入文件。

fwrite 函数用于写二进制文件。用 fwrite 函数写文件时，直接将数据在机器内部的表示写入文件。

8.　下面程序段有什么问题？

```
FILE   *fp;
fp = fopen(("file", "w");
fputc('a', "file");
```

解：

有问题。

在读写文件时，所有读写函数都以文件对应的文件指针作为代表，而不是直接用文件名。本题中的 fputc 函数用文件名作为文件的标识是错误的，正确的写法如下

```
fputc('a', fp);
```

附录12 第12章自测题答案

1. 判断题：每个模块对应于一个源文件。

解：

是。一个模块就是由若干个函数定义组成的一个源文件。

2. 用自己的话描述逐步细化的过程。

解：

逐步细化就是将一个大问题分成若干个小问题，小问题分解成小小问题，直到一个问题可以用一段小程序实现为止。

每个问题的解决过程是一个函数，实现小问题的函数通过调用解决小小问题的函数来实现。解决大问题的函数通过调用解决小问题的函数来实现。在解决一个较大的问题时，只需要知道有哪些可供调用的解决小问题的函数，而不必关心这些解决小问题的函数是如何实现的。这样可以在一个更高的抽象层次上解决大问题。

3. 为什么库的实现文件要包含自己的头文件？

解：

头文件包含了库中所有函数的原型声明。库的使用者通过头文件获取如何使用函数的信息。库的实现文件中包含自己的头文件，可以保证实现文件中的函数原型和提供给用户程序员用的函数原型完全一致。

4. 为什么头文件要包含#ifndef…#endif 这个预编译指令？

解：

这对预编译命令表示：如果#ifndef 后的标识符已经被定义过，则跳过中间的所有指令，直接跳到#endif。

一个程序可能有很多源文件组成，每个源文件都可能调用某个库中的函数，因此每个源文件都需要包含这个库的头文件。如果没有#ifndef…#endif 这对预编译指令，头文件中的内容在整个程序中可能出现很多遍，将造成编译或链接错误。因为头文件中的类型定义、符号常量定义和函数原型声明在整个程序中只能出现一次，有了#ifndef…#endif 这对预编译指令，可以保证头文件的内容在整个程序中只出现一遍。

5. 什么是模块的内部状态？内部状态是怎样保存的？

解：

模块的内部状态是模块内多个函数需要共享的信息，这些信息只与本模块中的函数有关，与其他模块中的函数无关。

内部状态通常表示为源文件中的全局变量，以方便模块中的函数共享。最好定义成静态的全局

变量，以防止其他模块声明它们为外部变量。

6. 为什么要使用库？

解：

库可以实现代码重用。

有时某个项目中各个程序员需要共享一组工具函数，这时可以将这组函数组成一个库，这些函数的代码在项目中被各个模块重用了。

如果库设计得比较合理，当另一个项目中也要这样的一组工具函数时，这个项目的程序员就不必重新编写这些函数，而可以直接使用这个库，这组代码在多个项目中得到了重用。

C 语言标准库中的 stdio 几乎是所有程序员都要用到的工具。

7. 软件就是一个程序吗？

解：

不，程序只是软件的一部分。完整的软件还需要包括所有的设计文档、测试文档以及各种使用手册。

附录 13 ASCII 编码表

ASCII 值	字符	ASCII 值	字符	ASCII 值	字符	ASCII 值	字符
0	NUT	32	(space)	64	@	96	、
1	SOH	33	!	65	A	97	a
2	STX	34	"	66	B	98	b
3	ETX	35	#	67	C	99	c
4	EOT	36	$	68	D	100	d
5	ENQ	37	%	69	E	101	e
6	ACK	38	&	70	F	102	f
7	BEL	39	,	71	G	103	g
8	BS	40	(	72	H	104	h
9	HT	41	)	73	I	105	i
10	LF	42	*	74	J	106	j
11	VT	43	+	75	K	107	k
12	FF	44	,	76	L	108	l
13	CR	45	–	77	M	109	m
14	SO	46	.	78	N	110	n
15	SI	47	/	79	O	111	o
16	DLE	48	0	80	P	112	p
17	DCI	49	1	81	Q	113	q
18	DC2	50	2	82	R	114	r
19	DC3	51	3	83	S	115	s
20	DC4	52	4	84	T	116	t
21	NAK	53	5	85	U	117	u
22	SYN	54	6	86	V	118	v
23	TB	55	7	87	W	119	w
24	CAN	56	8	88	X	120	x
25	EM	57	9	89	Y	121	y
26	SUB	58	:	90	Z	122	z
27	ESC	59	;	91	[	123	{
28	FS	60	<	92	/	124		
29	GS	61	=	93	]	125	}
30	RS	62	>	94	^	126	`
31	US	63	?	95	_	127	DEL